Studientext

Mathematik

Lutz Warlich

Grundlagen der Mathematik

für Studium und Lehramt

Mengen, Funktionen, Teilbarkeit,
Kombinatorik, Wahrscheinlichkeit

Mit 65 Abbildungen,
Aufgaben und Lösungswege

2. Auflage

Autor:
Akademischer Direktor Lutz Warlich
Universität Koblenz/Landau
Campus Koblenz
Mathematisches Institut
Universitätsstraße 1
D-56070 Koblenz
warlich@uni-koblenz.de

Bibliografische Information Der Deutschen Bibliothek:
Die Deutsche Bibliothek verzeichnet diese Publikation in der Deutschen Nationalbibliografie.
Detaillierte bibliografische Daten sind im Internet über **http://dnb.ddb.de** ***abrufbar.***

Warlich, Lutz:
Grundlagen der Mathematik für Studium und Lehramt
Mengen, Funktionen, Teilbarkeit, Kombinatorik, Wahrscheinlichkeit
2.Auflage 2006
ISBN 3-8334-5337-0

Druck und Herstellung: Books on Demand GmbH, Norderstedt

Aus dem Vorwort zur 1. Auflage

Eines haben Studienanfänger im Fach Mathematik gemeinsam, unabhängig davon, ob sie ein Lehramt anstreben, den Diplomstudiengang gewählt haben oder, wie beispielsweise Informatiker, Mathematik für ihr Studienfach benötigen: Die spezifischen Methoden und Denkweisen der Mathematik und der Umgang mit der formalen Sprache treffen viele von ihnen unerwartet und hart.

Ein Ziel dieses Buches ist es, Studienanfängern den Übergang zur Mathematik an der Hochschule zu erleichtern.

Das geschieht einerseits durch die Stoffauswahl, bei der mathematische Grundwerkzeuge zur Verfügung gestellt und immer wieder benötigte, in mathematischen Anfängervorlesungen oftmals vorausgesetzte oder nur kurz erwähnte fundamentale Begriffe entwickelt werden. Die Einführung dieser Begriffe wird anhand von Beispielen motivierend vollzogen.

Die intensive eigenständige Auseinandersetzung mit dem Stoff ist für das Erlernen von Mathematik in hohem Maße notwendig. Daher sollen mehr als 250 Übungsaufgaben Verständnis fördern und zu eigener mathematischer Betätigung ermuntern. Übungen innerhalb der Kapitel ermöglichen es, neu entwickelte Begriffe und Zusammenhänge unmittelbar zu erarbeiten und das Verständnis zu überprüfen. Am Ende jeden Kapitels bietet eine Aufgabensammlung nochmals vielfältige Übungsmöglichkeiten.

Um auch tatsächlich eine Selbstkontrolle zu ermöglichen, beschränken sich die Lösungen im allgemeinen nicht auf eine Ergebnisangabe, vielmehr werden häufig auch Lösungswege aufgezeigt.

Obwohl die hier behandelten Inhalte in jedem der anfangs genannten Studiengänge zur Grundlage gehören, richtet sich das Buch besonders an künftige und „praktizierende“ Mathematiklehrer der Primarstufe und der Sekundarstufe I. Es ist eine neue Konzeption des Buches

H.Scheid / L.Warlich Mathematik für Lehramtskandidaten, Band 1.

Quelle dieses neuen Buches sind die didaktischen Erfahrungen einer regelmäßig an der Universität Koblenz abgehaltenen, 6-stündigen einsemestrigen Grundveranstaltung für Lehramtskandidaten der Primarstufe und der Sekundarstufe I mit Unterrichtsfach Mathematik. Auch für die mathematische Ausbildung künftiger Grundschullehrer, die Mathematik nicht als Hauptfach gewählt haben, sind wesentliche Inhalte dieses Bandes fachliches Fundament. Die sehr ausführliche Darstellung erleichtert besonders diesen Studierenden den Zugang zur Mathematik.

Die Stoffauswahl bezieht sich auf Inhalte und Hintergrüde der Schulmathematik.

Logische Grundbegriffe und Beweismethoden werden in einem eigenen Kapitel vorangestellt. Gegenüber der in Vorlesungen oft gewählten Möglichkeit, diese Inhalte innerhalb der Kapitel da behutsam einzuführen, wo sie benötigt werden, wurde einer geschlossenen Darstellung der Vorzug gegeben, um späteres Nachschlagen zu erleichtern.

In den folgenden Kapiteln werden die grundlegenden Begriffe *Menge, Relation, Funk-*

tion sehr ausführlich behandelt. Dies geschieht deshalb, weil Äquivalenzrelationen, Ordnungsrelationen und ganz besonders der Abbildungsbegriff in jedem für Lehrer relevanten Bereich der Mathematik fundamentale Werkzeuge sind.

Grundlegend für das Rechnen mit natürlichen und ganzen Zahlen, für die Arithmetik, ist die *elementare Teilbarkeitslehre*. Sie ist Inhalt des folgenden Kapitels. Dieser mathematische Zweig, Bestandteil der elementaren Zahlentheorie, wird von den Studierenden als besonders anschaulich und bezugsnah zur Schulmathematik empfunden. Hier werden zugleich die zuvor entwickelten Begriffe angewandt und miteinander verknüpft.

Letzteres trifft auch für das folgende Kapitel *Wahrscheinlichkeit* zu. Im Alltag nimmt die Bedeutung von Wahrscheinlichkeitsrechnung und Statistik stetig zu, und es ist klar, daß der Mathematikunterricht dieser Entwicklung Rechnung trägt.

Fragestellungen aus der *Kombinatorik*, der „Kunst des Zählens", werden ebenfalls immer wieder angesprochen. In diesem relativ jungen mathematischen Bereich kann man ohne große Vorkenntnisse erfahren, daß verschiedene Interpretationen eines mathematischen Problems möglich sind und diese zu unterschiedlichen Zugängen und zu völlig verschiedenen Lösungswegen führen können.

Das Buch stellt nicht nur für Studierende eines Lehramts, sondern auch für Mathematiklehrer aller Schulstufen ein für die Berufspraxis notwendiges fachwissenschaftliches Fundament bereit. Unter anderem wegen der Aufgabenfülle mit Kontrollmöglichkeit ist es auch zur Klausur- und Prüfungsvorbereitung sowie für ein Selbststudium geeignet. beispielsweise für Lehrer im Schuldienst, die nachträglich eine Lehrbefähigung in Mathematik erwerben möchten

Viele nützliche Anregungen und fachliche Kritik meiner Kollegen Prof. Harald Scheid und Dr. Max Schröder, bei denen ich mich herzlich bedanke, führten zu mancher Klarstellung und Verbesserung.

Koblenz, im August 1996 — Lutz Warlich

Zur 2. Auflage

Die erfreuliche Resonanz der Studentinnen und Studenten der eigenen Hochschule, aber auch vieler Studierender anderer Universitäten, bei der zum Ausdruck gebracht wurde, dass der Zugang zu den Grundbegriffen und Denkweisen der Mathematik durch das Buch erleichtert worden sei, haben mich zu einer zweiten Auflage ermutigt.

Die Änderungen im Manuskript beziehen sich fast ausschließlich auf Fehlerkorrekturen, wobei ich mich für entsprechende Hinweise bedanke.

Die Regeln der zur Zeit (wie lange ???) gültigen Rechtschreibreform wurden in das Manuskript nicht eingearbeitet.

Koblenz, im April 2006 — Lutz Warlich

Inhaltsverzeichnis

I Logik, Mengen, Beweisverfahren

Zum Wesen der Mathematik gehört es, daß jede neue mathematische Aussage bewiesen werden muß, bevor sie gültiger Bestandteil einer mathematischen Theorie wird. Eine mathematische Aussage entwickelt man also durch korrekte Schlußfolgerungen aus bereits bewiesenen Sätzen und Aussagen.
Diese beiden Sätze werfen mehrere Fragen auf, zum Teil nach bisher ungeklärten Begriffen, zum Teil nach zulässigem Umgehen mit diesen Begriffen :

Was ist eine mathematische Aussage ?
Was ist eine korrekte mathematische Schlußfolgerung ?
Wie lassen sich mathematische Schlußfolgerungen zu einem Beweis zusammensetzen ?

Versucht man den Begriff 'korrekte Schlußfolgerung' zu erklären, indem man auf fest vorgegebene Regeln verweist, die man einzuhalten hat, so ist man schon bei der nächsten Frage: Um was für Regeln handelt es sich dabei ?

Betrachten wir ein Beispiel:

> Barbara ist neugierig: „Wie haben denn Gudrun, Günter und Annette ihre Disco-Besuche abgestimmt?“ Thomas weiß genau Bescheid: „Wenn Gudrun und Günter kommen, ist Annette nie da. Wenn Gudrun nicht kommt, ist Günter da. Wenn Annette kommt oder Gudrun nicht kommt, dann kommt Günter nicht!“ Barbara fragt Thomas, ob sich das nicht einfacher ausdrücken läßt.

Wenn Sie logisch korrekte Schlußfolgerungen anwenden, kommen Sie zu dem Ergebnis: Gudrun kommt immer, Günter und Annette kommen nie zusammen. Versuchen Sie es!

Das Teilgebiet der Mathematik, in dem untersucht wird, wie man Aussagen miteinander verknüpfen kann, wie man formal Schlußfolgerungen ziehen und Beweise führen kann, kurz, wie man mit jeder Art mathematischer Aussage umzugehen hat, ist die formale Logik.

Inhalt der ersten drei Abschnitte dieses Kapitels ist nicht die Behandlung der formalen Logik als mathematische Theorie. Vielmehr geht es um ein minimales logisches Grundgerüst, das den mathematischen Sprachgebrauch erleichtern soll. Und es werden die notwendigen Begriffe bereitgestellt, um logische Zusammenhänge in den hier behandelten mathematischen Bereichen besser erkennen und analysieren zu können, Beweise zu verstehen, Beweismethoden und -strategien zu erlernen.

I.1 Aussagen und aussagenlogische Verknüpfungen

Im umgangssprachlichen Bereich denkt man über die Bedeutung und Abgrenzung des Begriffes 'Aussage' kaum nach. Man wird alle folgenden verbalen Äußerungen als Aussagen akzeptieren.

(1) Heute ist ein wunderschöner Herbsttag.
(2) Katrin hat letzte Woche 50 000 Euro im Lotto gewonnen.
(3) Auf Deutschlands Autobahnen wird viel zu schnell gefahren.
(4) Karl der Große hatte 24 Kinder.
(5) Alle Primzahlen sind ungerade.
(6) Verdoppelt man bei einem Rechteck die Seitenlängen, vervierfacht sich der Flächeninhalt.
(7) Im rechtwinkligen Dreieck ist $a^2 + b^2 = c^2$.
(8) Jede gerade Zahl $n \geq 6$ läßt sich als Summe von zwei ungeraden Primzahlen darstellen.

'Aussage' als Begriff der formalen Logik bedarf einer genauen Festlegung. Vielfach wird erklärt:

> **Aussagen** sind sprachliche Gebilde, von denen objektiv feststeht, daß sie entweder wahr oder falsch sind, die also von zwei möglichen Wahrheitswerten genau einen annehmen.

'Objektiv feststehender Wahrheitswert' bedeutet, daß eine Aussage entweder wahr oder falsch ist, unabhängig von der Person, die diese Aussage macht, unabhängig von Ort und Zeitpunkt, an dem bzw. zu dem die Aussage gemacht wird und unabhängig von einer Person, die die Aussage beurteilt.
Wegen des erstgenannten Kriteriums, nämlich der notwendigen Unabhängigkeit von der Person, die eine Aussage macht, ist beispielsweise der gemäß historischer Anekdote überlieferte Satz *'Alle Kreter lügen'* keine Aussage. Denn spricht diesen Satz ein Kreter aus, würde er demzufolge die Wahrheit sagen, also nicht lügen, im Widerspruch zum Inhalt des Satzes. Ein anderes Beispiel dieser Art ist die Feststellung des Studenten *'Ich rechne die Übungsaufgaben für alle Kommilitonen, die sie nicht selbst rechnen und für sonst niemanden'*. Auch hier treten bei dem Versuch, dem Satz einen Wahrheitswert eindeutig zuzuordnen, Widersprüche auf, nämlich dann, wenn man zu klären versucht, wer die Übungsaufgaben des Studenten rechnet.

Durch diese Beschreibung ist der Begriff 'Aussage' nicht definiert im mathematischen Sinne. Eine solche Definition setzt voraus, daß nur Begriffe verwandt werden, die zuvor bereits definiert worden sind. Dies trifft hier beispielsweise für die Begriffe 'sprachliches Gebilde', 'Wahrheitswert', 'wahr', 'falsch' nicht zu. Wollte man nun jeden Begriff definieren, so würde das eine endlos zurückgehende Kette von Definitionen erfordern. Dies ist nicht durchführbar. Deshalb werden an die Spitze mathematischer Theorien einige **Grundbegriffe** gestellt, die undefiniert bleiben, deren Bedeutung man lediglich erklärt oder als geläufig voraussetzt. In **Axiomen** wird festgelegt, *wie* mit diesen Begriffen umzugehen ist, ohne dabei zu sagen, *was* sie bedeuten. 'Aussage' gehört zu diesen Grundbegriffen, ebenso wie der Begriff 'Menge'. In der Geometrie sind 'Punkt', 'Gerade' und 'Ebene' Grundbegriffe. So erklärt Euklids (EUKLID von Alexandria, etwa 300 v.Chr.) Versuch der Definition *'Ein Punkt ist, was keine Teile*

hat' nicht, was ein Punkt wirklich ist. BLAISE PASCAL (1623-1662), der bedeutende französische Religionsphilosoph, Mathematiker und Physiker, setzt im 'Geist der Geometrie' die Forderung dagegen, *'keine Dinge zu definieren versuchen, die von sich selbst her so bekannt sind, daß man keine noch klareren Begriffe hat, sie zu erklären'.* Noch deutlicher drückte es der Mathematiker O.PERRON aus: *'Ein Punkt ist das, was jeder vernünftige und unverbildete Mensch sich darunter vorstellt. Und die Definition der Gerade lautet genauso.'*
Bei den zurückliegenden Beispielen handelt es sich im Falle (6) um eine wahre Aussage, bei (5) um eine falsche Aussage. (1) und (3) sind subjektive Meinungsäußerungen, also keine Aussagen im mathematischen Sinne. Beispiel (2) wird erst dann zu einer Aussage, wenn präzisiert ist, von welcher Person namens Katrin und von welcher Kalenderwoche die Rede ist. Denn erst dann kann man diesem Satz eindeutig einen Wahrheitswert zuordnen. Auch der Satz des Pythagoras (7) bedarf einer Präzisierung, um eine Aussage zu sein. Man muß hinzufügen, daß a, b, c die Seitenlängen des rechtwinkligen Dreiecks bezeichnen, c die Länge der Hypotenuse. Beispiel (4) ist ebenfalls eine Aussage, obwohl es hier kaum möglich sein dürfte, den Wahrheitswert festzustellen. Es genügt, daß ein eindeutiger Wahrheitswert existiert. Von ähnlicher Qualität ist die Goldbachsche Vermutung (8) (nach CHRISTIAN GOLDBACH, 1690-1764). Bisher ist es weder jemandem gelungen, die Behauptung für alle geraden Zahlen $n \geq 6$ zu beweisen, noch konnte sie bislang jemand durch Angabe einer konkreten geraden Zahl $n \geq 6$ mit $n \neq x + y$ für alle Primzahlen x, y widerlegen.

Umgangssprachliche Sätze sind meistens nicht so schlichter Natur wie in den zurückliegenden Beispielen. Vielmehr werden sie verbunden mit Worten wie 'und', 'oder', 'weil', 'da', 'wenn ..., dann', 'obwohl', 'trotz', 'angesichts', 'nachdem'. Die folgenden Kommentare verschiedener Parteisprecher nach einer Wahl verdeutlichen dies.

> 'Nachdem es der Regierungspartei nicht gelungen ist, die absolute Mehrheit zu erringen, sind wir trotz schmerzlicher, weil in dieser Höhe völlig unerwarteter, Stimmeneinbußen der eigentliche Sieger der Wahl.'
>
> 'Wir haben zwar unser Wahlziel, die absolute Mehrheit zu erreichen, deutlich verfehlt, aber angesichts der erdrutschartigen Stimmenverluste der Opposition betrachten wir uns als den Wahlsieger.'
>
> 'Wenn die derzeitige Regierungspartei bereit ist, mit uns eine Koalition einzugehen, dann sind wir trotz unseres Stimmenrückganges der Sieger der Wahl.'
>
> 'Da die Regierungspartei die absolute Mehrheit verfehlt hat, und die Opposition ihr schlimmstes Debakel seit Bestehen dieser Republik hinnehmen mußte, und wir die einzige Partei mit Stimmenzuwachs sind, wird niemand bestreiten, daß wir trotz des Scheiterns an der 5%-Klausel der einzige Gewinner dieser Wahl sind.'

In der Mathematik werden Aussagen miteinander verknüpft.

Wir bezeichnen Aussagen mit kleinen Buchstaben $p, q, r, ...$ und schreiben w für den Wahrheitswert *wahr* und f für *falsch*. Oft stellen im folgenden $p, q, r, ...$ Aussagenvariable dar, d.h. daß man, entsprechend dem Umgang mit Variablen in der Arithmetik, für $p, q, r, ...$ beliebige Aussagen einsetzen kann.
Im Unterschied zur Umgangssprache, wo Sätze miteinander verbunden werden, deren Verbindung *inhaltlich* von Bedeutung ist, geht es bei aussagenlogischen Verknüpfungen *ausschließlich um den Wahrheitswert* der neu zusammengefügten Aussage in Abhängigkeit von den Wahrheitswerten der Teilaussagen. So wird eine Verknüpfung beispielsweise zweier Aussagen p, q dadurch definiert, daß man für alle vier möglichen Kombinationen der Wahrheitswerte von p und von q (**Belegungen**) den Wahrheitswert der Verknüpfung festlegt. Dies kann durch Angabe einer sogenannten **Wahrheitstafel (Wahrheitstabelle)** geschehen. Im Falle zweier Aussagen gibt es vier verschiedene Belegungen von p und q mit Wahrheitswerten, nämlich die Belegungen ww, wf, fw, ff. Eine Wahrheitstafel hat dann vier Zeilen. Die für die jeweilige Verknüpfung definierten Wahrheitswerte bezeichnen wir auch als **Wahrheitsverlauf (Wahrheitsverteilung)** der Verknüpfung. Die Verknüpfungszeichen für aussagenlogische Verknüpfungen heißen **Junktoren**.

Betrachten wir zuerst die aussagenlogische Verknüpfung, die dem umgangs- sprachlichen 'und' entspricht, beispielsweise in der Aussage:
'Bayern München wird neuer deutscher Fußballmeister und Borussia Dortmund wird Zweiter.'
Es ist die **Konjunktion**, man verwendet den Junktor '$\wedge$' . Die Aussage $p \wedge q$ ('*p und q*') soll wahr sein, wenn beide Aussagen p und q wahr sind und ansonsten falsch. Demnach ist die Konjunktion durch die folgende Wahrheitstafel definiert:

p	q	$p \wedge q$
w	w	w
w	f	f
f	w	f
f	f	f

Dabei können auch Aussagen p, q miteinander verknüpft werden, für die inhaltlich keinerlei Zusammenhang besteht. Es geht lediglich um den Wahrheitswert der Aussage $p \wedge q$. Entsprechendes gilt für alle im folgenden definierten aussagenlogischen Verknüpfungen. Beispielsweise ist für

p: 4 ist eine Quadratzahl,
q: 5 ist eine Primzahl,
r: 7 ist gerade

$p \wedge q$ eine wahre, dagegen $p \wedge r$ eine falsche Aussage, ebenso wie $q \wedge r$.

Die **Disjunktion** '$\vee$' ist die aussagenlogische Verknüpfung, die dem umgangssprachlichen 'oder' im nichtausschließenden Sinne entspricht. Ein Beispiel für eine solche Ausagenverknüpfung ist:

'Bei Schneefall oder bei dichtem Nebel werde ich mit dem Zug fahren.'
Die Aussage $p \vee q$ ('*p oder q*') soll falsch sein, wenn beide Aussagen falsch sind und sonst wahr. Das führt zu folgender Wahrheitstafel:

p	q	$p \vee q$
w	w	w
w	f	w
f	w	w
f	f	f

Daß es sich hier um das 'nichtausschließende oder' im Gegensatz zu 'entweder oder' handelt, wird in der ersten Zeile der Wahrheitstafel festgelegt und führt dazu, daß beispielsweise die Aussage

$p \vee q$: 4 ist eine Quadratzahl $\vee$ 5 ist eine Primzahl

wahr ist. Wahr sind ebenfalls die Aussagen $p \vee r$ und $q \vee r$ des oberen Beispiels. Welchen Wahrheitsverlauf hat eine Tafel für eine Verknüpfung 'entweder oder' ?

Der umgangssprachlichen Verknüpfung 'wenn ..., dann' entspricht die **Implikation (Subjunktion)** mit dem Junktor '$\Rightarrow$', deren Wahrheitstafel wie folgt definiert ist:

p	q	$p \Rightarrow q$
w	w	w
w	f	f
f	w	w
f	f	w

Neben der Formulierung 'wenn p, dann q' für '$p \Rightarrow q$' gibt es weitere gebräuchliche Sprachvarianten. So sagt man auch:
'p impliziert q', 'aus p folgt q', 'p ist hinreichend für q' oder 'q ist notwendig, falls p'.
In $p \Rightarrow q$ bezeichnet man p als **Voraussetzung** oder **Prämisse**, q als **Folgerung** oder **Konklusion**.
Aufgrund der Definition ist $p \Rightarrow q$ immer wahr, wenn p falsch ist. Die beiden folgenden Aussagen sind also wahr:

Wenn 7 Quadratzahl ist, dann ist 5 eine Primzahl.
Wenn 7 Quadratzahl ist, dann ist 5 keine Primzahl.

Hier wird ein Unterschied zum umgangssprachlichen Verständnis der Formulierung 'wenn ..., dann' und der aussagenlogischen Verknüpfung '$\Rightarrow$' deutlich. Da man in der Umgangssprache von einem inhaltlichen Zusammenhang zwischen der Voraussetzung und der Folgerung ausgeht, insofern als man die Formulierung 'wenn ..., dann' meistens wählt, wenn p als wahr angenommen wird, und man von p auf q schließt ('*Wenn ich die Straßenbahn erreiche, bin ich um 16 Uhr am Hauptbahnhof.*'), bewegt man sich gedanklich ausschließlich innerhalb der ersten beiden Zeilen

der Wahrheitstafel. Von daher fällt es vielfach schwer zu akzeptieren, daß bei falscher Prämisse p die Implikation $p \Rightarrow q$ stets wahr sein soll. Aber als 'Widerspruch' zur Aussage empfindet man nur, wenn ich die Bahn erreiche, aber nicht 16 Uhr am Hauptbahnhof bin, nicht dagegen die Möglichkeit, ich erreiche die Bahn nicht und bin trotzdem 16 Uhr am Bahnhof (z.B. mittels Taxi), oder ich erreiche die Bahn nicht und bin 16 Uhr nicht am Bahnhof.
Betrachten wir ein Beispiel aus der Mathematik. Durch die Definition der Wahrheitstafel ist die Implikation

Wenn eine natürliche Zahl Produkt zweier verschiedener Primzahlen ist, dann hat sie genau vier natürliche Zahlen als Teiler

unabhängig davon wahr, ob eine konkrete Zahl Produkt zweier verschiedener Primzahlen ist oder nicht. Insofern ist es sinnvoll, der Aussage *'wenn* 5041 *Produkt zweier verschiedener Primzahlen ist, dann hat* 5041 *genau* 4 *natürliche Zahlen als Teiler'* den Wahrheitswert w zuzuordnen, ohne vorher prüfen zu müssen, ob 5041 ein solches Produkt ist. Es ist $5041 = 71^2$ und die Zahl hat 3 Teiler. Die Aussage ist also wahr aufgrund der 4.Zeile der Tabelle.
Entsprechend wird der Beweis einer Implikation geführt: Man nimmt an, p ist wahr und zeigt, daß dann q folgt.

Übung 1:

Beim 'Mensch ärgere dich nicht' sagt Dennis zu Marion: „Wenn du jetzt eine 6 würfelst, bekomme ich anschließend garantiert eine 4 und werfe dich wieder raus ! “
Bei welchen Wurfkombinationen ist die Aussage wahr, wann ist sie falsch ? ♠

Die **Äquivalenz (Bisubjunktion)** $p \Leftrightarrow q$, gelesen 'genau dann p, wenn q' oder 'p dann und nur dann, wenn q' ist durch die folgende Wahrheitstafel definiert:

p	q	$p \Leftrightarrow q$
w	w	w
w	f	f
f	w	f
f	f	w

Wahr ist $p \Leftrightarrow q$ also immer bei gleichen Wahrheitswerten von p und q, ansonsten falsch.

Ein Beispiel ist das Lösbarkeitskriterium für quadratische Gleichungen:

Für reelle Zahlen a, b ist die Gleichung $x^2 + ax + b = 0$ in der Menge der reellen Zahlen genau dann lösbar, wenn $(\frac{a}{2})^2 - b \geq 0$ gilt.

Ersetzen Sie nun a, b durch beliebige reelle Zahlen, so erhalten Sie eine wahre Äquivalenz. Wählen Sie beispielsweise $a = 0$, $b = 1$, so ist die Äquivalenz aufgrund der

4.Zeile der Wahrheitstafel wahr, bei der Wahl von $a = 0$, $b = -1$ aufgrund der 1.Zeile der Wahrheitstafel.
Neben dem bereits genannten, hauptsächlichen Sprachgebrauch gibt es für $p \Leftrightarrow q$ weitere Formulierungsvarianten:
'wenn p, dann q und umgekehrt', 'p ist notwendig und hinreichend für q' oder 'p ist äquivalent zu q'.
Die Verknüpfungen Konjunktion, Disjunktion, Implikation und Äquivalenz sind **zweistellig**, da je zwei Aussagen p, q zu einer neuen zusammengefügt werden. Deshalb sind $\wedge$, $\vee$, $\Rightarrow$, $\Leftrightarrow$ **zweistellige Junktoren**.
Wie viele verschiedene zweistellige Junktoren gibt es ? Für zwei Aussagen p, q gibt es genau die vier Belegungen $w\,w$, $w\,f$, $f\,w$, $f\,f$. Jeder Belegung kann bei Definition eines Junktors der Wert w oder f zugewiesen werden. Deshalb gibt es 2^4 verschiedene Möglichkeiten, einen zweistelligen Junktor durch eine Wahrheitstafel zu definieren. Damit wurde gezeigt:

Satz I.1:

Es gibt 16 verschiedene zweistellige Junktoren.

Übung 2:

Stellen Sie die Wahrheitstafeln für alle zweistelligen Junktoren auf. Geben Sie an, welcher Wahrheitsverlauf jeweils zu $p \wedge q$, $p \vee q$, $p \Rightarrow q$, $q \Rightarrow p$, $p \Leftrightarrow q$, 'weder p, noch q', 'entweder q oder p' gehört. ♠

Bei einer **einstelligen** aussagenlogischen Verknüpfung wird jeder Aussage wiederum eine Aussage zugeordnet. Da eine Aussage genau zwei Belegungen zuläßt, gibt es vier verschiedene einstellige Junktoren. Welche ?
Eine besonders wichtige einstellige aussagenlogische Verknüpfung ist die **Negation** mit dem Junktor '$\neg$'. Von einer Aussage p ist $\neg p$ ('*nicht p*', '*non p*') das logische Gegenteil, die verneinte Aussage, die genau dann wahr ist, wenn p falsch ist und umgekehrt.

p	$\neg p$
w	f
f	w

Beispiel 1:

p: 1001 ist eine Primzahl.
$\neg p$: 1001 ist keine Primzahl.

q: Das Dreieck ABC ist rechtwinklig und gleichschenklig.
$\neg q$: Das Dreieck ABC ist nicht rechtwinklig oder nicht gleichschenklig.

r: Das Viereck ABCD ist ein Rechteck oder eine Raute.

$\neg r$: Das Viereck ABCD ist weder ein Rechteck noch eine Raute.

s: In jedem Viereck halbieren sich die Diagonalen.
$\neg s$: Es gibt ein Viereck, in dem sich die Diagonalen nicht halbieren.

t: Manche Dreiecke sind zugleich rechtwinklig und gleichseitig.
$\neg t$: Es gibt kein Dreieck, das rechtwinklig und gleichseitig ist.

u: Wenn das Dreieck ABC gleichseitig ist, hat es auch drei gleiche Winkel.
$\neg u$: Das Dreieck ABC ist gleichseitig und hat verschiedene Winkel.

Bei der Frage nach der Verneinung der Aussage q von oben erhält man oft die Antwort: „Das Dreieck ABC ist weder rechtwinklig noch gleichschenklig.“ Nun ist für ein rechtwinkliges, nicht gleichschenkliges Dreieck die Aussage q falsch. Nach Definition muß dann aber die Negation wahr sein. Dies trifft für die genannte Aussage nicht zu, also kann es sich nicht um die Negation von q handeln. Dagegen überlegt man leicht, daß für *jede* mögliche Dreiecksform genau eine der oben genannten Aussagen q oder $\neg q$ wahr ist.

Ungläubigkeit ist die weitverbreitete Reaktion auf die Verneinung der Aussage u. Mit Hilfe einer Wahrheitstafel kann man sich von der Richtigkeit überzeugen:
u ist eine Implikation mit der Prämisse

p: Das Dreieck ABC ist gleichseitig

und der Folgerung

q: Das Dreieck ABC hat drei gleiche Winkel.

Gemäß der Definition der Negation läßt sich der Wahrheitsverlauf von $\neg u$ in Abhängigkeit der Belegungen von p, q in einer Tafel darstellen:

p	q	$u: p \Rightarrow q$	$\neg u: \neg(p \Rightarrow q)$
w	w	w	f
w	f	f	w
f	w	w	f
f	f	w	f

Der Tafel ist zu entnehmen, daß $\neg u$ genau dann wahr ist, wenn p wahr und q falsch ist. Der Wahrheitsverlauf für $\neg u$ ist also identisch mit dem der zusammengesetzten Aussage $p \wedge (\neg q)$. Mit Hilfe der Wahrheitstafel wurde hier rein formal, ohne Berücksichtigung des Inhalts der Aussagen p und q, abgeleitet, wie eine Implikation $p \Rightarrow q$ korrekt zu verneinen ist. ♣

Übung 3:

Begründen Sie, warum die Aussagen
r_1: Das Viereck ABCD ist kein Rechteck oder keine Raute,

s_1: In jedem Viereck halbieren sich die Diagonalen nicht,
t_1: Manche gleichseitigen Dreiecke sind nicht rechtwinklig
nicht die Negationen der Aussagen r, s, t in Beispiel 1 sind. ♠

Übung 4:

Verneinen sie die Aussagen. In welchen Fällen sind die Aussagen, in welchen die Negationen wahr ?

p: 4 ist eine Primzahl oder eine Quadratzahl.
q: Es gibt keine geraden Primzahlen.
r: Von den Zahlen 1,2,3,4,5,6,7,8 ist weniger als die Hälfte gerade.
s: Jedes Rechteck ist auch ein Quadrat.
t: Ist ein Dreieck rechtwinklig, dann gilt der Höhensatz.
u: Die Winkelsumme im Viereck beträgt 360°. ♠

Lösungen und Lösungshinweise zu den Übungen

Ü 1: Falsch für die Würfelfolgen $(6,1), (6,2), (6,3), (6,5), (6,6)$, sonst wahr.

Ü 2:

p	q	1	2	3	4	5	6	7	8	9	10	11	12	13	14	15	16
w	w	w	w	w	w	w	w	w	w	f	f	f	f	f	f	f	f
w	f	w	w	w	w	f	f	f	f	w	w	w	w	f	f	f	f
f	w	w	w	f	f	w	w	f	f	w	w	f	f	w	w	f	f
f	f	w	f	w	f	w	f	w	f	w	f	w	f	w	f	w	f

Die gefragten Junktoren sind der Reihe nach 8, 2, 5, 3, 7, 15, 10.

Ü 3:

r_1 : Für Rechtecke, die keine Rauten sind, sind sowohl r als auch r_1 wahr.
s_1 : Betrachtet man ein Viereck, in dem sich die Diagonalen halbieren und eines, in dem sich die Diagonalen nicht halbieren, dann sind für diese beiden Vierecke sowohl s als auch s_1 falsch.
t_1: *'Manche'* wird im Sinne von *'es gibt ein'* gebraucht; von daher schließen sich die beiden Aussagen nicht aus, was bei einer Ausage und ihrer Negation der Fall wäre.

Ü 4:

$\neg p$: 4 ist weder Primzahl, noch Quadratzahl. (f)
$\neg q$: Es gibt eine gerade Primzahl. (w)
$\neg r$: Mindestens vier der Zahlen 1,2,3,4,5,6,7,8 sind ungerade. (w)
$\neg s$: Manche Rechtecke sind keine Quadrate. (w)
$\neg t$: Für mindestens ein rechtwinkliges Dreieck gilt der Höhensatz nicht. (f)
$\neg u$: Es gibt ein Viereck, dessen Winkelsumme nicht 360° beträgt. (f)

I.2 Aussagenlogische Formeln und Gesetze

So wie in der Arithmetik aus Zahlenvariablen mit Hilfe der Verknüpfungen +, -, ·, : Terme zusammengesetzt werden, lassen sich mit Hilfe der Junktoren aus Aussagen komplexe Aussagen und aus Aussagenvariablen **aussagenlogische Formeln** oder **Ausdrücke** zusammensetzen. In Beispiel 1 hatten wir dies bei der Bestimmung von $\neg u$ bereits getan, als wir feststellten, daß $\neg u$ denselben Wahrheitsverlauf wie der Ausdruck $p \wedge (\neg q)$ hat. So wie ein arithmetischer Term zu einer Zahl wird, wenn man für alle Variablen Zahlen einsetzt, geht eine aussagenlogische Formel in eine Aussage über, wenn man alle Variablen durch Aussagen ersetzt, wobei man, wie in der Arithmetik, gleiche Variable durch die gleiche Aussage zu ersetzen hat.

Definition I.2:

(1) Aussagenvariable sind **aussagenlogische Formeln (Ausdrücke)**.
(2) Sind f_1, f_2 aussagenlogische Formeln, dann sind auch $\neg f_1, f_1 \wedge f_2, f_1 \vee f_2, f_1 \Rightarrow f_2, f_1 \Leftrightarrow f_2$ aussagenlogische Formeln.

In dieser **rekursiven Definition** werden zunächst in (1) die einfachsten aussagenlogischen Formeln, die keine Junktoren enthalten, angegeben und dann in (2) die aussagenlogischen Formeln, die man durch Verknüpfung der Variablen mit Junktoren erhält. Nunmehr lassen sich aus den Formeln in (1) und den neu gewonnenen in (2) durch Verknüpfungen weitere bilden. Dabei legen wie in der Arithmetik Klammern die Reihenfolge der Verknüpfungen fest.

Beispiel 2:

$f_1: \quad (p \wedge q) \Rightarrow (\neg p \vee q)$
$f_2: \quad ((\neg p \Rightarrow q) \wedge \neg q) \Leftrightarrow p$
$f_3: \quad (p \wedge (p \Rightarrow q)) \Leftrightarrow q$
$f_4: \quad (p \wedge q) \wedge (\neg(p \Leftrightarrow q))$
$f_5: \quad (p \vee (q \wedge r)) \Rightarrow (\neg p \vee q)$

Der Wahrheitsverlauf der Formeln in Abhängigkeit der Belegung der vorkommenden Aussagenvariablen läßt sich mit einer Tafel schrittweise bestimmen, wie die folgende Tafel für die Formel f_5 zeigt. Da f_5 drei Aussagenvariable enthält, gibt es 2^3 verschiedene Belegungen, und die Tafel hat 8 Zeilen. Bei einer Formel mit n verschiedenen Aussagevariablen gäbe es 2^n Belegungen, eine Wahrheitstafel hätte 2^n Zeilen.

p	q	r	$q \wedge r$	$p \vee (q \wedge r)$	$\neg p$	$\neg p \vee q$	$(p \vee (q \wedge r)) \Rightarrow (\neg p \vee q)$
w	w	w	w	w	f	w	w
w	w	f	f	w	f	w	w
w	f	w	f	w	f	f	f
w	f	f	f	w	f	f	f
f	w	w	w	w	w	w	w
f	w	f	f	f	w	w	w
f	f	w	f	f	w	w	w
f	f	f	f	f	w	w	w

♣

Übung 5:

Stellen Sie jeweils den Wahrheitsverlauf der aussagenlogischen Formeln f_1, f_2, f_3, f_4 aus Beispiel 2 in einer Tafel dar. ♠

Die Ausdrücke $(p \Rightarrow q) \wedge \neg q$ und $p \Rightarrow (q \wedge \neg q)$ unterscheiden sich im Wahrheitsverlauf. In Analogie zur Arithmetik, wo aufgrund der Festsetzung *'Punktrechnung geht vor Strichrechnung'* Klammern in Termen eingespart werden, vereinbart man in der Aussagenlogik die **Vorrangregeln**:

$\wedge$, $\vee$ sind gleichrangig,
$\Rightarrow$, $\Leftrightarrow$ sind gleichrangig,
$\wedge$, $\vee$ haben Vorrang vor $\Rightarrow$, $\Leftrightarrow$,
$\neg$ gilt nur für die unmittelbar folgende Aussage.

Demnach ist unter $p \Rightarrow q \wedge \neg q$ der Ausdruck $p \Rightarrow (q \wedge \neg q)$ zu verstehen. Und $((p \vee q) \Rightarrow (q \wedge r)) \Leftrightarrow ((\neg p \wedge r) \Rightarrow (q \vee \neg r))$ läßt sich vereinfachen zu
$(p \vee q \Rightarrow q \wedge r) \Leftrightarrow (\neg p \wedge r \Rightarrow q \vee \neg r)$.

Übung 6:

Vereinfachen Sie, wenn möglich, die aussagenlogischen Formeln f_1, f_2, f_3, f_4, f_5 in Beispiel 2 durch Weglassen aller überflüssigen Klammern. ♠

Aus Gründen der Übersichtlichkeit und Strukturierung ist es manchmal ratsam, auf das Weglassen von Klammern zu verzichten bzw. sogar zusätzliche Klammern zu setzen.

Aussagenvariablen sind die einfachsten aussagenlogischen Formeln. Das Ersetzen einer Variablen durch eine Aussage führt zu einer wahren oder auch einer falschen

Aussage. Bei aussagenlogischen Formeln, die keine Variablen sind, kann die Situation anders sein. So ist die Formel $f_1 : \ (p \wedge q) \Rightarrow (\neg p \vee q)$ aus Beispiel 2 bei allen möglichen Belegungen von p und q stets wahr. Dagegen ist für alle Belegungen $f_4 : \ (p \wedge q) \wedge (\neg(p \Leftrightarrow q))$ immer falsch. Für f_2 gibt es Belegungen, bei denen f_2 wahr ist und auch solche, für die f_2 falsch ist. Das führt zu folgenden Definitionen.

Definition I.3:

> Eine aussagenlogische Formel heißt **allgemeingültig**, eine **Tautologie** oder ein **aussagenlogisches Gesetz**, wenn sie bei jeder möglichen Belegung aller Aussagenvariablen stets wahr ist.
>
> Eine Formel, die für jede Belegung falsch ist, heißt **unerfüllbar, kontradiktorisch** oder eine **Kontradiktion**.
>
> Eine Formel heißt **erfüllbar**, wenn sie nicht kontradiktorisch ist.

In Beispiel 2 ist die Formel f_1 eine Tautologie, f_4 eine Kontradiktion, und f_1, f_2, f_3, f_5 sind erfüllbar. Aus der Definition folgt direkt, daß eine Formel genau dann allgemeingültig ist, wenn ihre Negation unerfüllbar ist.
Vergleichsweise ist

$$(a + b)^2 = a^2 + 2ab + b^2$$

eine allgemeingültige Formel der Algebra, denn die Gleichheit der Terme gilt für alle reellen Zahlen. Dagegen gibt es keine reellen Zahlen a, b, für die

$$(a + b)^2 < 0$$

gilt. Die Formel ist unerfüllbar. Die Ungleichung

$$3x + 7 \geq 10$$

ist erfüllbar, wenn man für x reelle Zahlen einsetzen darf.

Übung 7:

a) Weisen Sie für die Formeln f_1, f_2, f_3, f_4, f_5 in Beispiel 2 Erfüllbarkeit, Allgemeingültigkeit bzw. Unerfüllbarkeit nach.

b) Prüfen Sie die Formeln auf Allgemeingültigkeit, Erfüllbarkeit, Unerfüllbarkeit.

$f_6 : \quad (\neg p \Rightarrow q \wedge \neg q) \Leftrightarrow q$

$f_7 : \quad ((p \vee q) \Rightarrow r) \Leftrightarrow (\neg p \wedge \neg q) \vee r$

$f_8 : \quad \neg(p \Leftrightarrow q) \Leftrightarrow ((q \Rightarrow p) \wedge (p \Rightarrow q))$

$f_9 : \quad (p \Leftrightarrow q) \Leftrightarrow (\neg p \vee q) \wedge (\neg q \vee p)$

$f_{10} : \quad (p \wedge q) \vee r \Rightarrow (p \wedge r) \vee q$

♠

Für eine Formel mit 2 Aussagenvariablen gibt es genau 16 mögliche Wahrheitsverteilungen (Satz I.1). Andererseits kann man mit Hilfe der Junktoren beliebig viele Formeln mit zwei Aussagenvariablen bilden. Es gibt daher Formeln, die im Erscheinungsbild verschieden sind, aber denselben Wahrheitsverlauf haben. In Beispiel 1 hatten wir dies beim Versuch der Verneinung einer Implikation für die Ausdrücke

$\neg(p \Rightarrow q)$ und $p \wedge \neg q$ bereits festgestellt. Auch der Ausdruck $\neg(\neg p \vee q)$ hat denselben Wahrheitsverlauf. Prüfen Sie es anhand der Tafel nach.

p	q	$\neg p$	$\neg q$	$p \Rightarrow q$	$\neg(p \Rightarrow q)$	$p \wedge \neg q$	$\neg(\neg p \vee q)$
w	w	f	f	w	**f**	**f**	**f**
w	f	f	w	f	**w**	**w**	**w**
f	w	w	f	w	**f**	**f**	**f**
f	f	w	w	w	**f**	**f**	**f**

Definition I.4:

Zwei aussagenlogische Formeln f_1, f_2 heißen **gleichwertig** oder **logisch äquivalent**, wenn sie denselben Wahrheitsverlauf haben.

Logische Äquivalenz ist zu unterscheiden von der aussagenlogischen Verknüpfung '$\Leftrightarrow$'. Während durch den Junktor '$\Leftrightarrow$' aus zwei Aussagen bzw. Formeln f_1, f_2 eine neue Aussage bzw. Formel $f_1 \Leftrightarrow f_2$ gebildet wird, beschreibt logische Äquivalenz eine Eigenschaft der Formeln f_1, f_2, nämlich die, daß beide denselben Wahrheitswert haben. Die Gleichwertigkeit zweier Formeln f_1, f_2 läßt sich jedoch mit Hilfe des Junktors '$\Leftrightarrow$' charakterisieren. Unmittelbar aus der Definition des Werteverlaufs von '$\Leftrightarrow$' folgt

Satz I.5:

Zwei aussagenlogische Formeln f_1, f_2 sind genau dann gleichwertig, wenn die Formel $f_1 \Leftrightarrow f_2$ ein aussagenlogisches Gesetz ist.

Die Gleichwertigkeit zweier aussagenlogischer Formeln entspricht der Gleichheit zweier algebraischer Terme.

Beispiel 3:

Wichtige aussagenlogische Formeln $f_1 \Leftrightarrow f_2$ mit gleichwertigen Formeln f_1, f_2 sind

(1)	$\neg(\neg p)$	$\Leftrightarrow$	p	(doppelte Negation)
(2)	$p \wedge q$	$\Leftrightarrow$	$q \wedge p$	(Kommutativität von '$\wedge$')
(3)	$p \vee q$	$\Leftrightarrow$	$q \vee p$	(Kommutativität von '$\vee$')
(4)	$(p \wedge q) \wedge r$	$\Leftrightarrow$	$p \wedge (q \wedge r)$	(Assoziativität von '$\wedge$')
(5)	$(p \vee q) \vee r$	$\Leftrightarrow$	$p \vee (q \vee r)$	(Assoziativität von '$\vee$')
(6)	$p \wedge (q \vee r)$	$\Leftrightarrow$	$(p \wedge q) \vee (p \wedge r)$	(Distributivität von '$\wedge$' bzgl. '$\vee$')
(7)	$p \vee (q \wedge r)$	$\Leftrightarrow$	$(p \vee q) \wedge (p \vee r)$	(Distributivität von '$\vee$' bzgl. '$\wedge$')
(8)	$\neg(p \vee q)$	$\Leftrightarrow$	$\neg p \wedge \neg q$	(Regeln von de Morgan)
(9)	$\neg(p \wedge q)$	$\Leftrightarrow$	$\neg p \vee \neg q$	
(10)	$\neg(p \Rightarrow q)$	$\Leftrightarrow$	$p \wedge \neg q$	(Verneinung der Implikation)
(11)	$(p \Rightarrow q)$	$\Leftrightarrow$	$\neg p \vee q$	

♣

Daß die in den Gesetzen jeweils vorkommenden Formeln logisch äquivalent sind, läßt sich anhand von Tafeln leicht nachprüfen. Für (10) wurde es bereits nachgewiesen. Die folgende Tafel beweist (9).

p	q	$p \wedge q$	$\neg(p \wedge q)$	$\neg p$	$\neg q$	$\neg p \vee \neg q$
w	w	w	f	f	f	f
w	f	f	w	f	w	w
f	w	f	w	w	f	w
f	f	f	w	w	w	w

Die aussagenlogischen Gesetze (1) bis (6) entsprechen den folgenden arithmetischen Gesetzen für reelle Zahlen.

$$
\begin{array}{ll}
(1') & -(-a) = a \\
(2') & a \cdot b = b \cdot a \\
(3') & a + b = b + a \\
(4') & (a \cdot b) \cdot c = a \cdot (b \cdot c) \\
(5') & (a + b) + c = a + (b + c) \\
(6') & a \cdot (b + c) = a \cdot b + a \cdot c
\end{array}
$$

Aufgrund von (6) kann man beispielsweise die Aussage *'ABCD ist ein Viereck mit zwei parallelen Seiten, oder ABCD ist ein Viereck mit senkrecht aufeinanderstehenden Diagonalen'* abgekürzt formulieren: *'ABCD ist ein Viereck mit zwei parallelen Seiten oder senkrecht aufeinanderstehenden Diagonalen.'* Verbal wird diese Aussage häufig weiter verkürzt, wodurch die logische Struktur verwischt wird: *'Im Viereck ABCD sind zwei Seiten parallel oder die Diagonalen stehen senkrecht aufeinander.'* Was sind hier die Aussagen p, q, r aus (6) ? Für welche Vierecke Quadrat, Rechteck, Raute, Parallelogramm, Trapez, Drachen trifft die Aussage zu ?

Ein (7) entsprechendes Distributivgesetz gilt in der Arithmetik nicht, denn $a + (b \cdot c) = (a + b) \cdot (a + c)$ ist nicht allgemeingültig, denn es gibt Zahlen a, b, c, zum Beispiel $a = b = c = 1$, für die die Aussage falsch ist.

Die Regeln

$$
\begin{array}{llll}
(8) & \neg(p \vee q) & \Leftrightarrow & \neg p \wedge \neg q \\
(9) & \neg(p \wedge q) & \Leftrightarrow & \neg p \vee \neg q
\end{array}
$$

benannt nach AUGUSTUS DE MORGAN (1806-1871), besagen, wie Konjunktion und Disjunktion zu verneinen sind. Damit lassen sich beispielsweise für die Aussagen

q: Das Dreieck ABC ist rechtwinklig und gleichschenklig,
r: Das Viereck ABCD ist ein Rechteck oder eine Raute,

die Negationen direkt angeben. Sie lauten (vgl. Beispiel 1) ?

Auch die anderen Gesetze sollte sich der Leser an umgangssprachlichen oder mathematischen Beispielen verdeutlichen.

Mathematische Beweismethoden basieren auf aussagenlogischen Gesetzen. Es werden nun Gesetze vorgestellt, die vielen Beweisen zugrunde liegen und somit häufig angewandte Beweismethoden darstellen.
Da in einigen der folgenden Beispiele Aussagen über Teilbarkeit bewiesen werden, definieren wir zunächst Teilbarkeit für ganze Zahlen.

Definition I.6:

Es seien a, b ganze Zahlen; a heißt ein **Teiler** von b, genau dann, wenn es eine ganze Zahl d gibt, so daß $a \cdot d = b$ gilt.

Wir schreiben $a \mid b$ und lesen dies '*a teilt b*', '*a ist Teiler von b*' oder '*b ist* **Vielfaches** *von a*'. Ist a kein Teiler von b, so schreiben wir $a \nmid b$.

Kommen wir nun zu den aussagenlogischen Gesetzen, die oft Grundlage von Beweisen sind. Zunächst zeigen wir, daß sich der Beweis einer Äquivalenz $p \Leftrightarrow q$ durch den Nachweis der zwei Implikationen $p \Rightarrow q$ und $q \Rightarrow p$ führen läßt.

$$(12) \quad (p \Leftrightarrow q) \quad \Leftrightarrow \quad (p \Rightarrow q) \wedge (q \Rightarrow p)$$

Die Tafel beweist (12).

p	q	$p \Leftrightarrow q$	$p \Rightarrow q$	$q \Rightarrow p$	$p \Rightarrow q \wedge q \Rightarrow p$
w	*w*	**w**	*w*	*w*	**w**
w	*f*	**f**	*f*	*w*	**f**
f	*w*	**f**	*w*	*f*	**f**
f	*f*	**w**	*w*	*w*	**w**

Als Beispiel beweisen wir das Lösbarkeitskriterium für quadratische Gleichungen.

Für reelle Zahlen a, b ist die Gleichung $x^2 + ax + b = 0$ in der Menge der reellen Zahlen genau dann lösbar, wenn $(\frac{a}{2})^2 - b \geq 0$ gilt.

p: Für die reellen Zahlen a, b hat $x^2 + ax + b = 0$ mindestens eine reelle Lösung.
q: Für die reellen Zahlen a, b ist $(\frac{a}{2})^2 - b \geq 0$.
Zu zeigen ist $p \Leftrightarrow q$. Gezeigt wird $p \Rightarrow q \;\wedge\; p \Leftarrow q$. Wir charakterisieren künftig die beiden Beweisrichtungen durch '$\Rightarrow$': und '$\Leftarrow$':.

'$\Rightarrow$': $x^2 + ax + b = 0$ habe eine reelle Lösung x_0. Hieraus folgt durch Auflösung nach x_0 mit quadratischer Ergänzung

$$x_0 = -\tfrac{a}{2} + \sqrt{(\tfrac{a}{2})^2 - b} \quad \vee \quad x_0 = -\tfrac{a}{2} - \sqrt{(\tfrac{a}{2})^2 - b}.$$

Da x_0 nach Voraussetzung eine reelle Zahl ist, muß $(\frac{a}{2})^2 - b \geq 0$ gelten, also q.

'$\Leftarrow$': Nun setzen wir $(\frac{a}{2})^2 - b \geq 0$ voraus. Dann sind

$$x_0 = -\tfrac{a}{2} + \sqrt{(\tfrac{a}{2})^2 - b} \quad \text{und} \quad x_1 = -\tfrac{a}{2} - \sqrt{(\tfrac{a}{2})^2 - b}.$$

reelle Zahlen (möglicherweise $x_0 = x_1$) und, wie man durch Einsetzen feststellt, Lösungen der Gleichung $x^2 + ax + b = 0$. Es gilt p.

Einen Beweis durch **Kontraposition** *führen* bedeutet, anstelle der behaupteten Implikation $p \Rightarrow q$ die Implikation $\neg q \Rightarrow \neg p$ nachzuweisen. Dies ist möglich aufgrund des aussagenlogischen Gesetzes

$$(13) \quad (p \Rightarrow q) \quad \Leftrightarrow \quad (\neg q \Rightarrow \neg p) \quad \text{(Kontraposition)}$$

Daß es sich auch bei (13) um eine Tautologie handelt, ist Inhalt von
Übung 8:

Zeigen Sie die Allgemeingültigkeit von (13). ♠

Als Beispiel zeigen wir durch Kontraposition für natürliche Zahlen a:

Ist a^2 durch 3 teilbar, dann auch a.

p: a^2 ist durch 3 teilbar, q: a ist durch 3 teilbar.

$\neg q \Rightarrow \neg p$: a ist nicht durch 3 teilbar $\Rightarrow$ a^2 ist nicht durch 3 teilbar.

Beweis: Wenn a nicht durch 3 teilbar ist, läßt a beim Teilen den Rest 1 oder 2 und kann dargestellt werden in der Form $a = 3a_1 + 1 \;\vee\; a = 3a_2 + 2$ mit natürlichen Zahlen a_1, a_2. Dann ist $a^2 = 9a_1^2 + 6a_1 + 1 = 3(3a_1^2 + 2a_1) + 1$ $\vee\; a^2 = 9a_2^2 + 12a_2 + 4 = 3(a_2^2 + 4a_2 + 1) + 1$, läßt also in beiden Fällen beim Teilen durch 3 den Rest 1; es gilt $\neg p$ und damit die Behauptung.

Oftmals werden Beweise nach dem Prinzip der **Abtrennung** geführt.

$$(14) \quad p \wedge (p \Rightarrow q) \Rightarrow q \quad \text{(Abtrennung)}$$

Dieses Gesetz macht noch einmal den Wahrheitsverlauf des Junktors '⇒' deutlich. Falls p wahr ist, dann ist die Implikation $p \Rightarrow q$ nur wahr, wenn auch q wahr ist. Dementsprechend kann etwa der Kosinussatz wie folgt bewiesen werden:

Man kennt (oder beweist) den Satz des Pythagoras (p).
Man zeigt: Wenn der Satz des Pythagoras gilt, dann auch der Kosinussatz ($p \Rightarrow q$).

Kosinussatz: $a^2 = b^2 + c^2 - 2bc \cdot \cos\alpha$
Pythagoras: $h^2 = a^2 - p^2 \wedge h^2 = b^2 - q^2$
$\Rightarrow \quad a^2 = b^2 - q^2 + p^2 \quad \wedge \quad p = c - q$
$\Rightarrow \quad a^2 = b^2 + c^2 - 2cq \quad \wedge \quad q = b \cdot \cos\alpha$
$\Rightarrow \quad a^2 = b^2 + c^2 - 2bc \cdot \cos\alpha$

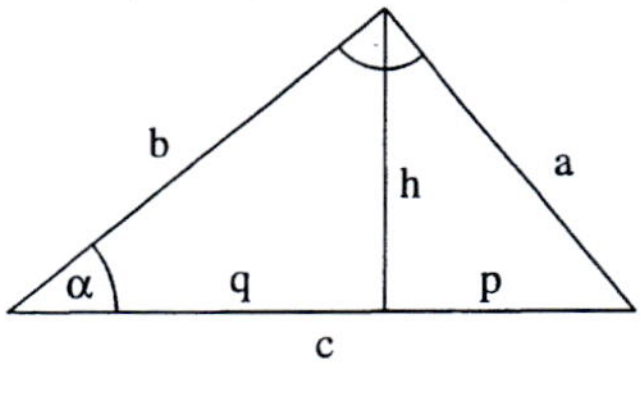

Abb. 1.1

$$(15) \quad (p \Rightarrow q) \wedge (q \Rightarrow r) \Rightarrow (p \Rightarrow r) \quad \text{(Transitivität von '}\Rightarrow\text{')}$$

Um beispielsweise für natürliche Zahlen a zu beweisen:

$$(\star) \quad 15 \text{ teilt } a^2 \quad \Rightarrow \quad 5 \text{ teilt } a,$$

kann man zeigen

$$(15 \text{ teilt } a^2 \Rightarrow 5 \text{ teilt } a^2) \;\wedge\; (5 \text{ teilt } a^2 \Rightarrow 5 \text{ teilt } a).$$

Übung 9:

Führen Sie den Beweis des Satzes $(\star)$ aus. ♠

$$(16) \quad (p \Rightarrow q \wedge r) \quad \Leftrightarrow \quad (p \Rightarrow q) \;\wedge\; (p \Rightarrow r)$$

Zum Beweis des folgenden Satzes soll dieses aussagenlogische Gesetz angewandt werden.

Im Quadrat halbieren sich die Diagonalen und stehen senkrecht aufeinander.

Der Beweis dieser Ausage läßt sich aufteilen in zwei Implikationen:
Im Quadrat halbieren sich die Diagonalen. Im Quadrat stehen die Diagonalen senkrecht aufeinander.

Übung 10:

Beweisen Sie den Satz über die Diagonalen im Quadrat. ♠

$$(17) \quad (p \vee q \Rightarrow r) \Leftrightarrow (p \Rightarrow r) \;\wedge\; (q \Rightarrow r)$$

Wir haben für natürliche Zahlen a durch Kontraposition bewiesen:
$3 \mid a^2 \Rightarrow 3 \mid a$. Der Beweis wurde gemäß (17) geführt:
'3 teilt nicht a' ist nämlich äquivalent zu der Aussage 'a läßt beim Teilen durch 3 den Rest 1 oder den Rest 2.'
a läßt beim Teilen durch 3 den Rest 1 $\Rightarrow$ $3 \nmid a^2$.
a läßt beim Teilen durch 3 den Rest 2 $\Rightarrow$ $3 \nmid a^2$.

$$(18) \quad ((p \vee \neg p) \Rightarrow q) \Rightarrow q \quad \text{(Fallunterscheidung, 2 Fälle)}$$

Da $p \vee \neg p$ stets wahr ist, muß q wahr sein, wenn die Implikation $p \vee \neg p \Rightarrow q$ wahr ist. Für beliebige natürliche Zahlen a soll bewiesen werden:

$$7a^2 - 11a + 9 \quad \text{ist stets eine ungerade Zahl.}$$

Man unterscheidet zwei Fälle und zeigt:
1.Fall: a gerade $\Rightarrow$ $7a^2 - 11a + 9$ ist ungerade.
2.Fall: a ungerade $\Rightarrow$ $7a^2 - 11a + 9$ ist ungerade.
Damit ist die Behauptung bewiesen, denn jede natürliche Zahl ist gerade oder ungerade.

Natürlich gibt es Beweise durch Fallunterscheidung, wo mehr als zwei Fälle zu untersuchen sind, wo die Prämisse nicht die Form $p \vee \neg p$ hat, sondern $p_1 \vee p_2 \vee \cdots \vee p_n$. Wichtig ist dabei, daß die Disjunktion alle möglichen Fälle erfaßt.

Soll auf diese Art bewiesen werden

für beliebige natürliche Zahlen a gilt $3 \mid a^3 + 2a$,

dann sind drei Fälle zu unterscheiden:
1.Fall: $3 \mid a \Rightarrow 3 \mid a^3 + 2a$.
2.Fall: a läßt beim Teilen durch 3 den Rest 1 $\Rightarrow 3 \mid a^3 + 2a$.
3.Fall: a läßt beim Teilen durch 3 den Rest 2 $\Rightarrow 3 \mid a^3 + 2a$.

Übung 11:

Führen Sie den Beweis durch Fallunterscheidung aus. ♠

Manchmal ist es vorteilhaft, Beweise **indirekt** zu führen.

$$(19) \quad (\neg p \Rightarrow q \wedge \neg q) \Leftrightarrow p \quad \text{(indirekter Beweis)}$$

Die Aussage p soll bewiesen werden. Man folgert aus der Negation von p einen Widerspruch $(q \wedge \neg q)$, und hat damit p *indirekt* bewiesen.

Für beliebige positive reelle Zahlen a, b wird behauptet

$$\frac{a}{b} + \frac{b}{a} \geq 2.$$

Indirekter Beweis: Man geht von der gegenteiligen Annahme aus:
$\frac{a}{b} + \frac{b}{a} < 2 \quad \Rightarrow \quad \frac{a^2+b^2}{ab} < 2 \quad \Rightarrow \quad a^2 + b^2 < 2ab \quad \Rightarrow \quad (a-b)^2 < 0$
und erhält den Widerspruch $(a-b)^2 < 0 \wedge (a-b)^2 \geq 0$ (wobei zu beachten ist, daß Quadrate reeller Zahlen nie negativ sind). Die Annahme war falsch, es gilt $\frac{a}{b} + \frac{b}{a} \geq 2$.

Soll speziell eine Implikation $r \Rightarrow s$ indirekt bewiesen werden, muß $\neg(r \Rightarrow s)$, also $r \wedge \neg s$ zum Widerspruch geführt werden.

Um indirekt zu beweisen

Wenn a eine Primzahl ist, dann ist $\sqrt{a}$ eine irrationale Zahl,

zeigt man, daß die gegenteilige Annahme

a ist eine Primzahl , und $\sqrt{a}$ ist eine rationale Zahl

zu einem Widerspruch führt. Der Beweis ist im folgenden verkürzt dargestellt.

Beweis: Ist a eine Primzahl und $\sqrt{a}$ rational, dann läßt sich $\sqrt{a}$ darstellen als *ausgekürzter* Bruch $\sqrt{a} = \frac{x}{y}$ mit natürlichen Zahlen x, y. Hieraus folgt die Schlußkette
$a = \frac{x^2}{y^2} \quad \Rightarrow \quad ay^2 = x^2 \quad \Rightarrow \quad a \mid x^2 \quad \Rightarrow \quad a \mid x$
(dieser Schritt muß bewiesen werden, z.B. durch Kontraposition. Man nutzt dabei aus, daß a eine Primzahl ist)
$\Rightarrow$ es gibt eine natürliche Zahl d mit $a \cdot d = x$
$\Rightarrow \quad x^2 = a^2d^2 \quad \Rightarrow \quad ay^2 = a^2d^2 \quad \Rightarrow \quad y^2 = ad^2 \quad \Rightarrow \quad a \mid y^2 \quad \Rightarrow \quad a \mid y.$

Also ist a ein Teiler von x und von y, im Widerspruch dazu, daß der Bruch $\frac{x}{y}$ ausgekürzt war. Es gilt die behauptete Implikation.

Beispiel 4:

Häufig werden in einem Beweis mehrere aussagenlogische Gesetze angewandt. Untersuchen Sie, welche der Tautologien (12) bis (19) in den folgenden Beweisen Anwendung finden.

a) Dann und nur dann ist eine natürliche Zahl a das Quadrat einer Primzahl, wenn sie genau 3 Teiler hat:

$$a = p^2 \text{ mit natürlichen Zahlen } a, p, \quad p \text{ Primzahl} \quad \Leftrightarrow \quad a \text{ hat genau 3 Teiler}$$

Beweis: $'\Rightarrow'$: $a = p^2 \quad \Rightarrow \quad$ alle Teiler von a sind $1, p, p^2$.
$'\Leftarrow'$:
Mit $1, x, a$ bezeichnen wir alle Teiler von a, wobei $\;1 < x < a\;$ gilt
$\Rightarrow$ es gibt eine natürliche Zahl y mit $\quad x \cdot y = a \quad \wedge \quad 1 < y < a$
$\Rightarrow \quad y \mid a \quad \Rightarrow \quad y = x$ (nach Voraussetzung) $\quad \Rightarrow \quad a = x^2$.
Es bleibt zu zeigen, daß x eine Primzahl ist:
Wäre x keine Primzahl, dann hätte x einen Teiler d mit $1 < d < x$
$\Rightarrow \quad d \mid x \quad \wedge \quad x \mid a \quad \Rightarrow \quad d \mid a$ (letzteres folgt unmittelbar aus Definition I.6).
Das ist ein Widerspruch, denn d wäre ein weiterer Teiler von a; also ist x eine Primzahl und es ist $a = x^2$.

b) Genau wenn beide natürlichen Zahlen a, b von 3 geteilt werden oder beide Zahlen a, b von 3 nicht geteilt werden, ist 3 ein Teiler der Differenz der Quadrate:

$$(3 \mid a \wedge 3 \mid b) \vee (3 \nmid a \wedge 3 \nmid b) \quad \Leftrightarrow \quad 3 \mid (a^2 - b^2)$$

Beweis: $'\Rightarrow'$:
1.Fall: $3 \mid a \quad \wedge \quad 3 \mid b$
$\Rightarrow \quad a = 3a_1 \quad \wedge \quad b = 3b_1 \quad$ mit natürlichen Zahlen a_1, b_1 (nach Definition I.6)
$\Rightarrow \quad a^2 - b^2 = 3 \cdot 3(a_1^2 - b_1^2)$
$\Rightarrow \quad 3 \mid a^2 - b^2$
2.Fall: Als Beispiel für einen Beweis durch Kontraposition wurde bereits gezeigt (vgl. (13)):
Wenn eine Zahl a nicht durch 3 teilbar ist, läßt a^2 beim Teilen durch 3 stets den Rest 1, oder kurz

$$3 \nmid a \quad \Rightarrow \quad 3 \mid a^2 - 1$$

Hiermit folgt
$3 \nmid a \quad \wedge \quad 3 \nmid b \quad \Rightarrow \quad 3 \mid a^2 - 1 \quad \wedge \quad 3 \mid b^2 - 1$
$\Rightarrow \quad a^2 - 1 = 3x \quad \wedge \quad b^2 - 1 = 3y \quad$ mit natürlichen Zahlen x, y
$\Rightarrow \quad a^2 - b^2 = (a^2 - 1) - (b^2 - 1) = 3(x - y) \quad \Rightarrow \quad 3 \mid a^2 - b^2$

$'\Leftarrow'$:
Aus bereits geführten Beweisen folgt
$3 \mid a \quad \wedge \quad 3 \nmid b \quad \Rightarrow \quad 3 \mid a^2 \quad \wedge \quad 3 \nmid b^2 \quad \Rightarrow \quad 3 \nmid a^2 - b^2$

und entsprechend
$3 \nmid a \quad \wedge \quad 3|b \quad \Rightarrow \quad 3 \nmid a^2 \quad \wedge \quad 3|b^2 \quad \Rightarrow \quad 3 \nmid a^2 - b^2$ ♣

Neben der Methode, die Gleichwertigkeit von Formeln oder aussagenlogischen Gesetzen durch Wertetafeln nachzuweisen, gibt es die Möglichkeit der logisch äquivalenten Ersetzungen (*äquivalenten Umformungen*) aufgrund des folgenden, unmittelbar einsichtigen Satzes.

Satz I.7:

> Eine aussagenlogische Formel f_1 geht in eine gleichwertige Formel f_2 über, wenn man in ihr eine Teilformel durch eine dazu gleichwertige Formel ersetzt.

Vergleichbar ist das Ersetzen von Teilformeln durch logisch äquivalente Ausdrücke mit Äquivalenzumformungen an Termen in der Arithmetik. Durch äquivalente Umformungen wird nun das aussagenlogische Gesetz

$$(11) \qquad (p \Rightarrow q) \quad \Leftrightarrow \quad (\neg p \vee q)$$

aus Beispiel 3 bewiesen, indem eine Tautologie durch logisch äquivalente Ersetzungen in (11) überführt wird.

$(p \Rightarrow q)$	$\Leftrightarrow$	$\neg(\neg(p \Rightarrow q))$	ist ein aussagenlogisches Gesetz nach (1)
$(p \Rightarrow q)$	$\Leftrightarrow$	$\neg(p \wedge \neg q)$	wegen (10)
$(p \Rightarrow q)$	$\Leftrightarrow$	$\neg p \vee \neg(\neg q)$	nach (8)
$(p \Rightarrow q)$	$\Leftrightarrow$	$\neg p \vee q$	nach (1)

Hieraus folgt mit (12) $\quad (p \Leftrightarrow q) \Leftrightarrow (p \Rightarrow q \wedge q \Rightarrow p) \quad$ unmittelbar das Gesetz

$$(20) \qquad (p \Leftrightarrow q) \quad \Leftrightarrow \quad (\neg p \vee q) \wedge (\neg q \vee p),$$

von dem Sie in Übung 7 b) die Allgemeingültigkeit per Tafel nachgewiesen haben.

Auch das Gesetz der Kontraposition läßt sich durch äquivalente Umformungen beweisen:

$(p \Rightarrow q)$	$\Leftrightarrow$	$(\neg p \vee q)$	ist eine Tautologie nach (11)
$(p \Rightarrow q)$	$\Leftrightarrow$	$(q \vee \neg p)$	nach (3)
$(p \Rightarrow q)$	$\Leftrightarrow$	$\neg(\neg q) \vee (\neg p)$	nach (1)
$(p \Rightarrow q)$	$\Leftrightarrow$	$(\neg q \Rightarrow \neg p)$	nach (11)

Um Teilformeln durch logisch äquivalente austauschen zu können, ist die Kenntnis möglichst vieler gleichwertiger Formeln hilfreich. Zur Verkürzung und Vereinfachung von Formeln können auch die folgenden Gesetze dienen.

(21)	$p \vee p \Leftrightarrow p$	$p \wedge p \Leftrightarrow p$	(Idempotenz)
(22)	$p \vee (p \wedge q) \Leftrightarrow p$	$p \wedge (p \vee q) \Leftrightarrow p$	(Absorptionsgesetz)

Tautologien sind stets logisch äquivalent, denn sie haben denselben Wahrheitsverlauf. Entsprechendes gilt für Kontradiktionen. Bezeichnen wir eine Formel mit t, falls sie eine Tautologie ist und mit k, falls sie kontradiktorisch ist, kommen die folgenden aussagenlogischen Gesetze hinzu:

(23)	$t \vee p \Leftrightarrow t$	$t \wedge p \Leftrightarrow p$	(Tautologieregeln)
(24)	$k \vee p \Leftrightarrow p$	$k \wedge p \Leftrightarrow k$	(Unerfüllbarkeitsregeln)

Übung 12:

Beweisen Sie durch äquivalente Umformungen die aussagenlogischen Gesetze

(25)	$((p \Rightarrow q) \wedge r)$	$\Leftrightarrow$	$((r \Rightarrow p) \Rightarrow (r \wedge q))$
(26)	$p \wedge (q \vee \neg p)$	$\Leftrightarrow$	$\neg(p \Rightarrow \neg q)$
(27)	$((p \vee \neg(q \wedge p)) \wedge (r \vee (s \vee r)))$	$\Leftrightarrow$	$(r \vee s)$

♠

Übung 13:

Die beiden Aussagen p, q sind logisch äquivalent. Formalisieren Sie die Aussagen und zeigen Sie die Gleichwertigkeit.

p: Wenn Stich oder Göllner gewinnen, und sich Becker gegen Courier durchsetzt, gibt es ein Endspiel mit deutscher Beteiligung.

q: Falls Göllner gewinnt, dann gibt es ein Endspiel mit deutscher Beteiligung, wenn Becker Courier schlägt, und wenn Becker siegt, steht ein Deutscher im Endspiel, falls Stich gewinnt. ♠

Übung 14:

Beweisen Sie die aussagenlogischen Gesetze (14) bis (19) durch äquivalente Umformungen. ♠

Es soll jetzt der Frage nachgegangen werden, ob man zur Darstellung von aussagenlogischen Formeln alle Junktoren $\wedge, \vee, \Rightarrow, \Leftrightarrow, \neg$ benötigt, oder ob man mit weniger Junktoren auskommt. Es gilt:

Satz I.8:

Zu jeder aussagenlogischen Formel gibt es eine gleichwertige Formel, die nur die Junktoren $\vee$ und $\neg$ enthält.

Beweis: Aufgrund von Satz I.7 genügt es zu zeigen, daß es für $p \wedge q$, $p \Rightarrow q$ und $p \Leftrightarrow q$ solche gleichwertigen Formeln gibt. In jeder Formel lassen sich dann Teilausdrücke, die $\wedge$, $\Rightarrow$ oder $\Leftrightarrow$ enthalten, durch äquivalente ersetzen. Gleichwertig zu $p \wedge q$ ist $\neg(\neg p \vee \neg q)$ aufgrund der Regeln von de Morgan. Wir haben bereits bewiesen (Beispiel 3), daß $p \Rightarrow q$ und $\neg p \vee q$ äquivalent sind. Ferner ist $p \Leftrightarrow q$ gleichwertig zu $p \Rightarrow q \wedge q \Rightarrow p$ und dies wiederum zu $(\neg p \vee q) \wedge (\neg q \vee p)$. Drückt man nur noch $\wedge$ äquivalent durch $\vee$ und $\neg$ aus, führt das zu $\neg(\neg(\neg p \vee q) \vee \neg(\neg q \vee p))$ ∎

Übung 15:

Zeigen Sie mit Hilfe äquivalenter Umformungen, daß sich der Ausdruck $((\neg p \Rightarrow q) \wedge \neg q) \Leftrightarrow p$ mit den Junktoren $\vee$ und $\neg$ äquivalent darstellen läßt durch $\neg p \vee \neg(\neg(p \vee q) \vee q)$. ♠

Genügt vielleicht auch eine der aussagenlogischen Verknüpfungen, um mit ihr alle Formeln gleichwertig darstellen zu können ? Dies ist tatsächlich der Fall und teilweise Inhalt der nachfolgenden Übung.

Übung 16:

Die aussagenlogische Verknüpfung $p|q$ (*Shefferscher Strich*, nach M.H.SHEFFER, nicht zu verwechseln mit dem Symbol ' | ' für Teilbarkeit) ist definiert durch die Tafel

p	q	$p\|q$
w	w	f
w	f	w
f	w	w
f	f	w

Es ist $p|q$ logisch äquivalent zu $\neg(p \wedge q)$. Alle aussagenlogischen Formeln lassen sich durch gleichwertige darstellen, die allein den Junktor ' | ' enthalten.

a) Welche der Formeln $(p|p)|q$, $(p|q)|p$, $q|(q|p)$, $p|(p|q)$ sind äquivalent zu $p \Rightarrow q$?

b) Zeigen Sie: $\neg p$ ist logisch äquivalent zu $p|p$
und $p \vee q$ läßt sich äquivalent durch $(p|p)|(q|q)$ darstellen.

c) Stellen Sie $p \wedge q$ durch eine äquivalente aussagenlogische Formel dar, die nur den Shefferstrich enthält.

♠

Wir wollen zum Abschluß untersuchen, inwiefern aussagenlogische Formeln zur Lösung des auf der Eingangsseite geschilderten Disco-Problems von Gudrun, Annette und Günter beitragen können.
Die Aussagen gu, a, g seien definiert durch

gu : Gudrun kommt, a : Annette kommt, g : Günter kommt.

Dann gilt:

(p_1)	$gu \wedge g \Rightarrow \neg a$		
(p_2)	$\neg gu \Rightarrow g$	(p_4)	$\neg g \Rightarrow gu$
(p_3)	$a \vee \neg gu \Rightarrow \neg g$	(p_5)	$g \Rightarrow gu \wedge \neg a$

Dabei erhält man p_4 und p_5 durch Kontraposition von p_2 und p_3. p_4 und p_5 besagen: Gleichgültig, ob Günter kommt oder nicht, Gudrun ist immer da. Und p_5 entnimmt man: Wenn Günter kommt, ist Annette nicht da.

Übung 17:

Andreas, Bernd, Chris, Dieter und Elvis wollen wissen, ob sie für das nächste Fußballspiel der Schulauswahl aufgestellt worden sind. Klaus hat verschiedene Aussagen des Lehrers nach dem letzten Training notiert: „Von Dieter und Elvis kommt mindestens einer zum Einsatz. Wenn Andreas spielt, dann auch Chris. Entweder spielt Chris oder Bernd. Wenn Elvis spielt, dann auch Dieter und Andreas. Entweder spielen Bernd und Dieter oder beide nicht.“

Hieraus geht klar hervor, wer sich auf das Spiel freuen kann ! ♠

Lösungen und Lösungshinweise zu den Übungen

Ü 5:

p	q	f_1	f_2	f_3	f_4
w	w	w	f	w	f
w	f	w	w	w	f
f	w	w	w	f	f
f	f	w	w	w	f

Ü 6:

$f_1: \quad p \wedge q \Rightarrow \neg p \vee q$
$f_2: \quad (\neg p \Rightarrow q) \wedge \neg q \Leftrightarrow p$
$f_3: \quad p \wedge (p \Rightarrow q) \Leftrightarrow q$
$f_4: \quad (p \wedge q) \wedge \neg(p \Leftrightarrow q)$
$f_5: \quad p \vee (q \wedge r) \Rightarrow \neg p \vee q$

Ü 7 b): Erfüllbar: f_6, f_7, f_9, f_{10}; allgemeingültig: f_7, f_9; kontradiktorisch: f_8.

Ü 8: Der Nachweis läßt sich leicht anhand einer Tafel führen.

Ü 9: $15 \mid a^2 \Rightarrow 5 \mid a^2$: klar; $5 \mid a^2 \Rightarrow 5 \mid a$: analog zu $3 \mid a^2 \Rightarrow 3 \mid a$.

Ü 10: Im nebenstehenden Quadrat ist $\triangle ABC$ gleichschenklig. Aus $\beta = 90^0$ folgt $\alpha_1 = \gamma_1 = 45^0$. Für $\triangle DAB$ folgt ebenso $\delta_1 = \beta_1 = 45^0$. Aus $\alpha_1 = \beta_1 = 45^o$ folgt, daß $\triangle ABM$ gleichschenklig ist ($|AM| = |BM|$) und daß $\epsilon_1 = 90^0$ ist (d.h. die Diagonalen stehen senkrecht aufeinander). $\triangle BCM$ ist ebenfalls gleichschenklig. Insgesamt ergibt sich $|AM| = |CM|$. Analog folgt $|DM| = |BM|$.

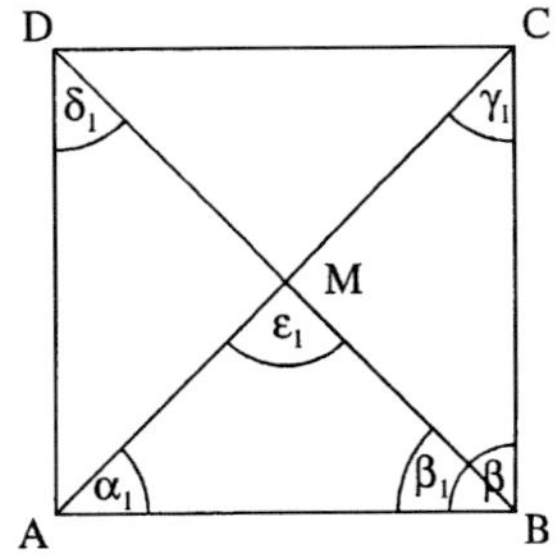

Ü 11:

1.Fall: $a^3 + 2a = a(a^2+2) \quad \wedge \quad 3 \mid a \quad \Rightarrow \quad 3 \mid a^3 + 2a$

2.Fall: Es gibt ein $k \in \mathbb{N}_0 : a = 3k+1 \quad \Rightarrow \quad a^3 + 2a = 3(9k^3 + 9k^2 + 5k + 1)$.

3.Fall: Es gibt ein $k \in \mathbb{N}_0 : a = 3k+2 \quad \Rightarrow \quad a^3 + 2a = 3(9k^3 + 18k^2 + 14k + 4)$.

Ü 12:

(25): $(p \Rightarrow q) \wedge r \quad \Leftrightarrow \quad (\neg p \vee q) \wedge r \quad$ (nach (11)) $\quad \Leftrightarrow \quad (\neg p \wedge r) \vee (q \wedge r) \quad (6)$
$\Leftrightarrow \quad \neg(p \vee \neg r) \vee (q \wedge r) \quad (8) \quad \Leftrightarrow \quad \neg(\neg r \vee p) \vee (q \wedge r) \quad (3)$
$\Leftrightarrow \quad \neg(r \Rightarrow p) \vee (q \wedge r) \quad (11) \quad \Leftrightarrow \quad ((r \Rightarrow p) \Rightarrow r \wedge q) \quad (11),(3)$.

(26): $p \wedge (q \vee \neg p) \quad \Leftrightarrow \quad (p \wedge q) \vee (p \wedge \neg p) \quad (6)$
$\Leftrightarrow \quad (p \wedge q) \vee k \quad$ (wegen $(p \wedge \neg p) \Leftrightarrow k$) $\quad \Leftrightarrow \quad p \wedge q \quad (24)$
$\Leftrightarrow \quad \neg(p \Rightarrow \neg q) \quad (10)$.

(27): $((p \vee \neg(q \wedge p)) \wedge (r \vee (s \vee r))) \quad \Leftrightarrow \quad (p \vee \neg(q \wedge p)) \wedge (s \vee r) \quad (5),(3),(21)$
$\Leftrightarrow \quad (p \vee (\neg q \vee \neg p)) \wedge (s \vee r) \quad (9) \quad \Leftrightarrow \quad (t \vee \neg q) \wedge (s \vee r) \quad (5),(3)$
$\Leftrightarrow \quad t \wedge (s \vee r) \quad (23) \quad \Leftrightarrow \quad r \vee s \quad (3),(23)$.

Ü 13:

$b(c,g,s)$: Becker (Courier, Göllner, Stich) gewinnt;
d: Es gibt ein Endspiel mit deutscher Beteiligung.
$p : (s \vee g) \wedge (b \wedge \neg c) \Rightarrow d$
$q : (g \wedge (b \wedge \neg c) \Rightarrow d) \wedge ((b \wedge \neg c) \wedge s \Rightarrow d)$.
Formt man, ausgehend von q, nacheinander durch Anwendung von (17),(2),(6),(3) äquivalent um, erhält man p.

Ü14, Ü 15: Anwenden der Gesetze (1) bis (11) !

Ü 16: a) $(p|q)|p$ und $p|(p|q)$ sind logisch äquivalent zu $p \Rightarrow q$.
c) $p \wedge q \Leftrightarrow \neg(\neg(p \wedge q)) \Leftrightarrow \neg(p|q) \Leftrightarrow (p|q)|(p|q)$ (nach b)).

Ü 17: Dieter und Bernd spielen, die anderen nicht.

I.3 Mengen, Quantoren

Die Aussagenlogik fragt ausschließlich nach dem Wahrheitswert von Aussagen. Inhalt und innerer Aufbau der Aussagen bleiben unberücksichtigt. Die innere Struktur von Aussagen kann man jedoch nicht vernachlässigen, und man wird bei der Beschäftigung damit den Mengenbegriff verwenden.
Wie bereits in Kapitel I.1 erwähnt, ist *'Menge'* ein nicht zu definierender Grungbegriff.

GEORG CANTOR (1845-1919), einer der Begründer der Mengenlehre, beschreibt den Begriff so:

> Unter einer Menge versteht man jede Zusammenfassung von bestimmten, wohlunterschiedenen Objekten unserer Anschauung und unseres Denkens, welche Elemente der Menge genannt werden, zu einem Ganzen.

Auch hier werden, wie bei Euklids Erklärung des Punktes, undefinierte Begriffe wie *'Zusammenfassung', 'Objekte unserer Anschauung und unseres Denkens'* herangezogen. Der Umgang mit den Grundbegriffen der Mengenlehre wird wiederum durch Axiome bestimmt. Mögliche Widersprüche bei der Mengenbildung werden durch diese Axiome ausgeschlossen. Da von uns der Mengenbegriff lediglich dort, wo er hilfreich ist, naiv verwendet werden soll, genügt die folgende Charakterisierung:

> Eine **Menge** ist bestimmt durch ihre **Elemente**. Es muß objektiv feststehen, was die Elemente der Menge sind (auch, wenn die Elemente nicht immer bekannt sein müssen).

Schreibweise: $a \in M$ bedeutet 'a ist ein Element von M'.
$a \notin M$ bedeutet 'a ist kein Element von M'.

Endlich bzw. **unendlich** nennt man eine Menge, wenn die Anzahl ihrer Elemente endlich bzw. unendlich ist. Ist M eine endliche Menge, so bezeichnet $\mid M \mid$ die **Anzahl der Elemente von M**.

Beispiel 5:

a) Zahlbereiche:
Die Menge $\mathbb{N}$ der natürlichen Zahlen, $\mathbb{N} = \{1, 2, 3, 4, \ldots\}$.
Die Menge $\mathbb{N}_0$ der natürlichen Zahlen einschließlich der Null[1] , $\mathbb{N}_0 = \{0, 1, 2, 3, \ldots\}$.
Die Menge $\mathbb{Z}$ der ganzen Zahlen, $\mathbb{Z} = \{\ldots, -2, -1, 0, 1, 2, \ldots\}$.
Die Menge $\mathbb{Q}$ der rationalen Zahlen, $\mathbb{Q} = \{\frac{a}{b} \;/\; a \in \mathbb{Z},\ b \in \mathbb{N}\}$
$\frac{4}{7} \in \mathbb{Q},\ 0,\overline{3} \in \mathbb{Q},\ \sqrt{2} \notin \mathbb{Q},\ \pi \notin \mathbb{Q}$.
Die Menge $\mathbb{R}$ der reellen Zahlen, $\sqrt{2} \in \mathbb{R},\ \pi \in \mathbb{R},\ \sqrt{-4} \notin \mathbb{R}$.

b) Die Menge der ganzen Zahlen, die größer als -4 und kleiner als 4 sind. Man schreibt $M = \{-3, -2, -1, 0, 1, 2, 3\}$ oder auch $M = \{x \in \mathbb{Z} / -4 < x < 4\}$.

c) Die Menge aller Lösungen der Gleichung $x^2 - 2 = 0$. Es ist
$L = \{\sqrt{2}, -\sqrt{2}\} = \{x \in \mathbb{R} \;/\; x^2 - 2 = 0\}$.

---

[1] Für die Menge $\mathbb{N}$ schreiben manche Autoren $\mathbb{N}^*$ und dann $\mathbb{N}$ anstelle von $\mathbb{N}_0$ (DIN-Norm).

d) $T_{18} = \{x \in \mathbb{N} \;/\; x \mid 18\} = \{1, 2, 3, 6, 9, 18\}$ ist die Menge aller *positiven* Teiler von 18 (Teilermenge von 18).

e) $V_7 = \{x \in \mathbb{N} \;/\; / \; 7 \mid x \; \} = \{7, 14, 21, \ldots\}$ ist die Menge aller *positiven* Vielfachen von 7 (Vielfachenmenge von 7).

♣

Im Beispiel wurden Mengen verschieden dargestellt. Man kann alle Elemente einer Menge innerhalb geschweifter Klammern (Mengenklammern) explizit angeben, die Reihenfolge der Elemente spielt dabei keine Rolle. Dies ist eindeutig nur bei endlichen Mengen möglich. Zuweilen bedient man sich dieser Schreibweise auch für unendliche Mengen, wobei man Punkte für die nicht angegebenen Elemente setzt, wenn klar ist, um welche Menge es sich dabei handelt. Wir haben dies im zurückliegenden Beispiel bei der Darstellung von $\mathbb{N}$, $\mathbb{Z}$ und V_7 getan. Meistens wird eine Menge dadurch charakterisiert, daß ihre Elemente einer **Grundmenge** angehören und eine gewisse Eigenschaft besitzen, daß für sie eine bestimmte Aussage wahr ist. So ist beispielsweise $\{x \in \mathbb{R} / x^2 - 6 = 0\}$ die Menge aller reellen Zahlen, die Lösung der Gleichung $x^2 - 6 = 0$ sind, kurz die Lösungsmenge der Gleichung über $\mathbb{R}$. In den Beispielen b), c), d) und e) sind Mengen durch die Angabe einer Grundmenge und einer definierenden Eigenschaft dargestellt.

Da die Gleichung $x^2 - 6 = 0$ keine ganzzahligen Lösungen besitzt, hat die Menge $\{x \in \mathbb{Z} \;/\; x^2 - 6 = 0\}$ keine Elemente; es ist die **leere Menge**. Sie wird mit dem Symbol $\emptyset$, manchmal in Schulbüchern auch $\{\;\}$ bezeichnet.

Übung 18:

Welche der Mengen sind endlich, welche unendlich ? Geben Sie von den endlichen Mengen die Elemente an, beschreiben Sie die Elemente der unendlichen Mengen.

a) $A = \{x \in \mathbb{N} \;/\; \dfrac{x-2}{x+1} \leq \dfrac{x+6}{x+3}\}$

b) $B = \{x_n \in \mathbb{N} \;/\; x_n = \sum\limits_{k=0}^{n} 10^k,\; n \in \mathbb{N}\}$

c) $C = \{x \in \mathbb{N} \;/\; x = \sum\limits_{k=0}^{3} a \cdot 10^k, a \in \mathbb{N},\; 1 \leq a \leq 9\}$

d) $D = \{x \in \mathbb{N} \;/\; Q(x) \leq 3\}$ ($Q(x)$ = Quersumme von x)

e) $E = \{x \in \mathbb{Z} \;/\; (x-11)(x+8) < 0\}$

f) $F = \{x \in \mathbb{Q} \;/\; x = \sum\limits_{k=1}^{n} \frac{1}{k},\; n \in \{1, 2, 3, 4, 5\}\}$

g) $G = \{x \in \mathbb{Q} \;/\; x = \dfrac{a}{b},\; a, b \in \mathbb{N},\; a + b = 15\}$

h) $H = \{x \in \mathbb{R} \;/\; x^4 \leq x^3\}$

♠

Bei Mengendarstellungen kommen Formulierungen wie beispielsweise

x ist eine Zahl, größer als -4 und kleiner als 4,
x ist ein Teiler von 1470,
$2x^2 + 5x - 3 = 0$

vor. Es handelt sich hierbei nicht um Aussagen, sondern um **Aussageformen in einer Variablen**. Von Aussageformen läßt sich nicht sagen, daß sie wahr oder falsch sind. Setzt man jedoch für die Variable x Elemente einer *'geeigneten'* Grundmenge ein, erhält man wahre oder falsche Aussagen:

Grundmenge			
	$\mathbb{Z}$:	17 ist eine Zahl, größer als -4 und kleiner als 4	falsch
	$\mathbb{N}$:	49 ist ein Teiler von 1470	wahr
	$\mathbb{Q}$:	$2 \cdot \left(\frac{1}{4}\right)^2 + 5 \cdot \left(\frac{1}{4}\right) - 3 = 0$	falsch

Bezeichnet $p(x)$ eine **Aussageform über der Grundmenge G**, und ist für $a \in G$ die Aussage $p(a)$ wahr, so heißt a eine **Lösung** der Aussageform. Alle $a \in G$, für die $p(a)$ wahr ist, bilden die **Lösungsmenge** der Aussageform $p(x)$ über der Grundmenge G.

Mengen werden also meistens als Lösungsmenge einer Aussageform über einer Grundmenge dargestellt. Man findet auch Schreibweisen, wie etwa
$\mathbb{Q} = \{\frac{a}{b} \ / \ a \in \mathbb{Z}, b \in \mathbb{N}\}$ in Beispiel 5 oder auch $\{x \ / \ x \in \mathbb{R} \land 0 \leq x \leq 1\}$ anstelle von $\{x \in \mathbb{R} \ / \ 0 \leq x \leq 1\}$, oder, falls die Grundmenge aus dem Zusammenhang heraus bekannt ist, kurz $\{x \ / \ 0 \leq x \leq 1\}$. Bei dieser letztgenannten Darstellung ist Vorsicht geboten, da dieselbe Aussageform über verschiedenen Grundmengen unterschiedliche Lösungsmengen haben kann:

Aussageform	Grundmenge	Lösungsmenge
$2x^2 + 5x - 3 = 0$	$\mathbb{N}$	$\emptyset$
	$\mathbb{Z}$	$\{-3\}$
	$\mathbb{Q}$	$\{\frac{1}{2}, -3\}$
	$\mathbb{R}$	$\{\frac{1}{2}, -3\}$

Übung 19:

Schreiben Sie die Mengen als Lösungsmengen einer Aussageform über der Grundmenge $\mathbb{N}$ für a) bis e) bzw. über $\mathbb{Q}$ für die Aufgabe f).

a) $\{11, 22, 33, 44, \ldots, 99\}$
b) $\{2, 3, 5, 7, 11, 13, 17, 19, 23, \ldots, 83, 89, 97\}$
c) $\{1, 60, 2, 30, 3, 20, 4, 15, 5, 12, 6, 10\}$
d) $\{4, 16, 36, 64, 100, 144, 196, \ldots\}$
e) $\{1, 7, 13, 19, 25, 31, 37, 43, \ldots\}$
f) $\{1, \frac{1}{2}, -3\}$ ♠

Nicht nur das Ersetzen der Variablen x durch Elemente einer Grundmenge kann eine Aussageform $p(x)$ zu einer Aussage machen. Aussagen sind beispielsweise auch:

(1) Für alle $x \in \mathbb{R}$ ist $2x^2 + 5x - 3 = 0$. (falsch)
(2) Es gibt mindestens eine reelle Zahl x, für die $2x^2 + 5x - 3 = 0$ gilt. (wahr)

Die Überführung der Aussageformen in Aussagen wurde hier durch die Satzteile *'für alle...'* bzw. *'es gibt...'* bewirkt.

Definition I.9:

> Die Ausdrücke *'für alle...'* und *'es gibt...'* heißen **Quantoren**. Dabei heißt 'für alle...' **Allquantor** und 'es gibt...' **Existenzquantor**. Für den Allquantor verwenden wir das Symbol ' $\forall$ ', für den Existenzquantor das Symbol ' $\exists$ ' . In der Literatur schreibt man auch ' $\bigwedge$ ' für den All- und ' $\bigvee$ ' für den Existenzquantor.
> Durch All- bzw. Existenzquantoren gebildete Aussagen heißen **Allaussagen** bzw. **Existenzaussagen**.

Die oben genannten Aussagen (1), (2) lassen sich mit Quantoren kurz darstellen:

(1) $\forall x \in \mathbb{R}: \ 2x^2 + 5x - 3 = 0$ (2) $\exists x \in \mathbb{R}: \ 2x^2 + 5x - 3 = 0$

Die meisten Sätze der Mathematik sind All- und Existenzaussagen. So ist beispielsweise Teilbarkeit (Definition I.6) durch eine Existenzaussage definiert:

$$a, b \in \mathbb{Z}: \quad a|b \ :\Leftrightarrow^{2} \ \exists c \in \mathbb{Z}: \quad a \cdot c = b$$

.

Man muß unterscheiden zwischen Ausagen der Form

'es gibt mindestens ein ... '
'es gibt höchstens ein ... '
'es gibt genau ein ... '

Die sprachliche Formulierung des Existenzquantors *'es gibt ein ... '* bedeutet *'es gibt mindestens ein ... '*.
Daher ist beispielsweise die Aussage

$$\exists x \in \mathbb{N}: \ 525 \leq x \leq 555 \ \wedge \ x \text{ ist Primzahl}$$

wahr und die beiden Aussagen

'es gibt höchstens ein $x \in \mathbb{N}$ mit $525 \leq x \leq 555 \ \wedge \ x$ ist Primzahl',
'es gibt genau ein $x \in \mathbb{N}$ mit $525 \leq x \leq 555 \ \wedge \ x$ ist Primzahl'

sind falsch. Wieviele Primzahlen muß es in diesem Intervall mindestens geben ? Wieviele gibt es tatsächlich ?

Beispiel 6:

Wahre Allaussagen sind:

---

[2]Das Symbol ' $:\Leftrightarrow$ ' bedeutet: ... ist definiert durch ...

- Die Summe der ersten n natürlichen Zahlen ist $\frac{n(n+1)}{2}$:
$$\forall n \in \mathbb{N} : \sum_{i=1}^{n} i = \frac{n(n+1)}{2}.$$
- Für beliebige natürliche Zahlen n ist 24 ein Teiler von $5^{2n} - 1$:
$$\forall n \in \mathbb{N} : 24 \mid 5^{2n} - 1.$$
- Es ist $2 \leq (1 + \frac{1}{n})^n$ für alle natürlichen Zahlen n: $\forall n \in \mathbb{N} : 2 \leq (1 + \frac{1}{n})^n$.
- Die harmonische Reihe $\sum_{i=1}^{\infty} \frac{1}{i}$ divergiert in $\mathbb{R}$ (hat in $\mathbb{R}$ keinen Grenzwert):
$$\forall a \in \mathbb{R} : \sum_{i=1}^{\infty} \frac{1}{i} \neq a.$$

Wahre Existenzaussagen sind:

- Es gibt eine gerade Primzahl[3] : $\exists n \in \mathbb{N} : n \in \mathbb{P} \wedge 2 \mid n.$
- Die Gleichung $x^2 + x - 20 = 0$ ist in $\mathbb{R}$ lösbar: $\exists x \in \mathbb{R} : x^2 + x - 20 = 0.$
- Die Reihe $\sum_{i=1}^{\infty} \frac{1}{i!}$ konvergiert in $\mathbb{R}$: $\exists a \in \mathbb{R} : \sum_{i=1}^{\infty} \frac{1}{i!} = a.$
- Es gibt reelle Zahlen q, für die die geometrische Reihe $\sum_{i=1}^{\infty} q^i$ konvergiert:
$$\exists q \in \mathbb{R} : \sum_{i=1}^{\infty} q^i \text{ ist konvergent.}$$

♣

Meistens enthalten Sätze und Aussagen in der Mathematik *mehrere* Quantoren. Sie können voran- oder nachgestellt sein wie in den folgenden Beispielen:

(3) $\forall a \in \mathbb{R} \;\; \forall b \in \mathbb{R} : (a+b)^2 \geq 0$

Gleiche Quantoren, die sich auf dieselbe Menge beziehen, werden zusammengefaßt, oft auch an das Ende der Aussage gestellt. Man schreibt anstelle von (3) kürzer:

(3') $\forall a, b \in \mathbb{R} : (a+b)^2 \geq 0$ oder (3") $(a+b)^2 \geq 0 \;\; \forall a, b \in \mathbb{R}$

Weitere Beispiele sind:

(4) $a(b+c) = ab + ac \quad \forall a, b, c \in \mathbb{R}$ (Distributivgesetz für reelle Zahlen)

(5) $a^n \cdot b^n = (ab)^n \quad \forall a, b \in \mathbb{R}, n \in \mathbb{N}$ (Potenzgesetz)

(6) $\exists a, b, c \in \mathbb{Z} : \quad a^2 + b^2 = c^2$ (Existenz pythagoreischer Tripel)

Auch (6) ist eine wahre Aussage. Es gibt unendlich viele verschiedene pythagoreische

[3] $\mathbb{P}$ bezeichnet die Menge der Primzahlen

Zahlentripel. Beispielsweise erfüllen $a = 3,\ b = 4,\ c = 5$ die Gleichung.

Unterschiedliche Quantoren kommen in den folgenden Aussagen vor:

(7) $\forall x \in \mathbb{Z}\ \ \exists y \in \mathbb{Z}: \quad x + y = 0$

(8) $\exists y \in \mathbb{Z}\ \ \forall x \in \mathbb{Z}: \quad x + y = 0$

Zu jedem $x \in \mathbb{Z}$ existiert $(-x) \in \mathbb{Z}$ und es gilt $x + (-x) = 0$. Daher ist (7) wahr. Dagegen ist (8) falsch. Nimmt man an, es gibt ein solches $y \in \mathbb{Z}$, dann ist $x = -y\ \ \forall x \in \mathbb{Z}$, insbesondere auch für $x = y$, und man erhält den Widerspruch $\mathbb{Z} = \{y\}$.

Aus (7) und (8) folgt insbesondere, daß die *Reihenfolge verschiedener Quantoren* im allgemeinen nicht vertauscht werden darf. Dies folgt auch aus der Antwort auf die Frage, ob (7) eine Existenz- oder eine Allaussage ist. Letzteres ist der Fall. *Für alle* $x \in \mathbb{Z}$ soll eine Bedingung, nämlich die Existenz ganzer Zahlen x, y mit $x + y = 0$ erfüllt sein. Dagegen ist (8) eine Existenzaussage. Gefragt ist nach der *Existenz* ganzer Zahlen x, y, so daß die Bedingung $x + y = 0$ für alle $x \in \mathbb{Z}$ erfüllt ist.

Übung 20:

All- oder Existenzaussagen ? Wahr oder falsch ?

a) Für alle Dreiecke mit einem stumpfen Winkel γ gilt $\alpha + \beta < \gamma$.

b) Es gibt ein Dreieck mit den Seitenlängen $a = 4cm,\ c = 6cm$ und einem Flächeninhalt von $15cm^2$.

c) Ein achsensymmetrisches Viereck mit senkrecht aufeinander stehenden Diagonalen ist ein Drachenviereck.

d) Eine ungerade natürliche Zahl ist stets als Differenz von zwei Quadratzahlen aus $\mathbb{N}_0$ darstellbar.

e) Die Gleichung $6x^6 + 5x^5 + 4x^4 + 3x^3 + 2x^2 + x = 0$ ist in $\mathbb{Z}$ lösbar.

f) Ist a ein Teiler von b $(a, b \in \mathbb{Z})$, so ist für beliebige $k \in \mathbb{Z}$ a ein Teiler von kb.

♠

Für den Beweis eines mathematischen Satzes ist es von Bedeutung, ob es sich um ein All- oder eine Existenzaussage handelt, ob man eine mathematische Eigenschaft *für alle* Elemente einer Menge nachweisen muß oder ob es genügt, *von einem* Element zu zeigen, daß es eine gewisse Eigenschaft besitzt. Um zu beweisen, daß der Satz des Pythagoras *für alle rechtwinkligen* Dreiecke gilt, führt man ihn an einem *beliebigen* rechtwinkligem Dreieck durch, d.h. der Beweis ist unabhängig von den speziellen Winkeln, Seitenlängen und -verhältnissen des verwendeten Dreiecks, er läuft mit jedem anderen rechtwinkligen Dreieck genauso ab.

Den Beweis der Aussage

$$\forall a, b, c \in \mathbb{Z}: \quad a \mid b \ \wedge \ a \mid c \ \Rightarrow \ a \mid b + c$$

muß man für *beliebige* $a, b, c \in \mathbb{Z}$ führen:

$$\begin{aligned} \text{Seien } a,b,c \in \mathbb{Z} \text{ mit } \quad a|b \wedge a|c \quad &\Rightarrow \quad \exists d,e \in \mathbb{Z}: \quad a \cdot d = b \quad \wedge \quad a \cdot e = c \\ &\Rightarrow \quad b + c = ad + ae = a(d+e) \quad \text{mit } d+e \in \mathbb{Z} \\ &\Rightarrow \quad a \mid b + c \end{aligned}$$

Dagegen genügt zum Beweis der Existenzaussage

$$\exists x \in \mathbb{R}: \quad x^2 - x - 6 = 0$$

die Feststellung, daß beispielsweise für $x = 3$ gilt $3^2 - 3 - 6 = 0$.

Um eine falsche Allaussage oder Existenzaussage zu widerlegen, muß man ihre Negation beweisen. Was sind aber die Negationen von All- und Existenzaussagen ? Bereits in den zurückliegenden Beispielen 1,2 haben wir uns sowohl mit All- und Existenzaussagen, als auch mit deren Verneinung beschäftigt, so in Beispiel 1 mit der Allaussage

s: In jedem Viereck halbieren sich die Diagonalen.

s ist genau dann falsch, wenn es mindestens ein Viereck gibt, in dem sich die Diagonalen nicht halbieren. Dies ist eine Existenzaussage. Es gilt allgemein:

Die Negation einer Allaussage ist eine Existenzaussage.
Die Negation einer Existenzaussage ist eine Allaussage.

Den letzten Satz mache man sich am folgendem Beispiel klar.

Aussage:	$\exists x \in \mathbb{R}: \quad x^4 + 1 = 0$	(falsch)
Negation:	$\forall x \in \mathbb{R}: \quad x^4 + 1 \neq 0$	(wahr)

Beweis: Es gilt $x^4 \geq 0 \;\; \forall x \in \mathbb{R} \;\; \Rightarrow \;\; x^4 + 1 > 0 \;\; \forall x \in \mathbb{R}$.

Im folgenden Beispiel werden Aussagen mit mehreren Quantoren verneint. Dabei geht jeder Existenz- in einen Allquantor über und jede Aussageform in ihr logisches Gegenteil.

Beispiel 7:

Aussage r:	$\exists a \in \mathbb{Q} \;\; \forall b \in \mathbb{Q}: \;\; \dfrac{a+b}{2} = a$	(falsch)
Negation $\neg r$:	$\forall a \in \mathbb{Q} \;\; \exists b \in \mathbb{Q}: \;\; \dfrac{a+b}{2} \neq a$	(wahr)

Für alle $a \in \mathbb{Q}$ und zum Beispiel für $b = a + 2$ gilt $\dfrac{a+b}{2} = a + 1 \neq a$.

Aussage s:	$\forall p, q \in \mathbb{R} \;\; \exists x \in \mathbb{R}: \;\; x^2 + px + q = 0$	(falsch)
Negation $\neg s$:	$\exists p, q \in \mathbb{R} \;\; \forall x \in \mathbb{R}: \;\; x^2 + px + q \neq 0$	(wahr)

Da die Negation von s eine *Existenzaussage* ist, beweist man, daß s falsch ist durch ein *Gegenbeispiel*: Für $p = 0$, $q = 1$ ist die Gleichung in $\mathbb{R}$ unlösbar.

Aussage t:	$\forall a, b \in \mathbb{Z}: \quad a \mid b \wedge b \mid a \quad \Rightarrow \quad a = b$	(falsch)
Negation $\neg t$:	$\exists a, b \in \mathbb{Z}: \quad a \mid b \wedge b \mid a \quad \wedge \quad a \neq b$	(wahr)

Die Aussage t ist falsch, da z.B. für $a = 3$ und $b = -3$ gilt: $3 \mid -3 \wedge -3 \mid 3$, aber $3 \neq -3$. Bei der Negation ist zu beachten, daß $\neg(p \Rightarrow q)$ logisch äquivalent zu $p \wedge \neg q$ ist. ♣

Übung 21:

Ein Speiserestaurant wird als gut bezeichnet, wenn jeder Gast auf der Speisekarte ein Hauptgericht findet, das ihm schmeckt. Wann ist bei einer derartigen Definition ein Speiserestaurant nicht gut ? ♠

Übung 22:

Beweisen oder widerlegen Sie die Aussagen, je nachdem, ob sie wahr oder falsch sind.

a) $\forall a, b \in \mathbb{Q}: \quad (a-b)^2 \leq a^2 + b^2$

b) $\forall a, b \in \mathbb{Q}: \quad (a-b)^4 \geq (a^2 - b^2)^2$

c) $\forall a, b, c, d \in \mathbb{Z}: \quad a \mid b \wedge c \mid d \quad \Rightarrow \quad a + c \mid b + d$

d) $\forall a \in \mathbb{Q} \;\; \exists b \in \mathbb{Q}: \quad a \cdot b = 1 \qquad\qquad \exists b \in \mathbb{Q} \;\; \forall a \in \mathbb{Q}: \quad a \cdot b = 1$

e) $\forall a \in \mathbb{Q} \;\; \exists b \in \mathbb{Q}: \quad \dfrac{a+b}{3} = 2b \qquad\qquad \exists b \in \mathbb{Q} \;\; \forall a \in \mathbb{Q}: \quad \dfrac{a+b}{3} = 2b$

♠

Viele Sätze der Mathematik sind Eindeutigkeitsaussagen. Obwohl der Existenzquantor bedeutet *'es gibt mindestens ein...'*, lassen sich Sätze der Form *'es gibt genau ein...'* auch mit Quantoren ausdrücken, wie beispielsweise die Aussage

$$x^3 - x^2 + 5x - 5 = 0 \quad \text{ist in } \mathbb{R} \textit{ eindeutig} \text{ lösbar}$$

durch

$$\exists x_0 \in \mathbb{R} \,(\, x_0^3 - x_0^2 + 5x_0 - 5 = 0 \quad \wedge \quad \forall x_1 \in \mathbb{R} \,(\, x_1^3 - x_1^2 + 5x_1 - 5 = 0 \;\Rightarrow\; x_0 = x_1)).$$

Übung 23:

Schreiben Sie mit Hilfe von Quantoren. Dann beweisen oder widerlegen Sie die Aussagen.

a) Für beliebige $a, b \in \mathbb{N}$ ist $ax = b$ in $\mathbb{Q}$ eindeutig lösbar.

b) Die Gleichung $3x^2 - 7x - 8 = 4 + 2x$ ist in $\mathbb{R}$ eindeutig lösbar.

♠

Lösungen und Lösungshinweise zu den Übungen

Ü 18: a) $A = \{x \in \mathbb{N} \;/\; -2 \le x\} = \mathbb{N}$ b) $B = \{11, 111, 1111, 11111, \ldots\}$
c) $C = \{1111, 2222, 3333, 4444, 5555, 6666, 7777, 8888, 9999\}$
d) $D = \{1, 10, 100, 1000, \ldots, 2, 20, 200, \ldots, 11, 101, 110, \ldots, 3, 30, 300, \ldots,$
$12, 21, 102, 120, 210, 201, \ldots, 111, 1110, 1101, 1011, \ldots\}$
e) $E = \{x \in \mathbb{Z} \;/\; x < 11 \;\wedge\; x > -8\} = \{-7, -6, -5, \ldots, 8, 9, 10\}$
f) $F = \{1, \frac{3}{2}, \frac{11}{6}, \frac{25}{12}, \frac{137}{60}\}$ g) $G = \{\frac{1}{14}, \frac{2}{13}, \frac{1}{4}, \frac{4}{11}, \frac{1}{2}, \frac{2}{3}, \frac{7}{8}, \frac{8}{7}, \frac{3}{2}, 2, \frac{11}{4}, 4, \frac{13}{2}, 14\}$
h) $H = \{x \in \mathbb{R} \;/\; 0 \le x \le 1\}$

Ü 19: a) $\{x \in \mathbb{N} \;/\; x = 11k,\; k \in \{1, 2, 3, \ldots, 8, 9\}\}$ b) $\{x$ ist Primzahl $/\; x < 100\}$
c) $\{x \in \mathbb{N} \;/\; x \mid 60\}$ d) $\{x \in \mathbb{N} \;/\; x = (2k)^2,\; k \in \mathbb{N}\}$
e) $\{x \in \mathbb{N} \;/\; x = 6k + 1,\; k \in \mathbb{N}_0\}$ f) $\{x \in \mathbb{Q} \;/\; (x-1)(x-0,5)(x+3) = 0\}$

Ü 20: Allaussagen: a) wahr c) falsch d) wahr f) wahr
Existenzaussagen: b) falsch e) wahr

Ü21: Wenn es einen Gast gibt, dem alle Hauptgerichte auf der Karte nicht schmecken.

Ü 22: a) Gegenbeispiel: $a = 1,\; b = -1.$ b) Gegenbeispiel: $a = 2,\; b = 1.$
c) Gegenbeispiel: $1 \mid 2 \;\wedge\; 1 \mid 3$, aber $2 \nmid 5$. d) Gegenbeispiel: jeweils $a = 0$.
e) Die erste Aussage ist wahr: $b = \frac{a}{5}$. Zweite Aussage: $\frac{a+b}{3} = 2b \Leftrightarrow a = 5b$.
Die Aussage $\exists b \in \mathbb{Q}\; \forall a \in \mathbb{Q}:\; a = 5b$ ist offensichtlich falsch.

Ü 23: a) $\forall a, b \in \mathbb{N}\;\; \exists x_0 \in \mathbb{Q}\,(\,a \cdot x_0 = b \;\wedge\; \forall x_1 \in \mathbb{Q}\,(\,a \cdot x_1 = b \Rightarrow x_0 = x_1)).$
Es *existiert* die Lösung $x_0 = \frac{b}{a}$ und sie ist *eindeutig* bestimmt, denn ist x_1 eine weitere Lösung, so folgt $b = ax_0 = ax_1$, und damit $x_0 = x_1$.
b) $\exists x_0 \in \mathbb{R}\,(\,3x_0^2 - 7x_0 - 8 = 4 + 2x_0 \;\wedge\; \forall x_1 \in \mathbb{R}\,(\,3x_1^2 - 7x_1 - 8 = 4 + 2x_1 \Rightarrow$
$x_0 = x_1)).$
Lösung ist nicht eindeutig: $L = \{-1, 4\}$.

I.4 Teilmengen

Jede natürliche Zahl ist auch eine ganze Zahl. Insofern sind die natürlichen Zahlen in der Menge der ganzen Zahlen *enthalten*. $\mathbb{N}$ ist eine *Teilmenge* von $\mathbb{Z}$ im Sinne der folgenden Definition.

Definition I.10:

Sind A, B Mengen, und ist jedes Element von A auch Element von B, dann heißt A eine **Teilmenge** von B; man schreibt $A \subseteq B$:

$$A \subseteq B \;:\Leftrightarrow\; (x \in A \;\Rightarrow\; x \in B)$$

Andere Bezeichnungsweisen sind: *'A ist enthalten in B'*, *'B umfaßt A'*, *'B ist Obermenge von A.'*

Für die Zahlbereiche gelten die Teilmengenbeziehungen $\mathbb{N} \subseteq \mathbb{Z} \subseteq \mathbb{Q} \subseteq \mathbb{R}$.

Aus der Definition folgt unmittelbar

$$A \subseteq A \quad \text{für jede Menge} A$$

und

$$\emptyset \subseteq A \quad \text{für jede Menge} A,$$

denn jedes Element der leeren Menge (es gibt kein Element) ist Element jeder beliebigen Menge.

In Beispiel 5 haben Sie T_{18}, die Teilermenge von 18 und V_7, die Vielfachenmenge von 7 kennengelernt. Da im folgenden Teilmengenbeziehungen zwischen gewissen *Teilermengen* und gewissen *Vielfachenmengen* ganzer Zahlen als Beispiele behandelt werden, greifen wir dem Kapitel *Elementare Teilbarkeitslehre* ein wenig vor und definieren:

> Für $a \in \mathbb{Z}$ heißt $T_a = \{x \in \mathbb{N} \mid x \mid a\}$ die **Teilermenge von** a
> und $V_a = \{x \in \mathbb{N} \mid a \mid x\}$ die **Vielfachenmenge von** a.

Zu beachten ist bei diesen Definitionen, daß die Teiler- und auch die Vielfachenmengen nur aus den *positiven* Teilern oder Vielfachen von a bestehen (selbst, wenn a negativ ist). Die Menge aller *ganzzahligen* Vielfachen einer Zahl a werden wir mit $\mathbb{V}_a = \{x \in \mathbb{Z} \mid a \mid x\}$ bezeichnen. So ist

$$T_{36} = T_{-36} = \{1, 2, 3, 4, 6, 9, 12, 18, 36\}$$
$$\mathbb{V}_{36} = \mathbb{V}_{-36} = \{\ldots, -144, -108, -72, -36, 0, 36, 72, 108, 144, \ldots\}$$
$$V_{36} = \{36, 72, 108, 144, 180, 216, \ldots\}$$

Um beispielsweise zu beweisen, daß $T_{12} \subseteq T_{24}$ gilt, muß man zeigen:
Aus $x \in T_{12}$, d.h. $x \mid 12$, folgt $x \in T_{24}$, d.h. $x \mid 24$.
Stattdessen zeigen wir allgemein für beliebige $a, b \in \mathbb{Z}$:

$$a \mid b \quad \Rightarrow \quad T_a \subseteq T_b.$$

Beweis: Es gelte $a \mid b$: $\exists c \in \mathbb{Z} : \; a \cdot c = b$.
Sei $x \in T_a \;\Rightarrow\; x \mid a \;\Rightarrow\; \exists d \in \mathbb{Z} : x \cdot d = a \;\Rightarrow\; x \cdot d \cdot c = x(dc) = b \;\Rightarrow\; x \mid b$
(wegen $dc \in \mathbb{Z}$) $\Rightarrow\; x \in T_b$; also gilt $T_a \subseteq T_b$.

Übung 24:

Beweisen Sie für $a, b \in \mathbb{Z}$: $\quad a \mid b \;\Rightarrow\; \mathbb{V}_b \subseteq \mathbb{V}_a$. ♠

Zur Veranschaulichung von Teilmengenbeziehungen benutzt man häufig **Mengendiagramme**, auch **Euler-Diagramme** oder **Venn-Diagramme** genannt (nach LEONARD EULER (1707-1783) und JOHN VENN (1834-1923)).
Im linken Diagramm ist $T_4 \subseteq T_{12}$ dargestellt. Meistens werden Mengendiagramme benutzt, in denen keine Elemente eingetragen sind. So kann man im rechten

Diagramm beispielsweise $C \subseteq A \wedge E \subseteq C$ ablesen. Welche weiteren Teilmengenbeziehungen kann man dem Diagramm entnehmen ?

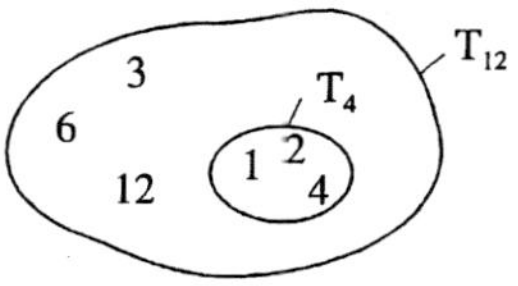

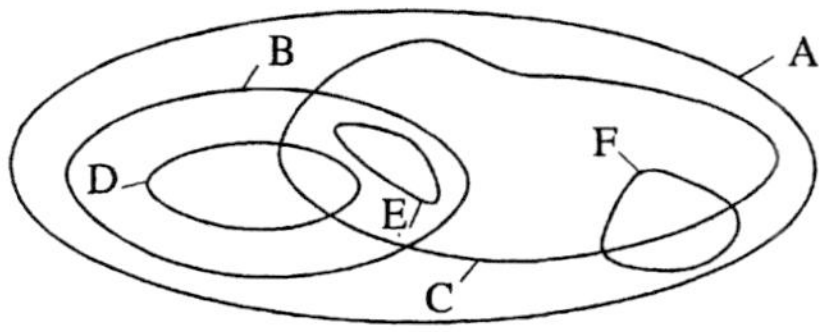

Abb. 1.2

Sind A, B Mengen, für die $A \subseteq B$ und $B \subseteq A$ gilt, dann gehört jedes Element von A zu B und umgekehrt. Die Mengen A und B enthalten dieselben Elemente. Dies führt zu der folgenden Definition über die Gleichheit von Mengen.

Definition I.11:

Mengen A, B heißen genau dann **gleich**, wenn $A \subseteq B$ und $B \subseteq A$ gilt:

$$A = B \quad :\Leftrightarrow \quad A \subseteq B \quad \wedge \quad B \subseteq A.$$

Bemerkungen:

1. Um auszudrücken, daß gilt $A \subseteq B$, aber $A \neq B$, schreibt man $A \subset B$ und sagt A ist **echte Teilmenge** von B[4]. Es gilt

$$A \subset B \quad :\Leftrightarrow \quad A \subseteq B \quad \wedge \quad \exists b \in B: \quad b \notin A.$$

In diesem Sinne gilt für die Zahlbereiche $\mathbb{N} \subset \mathbb{Z} \subset \mathbb{Q} \subset \mathbb{R}$.

2. Häufig ist die Gleichheit zweier Mengen A, B nachzuweisen. Dann sind zwei Teilmengenbeziehungen zu zeigen:

$$A \subseteq B: \quad x \in A \Rightarrow \quad \dots \quad \Rightarrow x \in B$$

und

$$B \subseteq A: \quad x \in B \Rightarrow \quad \dots \quad \Rightarrow x \in A.$$

3. Anhand der Gleichung $2x^2 + 5x - 3 = 0$ hatten wir bereits festgestellt, daß eine Gleichung bezüglich unterschiedlicher Grundmengen verschiedene Lösungsmengen haben kann. Dieser Sachverhalt läßt sich wie folgt verallgemeinern:
Ist $p(x)$ eine Aussageform über den Grundmengen G_1 bzw. G_2 und ist $G_1 \subseteq G_2$, dann gilt für die entsprechenden Lösungsmengen $L_1 \subseteq L_2$.

Übung 25:

a) Von Mengen A, B soll gezeigt werden, daß A keine Teilmenge von B ist, kurz $A \nsubseteq B$. Was ist in diesem Falle zu beweisen ?

---

[4]Manche Autoren schreiben '$\subset$' anstelle von '$\subseteq$' und dann '$\subsetneq$' für '$\subset$'.

(1)	$x \in A \Rightarrow x \notin B$	(2)	$x \in B \Rightarrow x \notin A$
(3)	$\exists x \in A: \ x \notin B$	(4)	$\exists x \in B: \ x \notin A$

b) Für die Mengen A, B gelte $A \not\subseteq B$ bzw. $A \neq B$. Geben Sie für beide Fälle wie im Übungsteil a) eine formale Darstellung an.

c) Was folgt aus $A \subseteq B \wedge B \subseteq C \wedge C \subseteq A$ für die Mengen A, B, C ?

♠

Übung 26:

Die Menge $\mathcal{V}$ enthält je ein Viereck der Typen Quadrat, Rechteck, Parallelogramm, Raute, rechtwinkliges Trapez, gleichschenkliges Trapez, Drachenviereck, allgemeines Viereck.
Untersuchen Sie für $\mathcal{V}, M_1, \ldots, M_{12}$ alle bestehenden Teilmengenbeziehungen. Welche der Mengen sind gleich ?

$M_1 = \{A \in \mathcal{V} / A$ hat mindestens zwei rechte Winkel $\}$
$M_2 = \{A \in \mathcal{V} / A$ hat mindestens eine Symmetrieachse $\}$
$M_3 = \{A \in \mathcal{V} /$ in A halbieren sich die Diagonalen $\}$
$M_4 = \{A \in \mathcal{V} /$ in A sind je zwei gegenüberliegende Winkel größer oder gleich $180^0\}$
$M_5 = \{A \in \mathcal{V} /$ in A sind benachbarte Winkel zusammen stets $180^0\}$
$M_6 = \{A \in \mathcal{V} / A$ hat mindestens zwei Symmetrieachsen $\}$
$M_7 = \{A \in \mathcal{V} /$ in A gibt es zwei gleich lange Seiten $\}$
$M_8 = \{A \in \mathcal{V} / A$ hat senkrecht aufeinander stehende Diagonalen $\}$
$M_9 = \{A \in \mathcal{V} / A$ hat paarweise gleich lange Seiten $\}$
$M_{10} = \{A \in \mathcal{V} /$ die Winkelsumme von A ist größer oder gleich $360^0\}$
$M_{11} = \{A \in \mathcal{V} / A$ hat höchstens zwei Symmetrieachsen $\}$
$M_{12} = \{A \in \mathcal{V} /$ in A gibt es zwei parallele Seiten $\}$

♠

Übung 27:

Bestimmen Sie alle Teilmengenbeziehungen.

$M_1 = T_{64}$	$M_2 = V_2$
$M_3 = \{x \in \mathbb{N} \ / \ x = 8k, \ k \in \{1,2,3,4\}\}$	$M_4 = T_{192}$
$M_5 = \{x \in \mathbb{N} \ / \ x \mid 64 \wedge 8 \mid x\}$	$M_6 = \{x \in \mathbb{N} \ / \ x = 2^n, \ 1 \leq n \leq 8\}$
$M_7 = \{x \in \mathbb{N} \ / \ x = 4k, \ k \in \mathbb{N} \wedge x < 76\}$	$M_8 = \{x \in \mathbb{N} \ / \ x \mid 256 \wedge 4 \mid x\}$
$M_9 = \{x \in \mathbb{N} \ / \ x = \sum\limits_{k=1}^{n} 2^k, \ 1 \leq n \leq 6\}$	$M_{10} = T_{256}$

♠

Die Elemente von Mengen können wiederum Mengen sein. Oft ist es von Interesse, von einer Menge die Menge aller ihrer Teilmengen zu betrachten, so beispielsweise, wenn man mit allen diesen Teilmengen algebraische Operationen ausführen möchte (vgl. Kap.I.6).

Definition I.12:

Ist M eine Menge, so bezeichnen wir mit $\mathcal{P}(M)$ die Menge aller Teilmengen von M und nennen dies die **Potenzmenge** von M.

Beispiel 8:

$$\begin{aligned}
\mathcal{P}(\emptyset) &= \{\emptyset\}\\
\mathcal{P}(\{a\}) &= \{\emptyset, \{a\}\}\\
\mathcal{P}(\{a,b\}) &= \{\emptyset, \{a\}, \{b\}, \{a,b\}\}\\
\mathcal{P}(\{a,b,c\}) &= \{\emptyset, \{a\}, \{b\}, \{c\}, \{a,b\}, \{a,c\}, \{b,c\}, \{a,b,c\}\}
\end{aligned}$$

Hierbei ist zu beachten, daß $\{\emptyset\}$ eine *einelementige* Menge ist, nämlich die Menge mit dem Element $\emptyset$. Es ist also:

$$\begin{array}{ll@{\qquad}lcl}
\mid \mathcal{P}(\emptyset) \mid & = 1 & \mid M \mid = 0 & \Rightarrow & \mid \mathcal{P}(M) \mid = 2^0\\
\mid \mathcal{P}(\{a\}) \mid & = 2 & \mid M \mid = 1 & \Rightarrow & \mid \mathcal{P}(M) \mid = 2^1\\
\mid \mathcal{P}(\{a,b\}) \mid & = 4 & \mid M \mid = 2 & \Rightarrow & \mid \mathcal{P}(M) \mid = 2^2\\
\mid \mathcal{P}(\{a,b,c\}) \mid & = 8 & \mid M \mid = 3 & \Rightarrow & \mid \mathcal{P}(M) \mid = 2^3
\end{array}$$

Wir werden in Kap.I.7 beweisen, daß für endliche Mengen M gilt:

$$\mid \mathcal{P}(M) \mid = 2^{|M|}$$

Aus dieser Beziehung leitet sich der Name *Potenzmenge* ab. ♣

Übung 28:

Man kann die Bildung der Potenzmenge iterieren, d.h. von einer Potenzmenge die Potenzmenge bilden. Es ist

$$\begin{aligned}
&\mathcal{P}(\{a\}) = \{\emptyset, \{a\}\}\\
&\mathcal{P}(\mathcal{P}(\{a\}) = \{\emptyset, \{\emptyset\}, \{\{a\}\}, \{\emptyset, \{a\}\}\}
\end{aligned}$$

Bilden Sie $\mathcal{P}(\mathcal{P}(\{a,b\})$. ♠

Übung 29:

Beweisen Sie für beliebige Mengen A, B: $A \subseteq B \;\Leftrightarrow\; \mathcal{P}(A) \subseteq \mathcal{P}(B)$. ♠

Definition I.13:

a) Ist M eine endliche Menge mit $\mid M \mid = n$ und $r \in \mathbb{Z}$ mit $0 \leq r \leq n$, dann bezeichnet $\mathcal{P}_r(M)$ die **Menge aller r-elementigen Teilmengen von M**.

b) Für die Anzahl $\mid \mathcal{P}_r(M) \mid$ schreibt man $\binom{n}{r}$. Die Zahl $\binom{n}{r}$ heißt **Binomialkoeffizient n über r.**

Beispiel 9:

Für $M = \{a, b, c\}$ ist

$$\mathcal{P}_0(M) = \{\emptyset\} \qquad \binom{3}{0} = 1$$

$$\mathcal{P}_1(M) = \{\{a\}, \{b\}, \{c\}\} \qquad \binom{3}{1} = 3$$

$$\mathcal{P}_2(M) = \{\{a, b\}, \{a, c\}, \{b, c\}\} \qquad \binom{3}{2} = 3$$

$$\mathcal{P}_3(M) = \{\{a, b, c\}\} \qquad \binom{3}{3} = 1$$

♣

Der Binomialkoeffizient $\binom{n}{r}$ ist die Anzahl der r-elementigen Teilmengen einer n-elementigen Menge. Binomialkoeffizienten sind häufig zur Lösung bestimmter kombinatorischer Fragestellungen hilfreich, so beispielsweise zur Frage, wieviele verschiedene Lottotippreihen es gibt. Da bei jeder Tippreihe von den Zahlen $1, 2, \ldots, 48, 49$ genau 6 angekreuzt werden müssen, läßt sich jede Lottotippreihe als eine 6-elementige Teilmenge der 49-elementigen Menge $\{1, 2, 3, \ldots, 48, 49\}$ auffassen.

Demzufolge gibt es $\binom{49}{6}$ verschiedene Möglichkeiten, einen Lottoschein auszufüllen. In Kapitel I.8 werden wir Anzahlen endlicher Mengen unter kombinatorischem Aspekt betrachten und dabei auch lernen, Binomialkoeffizienten zu berechnen. Wir können dann ausrechnen, daß es 13 983 816 verschiedene Lottotippreihen gibt.

Übung 30:

Bestimmen Sie für $M = \{a, b, c, d\}$ und alle $i \in \{0, 1, 2, 3, 4\}$ die Mengen $\mathcal{P}_i(M)$ und prüfen Sie

$$\sum_{i=0}^{4} \mid \mathcal{P}_i(M) \mid \;=\; 2^4.$$

♠

Lösungen und Lösungshinweise zu den Übungen

Ü 24: Analog zum Beweis von $T_{12} \subseteq T_{24}$.

Ü 25: a) (3) ist zu zeigen.

b) $A \not\subset B \Leftrightarrow \neg(A \subseteq B \wedge A \neq B) \Leftrightarrow A \not\subseteq B \vee A = B \Leftrightarrow \exists x \in A : x \notin B \vee A = B$

$A \neq B \Leftrightarrow (\exists x \in A: \quad x \notin B) \vee (\exists x \in B: \quad x \notin A)$

c) Es folgt $A = B = C$.

Ü 26:

	M_1	M_2	M_3	M_4	M_5	M_6	M_7	M_8	M_9	M_{10}	M_{11}	M_{12}
M_1	$\subseteq$									$\subseteq$		$\subseteq$
M_2		$\subseteq$					$\subseteq$			$\subseteq$		
M_3			$\subseteq$		$\subseteq$		$\subseteq$		$\subseteq$	$\subseteq$		$\subseteq$
M_4		$\subseteq$		$\subseteq$			$\subseteq$			$\subseteq$		$\subseteq$
M_5			$\subseteq$		$\subseteq$		$\subseteq$		$\subseteq$	$\subseteq$		$\subseteq$
M_6		$\subseteq$	$\subseteq$		$\subseteq$	$\subseteq$	$\subseteq$		$\subseteq$	$\subseteq$		$\subseteq$
M_7							$\subseteq$			$\subseteq$		
M_8		$\subseteq$					$\subseteq$	$\subseteq$	$\subseteq$	$\subseteq$		
M_9							$\subseteq$		$\subseteq$	$\subseteq$		
M_{10}										$\subseteq$		
M_{11}										$\subseteq$	$\subseteq$	
M_{12}										$\subseteq$		$\subseteq$

Ü 27:

	M_1	M_2	M_3	M_4	M_5	M_6	M_7	M_8	M_9	M_{10}
M_1	$\subseteq$			$\subseteq$						$\subseteq$
M_2		$\subseteq$								
M_3		$\subseteq$	$\subseteq$	$\subseteq$			$\subseteq$			
M_4				$\subseteq$						
M_5	$\subseteq$	$\subseteq$		$\subseteq$	$\subseteq$	$\subseteq$	$\subseteq$	$\subseteq$		$\subseteq$
M_6		$\subseteq$				$\subseteq$				$\subseteq$
M_7		$\subseteq$					$\subseteq$			
M_8		$\subseteq$				$\subseteq$		$\subseteq$		$\subseteq$
M_9		$\subseteq$							$\subseteq$	
M_{10}										$\subseteq$

Ü 28:

$$\begin{aligned}\mathcal{P}(\mathcal{P}(\{a,b\}) &= \{\emptyset,\ \{\emptyset\}, \{\{a\}\}, \{\{b\}\}, \{\{a,b\}\},\ \{\emptyset, \{a\}\}, \{\emptyset, \{b\}\}, \{\emptyset, \{a,b\}\},\\ &\quad \{\{a\}, \{b\}\}, \{\{a\}, \{a,b\}\}, \{\{b\}, \{a,b\}\},\ \{\emptyset, \{a\}, \{b\}\},\\ &\quad \{\emptyset, \{a\}, \{a,b\}\}, \{\emptyset, \{b\}, \{a,b\}\}, \{\{a\}, \{b\}, \{a,b\}\}, \{\emptyset, \{a\}, \{b\}, \{a,b\}\}\}.\end{aligned}$$

Ü 29: $A \subseteq B \quad \Leftrightarrow \quad \mathcal{P}(A) \subseteq \mathcal{P}(B)$

$'\Rightarrow'$: $X \in \mathcal{P}(A) \Rightarrow X \subseteq A \Rightarrow X \subseteq B$ (nach Voraussetzung) $\Rightarrow X \in \mathcal{P}(B)$.

$'\Leftarrow'$: $A \in \mathcal{P}(A) \Rightarrow A \in \mathcal{P}(B)$ (nach Voraussetzung) $\Rightarrow A \subseteq B$.

Ü 30:

$$\sum_{i=0}^{4} \mid \mathcal{P}_i(M) \mid = 1+4+6+4+1 = 16 = 2^4.$$

I.5 Kartesische Produkte

In der Schule werden spezielle Funktionen in einem *kartesischen Koordinatensystem* graphisch dargestellt, beispielsweise ist das Bild der Funktion $y = 3x + 4$ eine Gerade mit der Steigung 3 und dem Achsenabschnitt 4. Dies ist möglich, weil nach Festlegung eines Koordinatensystems jedem Punkt der Ebene *genau ein* **Zahlenpaar** (x_0, y_0) reeller Zahlen zugeordnet ist und auch umgekehrt jedem Zahlenpaar *genau ein* Punkt der Ebene entspricht. Den Zahlenpaaren $(1,3)$ und $(3,1)$ entsprechen dabei verschiedene Punkte, sie sind verschieden:

$$(1,3) \neq (3,1).$$

Das ist der wesentliche Unterschied zur Menge $\{1,3\}$, wo es auf die Reihenfolge der Elemente nicht ankommt:

$$\{1,3\} = \{3,1\}.$$

Reelle Zahlenpaare sind genau dann gleich, wenn sie in ihren **Koordinaten (Komponenten)** übereinstimmen:

$$x_0, y_0, x_1, y_1 \in \mathbb{R}: \qquad (x_0, y_0) = (x_1, y_1) \;:\Leftrightarrow\; x_0 = x_1 \,\wedge\, y_0 = y_1.$$

Paare lassen sich von Elementen beliebiger Mengen bilden:

Definition I.14:

Für nichtleere Mengen A und B heißt die Menge

$$A \times B = \{(a,b) /\; a \in A,\; b \in B\}$$

aller Paare von Elementen aus A (1.*Komponenten*) und Elementen aus B (2.*Komponenten*) das **kartesische Produkt** von A mit B (auch **Produktmenge, Kreuzprodukt.**)[5] Für $A = \emptyset \vee B = \emptyset$ setzt man $A \times B = \emptyset$.

Die Bezeichnung geht zurück auf den französischen Philosophen und Mathematiker RENE DESCARTES (1596-1650), auch RENATUS CARTESIUS genannt. In der Mathematik gilt er als einer der Schöpfer der Analytischen Geometrie.

Beispiel 10:

a) Für $A = \{3,4,5\}$ und $B = \{4,5,6\}$ ist
$A \times B = \{(3,4),(3,5),(3,6),(4,4),(4,5),(4,6),(5,4),(5,5),(5,6)\}$

Während bei Mengen die Elemente verschieden sind, kann es in einem kartesischen Produkt Paare mit gleichen Koordinaten geben, wie hier die Paare (4,4), (5,5).

b) $M_1 = \{\clubsuit, \spadesuit, \heartsuit, \diamondsuit\}$, $M_2 = \{7,8,9,10,B,D,K,A\}$;
Die Karten eines Skatspiels entsprechen den Elementen der Menge $M_1 \times M_2$.

♣

[5] Für Paare (a,b) findet man auch die Schreibweisen (a/b) oder $(a;b)$

Bemerkungen:

1. Sind A, B die endlichen Mengen $A = \{a_1, a_2, \ldots, a_m\}, B = \{b_1, b_2, \ldots, b_n\}$, so kann man die Elemente von $A \times B$ in Form eines rechteckigen Schemas angeben:

$$A \times B = \{ \begin{array}{cccc} (a_1, b_1), & (a_1, b_2), & \ldots & , (a_1, b_n), \\ (a_2, b_1), & (a_2, b_2), & \ldots & , (a_2, b_n), \\ \vdots & \vdots & \ddots & \vdots \\ (a_m, b_1), & (a_m, b_2), & \ldots & , (a_m, b_n) \end{array} \}$$

   Zu jedem $a \in A$ gibt es n verschiedene Paare; es gilt demnach für endliche Mengen

$$\mid A \times B \mid = \mid A \mid \cdot \mid B \mid .$$

2. Ein kartesisches Produkt $A \times B$ enthält *alle* Paare von Elementen aus A und B. So fehlen in der Menge

$$\{(a, c), (a, d), (b, c), (a, f), (b, e), (b, f)\}$$

   mindestens noch die Paare (a, e) und (b, d), um ein kartesisches Produkt zu sein. *Teilmengen* von kartesischen Produkten werden als *Relationen* bezeichnet und in Kapitel II behandelt.

3. Für $A_1 \subseteq A_2 \wedge B_1 \subseteq B_2$ folgt aus Definition I.14 unmittelbar $A_1 \times B_1 \subseteq A_2 \times B_2$ und umgekehrt. Insbesondere gilt

$$\mathbb{N} \times \mathbb{N} \quad \subseteq \quad \mathbb{Z} \times \mathbb{Z} \quad \subseteq \quad \mathbb{Q} \times \mathbb{Q} \quad \subseteq \quad \mathbb{R} \times \mathbb{R}.$$

4. Für *nichtleere* Mengen A, B gilt:

$$A \times B = B \times A \quad \Leftrightarrow \quad A = B.$$

   Beweis: $' \Leftarrow '$: Diese Beweisrichtung ist klar: $A \times A = A \times A$.
   $' \Rightarrow '$: Sei $(a, b) \in A \times B$, d.h. $a \in A \wedge b \in B \Rightarrow (a, b) \in B \times A$ (nach Vor.) $\Rightarrow a \in B \wedge b \in A$ (nach Definition I.14) $\Rightarrow A \subseteq B \wedge B \subseteq A \Rightarrow A = B$.

Kartesische Produkte können auch von mehr als zwei Mengen gebildet werden. Die Elemente von $A_1 \times A_2 \times A_3$ sind alle *Tripel* (a_1, a_2, a_3) mit $a_1 \in A_1$, $a_2 \in A_2$, $a_3 \in A_3$. Weiterhin spricht man von *Quadrupeln, Quintupeln* und allgemein von *n-Tupeln* bei kartesischen Produkten von 4, 5 bzw. n Mengen. Diese Bezeichnungen benutzt man hauptsächlich bei kartesischen Produkten einer Menge mit sich. Man spricht also bei $\mathbb{R} \times \mathbb{R} \times \mathbb{R} \times \mathbb{R} \times \ldots \times \mathbb{R}$ (n-faches kartesisches Produkt) von der Menge der n-Tupel reeller Zahlen und verwendet abkürzend die Potenzschreibweise $\mathbb{R}^n$. Auch bei diesen kartesischen Produkten bezeichnen wir die Bestandteile der n-Tupel als die *Koordinaten* oder *Komponenten* der n-Tupel.

In der *analytischen Geometrie* werden *geometrische* Sachverhalte *arithmetisch* untersucht. Dabei wird in der analytischen Geometrie der Ebene in $\mathbb{R}^2$ gerechnet, entsprechend in der räumlichen analytischen Geometrie in $\mathbb{R}^3$. Möglich ist die arithmetische Behandlung geometrischer Fragestellungen wiederum durch die mittels eines Koordinatensystems umkehrbar eindeutige Zuordnung zwischen den Zahlenpaaren aus $\mathbb{R}^2$ und den Punkten einer Ebene, bzw. zwischen den Zahlentripeln aus $\mathbb{R}^3$ und den Punkten des Raumes. Deshalb wird $\mathbb{R}^2$ oftmals als eine Ebene und $\mathbb{R}^3$ als der Raum bezeichnet.

Die zeichnerische Darstellung einer Teilmenge des $\mathbb{R}^2$ in einem ebenen Koordinatensystems heißt der **Graph** der betreffenden Teilmenge. Beispielsweise ist der Graph der Teilmenge $\{(x,y) \in \mathbb{R} \times \mathbb{R} \;/\; y = 3x+4\}$ von $\mathbb{R}^2$ die anfangs erwähnte Gerade mit der Steigung 3 und dem Achsenabschnitt 4.

Beispiel 11:

$\{(x,y) \in \mathbb{R} \times \mathbb{R}/y \geq x^2\}$

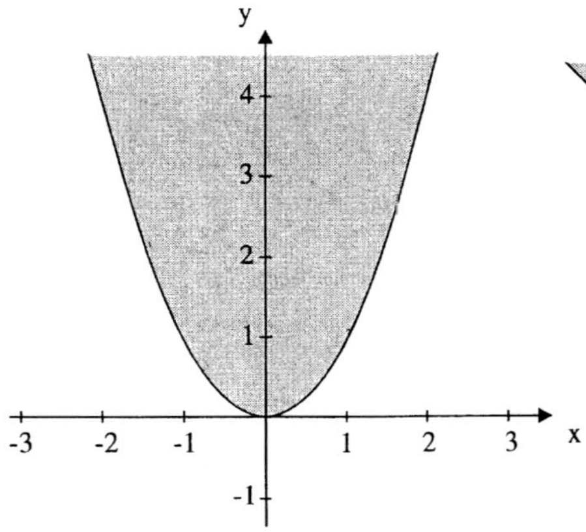

Abb. 1.3

$\{(x,y) \in \mathbb{R} \times \mathbb{R}/x+y \leq 3 \;\wedge\; x+y \geq -3\}$

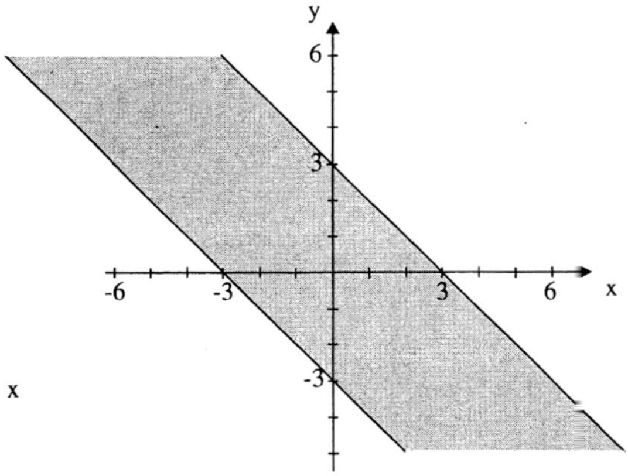

Abb. 1.4

In beiden Fällen können nur Teile des Graphen dargestellt werden, ebenso wie bei der Geraden $y = 3x + 4$; den vollständigen Graphen kann man sich jedoch vorstellen.

♣

In der *linearen Algebra* definiert man Rechenoperationen für $\mathbb{R}^n$ $(n \in \mathbb{N})$, die denen in $\mathbb{R}^2$ und $\mathbb{R}^3$ entsprechen und untersucht die *arithmetischen Vektorräume* $\mathbb{R}^n$.

Übung 31:

Stellen Sie die folgenden Teilmengen von $\mathbb{R}^2$ in einem kartesischen Koordinatensystem dar.

a) $\{(x,y) \in \mathbb{R} \times \mathbb{R} \;/\; x^2+y^2 \leq 9 \quad \wedge \quad (x-1)^2+y^2 \geq 4\}$

b) $\{(x,y) \in \mathbb{R} \times \mathbb{R} \;/\; |x|+|y| \geq 2,5 \quad \wedge \quad x^2+y^2 \leq 5\}$

c) $\{(x, y) \in \mathbb{R} \times \mathbb{R} \,/\, x \cdot y \leq 1 \quad \wedge \quad y \leq (x-1)^2\}$
d) $\{(x, y) \in \mathbb{R} \times \mathbb{R} \,/\, x^2 - 4 \leq 0 \quad \wedge \quad y^3 \geq -27\}$
e) $\{(x, y) \in \mathbb{R} \times \mathbb{R} \,/\, |x + y| \leq 4\}$
f) $\{(x, y) \in \mathbb{R} \times \mathbb{R} \,/\, x^4 - y^4 = x^2 - y^2\}$

♠

Übung 32:

Welche der folgenden Aussagen sind wahr?

a) Es gibt eine Menge A mit $|\, A \times A \,| = 120$.
b) Für jede natürliche Zahl n gibt es Mengen A, B, so daß $|\, A \times B \,| = n$ gilt.
c) Sind A, B Mengen mit $|\, A \,| = 6$ und $|\, B \,| = 3$, so ist $|\, \mathcal{P}(A \times B) \,| = 262\,144$.
d) $A \times B \times C = (A \times B) \times C = A \times (B \times C) \quad \Leftrightarrow \quad A = \emptyset \vee B = \emptyset \vee C = \emptyset$.
e) $A \times B = B \times A \quad \Leftrightarrow \quad A = B \vee A = \emptyset \vee B = \emptyset$

♠

Aussageformen enthalten häufig mehr als eine Variable. In einem solchen Fall sind die Grundmengen kartesische Produkte, manchmal auch Teilmengen davon. Es sind

(1) $a \mid b$
(2) $x^2 + y^2 = 1$

Aussageformen in zwei Variablen und

(3) $x^2 + y^2 = z^2$

ist eine Aussageform in drei Variablen.
Mögliche Grundmengen für (1) sind $\mathbb{N} \times \mathbb{N}$ oder $\mathbb{Z} \times \mathbb{Z}$. Das Paar $(1, 3)$ ist wegen $1 \mid 3$ eine Lösung von (1), das Paar $(3, 1)$ dagegen nicht. Hieran wird deutlich, daß die Grundmenge aus *Paaren* bestehen muß.
Wählt man $\mathbb{R} \times \mathbb{R}$ als Grundmenge für (2), so ist der Graph der Lösungsmenge der Einheitskreis in einem Koordinatensystem. In vielen mathematischen Problemen und Anwendungen sucht man nur die ganzzahligen Lösungen einer Gleichung, d.h. man betrachtet die Gleichung als Aussageform über der Grundmenge $\mathbb{Z}$, $\mathbb{Z} \times \mathbb{Z}$, $\mathbb{Z} \times \mathbb{Z} \times \mathbb{Z}, \ldots$, je nach Anzahl der Variablen. Gleichungen, bei denen man nur nach den ganzzahligen Lösungen fragt, heißen *diophantische Gleichungen* (nach DIOPHANTOS von Alexandria, etwa 250 n.Chr.). Die Lösungsmenge der diophantischen Gleichung $x^2 + y^2 = 1$ ist $L = \{(1, 0), (0, 1), (-1, 0), (0, -1)\}$.
Die Lösungen der diophantischen Gleichung $x^2 + y^2 = z^2$ (Grundmenge $\mathbb{Z} \times \mathbb{Z} \times \mathbb{Z}$) werden *pythagoreische Tripel* genannt. Wir erwähnten schon, daß es unendlich viele pythagoreische Tripel gibt. In der Zahlentheorie beweist man, wie bei allen diesen Tripeln x, y, z voneinander abhängen.

Alle Aussagen mit mehreren Quantoren in Kapitel I.3 enthielten als Bestandteile Aussageformen. Die Anzahl der Quantoren war gleich der Anzahl der Variablen. In der Logik sagt man: *'Alle Variablen sind gebunden'*. Dies ist die Bedingung dafür, daß eine Aussageform mittels Quantoren in eine Aussage übergeht. Beispielsweise ist

$$(a+b)^n \geq 0 \quad \forall a, b \in \mathbb{R}$$

eine Aussageform in der Variablen n, da nur die Variablen a, b gebunden sind. Für geradzahlige $n \in \mathbb{N}$ erhält man eine wahre, für ungeradzahlige $n \in \mathbb{N}$ eine falsche Aussage.
Beispiele für Aussageformen mit 2 und 3 Variablen aus Kapitel I.3 sind:

$$(a+b)^2 \geq 0$$
$$x + y = 0$$
$$a \mid b \wedge b \mid a \quad \Rightarrow \quad a = b$$
$$a(b+c) = ab + bc$$
$$a^n \cdot b^n = (ab)^n$$

Übung 33:

Zu jeder der Aussageformen

a) x ist Potenz einer Primzahl;
b) jedes Element von X ist auch Element von Y;
c) jeder Teiler von x ist auch Teiler von y;
d) z besitzt genau zwei verschiedene Primfaktoren;
e) f ist die Fläche eines Kreises mit dem Radius r;

bestimme man zunächst unter den Mengen alle diejenigen, die Grundmenge sein können und dann die Lösungsmenge jeder Aussageform über jeder möglichen Grundmenge.

$A = \{\{4\}, \{49\}\}$, $B = \{(4\pi, 2), (1, 9\pi), (9\pi^3, 3\pi), (36, 6), (7, 49\pi), (49\pi, 7)\}$,
$C = \{(\{4\}, \{2\}), (\{4\}, \{1,2\}), (\{1\}, \{1,2\}), (\{1\}, \{2\})\}$, $D = \{2, 4, 6, 8, 10, 12\}$,
$E = \{1,2,3\} \times \{2,3,4,5,6\}$, $F = \mathbb{N} \times \mathbb{Z}$.

♠

Lösungen und Lösungshinweise zu den Übungen

Ü 31:

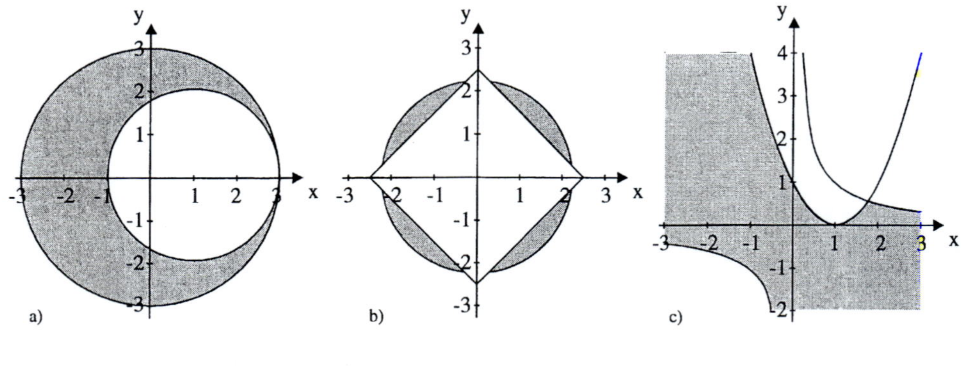

Ü 31:

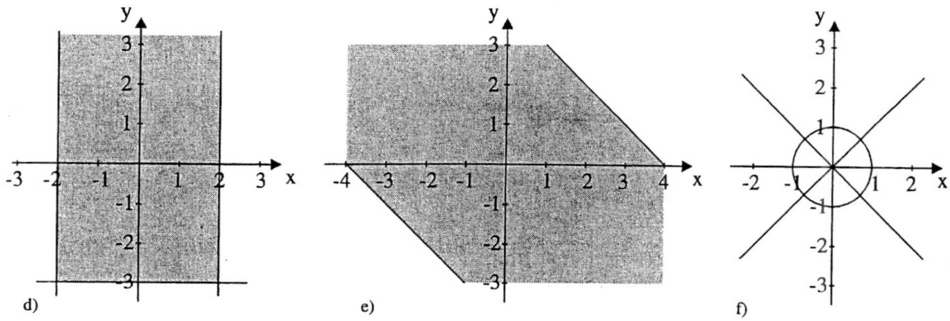

Ü 32:

a) falsch: $|A \times A| = |A| \cdot |A| = 120 \Rightarrow |A| = \sqrt{120} \notin \mathbb{N}$.
b) wahr: wähle Mengen A, B mit $|A| = 1,\ |B| = n$.
c) wahr: $|A \times B| = 3 \cdot 6 = 18 \Rightarrow |\mathcal{P}(A \times B)| = 2^{18} = 262\,144$.
d) wahr: die Implikation $'\Leftarrow'$ folgt aus Def.I.14.
$'\Rightarrow'$: Für beliebige Mengen A, B, C mit $A \neq \emptyset,\ B \neq \emptyset,\ C \neq \emptyset$ sind alle drei kartesischen Produkte untereinander verschieden, denn die Elemente von $A \times B \times C$ sind *Tripel*, die von $(A \times B) \times C$ sind *Paare* mit Paaren in der *ersten* Komponente und die von $A \times (B \times C)$ sind *Paare* mit Paaren in der *zweiten* Komponente.
e) wahr: vgl. Bemerkung 4.

Ü 33: Mögliche Grundmengen: a) D b) C c) B, E, F d) D e) B, E, F
Die Lösungsmengen ergeben sich aus diesen Grundmengen.

I.6 Mengenalgebra

So wie Aussagen in der Aussagenlogik miteinander verknüpft werden, lassen sich auch Mengen miteinander verknüpfen. Dabei resultieren die in der sogenannten Mengenalgebra gültigen Gesetzmäßigkeiten aus denen der Aussagenlogik, da die mengenalgebraischen Verknüpfungen durch Junktoren definiert werden.

Definition I.15:

a) Sind A, B Mengen, so bilden alle Elemente, die sowohl zu A als auch zu B gehören den **Durchschnitt** (die **Schnittmenge**) von A und B. Man schreibt $A \cap B$ und sagt '*A geschnitten B*':

$$A \cap B = \{x \,/\, x \in A \wedge x \in B\}.$$

Gilt $A \cap B = \emptyset$, dann heißen die Mengen A, B **elementfremd** oder **disjunkt**.

b) Sind A, B Mengen, so bilden alle Elemente, die zu A *oder* zu B gehören die **Vereinigung (Vereinigungsmenge)** von A und B, geschrieben $A \cup B$ (A *vereinigt* B):

$$A \cup B = \{x \,/\, x \in A \vee x \in B\}.$$

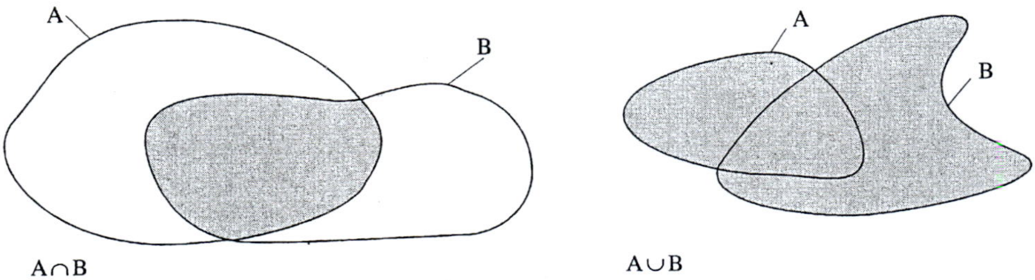

Abb. 1.5

Man beachte, daß wegen der Bedeutung des Junktors ' ∨ ' die Menge $A \cup B$ auch die Elemente enthält, die zu A *und* zu B gehören. Es ist daher stets $A \cap B \subseteq A \cup B$.

Beispiel 12:

a) $A = \{(x, y) \in \mathbb{R}^2 \,/\, y = x^2\}$
$B = \{(x, y) \in \mathbb{R}^2 \,/\, y = x + 2\}$
$C = \{(x, y) \in \mathbb{R}^2 \,/\, y = 3x - 6\}$

Dem *Durchschnitt* zweier Mengen entsprechen alle *gemeinsamen Punkte* im Graphen. Dies ist in der Schule der Hintergrund bei der *graphischen* Lösung linearer Gleichungssysteme von zwei Gleichungen mit zwei Unbekannten und auch bei der *graphischen* Lösung quadratischer Gleichungen.

$A \cap B = \{(x, y) \in \mathbb{R}^2 / y = x^2 \wedge y = x + 2\}$
$= \{(-1, 1), (2, 4)\}$

Die Mengen A und C sind disjunkt:
$A \cap C = \emptyset$.
$B \cap C = \{(4, 6)\}$.

Der Graph der Vereinigung zweier Mengen A, B besteht aus allen Punkten der Graphen von A und B.

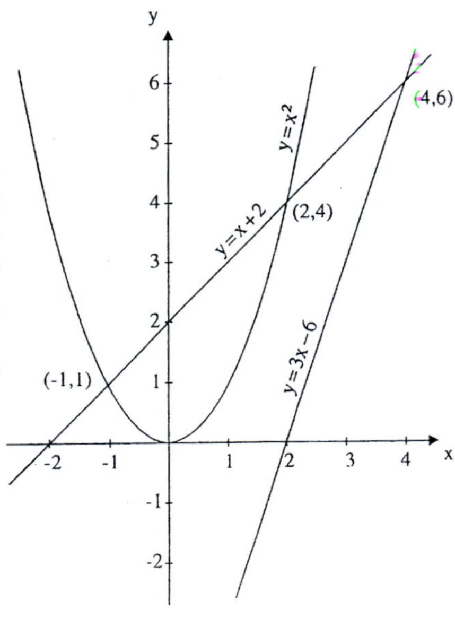

Abb. 1.6

b) $T_{12} \cap T_{18} = \{1,2,3,4,6,12\} \cap \{1,2,3,6,9,18\} = \{1,2,3,6\}$.
Der Durchschnitt dieser beiden Teilermengen ist wieder eine Teilermenge. Später werden wir für beliebige ganze Zahlen a, b zeigen

$$T_a \cap T_b = T_{ggT(a,b)}.$$

Dabei ist ggT(a, b) der größte gemeinsame Teiler von a und b.

$T_{12} \cup T_{18} = \{1,2,3,4,6,12\} \cup \{1,2,3,6,9,18\} = \{1,2,3,4,6,9,12,18\}$.
Es ist $T_{12} \cup T_{18}$ keine Teilermenge, aber für 36, das kleinste gemeinsame Vielfache von 12 und 18, gilt $T_{12} \cup T_{18} \subseteq T_{36}$. Prüfen Sie es nach!

♣

Bemerkung:

Sind $p(x), q(x)$ Aussageformen über derselben Grundmenge G mit den Lösungsmengen L_1, L_2, dann sind $p(x) \wedge q(x)$ bzw. $p(x) \vee q(x)$ Ausageformen über G mit den Lösungsmengen $L_1 \cap L_2$ bzw. $L_1 \cup L_2$.
In Beispiel 12 wurde das anhand der Graphen der Aussageformen

$$y = x^2, \qquad y = x + 2, \qquad y = 3x - 6$$

über $\mathbb{R}^2$ deutlich.

Übung 34:

Bestimmen Sie die Lösungsmengen L der Aussageformen über $\mathbb{N} \times \mathbb{N}$. In welchen Fällen besteht L aus mehr als einem Element ?

a) $T_x \cap V_y = \{2,4,6,12\}$
b) $T_x \cap V_y = \{101\}$
c) $(V_x \cap V_y) \cap T_z = \{60,120\}$
d) $(T_x \cup T_y) \cap T_z = \{11,22,33\}$

T_x bezeichnet dabei die Menge aller positiven Teiler von x und V_x die Menge aller positiven Vielfachen von x. ♠

Übung 35:

Es seien M_1, M_2, M_3, M_4 die folgenden Teilmengen von $\mathbb{R} \times \mathbb{R}$:

$$M_1 = \{(x,y) \in \mathbb{R} \times \mathbb{R} \;/\; 4y - x^2 + 6x \geq 5\}$$
$$M_2 = \{(x,y) \in \mathbb{R} \times \mathbb{R} \;/\; y \leq 6 - |\tfrac{3}{2}x - 6|\}$$
$$M_3 = \{(x,y) \in \mathbb{R} \times \mathbb{R} \;/\; y \geq -1\}$$
$$M_4 = \{(x,y) \in \mathbb{R} \times \mathbb{R} \;/\; y \leq 4\}$$

Stellen Sie $(M_1 \cap M_2 \cap M_3) \cup (M_1 \cap M_3 \cap M_4)$ in einem kartesischen Koordinatensystem dar.

♠

Im folgenden Satz sind die wichtigsten Regeln für die Durchschnitts- und Vereinigungsbildung von Mengen zusammengestellt.

Satz I.16:

Für alle Mengen A, B, C gilt:

(1)	$A \cap \emptyset = \emptyset$	(1')	$A \cup \emptyset = A$
(2)	$A \cap A = A$	(2')	$A \cup A = A$
(3)	$A \cap B \subseteq A \wedge A \cap B \subseteq B$	(3')	$A \subseteq A \cup B \wedge B \subseteq A \cup B$
(4)	$A \cap B = A \Leftrightarrow A \subseteq B$	(4')	$A \cup B = A \Leftrightarrow B \subseteq A$
(5)	$A \subseteq B \wedge A \subseteq C \Leftrightarrow A \subseteq B \cap C$	(5')	$A \subseteq C \wedge B \subseteq C \Leftrightarrow A \cup B \subseteq C$

Die Durchschnitts- und Vereinigungsbildung von Mengen ist kommutativ und assoziativ, d.h. es gilt für alle Mengen A, B, C

(6)	$A \cap B = B \cap A$	(6')	$A \cup B = B \cup A$
(7)	$(A \cap B) \cap C = A \cap (B \cap C)$	(7')	$(A \cup B) \cup C = A \cup (B \cup C)$

Beweis: Die Regeln (1), (1'), (2), (2'), (3) und (3') sind aufgrund der Definition von '$\cap$' und '$\cup$' unmittelbar einsichtig.
Wenn jedes Element aus A auch zu $A \cap B$ gehört, dann gehört es jedenfalls zu B, woraus (4) folgt.
Regel (5) folgt aus der Äquivalenz

$$((x \in A \Rightarrow x \in B) \wedge (x \in A \Rightarrow x \in C)) \quad \Leftrightarrow \quad (x \in A \Rightarrow (x \in B \wedge x \in C)).$$

Die Regeln (6) und (6') folgen aus der Kommutativität der Junktoren '$\wedge$' und '$\vee$', (7) und (7') aus dem Assoziativgesetz für die Junktoren. Für Regel (7) wollen wir den Beweis durchführen:

$$\begin{aligned} x \in (A \cap B) \cap C &\Leftrightarrow x \in A \cap B \wedge x \in C && \text{(Def. von } '\cap'\text{)} \\ &\Leftrightarrow (x \in A \wedge x \in B) \wedge x \in C && \text{(Def. von } '\cap'\text{)} \\ &\Leftrightarrow x \in A \wedge (x \in B \wedge x \in C) && \text{(Assoz. von } '\wedge'\text{)} \\ &\Leftrightarrow x \in A \wedge x \in B \cap C && \text{(Def. von } '\cap'\text{)} \\ &\Leftrightarrow x \in A \cap (B \cap C) && \text{(Def. von } '\cap'\text{)} \end{aligned}$$

■

Wegen (7) verzichtet man auf die Klammern und schreibt einfach $A \cap B \cap C$ anstelle von $(A \cap B) \cap C$ oder $A \cap (B \cap C)$. Durch mehrfache Anwendung des Assoziativgesetzes läßt sich beweisen, daß auch bei der Durchschnitts- und Vereinigungsbildung von mehr als drei Mengen das Ergebnis unabhängig von der Beklammerung ist, und somit Klammern weggelassen werden können.

Übung 36:

Beweisen Sie die Regeln (4'), (5') aus Satz I.16. ♠

Die Beweise zu Satz I.16 haben gezeigt, daß die mengenalgebraischen Gesetze für ' $\cap$ ' und ' $\cup$ ' direkt aus den entsprechenden aussagenlogischen Gesetzen für ' $\wedge$ ' und ' $\vee$ ' abgeleitet werden. Das liegt natürlich daran, daß die Mengen $A \cap B$ und $A \cup B$ durch die Junktoren ' $\wedge$ ' und ' $\vee$ ' definiert sind.
So gibt es auch zu (1), (1'), (2), (2'), (3), (3') aussagenlogische Entsprechungen. (1) und (1') folgen aus den Unerfüllbarkeitsregeln (24) in Kap.I.2:

$$k \wedge p \Leftrightarrow k \qquad \textit{und} \qquad k \vee p \Leftrightarrow p.$$

(2) und (2') resultieren aus den Idempotenzgesetzen (21) in Kap.I.2:

$$p \wedge p \Leftrightarrow p \qquad \textit{und} \qquad p \vee p \Leftrightarrow p.$$

(3) und (3') sind Folge der ausagenlogischen Gesetze $p \wedge q \Rightarrow p$ bzw. $p \wedge q \Rightarrow q$. Hierbei stehen p, q für beliebige Aussagenvariable und k für eine Kontradiktion.

Zur Anwendung werden wir für die Potenzmengen der Mengen A, B beweisen:

$$\mathcal{P}(A) \cap \mathcal{P}(B) = \mathcal{P}(A \cap B).$$

Zum Beweis der Gleichheit zweier Mengen A, B sind zwei Teilmengenbeziehungen zu zeigen. Wir werden sie künftig symbolisieren durch
' $\subseteq$ ': für $A \subseteq B$ und ' $\supseteq$ ': für $A \supseteq B$.

Beweis:
' $\subseteq$ ': Sei $X \in \mathcal{P}(A) \cap \mathcal{P}(B) \Rightarrow X \in \mathcal{P}(A) \wedge X \in \mathcal{P}(B) \Rightarrow X \subseteq A \wedge X \subseteq B \Rightarrow X \subseteq A \cap B$ (*Satz I.*16(5)) $\Rightarrow X \in \mathcal{P}(A \cap B)$.

' $\supseteq$ ': Für $X \in \mathcal{P}(A \cap B)$ lassen sich alle Implikationen der Beweisrichtung ' $\subseteq$ ': umkehren. So folgt $X \in \mathcal{P}(A) \cap \mathcal{P}(B)$. ■

Übung 37:

Zeigen Sie: $\mathcal{P}(A) \cup \mathcal{P}(B) = \mathcal{P}(A \cup B)$ gilt *nicht* für beliebige Mengen A, B. ♠

Ähnlich wie Potenzmengen verhalten sich kartesische Produkte hinsichtlich Durchschnitt und die Vereinigung:

Übung 38:

a) Beweisen Sie: Für beliebige Mengen A_1, A_2, B_1, B_2 gilt:

$$(A_1 \times A_2) \cap (B_1 \times B_2) = (A_1 \cap B_1) \times (A_2 \cap B_2)$$

b) Geben Sie Mengen A_1, A_2, B_1, B_2 an, für die gilt:

$$(A_1 \times A_2) \cup (B_1 \times B_2) \neq (A_1 \cup B_1) \times (A_2 \cup B_2)$$

♠

Die Mengenoperationen Durchschnitt und Vereinigung sind über die **Distributivgesetze** miteinander verbunden.

Satz I.17:

Für beliebige Mengen A, B, C gilt

$$(1) \quad A \cap (B \cup C) = (A \cap B) \cup (A \cap C)$$

und

$$(2) \quad A \cup (B \cap C) = (A \cup B) \cap (A \cup C).$$

Wegen (1) sagt man, '$\cap$' ist distributiv bezüglich '$\cup$', und '$\cup$' ist distributiv bezüglich '$\cap$' aufgrund von (2). In Zahlbereichen ist nur die Multiplikation distributiv bezüglich der Addition. Da die Distributivgesetze wiederum Folge der Distributivgesetze für die Junktoren '$\wedge$' und '$\vee$' sind, lassen sie sich beweisen wie das Assoziativgesetz in Satz I.16(7). In Analogie zur Aussagenlogik, wo die Äquivalenz aussagenlogischer Formeln mittels Wahrheitstafeln gezeigt wird, kann man auch mengenalgebraische Gesetze per Wahrheitstafel nachweisen. Als Beispiel wird der Beweis von Satz I.17(1) so geführt.

Beweis:

$x \in \ldots$	A	B	C	$B \cup C$	$A \cap (B \cup C)$	$A \cap B$	$A \cap C$	$(A \cap B) \cup (A \cap C)$
	w	w	w	w	**w**	w	w	**w**
	w	w	f	w	**w**	w	f	**w**
	w	f	w	w	**w**	f	w	**w**
	w	f	f	f	**f**	f	f	**f**
	f	w	w	w	**f**	f	f	**f**
	f	w	f	w	**f**	f	f	**f**
	f	f	w	w	**f**	f	f	**f**
	f	f	f	f	**f**	f	f	**f**

Die Übereinstimmung der Spalten '$x \in A \cap (B \cup C)$' und '$x \in (A \cap B) \cup (A \cap C)$' besagt $x \in A \cap (B \cup C) \Leftrightarrow x \in (A \cap B) \cup (A \cap C)$ und damit gilt (1): $A \cap (B \cup C) = (A \cap B) \cup (A \cap C)$. ■

Übung 39:

Beweisen Sie das Distributivgesetz (2) in Satz I.17. ♠

Als Anwendung der Distributivgesetze beweisen wir für beliebige Mengen A, B die *Absorptionsgesetze* (vgl. Kap.I.2 (22))

$$A \cap (A \cup B) = A \qquad \text{und} \qquad A \cup (A \cap B) = A.$$

Durch Anwendung von Satz I.16 und Satz I.17 erhält man:

$$A \subseteq A \cup (A \cap B) = (A \cup A) \cap (A \cup B) = A \cap (A \cup B) \subseteq A.$$

Wegen $A \not\subset A$ muß hier überall das Gleichheitszeichen stehen.

Übung 40:

Beweisen Sie für Mengen A, B, C:

a) $(A \cap B = \emptyset) \wedge (A \cap C = \emptyset) \Leftrightarrow A \cap (B \cup C) = \emptyset.$

b) $(A \cap B) \cup C = A \cap (B \cup C) \Leftrightarrow C \subseteq A.$

♠

Sind A, B *endliche* Mengen, so erhält man im allgemeinen die Anzahl der Elemente von $A \cup B$ nicht als Summe von $|A|$ und $|B|$. Da in $|A| + |B|$ die Elemente aus $A \cap B$ doppelt gezählt werden, gilt vielmehr

$$|A \cup B| = |A| + |B| - |A \cap B|.$$

Übung 41:

Beweisen Sie mit Hilfe der Formel für $|A \cup B|$ und der Assoziativ- und Distributivgesetze die Anzahlformel für drei endliche Mengen A, B, C:

$$|A \cup B \cup C| = |A| + |B| + |C| - |A \cap B| - |A \cap C| - |B \cap C| + |A \cap B \cap C|.$$

♠

Beispiel 13:

Wieviele der natürlichen Zahlen von 1 bis 1000 sind durch mindestens eine der Primzahlen 2, 3 oder 5 teilbar ?

A_i bezeichne die Menge der durch i $(i \in \{2, 3, 5\})$ teilbaren Zahlen im Intervall. Es ist

$$|A_2| = 500 \qquad |A_3| = 333 \qquad |A_5| = 200.$$

Die durch 2 *und* 3 teilbaren Zahlen sind genau die durch 6 teilbaren Zahlen. Davon gibt es 166. Entsprechend bestimmt man die durch 2 *und* 5 bzw. die durch 3 *und* 5 teilbaren Zahlen und erhält

$$|A_2 \cap A_3| = 166 \qquad |A_2 \cap A_5| = 100 \qquad |A_3 \cap A_5| = 66.$$

Durch 2, 3 *und* 5 sind genau 33 Zahlen teilbar (Begründung ?):

$$|A_2 \cap A_3 \cap A_5| = 33.$$

Also ist $|A_2 \cup A_3 \cup A_5| = 500 + 333 + 200 - 166 - 100 - 66 + 33 = 734.$

Von den Zahlen 1 bis 1000 sind genau 734 durch mindestens eine der Primzahlen 2, 3 oder 5 teilbar. ♣

Übung 42:

Die Kinder der Familie Hilgers gehen zwar alle gern zur Schule, dennoch lehnt jedes der Kinder mindestens eines der Fächer Mathematik, Geschichte, Deutsch ab. 7 Kinder mögen die Mathematik nicht, 6 Kinder lehnen Geschichte und 5 Kinder Deutsch ab. 4 Kinder mögen weder Geschichte, noch Mathematik, 2 weder Geschichte, noch Deutsch und 3 weder Mathematik, noch Deutsch. Nur Michael lehnt alle drei Unterrichtsfächer ab.

Wie viele Kinder hat Familie Hilgers ? ♠

Von großer Bedeutung bei Abzählproblemen in der Kombinatorik, aber auch in anderen Bereichen der Mathematik ist die Aufteilung einer endlichen Menge M in Teilmengen M_i, derart daß die Anzahl der Elemente von M gleich der Summe der Elementzahlen in den Teilmengen ist. Man spricht dann von einer *Zerlegung* der Menge M.
Bevor wir den Begriff definieren, wollen wir für den Durchschnitt und die Vereinigung von mehr als zwei Mengen $M_1, M_2, \ldots, M_n$ abkürzende Schreibweisen einführen:

$$\bigcap_{i=1}^{n} M_i \quad \text{steht für} \quad M_1 \cap M_2 \cap \ldots \cap M_n$$
$$\bigcup_{i=1}^{n} M_i \quad \text{steht für} \quad M_1 \cup M_2 \cup \ldots \cup M_n$$

Durchschnitte und Vereinigungen lassen sich auch von unendlich vielen Mengen $M_1, M_2, M_3, \ldots$ bilden. Es ist

$$\bigcap_{i=1}^{\infty} M_i = \{x \,/\, \forall i \in \mathbb{N} : \; x \in M_i\}$$

$$\bigcup_{i=1}^{\infty} M_i = \{x \,/\, \exists i \in \mathbb{N} : \; x \in M_i\}$$

Auch hier werden manchmal andere Schreibweisen verwendet:

$$\bigcap_{i=1}^{\infty} M_i \quad \text{steht für} \quad M_1 \cap M_2 \cap M_3 \cap \ldots$$
$$\bigcup_{i=1}^{\infty} M_i \quad \text{steht für} \quad M_1 \cup M_2 \cup M_3 \cup \ldots$$

Definition I.18:

Es sei M eine nichtleere Menge und $M_1, M_2, \ldots, M_n$ seien nichtleere Teilmengen von M mit den Eigenschaften

(1) $\quad M = \bigcup_{i=1}^{n} M_i$

und

(2) $\quad M_i \cap M_j = \emptyset \qquad \forall i, j \in \{1, 2, \ldots, n\}$ und $i \neq j$.

Dann spricht man von einer **Zerlegung (Partition)** *der Menge M in die Teilmengen $M_1, M_2, \ldots, M_n$.*
Entsprechend ist die Zerlegung einer Menge in *unendlich viele* Teilmengen definiert.

Eigenschaft (1) besagt, daß jedes Element $m \in M$ in *mindestens einer* Teilmenge enthalten ist; aufgrund von (2) ist jedes $m \in M$ in *höchstens einer* Teilmenge. Dann ist aber jedes $m \in M$ in *genau einer* Teilmenge enthalten. Für eine *endliche* Menge M und eine Zerlegung in Teilmengen M_i folgt damit

$$|M| = \sum_{i=1}^{n} |M_i|.$$

Gilt für $M_1, M_2, \ldots, M_n$ die Eigenschaft (2) aus Definition I.18, dann heißen die Mengen **paarweise disjunkt.**

Auch für unendliche Mengen ist der Begriff der Zerlegung von grundlegender Bedeutung, er wird uns noch häufig begegnen.

Beispiel 14:

a) Ein einfaches Beispiel bilden alle Schüler einer bestimmten Schule. Paarweise disjunkte Teilmengen entstehen, wenn man jeweils die Schüler, die dieselbe Klasse besuchen, zusammenfaßt. (Manchmal spricht man in der Literatur auch von der 'Zerlegung einer Menge in *Klassen*').

b) Ein weiteres Beispiel haben wir bereits früher kennengelernt. Ist M eine n-elementige Menge , so ist $\mathcal{P}_r(M)$ für jedes $r \in \{0, 1, 2, \ldots, n\}$ die Menge aller r-elementigen Teilmengen von M. Alle diese $n+1$ Teilmengen definieren eine Zerlegung der Potenzmenge $\mathcal{P}(M)$. Denn ist $A \in \mathcal{P}(M)$, so gilt $|A| = s$ für ein $s \in \mathbb{N}_0$ mit $0 \leq s \leq n$ und damit $A \in \mathcal{P}_s(M)$. Es ist also

$$\mathcal{P}(M) = \bigcup_{i=0}^{n} \mathcal{P}_i(M).$$

Für $r \neq s$ ist $\mathcal{P}_r(M) \cap \mathcal{P}_s(M) = \emptyset$, die Teilmengen $\mathcal{P}_i(M)$ sind paarweise disjunkt:

$$|\mathcal{P}(M)| = \sum_{i=0}^{n} |\mathcal{P}_i(M)| = \sum_{i=0}^{n} \binom{n}{i}.$$

Nach dem Beweis der in Kap.I.4 ausgesprochenen Vermutung $|\mathcal{P}(M)| = 2^{|M|}$ erhält man durch diese Zerlegung die folgende Gesetzmäßigkeit über Binomialkoeffizienten:

$$\binom{n}{0} + \binom{n}{1} + \binom{n}{2} + \ldots + \binom{n}{n} = 2^n$$

In Beispiel 9 haben wir für $M = \{a, b, c\}$ die Mengen $\mathcal{P}_0(M)$, $\mathcal{P}_1(M)$, $\mathcal{P}_2(M)$, $\mathcal{P}_3(M)$ angegeben. In diesem Falle folgt:

$$\binom{3}{0} + \binom{3}{1} + \binom{3}{2} + \binom{3}{3} = 1 + 3 + 3 + 1 = 8 = 2^3$$

c) Von $\mathbb{Z}$ betrachten wir die folgenden Teilmengen:

$R_0 = \{x \in \mathbb{Z} \ / \ x \text{ läßt beim Teilen durch 4 den Rest } 0\} = \mathbb{V}_4$
$R_1 = \{x \in \mathbb{Z} \ / \ x \text{ läßt beim Teilen durch 4 den Rest } 1\}$
$R_2 = \{x \in \mathbb{Z} \ / \ x \text{ läßt beim Teilen durch 4 den Rest } 2\}$
$R_3 = \{x \in \mathbb{Z} \ / \ x \text{ läßt beim Teilen durch 4 den Rest } 3\}$

R_0, R_1, R_2, R_3 bilden eine Zerlegung von $\mathbb{Z}$, denn für jede ganze Zahl a bleibt beim Teilen durch 4 genau einer der Reste 0,1,2 oder 3. Daher ist jede Zahl $a \in \mathbb{Z}$ in genau einer der Mengen enthalten.

Wir werden auf dieses Beispiel mehrfach zurückkommen, die Mengen R_0, R_1, R_2, R_3 als *Restklassen modulo 4* bezeichnen und die Eigenschaften dieser Restklassen genau untersuchen.

d) Bei diesem Beispiel aus der Geometrie wird die Menge aller Geraden einer Ebene in *unendlich viele* Teilmengen zerlegt, wobei jede Teilmenge selbst wiederum unendlich ist:

$\mathcal{G}$ sei die Menge aller Geraden einer Ebene. Aus allen jeweils zueinander parallelen Geraden werden Teilmengen gebildet, sogenannte *Parallelenscharen.* Dann gehört jede Gerade zu genau einer Parallelenschar und die Zerlegung von $\mathcal{G}$ hat die genannten Eigenschaften.

♣

Übung 43:

In welchen Fällen liegt eine Zerlegung vor, in welchen nicht ?

a) $A_1 = \{x \in \mathbb{R} \ / \ x^2 < 12{,}25\}$
$A_2 = \{x \in \mathbb{R} \ / \ |x| = 3{,}5\}$
$A_3 = \{x \in \mathbb{R} \ / \ (x-1)^2 > 6{,}25\}$

b) Für eine natürliche Zahl a stehe $Q(a)$ für die Quersumme von a. Die Mengen B_k seien wie folgt für alle $k \in \mathbb{N}$ definiert.

$B_k = \{x \in \mathbb{Z} \ / \ Q(|x|) = k\}$

c) $C_1 = \{x \in \mathbb{Z} \ / \ x^3 \leq -50\}$

$$C_2 = \{x \in \mathbb{Z} \ / \ \frac{3x-1}{x+18} \geq 1 \ \wedge \ x \geq 0\}$$

$C_3 = \{x \in \mathbb{Z} \ / \ (2x-5)(x+4) < 0\}$
$C_4 = \{x \in \mathbb{Z} \ / \ 60 \leq (x+1)^3 \leq 1000\}$

d) $D_1 = \mathbb{V}_4$
$D_2 = \{x \in \mathbb{Z} \ / \ x = 8k - 1, \ k \in \mathbb{Z}\}$
$D_3 = \{x \in \mathbb{Z} \ / \ x \text{ läßt beim Teilen durch 4 den Rest } 1\}$
$D_4 = \{x \in \mathbb{Z} \ / \ x \text{ läßt beim Teilen durch 8 den Rest } 3\}$
$D_5 = \{x \in \mathbb{Z} \ / \ x \text{ läßt beim Teilen durch 4 den Rest } 2\}$

♠

Mit der *Differenzmengenbildung* lernen wir eine weitere mengenalgebraische Operation kennen.

Definition I.19:

Sind A, B Mengen, so ist die **Differenzmenge** von A und B, kurz **A ohne B** definiert durch

$$A \setminus B = \{x \in A \,/\, x \notin B\}.$$

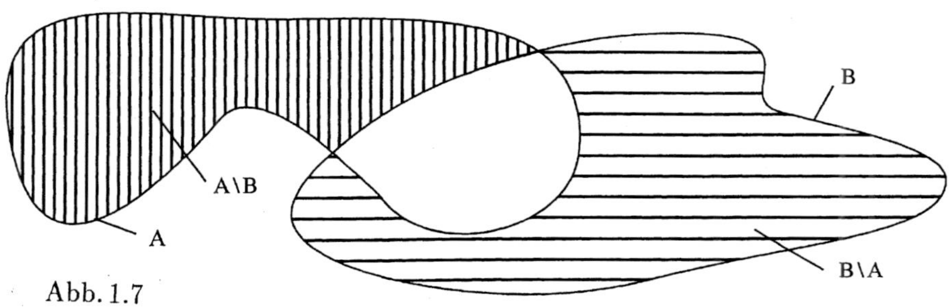

Abb. 1.7

Beispiel 15:

a) Für $\mathbb{N}$, V_2, $\mathbb{V}_2$ gilt:
$\mathbb{N} \setminus V_2 = \mathbb{N} \setminus \mathbb{V}_2 = \{x \in \mathbb{N} \,/\, 2 \nmid x\}$
(Menge der ungeraden natürlichen Zahlen).
$V_2 \setminus \mathbb{N} = \emptyset$.
$\mathbb{V}_2 \setminus \mathbb{N} = \{x \in \mathbb{Z} \,/\, x \leq 0 \wedge 2|x\}$ (Menge der nicht positiven geraden Zahlen).

Bei der Untersuchung von Zahlbereichen hinsichtlich der Multiplikation gibt es wichtige Eigenschaften, die für alle Zahlen mit Ausnahme der Null gelten. Deswegen betrachtet man häufig $\mathbb{Q} \setminus \{0\}$ anstelle von $\mathbb{Q}$ bzw. $\mathbb{R} \setminus \{0\}$ anstelle von $\mathbb{R}$ und schreibt manchmal für diese Mengen $\mathbb{Q}^*$ bzw. $\mathbb{R}^*$.

b) $\{2,4,6,8\} \setminus \{1,2,3,4,5\} = \{2,4,6,8\} \setminus \{2,4\} = \{2,4,6,8\} \setminus \{x \in \mathbb{Z} \,/\, x \leq 4\} = \{6,8\}$.

c) Bezeichnet Q die Menge der Quadratzahlen, so gilt $Q \setminus \mathbb{P} = Q$ und $\mathbb{P} \setminus Q = \mathbb{P}$.

♣

Übung 44:

a) Bestimmen Sie die Mengen

$$\mathbb{P} \setminus V_2, \qquad V_2 \setminus \mathbb{P}, \qquad (\mathbb{P} \setminus V_2) \cup (V_2 \setminus \mathbb{P}), \qquad (\mathbb{P} \setminus V_2) \cap (V_2 \setminus \mathbb{P}).$$

b) Was folgt aus $A \cup B = A \setminus B$ für die Menge B; was aus $A \cap B = A \setminus B$ für die Menge A?

♠

Bemerkungen:

1. Für *disjunkte* Mengen A, B ist $A \setminus B = A \ \wedge \ B \setminus A = B$ (vgl. Beispiel 15(c)).

2. Stets sind $A \setminus B$ und $B \setminus A$ disjunkt: $A \setminus B \cap B \setminus A = \emptyset$.

3. Eine Zerlegung der Menge $A \cup B$ ist durch
$A \cup B = (A \setminus B) \ \cup \ (B \setminus A) \ \cup \ (A \cap B)$
gegeben. Sind A, B endliche Mengen, folgt hiermit noch einmal für die Anzahl der Elemente von $A \cup B$:
$$\begin{aligned} |A \cup B| &= |A \setminus B| \ + \ |B \setminus A| \ + \ |A \cap B| \\ &= (|A| - |A \cap B|) \ + \ (|B| - |A \cap B|) \ + \ |A \cap B| \\ &= |A| + |B| - |A \cap B|. \end{aligned}$$

Übung 45:

a) Die Differenzmengenbildung ist nicht kommutativ.
Beweisen Sie für Mengen A, B:
$$A \setminus B = B \setminus A \Leftrightarrow A = B$$

b) Gilt bezüglich der Differenzmengenbildung das Assoziativgesetz
$$(A \setminus B) \setminus C = A \setminus (B \setminus C)$$
für alle Mengen A, B, C?

c) Beweisen Sie, daß '$\cap$' distributiv bzgl. '$\setminus$' ist.
Untersuchen Sie, ob '$\cup$' distributiv bzgl. '$\setminus$' ist.

♠

Definition I.20:

Für Mengen A, B heißt
$$A \star B = (A \setminus B) \cup (B \setminus A)$$
die **symmetrische Differenz** von A und B.

An einem Mengendiagramm kann man sich veranschaulichen:

Satz I.21:

Für alle Mengen A, B gilt $A \star B = (A \cup B) \setminus (A \cap B)$.

Beweis:

(1)	$x \in (A \setminus B) \cup (B \setminus A)$	$\Leftrightarrow$	$(x \in A \setminus B) \vee (x \in B \setminus A)$
(2)		$\Leftrightarrow$	$(x \in A \wedge x \notin B) \vee (x \in B \wedge x \notin A)$
(3)		$\Leftrightarrow$	$(x \in A \vee x \in B) \wedge (x \in A \vee x \notin A)$
			$\wedge (x \notin B \vee x \notin A) \wedge (x \in B \vee x \notin B)$
(4)		$\Leftrightarrow$	$x \in A \cup B \quad \wedge \quad x \notin A \cap B$
(5)		$\Leftrightarrow$	$x \in (A \cup B) \setminus (A \cap B)$

Neben den Definitionen für die Mengenverknüpfungen wurden im 3.Schritt die Distributivgesetze für '$\wedge$' und '$\vee$' angewandt.

Da $(x \in A \vee x \notin A)$ und $(x \in B \vee x \notin B)$ Tautologien sind, konnten sie im 4.Schritt weggelassen werden. Insgesamt folgt die Behauptung $\quad A \star B = (A \cup B) \setminus (A \cap B)$. ∎

Die vier im folgenden Satz zusammengefaßten Eigenschaften der symmetrischen Differenz haben in der Algebra eine besondere Bedeutung. Deshalb werden wir in Band II bei der Untersuchung algebraischer Strukturen auf die symmetrische Differenz von Mengen zurückkommen.

Satz I.22:

(1)	$A \star B = B \star A$	für alle Mengen A, B
(2)	$(A \star B) \star C = A \star (B \star C)$	für alle Mengen A, B, C
(3)	$A \star \emptyset = A$	für alle Mengen A
(4)	$A \star A = \emptyset$	für alle Mengen A.

Beweis: (1), (3) und (4) folgen direkt aus der Definition I.20 für $\star$. Der Beweis von (2) ist Inhalt der folgenden Übung. Er kann beispielsweise mittels einer Tafel wie bei Satz I.17 geführt werden. ∎

Übung 46:

Beweisen Sie für alle Mengen A, B, C:

a) $(A \star B) \star C = A \star (B \star C)$ b) $A \star B = A \star C \Rightarrow B = C$. ♠

Der Negation von Aussagen entspricht in der Mengenalgebra die Komplementbildung.

Definition I.23:

Ist M eine Menge und $A \subseteq M$, so heißt

$$\overline{A} = \{x \in M \;/\; x \notin A\} = M \setminus A$$

(lies *'A quer'*) das **Komplement** (die **Komplementärmenge**) **von** A **bezüglich** M.

Aufgrund der Definition bilden A und $\overline{A}$ für alle $A \subseteq M$ eine Zerlegung der Menge M:

$$A \cup \overline{A} = M \qquad \wedge \qquad A \cap \overline{A} = \emptyset.$$

Alle aussagenlogischen Gesetze, die Negationen enthalten, haben in der Mengenalgebra Entsprechungen mit Komplementbildungen. Deshalb sind Ihnen die wichtigsten Regeln für die Komplementbildung in anderer Gestalt bereits geläufig.

Satz I.24:

Für eine Menge M und alle $A, B \in \mathcal{P}(M)$ gilt:

$$\begin{array}{ll} (1) & \overline{\overline{A}} = A \\ (2) & \overline{A \cap B} = \overline{A} \cup \overline{B} \\ (3) & \overline{A \cup B} = \overline{A} \cap \overline{B}. \end{array}$$

Beweis:

(1) $x \in \overline{\overline{A}} \Leftrightarrow x \notin \overline{A} \Leftrightarrow x \in A.$

(2) $x \in \overline{A \cap B} \Leftrightarrow x \notin A \cap B \Leftrightarrow x \notin A \vee x \notin B \Leftrightarrow x \in \overline{A} \vee x \in \overline{B} \Leftrightarrow x \in \overline{A} \cup \overline{B}$

(3) Man kann die Formel wie (2) beweisen, man kann sie aber auch aus (2) ableiten
$\overline{\overline{A} \cap \overline{B}} = \overline{\overline{A}} \cup \overline{\overline{B}} = A \cup B \Rightarrow \overline{A} \cap \overline{B} = \overline{A \cup B}.$

■

Es entspricht (1) in Satz I.24 dem aussagenlogischen Gesetz der doppelten Verneinung und (2), (3) sind die *Regeln von de Morgan für Mengen.*

Durch Anwendung der Regeln lassen sich Mengendarstellungen vereinfachen, wie das folgende Beispiel zeigt:

$$\begin{aligned} \overline{(\overline{A} \cap C) \cup (\overline{B} \cap C)} &= \overline{(\overline{A} \cap C)} \cap \overline{(\overline{B} \cap C)} \\ &= (\overline{\overline{A}} \cup \overline{C}) \cap (\overline{\overline{B}} \cup \overline{C}) \\ &= (A \cup \overline{C}) \cap (B \cup \overline{C}) \\ &= (A \cap B) \cup \overline{C}. \end{aligned}$$

Begründen Sie die einzelnen Umformungsschritte !

Ist $p(x)$ eine Aussageform über der Grundmenge M mit der Lösungsmenge L, so wird die Aussageform über M mit der Lösungsmenge $\overline{L} = M \setminus L$ mit $\neg p(x)$ bezeichnet und *Negation von* $p(x)$ genannt.

Beispielsweise hat die Aussageform $p(x): |x+1| \leq 2$ bezüglich $\mathbb{R}$ die Lösungsmenge $L = \{x \in \mathbb{R} \,/\, -3 \leq x \leq 1\}$. Dann ist $\neg p(x): |x+1| > 2$ die Negation von $p(x)$ mit der Lösungsmenge $\overline{L} = \mathbb{R} \setminus L = \{x \in \mathbb{R} \,/\, x < -3 \vee x > 1\}$.

Möchte man von einer Aussageform in mehreren Variablen die Lösungsmenge der Negation bestimmen, müssen Komplemente von kartesischen Produkten gebildet werden.
Ist M eine Menge, so gilt für alle $A, B \in \mathcal{P}(M)$

$$\overline{A \times B} = (\overline{A} \times M) \cup (M \times \overline{B})$$

Dabei ist die Komplementbildung für $A \times B$ auf $M \times M$ bezogen, für A, B auf M.

Beweis:

$$\begin{aligned}(a,b)\in\overline{A\times B} &\Leftrightarrow a\notin A \vee b\notin B\\ &\Leftrightarrow a\in\overline{A} \vee b\in\overline{B}\\ &\Leftrightarrow (a,b)\in\overline{A}\times M \vee (a,b)\in M\times\overline{B}\\ &\Leftrightarrow (a,b)\in(\overline{A}\times M)\cup(M\times\overline{B})\end{aligned}$$

Zeigen Sie an einem Beispiel, daß die naheliegende Vermutung $\overline{A\times B}=\overline{A}\times\overline{B}$ im allgemeinen falsch ist.

Übung 47:

a) Bestimmen Sie *bezüglich* $\mathbb{R}\times\mathbb{R}$ die Komplemente von

$$A=\{(x,y)\in\mathbb{R}\times\mathbb{R}\ /\ x\leq 3 \wedge y>3\}$$
$$B=\{(x,y)\in\mathbb{Z}\times\mathbb{Z}\ /\ x|y\}$$

b) Beweisen oder widerlegen Sie: Für beliebige $A\in\mathcal{P}(\mathbb{R})$ gilt:

(i) $A\times\mathbb{R}\ \cup\ \overline{A}\times\mathbb{R}=\mathbb{R}\times\mathbb{R}$
(ii) $A\times\overline{A}\ \cup\ \overline{A}\times A=\mathbb{R}\times\mathbb{R}$.

c) Geben Sie je 5 Elemente aus

$$\overline{(\mathbb{N}\times\mathbb{R})\cup(\mathbb{R}\times\mathbb{Z})},\quad \overline{(\mathbb{Z}\times\mathbb{N})\cap(\mathbb{N}\times\mathbb{R})},\quad \overline{(\mathbb{N}\times\mathbb{Z})\cap(\mathbb{Z}\times\mathbb{N})}$$

an, wobei die Grundmenge jeweils $\mathbb{R}\times\mathbb{R}$ ist.

♠

Lösungen und Lösungshinweise zu den Übungen

Ü 34: a) $L=\{(12,2)\}$ b) $L=\{(101,101)\}$
c) $L=\{(x,y,z)\in\mathbb{N}\times\mathbb{N}\times\mathbb{N}\ /\ \mathrm{kgV}(x,y)=60,\ z=120\}$
Es steht $\mathrm{kgV}(x,y)$ für 'kleinstes gemeinsames Vielfaches von x und y'.
d) $L=\emptyset$, denn wegen $1\in T_x$, $1\in T_y$, $1\in T_z$, gilt $\forall x,y,z\in\mathbb{Z}:\ 1\in(T_x\cup T_y)\cap T_z$.

Ü 35:

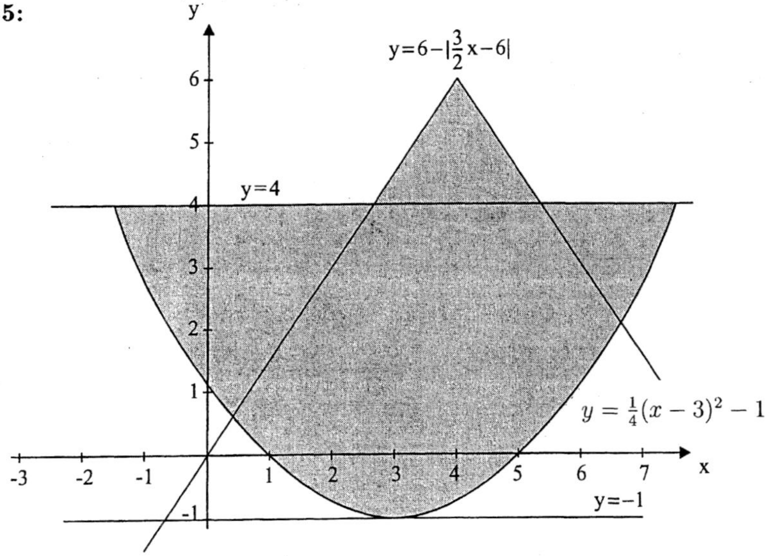

Ü 36: -

Ü 37: Zum Beispiel für $A = \{1\}$, $B = \{2\}$ ist $\mathcal{P}(A) \cup \mathcal{P}(B) = \{\emptyset, \{1\}, \{2\}\}$ und $\mathcal{P}(A \cup B) = \{\emptyset, \{1\}, \{2\}, \{1,2\}\}$.

Ü 38: a) $(x,y) \in (A_1 \times A_2) \cap (B_1 \times B_2) \Leftrightarrow (x,y) \in A_1 \times A_2 \wedge (x,y) \in B_1 \times B_2 \Leftrightarrow$ $x \in A_1 \wedge x \in B_1 \wedge y \in A_2 \wedge y \in B_2 \Leftrightarrow x \in A_1 \cap B_1 \wedge y \in A_2 \cap B_2$ $\Leftrightarrow (x,y) \in (A_1 \cap B_1) \times (A_2 \cap B_2)$.
b) $A_1 = \{1\}$, $A_2 = \{2\}$, $B_1 = \{3\}$, $B_2 = \{4\}$.
Es ist $(3,2) \in (A_1 \cup B_1) \times (A_2 \cup B_2)$, aber $(3,2) \notin (A_1 \times A_2) \cup (B_1 \times B_2)$.

Ü 39: Analog zu Beweis von Satz I.17 (1).

Ü 40: a) Folgt aus $A \cap (B \cup C) = (A \cap B) \cup (A \cap C)$.
b) Es ist $(A \cap B) \cup C = (A \cup C) \cap (B \cup C) = A \cap (B \cup C)$. Daraus folgt direkt $'\Leftarrow'$.
$'\Rightarrow'$: Sei $x \in C \Rightarrow x \in (A \cup C) \cap (B \cup C) \Rightarrow x \in A \cap (B \cup C) \Rightarrow x \in A \Rightarrow C \subseteq A$.

Ü 41:

$$\begin{aligned} |A \cup B \cup C| &= |(A \cup B) \cup C| = |A \cup B| + |C| - |(A \cup B) \cap C| \\ &= |A| + |B| - |A \cap B| + |C| - |(A \cap C) \cup (B \cap C)| \\ &= |A| + |B| + |C| - |A \cap B| - |A \cap C| - |B \cap C| + |A \cap B \cap C|. \end{aligned}$$

Ü 42:
M (G, D) : Menge der Kinder, die Mathematik (Geschichte, Deutsch) ablehnen.
$|M| = 7$, $|G| = 6$, $|D| = 5$, $|M \cap G| = 4$ $|M \cap D| = 3$,
$|G \cap D| = 2$, $|M \cap G \cap D| = 1$.
Die Anzahl der Kinder ist $|M \cup G \cup D| = 7 + 6 + 5 - 4 - 3 - 2 + 1 = 10$.

Ü 43: Zerlegungen: c), d). In a) ist Bedingung (2) verletzt: $A_1 \cap A_3 \neq \emptyset$.
In b) ist Bedingung (1) verletzt: 0 ist in keiner Teilmenge B_k, $k \in \mathbb{N}$, enthalten.
c) $C_1 = \{x \in \mathbb{Z} \ / \ x \leq -4\}$, $C_2 = \{x \in \mathbb{Z} \ / \ x \geq 10\}$,
$C_3 = \{x \in \mathbb{Z} \ / \ -3 \leq x \leq 2\}$, $C_4 = \{x \in \mathbb{Z} \ / \ 3 \leq x \leq 9\}$.
d) Die Mengen $D_1, \ldots, D_5$ lassen sich bezüglich Teilbarkeit durch 8 wie folgt darstellen:
$D_1 = \{x \in \mathbb{Z} \ / \ x$ läßt beim Teilen durch 8 den Rest 0 oder 4$\}$
$D_2 = \{x \in \mathbb{Z} \ / \ x$ läßt beim Teilen durch 8 den Rest 7$\}$
$D_3 = \{x \in \mathbb{Z} \ / \ x$ läßt beim Teilen durch 8 den Rest 1 oder 5$\}$
$D_4 = \{x \in \mathbb{Z} \ / \ x$ läßt beim Teilen durch 8 den Rest 3$\}$
$D_5 = \{x \in \mathbb{Z} \ / \ x$ läßt beim Teilen durch 8 den Rest 2 oder 6$\}$

Ü 44: a) Ergebnisse: $\mathbb{P} \setminus \{2\}$, $V_2 \setminus \{2\}$, $(V_2 \cup \mathbb{P}) \setminus \{2\}$, $\emptyset$.
b) $B = \emptyset$ bzw. $A = \emptyset$.

Ü 45: a) $'\Rightarrow'$: $A = (A \setminus B) \cup (A \cap B) = (B \setminus A) \cup (A \cap B) = B$.
Im 2.Schritt wurde die Voraussetzung ausgenutzt. Der Beweisteil $'\Leftarrow'$ ist trivial.
b) Nein ! Gegenbeispiel $A = B = C = \{1\}$.
c) $A \cap (B \setminus C) = (A \cap B) \setminus (A \cap C)$ beweist man leicht durch eine Tafel.
Es ist $'\cup'$ nicht distributiv bzgl. $'\setminus'$; Gegenbeispiel: $A = \{1\}$, $B = C = \emptyset$.

Ü 46: a) Beweis durch Tafel !
b) $A \star B = A \star C \quad \Rightarrow \quad A \star (A \star B) = A \star (A \star C)$
$\Rightarrow \quad (A \star A) \star B = (A \star A) \star C$ (nach a)) $\Rightarrow \quad \emptyset \star B = \emptyset \star C$ (nach Satz I.22 (4))
$\Rightarrow \quad B = C$ (nach Satz I.22 (3)).

Ü 47: a) $\overline{A} = \{(x,y) \in \mathbb{R} \times \mathbb{R} \ / \ x > 3 \ \vee \ y \leq 3\}$,
$\overline{B} = \{(x,y) \in \mathbb{Z} \times \mathbb{Z} \ / \ x \nmid y\} \ \cup \ \mathbb{R} \times (\mathbb{R} \setminus \mathbb{Z}) \ \cup \ (\mathbb{R} \setminus \mathbb{Z}) \times \mathbb{R}$.
Bei $\overline{B}$ ist zu berücksichtigen, daß das Komplement bzgl. $\mathbb{R} \times \mathbb{R}$, und nicht bzgl. $\mathbb{Z} \times \mathbb{Z}$ zu bilden ist.
b) Klar sind die Teilmengenbeziehungen '$\subseteq$'. Zu untersuchen bleibt '$\supseteq$':
(i) Die Aussage ist wahr: sei $(a,b) \in \mathbb{R} \times \mathbb{R} \ \Rightarrow \ (a \in A \ \vee \ a \in \overline{A}) \ \wedge \ b \in \mathbb{R}$
$\Rightarrow \quad (a,b) \in A \times \mathbb{R} \ \vee \ (a,b) \in \overline{A} \times \mathbb{R} \quad \Rightarrow \quad (a,b) \in A \times \mathbb{R} \cup \overline{A} \times \mathbb{R}$.
(ii) ist falsch: Für $A = \{1\}$ ist $(1,1) \in \mathbb{R} \times \mathbb{R}$, aber $(1,1) \notin A \times \overline{A} \ \cup \ \overline{A} \times A$.
c) Durch Anwendung der Regeln von de Morgan und Übung 38 erhält man:
$\overline{(\mathbb{N} \times \mathbb{R}) \cup (\mathbb{R} \times \mathbb{Z})} = (\overline{\mathbb{N}} \times \mathbb{R}) \cap (\mathbb{R} \times \overline{\mathbb{Z}}) = \overline{\mathbb{N}} \times \overline{\mathbb{Z}}$,
$\overline{(\mathbb{Z} \times \mathbb{N}) \cap (\mathbb{N} \times \mathbb{R})} = \overline{\mathbb{N} \times \mathbb{N}} = (\mathbb{R} \times \overline{\mathbb{N}}) \cup (\overline{\mathbb{N}} \times \mathbb{R})$,
$\overline{(\mathbb{N} \times \mathbb{Z}) \cap (\mathbb{Z} \times \mathbb{N})} = \overline{\mathbb{N} \times \mathbb{N}} = (\mathbb{R} \times \overline{\mathbb{N}}) \cup (\overline{\mathbb{N}} \times \mathbb{R})$.
Nun lassen sich Elemente der Mengen leicht angeben.

I.7 Das Prinzip der vollständigen Induktion

Als *Induktion* bezeichnet man die Methode, bei der man vom Einzelfall, vom Speziellen auf das Allgemeine schließt. Wenn ein Physiker aus den Ergebnissen bestimmter Versuchsreihen ein allgemeingültiges Gesetz postuliert oder ein Pharmazeut aufgrund von Testreihen die Wirkungsweise eines neuen Medikamentes herauszufinden versucht, spricht man von *empirischer* oder auch *unvollständiger Induktion.* Dieses Arbeitsprinzip ist auch für andere Naturwissenschaftler unentbehrlich, als Beweisprinzip für die Mathematik jedoch nicht tauglich, wie folgendes Beispiel verdeutlicht:

Bei der Folge $(a_n)_{n \in \mathbb{N}}$ natürlicher Zahlen, definiert durch

$$a_n = n^2 + n + 41 \qquad \forall n \in \mathbb{N},$$

sind die ersten 10 Folgenglieder ausschließlich Primzahlen, nämlich

$$43, \ 47, \ 53, \ 61, \ 71, \ 83, \ 97, \ 113, \ 131, \ 151.$$

Hieraus zu schließen, daß *alle* Folgenglieder Primzahlen sind, ist unzulässig und auch falsch. Um letzteres festzustellen, muß man allerdings bis $a_{40} = 41^2$, dem ersten Folgenglied, das keine Primzahl ist, vordringen.

Dagegen ist das *Prinzip der vollständigen Induktion* ein in der gesamten Mathematik häufig verwendetes Beweisverfahren. Durch vollständige Induktion lassen sich zum Beispiel die folgenden Aussagen über natürliche Zahlen beweisen:

(1) $\sum_{i=1}^{n} i = \frac{n(n+1)}{2} \quad \forall n \in \mathbb{N}$

(2) $\forall n \in \mathbb{N}: \quad \frac{n}{6} + \frac{n^2}{2} + \frac{n^3}{3} \in \mathbb{N}$

(3) M sei eine Menge: $|M| = n, \quad n \in \mathbb{N} \quad \Rightarrow \quad |\mathcal{P}(M)| = 2^n$ (Beispiel 8)

Nicht zufällig handelt es sich in allen drei Fällen um Allaussagen. Das Prinzip der vollständigen Induktion kann angewandt werden, um von Aussageformen über $\mathbb{N}$ nachzuweisen, daß die zugehörige Lösungsmenge $\mathbb{N}$ ist. Es beruht auf der folgenden Eigenschaft natürlicher Zahlen, die zur Definition der natürlichen Zahlen gehört und als *Induktionsaxiom* bezeichnet wird:

> Ist A eine Teilmenge von $\mathbb{N}$, die die Zahl 1 enthält und mit jeder Zahl n auch den *Nachfolger* $n+1$, dann ist $A = \mathbb{N}$,

oder formal dargestellt:

$$[A \subseteq \mathbb{N} \quad \wedge \quad 1 \in A \quad \wedge \quad \forall n \in \mathbb{N} : (n \in A \Rightarrow n+1 \in A)] \quad \Rightarrow \quad A = \mathbb{N}.$$

Erfüllt eine Menge A das Induktionsaxiom, so enthält sie mit der Zahl 1 auch den Nachfolger 2, und damit wiederum den Nachfolger 3, deren Nachfolger 4 usw. Es ist also $A = \mathbb{N}$.

Von einer Aussageform $p(x)$ über $\mathbb{N}$ wird behauptet

für alle $n \in \mathbb{N}$ ist $p(n)$ wahr.

Dann ist dies aufgrund des Induktionsaxioms bewiesen, wenn man gezeigt hat

(i) $p(1)$ ist wahr

(ii) ist $p(n)$ wahr für *irgendein* $n \in \mathbb{N}$, dann auch $p(n+1)$.

Denn ist $p(1)$ wahr, folgt dies nach (ii) auch für $p(2)$ und durch wiederholte Anwendung von (ii) für $p(3)$, $p(4)$, ...

Ein **Induktionsbeweis** besteht also aus den Schritten:

(I) **Induktionsanfang:** *zeige*, $p(1)$ ist wahr.
(II) **Induktionsannahme:** *nehme an*, für *ein beliebiges* $n \in \mathbb{N}$ ist $p(n)$ wahr.
(III) **Induktionsschluß**
(Schluß von n auf $n+1$): *zeige:* wenn $p(n)$ wahr ist, dann auch $p(n+1)$.
$p(n+1)$ wird **Induktionsbehauptung** genannt.

Man beachte den Unterschied zwischen der zu beweisenden Behauptung (*für alle* $n \in \mathbb{N}$ ist $p(n)$ wahr) und der Induktionsannahme (*für ein* $n \in \mathbb{N}$ ist $p(n)$ wahr) . Daher ist durch die Induktionsannahme die zu beweisende Behauptung keineswegs vorweggenommen worden.

Wir wollen nun die zurückliegenden Beispiele (1), (2), (3) mit vollständiger Induktion beweisen.

Behauptung: (1) $\sum_{i=1}^{n} i = \frac{n(n+1)}{2} \quad \forall n \in \mathbb{N}$

Beweis:

Induktionsanfang: $n = 1$: $\quad 1 = \frac{1 \cdot 2}{2}$ ist wahr.

Induktionsannahme: für ein $n \in \mathbb{N}$ gelte: $\sum_{i=1}^{n} i = \frac{n(n+1)}{2}$.

Induktionsschluß: zu zeigen ist (Induktionsbehauptung): $\sum_{i=1}^{n+1} i = \frac{(n+1)(n+2)}{2}$.

$$\sum_{i=1}^{n+1} i = \sum_{i=1}^{n} i + (n+1) = \frac{n(n+1)}{2} + n + 1 = \frac{n(n+1) + 2(n+1)}{2} = \frac{(n+1)(n+2)}{2}.$$

Im ersten Schritt wurde $\sum_{i=1}^{n+1} i$ in einen Summanden $\sum_{i=1}^{n} i$, auf den die Induktionsannahme angewendet werden kann, und den verbleibenden Summanden $n+1$ aufgeteilt; im zweiten Schritt wurde dann die Induktionsannahme eingesetzt.
Diese Aufteilung entspricht dem üblichen Vorgehen bei Induktionsbeweisen. ■

Behauptung: (2) $\forall n \in \mathbb{N} : \quad \frac{n}{6} + \frac{n^2}{2} + \frac{n^3}{3} \in \mathbb{N}$

Beweis:

Induktionsanfang: Es ist $\frac{1}{6} + \frac{1}{2} + \frac{1}{3} = 1 \quad \in \mathbb{N}$.

Induktionsannahme: für ein $n \in \mathbb{N}$ gelte: $\frac{n}{6} + \frac{n^2}{2} + \frac{n^3}{3} \in \mathbb{N}$.

Induktionsschluß: zu zeigen ist (Induktionsbehauptung): $\frac{n+1}{6} + \frac{(n+1)^2}{2} + \frac{(n+1)^3}{3} \in \mathbb{N}$

$$\begin{aligned}\frac{n+1}{6} + \frac{(n+1)^2}{2} + \frac{(n+1)^3}{3} &= (\frac{n}{6} + \frac{n^2}{2} + \frac{n^3}{3}) + (\frac{1}{6} + \frac{2n}{2} + \frac{1}{2} + \frac{3n^2}{3} + \frac{3n}{3} + \frac{1}{3}) \\ &= (\frac{n}{6} + \frac{n^2}{2} + \frac{n^3}{3}) + (\frac{1}{6} + \frac{1}{2} + \frac{1}{3}) + n^2 + 2n \quad \in \mathbb{N}.\end{aligned}$$

Dabei ist der erste Summand aufgrund der Induktionsannahme eine natürliche Zahl. ■

Behauptung: (3) M sei eine Menge: $|M| = n, \quad n \in \mathbb{N} \quad \Rightarrow \quad |\mathcal{P}(M)| = 2^n$

Beweis:

Induktionsanfang: Ist $M = \{a\}$ einelementig, dann ist $\mathcal{P}(M) = \{\emptyset, \{a\}\}$ zweielementig; für $n = 1$ gilt die Behauptung.

Induktionsannahme: Für jede n-elementige Menge M gelte $|\mathcal{P}(M)| = 2^n$.

Induktionsschluß: zu zeigen ist: $|M| = n + 1 \;\Rightarrow\; |\mathcal{P}(M)| = 2^{n+1}$.

Sei $|M| = n+1$ mit $M = \{a_1, a_2, \ldots, a_n, a_n + 1\}$.
Wir bilden eine Zerlegung von $\mathcal{P}(M)$ in die zwei Teilmengen

$$\mathcal{M}_1 = \{A \in \mathcal{P}(M) \ / \ a_{n+1} \notin A\}$$
$$\mathcal{M}_2 = \{B \in \mathcal{P}(M) \ / \ a_{n+1} \in B\}.$$

Offensichtlich gilt $\mathcal{M}_1 \cap \mathcal{M}_2 = \emptyset \ \wedge \ \mathcal{M}_1 \cup \mathcal{M}_2 = \mathcal{P}(M)$, und damit

$$|\mathcal{P}(M)| = |\mathcal{M}_1| + |\mathcal{M}_2|.$$

$\mathcal{M}_1$ besteht aus *allen* Teilmengen von $M_1 = \{a_1, \ldots, a_n\}$, so daß aus der Induktionsannahme folgt

$$|\mathcal{M}_1| = |\mathcal{P}(M_1)| = 2^n.$$

Ist nun $A \in \mathcal{M}_1$, dann ist $A \cup \{a_{n+1}\} \in \mathcal{M}_2$. Bildet man $A \cup \{a_{n+1}\}$ für *alle* $A \in \mathcal{M}_1$, so erhält man *genau alle* Mengen aus $\mathcal{M}_2$. Jeder Menge $A \in \mathcal{M}_1$ wird dadurch genau eine Menge aus $\mathcal{M}_2$ zugeordnet und umgekehrt auch jeder Menge aus $\mathcal{M}_2$ genau eine Menge aus $\mathcal{M}_1$. Es folgt $|\mathcal{M}_1| = |\mathcal{M}_2|$ und damit die Induktionsbehauptung

$$|\mathcal{P}(M)| = |\mathcal{M}_1| + |\mathcal{M}_2| = 2^n + 2^n = 2 \cdot 2^n = 2^{n+1}.$$

■

Wenn man eine Aussage über natürliche Zahlen mit vollständiger Induktion beweisen kann, bedeutet es nicht, daß es keine anderen Beweise für diese Aussage gäbe. Manchmal sind nicht induktive Beweise sogar einfacher und eleganter, so etwa der folgende Beweis von (1). Die Beweismethode ist verknüpft mit einer Anekdote über den bedeutenden Mathematiker CARL FRIEDRICH GAUSS (1777-1855). Als Schüler soll Gauß mit der Aufgabe konfrontiert worden sein, die Summe der ersten 100 natürlichen Zahlen zu berechnen. Er präsentierte seinem erstaunten Lehrer in kürzester Zeit die Lösung 5050, die er nach der folgenden Idee berechnet haben soll.

Behauptung: (1) $\sum_{i=1}^{n} i = \frac{n(n+1)}{2} \quad \forall n \in \mathbb{N}$

Beweis:

$$\begin{array}{rccccccccccc} & 1 & + & 2 & + & 3 & + & \ldots & + & (n-1) & + & n \\ + & n & + & (n-1) & + & (n-2) & + & \ldots & + & 2 & + & 1 \\ \hline & (n+1) & + & (n+1) & + & (n+1) & + & \ldots & + & (n+1) & + & (n+1) \end{array}$$

Es folgt

$$2 \cdot \sum_{i=1}^{n} i = n(n+1) \quad \Rightarrow \quad \sum_{i=1}^{n} i = \frac{n(n+1)}{2}.$$

■

Wir wollen auch für (2) einen nicht induktiven Beweis angeben.

Behauptung: (2) $\forall n \in \mathbb{N}: \quad \frac{n}{6} + \frac{n^2}{2} + \frac{n^3}{3} \in \mathbb{N}$

Beweis:

Es ist $\frac{n}{6} + \frac{n^2}{2} + \frac{n^3}{3} = \frac{n + 3n^2 + 2n^3}{6} = \frac{n(n+1)(2n+1)}{6}.$

Die Behauptung ist daher äquivalent zur Aussage $6 \mid n(n+1)(2n+1) \quad \forall n \in \mathbb{N}$.

$2 \mid n(n+1)(2n+1)$, denn 2 teilt das Produkt der aufeinanderfolgenden Zahlen n und $n+1$.

Zu zeigen bleibt: $3 \mid n(n+1)(2n+1) \quad \forall n \in \mathbb{N}$.

1.Fall: $3 \mid n \;\vee\; 3 \mid (n+1) \;\Rightarrow\; 3 \mid n(n+1)(2n+1)$.

2.Fall: $3 \nmid n \;\wedge\; 3 \nmid (n+1) \;\Rightarrow$

n läßt beim Teilen durch 3 den Rest 1 und $n+1$ den Rest 2 $\Rightarrow$

$2n+1$ läßt beim Teilen durch 3 den Rest 0, also gilt $3 \mid n(n+1)(2n+1) \quad \forall n \in \mathbb{N}$.

■

Es folgen einige weitere Beispiele für Induktionsbeweise.

Beispiel 16:

a) Verallgemeinerung des Distributivgesetzes von '$\cup$' bezüglich '$\cap$' für Mengen $A, A_1, A_2, \ldots, A_n$:

$$(4) \qquad A \cup \left(\bigcap_{i=1}^{n} A_i\right) = \bigcap_{i=1}^{n} (A \cup A_i) \qquad \forall n \in \mathbb{N}$$

Beweis:

Für $n = 1$ lautet die Aussage $A \cup A_1 = A \cup A_1$.

Ist die Aussage für ein $n \in \mathbb{N}$ wahr, dann folgt:

$$\begin{aligned} A \cup \left(\bigcap_{i=1}^{n+1} A_i\right) &= A \cup \left(\left(\bigcap_{i=1}^{n} A_i\right) \cap A_{n+1}\right) && \text{(Assoziativität)} \\ &= \left(A \cup \left(\bigcap_{i=1}^{n} A_i\right)\right) \cap (A \cup A_{n+1}) && \text{(Distributivität)} \\ &= \left(\bigcap_{i=1}^{n} (A \cup A_i)\right) \cap (A \cup A_{n+1}) && \text{(Induktionsannahme)} \\ &= \bigcap_{i=1}^{n+1} (A \cup A_i) && \text{(Assoziativität)} \end{aligned}$$

■

b) Für alle $n \in \mathbb{N}$ für alle $a \in \mathbb{R}$ mit $-1 \leq a$ gilt die sogenannte *Bernoullische Ungleichung* (nach JOHANN BERNOULLI 1667-1748)

$$(5) \qquad 1 + na \leq (1+a)^n$$

Beweis:

Die Behauptung ist für $n = 1$ wahr: $1 + a \leq 1 + a$.

Weil $1 + a \geq 0$ ist, folgt zusammen mit der Induktionsannahme:

$$(1+a)^{n+1} = (1+a)^n(1+a) \geq (1+na)(1+a).$$

Weiterhin ist

$$(1+na)(1+a) = 1 + na + a + na^2 = 1 + (1+n)a + na^2 \geq 1 + (n+1)a,$$

also folgt insgesamt die Induktionsbehauptung

$$(1+a)^{n+1} \geq 1 + (n+1)a.$$

■

c) Teilsummen geometrischer Reihen kann man nach der Formel berechnen:

$$(6) \qquad \sum_{i=0}^{n} q^i = \frac{q^{n+1}-1}{q-1} \qquad \forall q \in \mathbb{R} \setminus \{1\},\ \forall n \in \mathbb{N}.$$

Beweis:

Induktionsanfang: $1 + q = \frac{q^2-1}{q-1} = \frac{(q-1)(q+1)}{q-1}$ ist wahr.

Die Induktionsbehauptung folgt aus

$$\begin{aligned}
\sum_{i=0}^{n+1} q^i &= \sum_{i=0}^{n} q^i + q^{n+1} \\
&= \frac{q^{n+1}-1}{q-1} + q^{n+1} \\
&= \frac{q^{n+1}-1+q^{n+1}(q-1)}{q-1} \\
&= \frac{q^{n+2}-1}{q-1}
\end{aligned}$$

Nicht induktiv kann diese Summenformel sehr elegant *hergeleitet* werden:

$$q \cdot \sum_{i=0}^{n} q^i - \sum_{i=0}^{n} q^i = q^{n+1} - 1 \Rightarrow (q-1) \cdot \sum_{i=0}^{n} q^i = q^{n+1} - 1 \Rightarrow \sum_{i=0}^{n} q^i = \frac{q^{n+1}-1}{q-1}.$$

■

d) Viele Teilbarkeitsbeziehungen lassen sich mit vollständiger Induktion beweisen, beispielsweise

$$(7) \qquad 9 \mid 10^n + 3 \cdot 4^{n+2} + 5 \qquad \forall n \in \mathbb{N}$$

Beweis:

Induktionsanfang: es ist $10 + 3 \cdot 4^3 + 5 = 207 \quad \wedge \quad 9 \mid 207$.

Die Behauptung gelte für ein $n \in \mathbb{N}$, dann ist

$$\begin{aligned} 10^{n+1} + 3 \cdot 4^{n+3} + 5 &= 10 \cdot 10^n + 4 \cdot 3 \cdot 4^{n+2} + 5 \\ &= (10^n + 3 \cdot 4^{n+2} + 5) + (9 \cdot 10^n + 3 \cdot 3 \cdot 4^{n+2}) \\ &= \underbrace{(10^n + 3 \cdot 4^{n+2} + 5)}_{a} + \underbrace{9 \cdot (10^n + 4^{n+2})}_{b} \end{aligned}$$

Aus $9 \mid a \wedge 9 \mid b$ folgt $9 \mid (a + b)$ (Beweis !) und somit die Induktionsbehauptung $9 \mid 10^{n+1} + 3 \cdot 4^{n+3} + 5$.

♣

Übung 48:

Beweisen Sie durch vollständige Induktion:

a) Für beliebige Teilmengen A_i einer Menge M gilt

$$\overline{\bigcup_{i=1}^{n} A_i} = \bigcap_{i=1}^{n} \overline{A_i} \qquad \overline{\bigcap_{i=1}^{n} A_i} = \bigcup_{i=1}^{n} \overline{A_i}.$$

b) $\displaystyle\sum_{i=1}^{n} i^3 > \frac{1}{4} n^4 \qquad \forall n \in \mathbb{N}$

c) $\displaystyle\sum_{i=1}^{n} \frac{i}{2^i} = 2 - \frac{n+2}{2^n} \qquad \forall n \in \mathbb{N}$

d) $24 \mid 5^{2n} - 1 \qquad \forall n \in \mathbb{N}$

♠

Das Prinzip der vollständigen Induktion beruht auf der Struktur der natürlichen Zahlen:

Jede natürliche Zahl n hat einen *Nachfolger* $n + 1$.

Die Zahl 1 ist nicht Nachfolger einer natürlichen Zahl. (Sie ist die *kleinste* natürliche Zahl.)

Ist $k \in \mathbb{N}$, so haben alle Teilmengen A_k von $\mathbb{N}$ der Gestalt

$$A_k = \{a \in \mathbb{N} \;/\; a \geq k\}$$

auch die beiden genannten Eigenschaften. Deshalb lassen sich auch Aussagen über natürliche Zahlen, die für alle $n \geq k$ ($k \in \mathbb{N}$) wahr sind, induktiv beweisen. Der Unterschied ist nur, daß der Induktionsanfang nicht für $n = 1$, sondern für $n = k$ (das *kleinste* Element von A_k) durchzuführen ist. Natürlich läßt sich auch von einer Aussageform $p(x)$ über $\mathbb{N}_0$ induktiv beweisen, daß die Lösungsmenge $\mathbb{N}_0$ ist. In diesem Falle besteht der Induktionsanfang im Nachweis von $p(0)$.

Beispiel 17:

Für alle $n \in \mathbb{N}$, $n \geq 3$, gilt: Die Winkelsumme in jedem n-Eck beträgt $(n-2) \cdot 180^0$.

<u>**Beweis:**</u> Induktionsanfang: $n = 3$: Die Winkelsumme im Dreieck beträgt 180^0.

Wir betrachten ein $n+1$-Eck und teilen es zeichnerisch in ein n-Eck und ein Dreieck. Die Winkelsumme im $n+1$-Eck erhält man aus der Summe der Winkel im n-Eck plus der Summe der Winkel im Dreieck. Die Winkelsumme im n-Eck beträgt nach Induktionsannahme $(n-2) \cdot 180^0$, so daß man für die Winkelsumme im $n+1$-Eck

$$(n-2) \cdot 180^0 + 180^0 = (n-1) \cdot 180^0$$

erhält. ♣

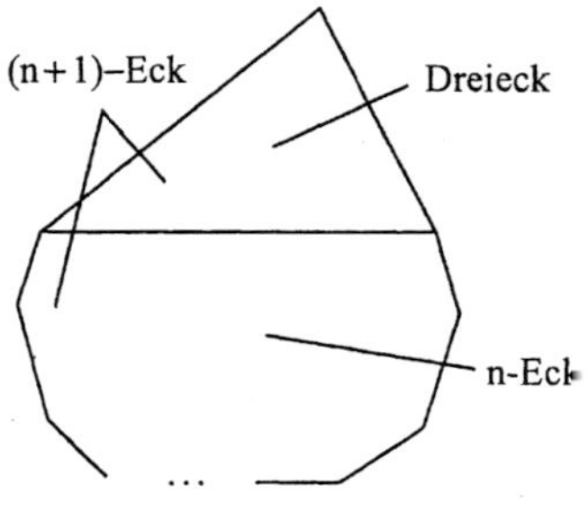

Abb. 1.8

Übung 49:

Bestimmen Sie alle natürlichen Zahlen, für die die Ungleichung $2^n \leq n!$ gilt. Beweisen Sie Ihre Aussage durch vollständige Induktion. ♠

Übung 50:

Beweisen Sie durch vollständige Induktion:

a) $2n+1 < n^2 < 2^n \quad \forall n \in \mathbb{N},\ n \geq 5$

b) Jede natürliche Zahl n, $n \geq 4$, läßt sich schreiben als Summe, die nur Summanden 2 oder 5 enthält.

♠

Manche Induktionsbeweise lassen sich nicht durch einen Schluß von $p(n)$ auf $p(n+1)$ führen, sondern man benötigt zur Induktionsbehauptung zusätzlich, daß die Aussagen $p(i)$ für alle $i \leq n$ wahr sind. Das widerspricht auch nicht dem Induktionsaxiom, denn wenn $p(1)$ gilt, beweist der Induktionsschluß, daß $p(2)$ wahr ist; nun folgert man von $p(1) \wedge p(2)$ auf $p(3)$ usw. In einem solchen Falle lautet die Induktionsannahme

$$p(i) \text{ ist wahr für alle } i \in \mathbb{N} \text{ mit } 1 \leq i \leq n,$$

der Induktionsbeweis hat den Aufbau (wobei wir jetzt annehmen, daß die Aussage für *alle* $n \in \mathbb{N}$ gilt):

Induktionsanfang: $p(1)$ ist wahr.
Induktionsanahme: $p(1) \wedge p(2) \wedge \ldots \wedge p(n)$ ist wahr.
Induktionsbehauptung: $p(n+1)$ ist wahr.

Möchte man induktiv zeigen, daß jede natürliche Zahl n, $n \geq 2$ einen Teiler besitzt, der Primzahl ist, geschieht das mit dieser sogenannten *Induktion 2.Art* (im Unterschied zur *Induktion 1.Art* wie in den vorangegangenen Beispielen).

Beispiel 18:

Jede natürliche Zahl n, $n \geq 2$, besitzt einen Teiler, der Primzahl ist (*Primteiler*):

$$\forall n \in \mathbb{N} \setminus \{1\} \quad \exists p \in \mathbb{P} : \; p \mid n.$$

Beweis:

Induktionsanfang: $n = 2: \quad 2 \mid 2 \quad \wedge \quad 2 \in \mathbb{P}$.

Induktionsannahme: Für alle $i \in \mathbb{N}$, $2 \leq i \leq n$ gelte: $\exists p \in \mathbb{P} : p \mid i$.

Induktionsschluß: Wir betrachten $n+1$ und unterscheiden 2 Fälle:

1.Fall: $n+1 \in \mathbb{P}: \quad n+1$ besitzt den Primteiler $n+1$.

2.Fall: $n+1 \notin \mathbb{P}: \quad \exists a, b \in \mathbb{N}: \quad a \cdot b = n+1 \quad \wedge \quad 1 < a, b < n+1 \quad \Rightarrow$

$\exists p \in \mathbb{P}: \quad p \mid a \quad$ (nach Induktionsannahme, denn $a \leq n$) $\quad \Rightarrow$

$p \mid a \wedge a \mid n+1 \Rightarrow \exists x, y \in \mathbb{N}: p \cdot x = a \wedge a \cdot y = n+1 \quad \Rightarrow$

$p \cdot (xy) = n+1 \quad \Rightarrow \quad p \mid n+1 \wedge p \in \mathbb{P}$; $n+1$ besitzt also einen Primteiler p. ♣

Lösungen und Lösungshinweise zu den Übungen

Ü 48: a) Für $n = 2$ sind die Behauptungen die Regeln von de Morgan. Beim Induktionsschluß werden zunächst die Assoziativität der Vereinigungsbildung (Durchschnittsbildung) und dann die Regeln von de Morgan angewandt.

b) Induktionsschluß:

$$\begin{aligned}
\sum_{i=1}^{n+1} i^3 &= \sum_{i=1}^{n} i^3 + (n+1)^3 \\
&> \tfrac{1}{4}n^4 + \tfrac{1}{4}(4n^3 + 12n^2 + 12n + 4) \qquad \text{(Induktionsannahme)} \\
&= \tfrac{1}{4}(n^4 + 4n^3 + 6n^2 + 4n + 1) + \tfrac{1}{4}(6n^2 + 8n + 3) \\
&> \tfrac{1}{4}(n+1)^4 \qquad \text{(da der 2.Summand größer als Null ist).}
\end{aligned}$$

c) Für den Induktionsschritt werden nur Kenntnisse der Bruchrechnung benötigt.

d) Induktionsschluß: $5^{2(n+1)} - 1 = 5^{2n+2} - 1 = 25 \cdot 5^{2n} - 25 + 24 = 25(5^{2n} - 1) + 24$.
$24 \mid 5^{2n} - 1$ (nach Induktionsannahme) $\wedge$ $24 \mid 24 \Rightarrow 24 \mid 25(5^{2n} - 1) + 24$.

Ü 49: $2^n \leq n! \quad \forall n \in \mathbb{N}, \; n \geq 4$.

Induktionsschluß: $2^{n+1} = 2 \cdot 2^n \leq 2 \cdot n! < (n+1) \cdot n! = (n+1)!$
Beim 3.Schritt wurde $n \geq 4$ ausgenutzt.

Ü 50: a) (i) $2n + 1 < n^2 \quad \forall n \in \mathbb{N}, \; n \geq 5$.
Der Beweis von (i) ist ohne Tücken.

(ii) $n^2 < 2^n \quad \forall n \in \mathbb{N},\ n \geq 5$.
Beim Induktionsschluß verwendet man im 2.Schritt (i) und im 4.Schritt die Induktionsannahme: $(n+1)^2 = n^2 + 2n + 1 < n^2 + n^2 = 2n^2 < 2 \cdot 2^n = 2^{n+1}$.
b) Induktionsschluß durch Fallunterscheidung:
1.Fall: n ist eine Summe mit lauter Summanden 2: $n = 2k, \quad k \in \mathbb{N}, k \geq 2$.
Ersetze in dieser Summe $2+2$ durch 5 und erhalte $n+1 = 2(k-2)+5$.
2.Fall: n hat mindestens einen Summanden 5: $n = 2k + 5l \quad k \in \mathbb{N}_0\,, l \in \mathbb{N}$.
Ersetze 5 durch $2+2+2$ und erhalte $n+1 = 2(k+3) + 5(l-1)$.

I.8 Binomialkoeffizienten

In I.4 haben wir behauptet und im vorangehenden Abschnitt durch vollständige Induktion bewiesen, daß eine n-elementige Menge M genau 2^n Teilmengen besitzt. Für $r \in \{0, \ldots, n\}$ haben wir die Menge der r-elementigen Teilmengen von M mit $\mathcal{P}_r(M)$ bezeichnet und die Anzahl $|\mathcal{P}_r(M)|$ *Binomialkoeffizient* $\binom{n}{r}$ genannt.

$$|M| = n \ : \quad |\mathcal{P}_r(M)| = \binom{n}{r} \quad \forall r \in \{0, \ldots, n\}.$$

Die Binomialkoeffizienten spielen eine sehr wichtige Rolle in der Kombinatorik, und damit auch in der Wahrscheinlichkeitsrechnung. Im folgenden werden Sie Methoden zur Berechnung von Binomialkoeffizienten, Zusammenhänge und Gesetzmäßigkeiten über Binomialkoeffizienten und Beispiele für die Lösung kombinatorischer Fragestellungen durch Binomialkoeffizienten kennenlernen.

Satz I.25:

Es ist $$\binom{n}{0} = \binom{n}{n} = 1 \qquad \forall n \in \mathbb{N}_0$$

und $$\binom{n}{r} = \binom{n-1}{r-1} + \binom{n-1}{r} \qquad \text{für} \quad 1 \leq r \leq n-1.$$

Beweis: Die erste Behauptung folgt unmittelbar aus der Definition, denn jede Menge hat genau eine 0-elementige Teilmenge (nämlich $\emptyset$) und genau eine n-elementige Teilmenge, nämlich sich selbst.

Sei jetzt $1 \leq r \leq n-1$, ferner A eine n-elementige Menge und $a \in A$ fest gewählt. Wir definieren eine Zerlegung von $\mathcal{P}_r(A)$ in zwei Mengen $\mathcal{P}_r^{(1)}(A)$ und $\mathcal{P}_r^{(2)}(A)$ durch

$$\mathcal{P}_r^{(1)}(A) = \{T \in \mathcal{P}_r(A) \ / \ a \in T\} \qquad \text{und} \qquad \mathcal{P}_r^{(2)}(A) = \{T \in \mathcal{P}_r(A) \ / \ a \notin T\}.$$

Wegen $\mathcal{P}_r^{(1)}(A) \cup \mathcal{P}_r^{(2)}(A) = \mathcal{P}_r(A)$ und $\mathcal{P}_r^{(1)}(A) \cap \mathcal{P}_r^{(2)}(A) = \emptyset$ folgt

$$|\mathcal{P}_r^{(1)}(A)| + |\mathcal{P}_r^{(2)}(A)| = |\mathcal{P}_r(A)|.$$

Schließlich ist

$$(1)\ \ |\mathcal{P}_r^{(1)}(A)| = \binom{n-1}{r-1} \qquad \text{und} \qquad (2)\ \ |\mathcal{P}_r^{(2)}(A)| = \binom{n-1}{r},$$

denn wegen $a \in T$ für alle $T \in \mathcal{P}_r^{(1)}(A)$ enthält $\mathcal{P}_r^{(1)}(A)$ genau so viele Mengen wie $A \setminus \{a\}$ $(r-1)$-elementigen Teilmengen besitzt, woraus (1) folgt. Entsprechend ist $|\mathcal{P}_r^{(2)}(A)|$ gleich der Anzahl der r-elementigen Teilmengen von $A \setminus \{a\}$, es gilt (2). ■

Um den Binomialkoeeffizient $\binom{n}{r}$ mit Satz I.25 berechnen zu können, müssen $\binom{n-1}{r-1}$ und $\binom{n-1}{r}$ bekannt sein. Die Anordnung der Binomialkoeffizienten im sogenannten *Pascalschen Dreieck* erleichtert diese *rekursive* Berechnung.

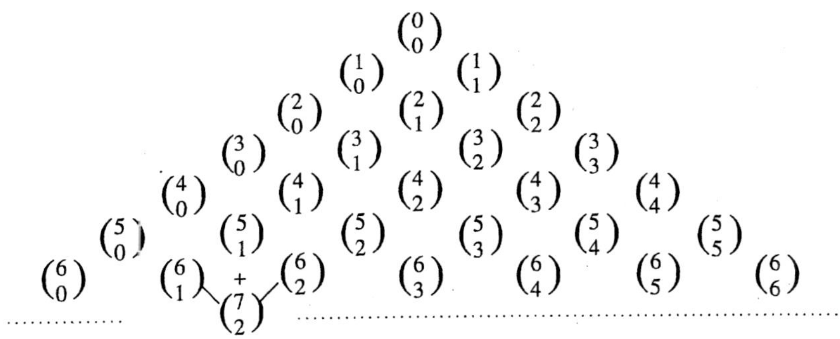

Abb. 1.9

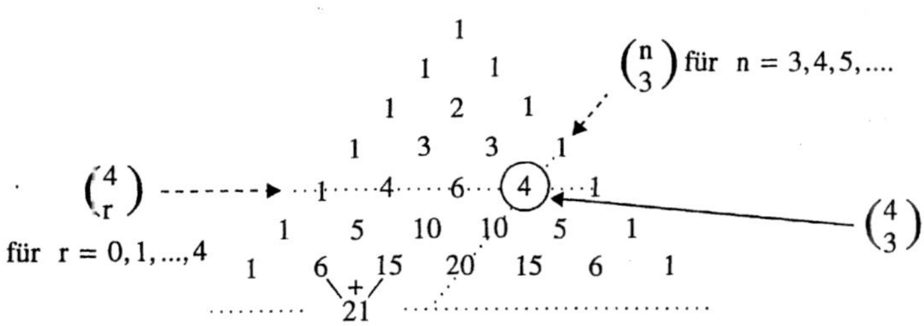

Abb. 1.10

Die $(n+1)$-te Zeile des Pascalschen Dreiecks erhält man aus $\binom{n+1}{0} = \binom{n+1}{n} = 1$ und durch Addition benachbarter Binomialkoeffizienten der n-ten Zeile.

Die Berechnung von $\binom{8}{3}$ mit Satz I.25 ergibt:

$$\binom{8}{3} = \binom{7}{2} + \binom{7}{3} = \binom{6}{1} + \binom{6}{2} + \binom{6}{2} + \binom{6}{3} = 6 + 15 + 15 + 20 = 56.$$

Die Binomialkoeffizienten sind im Pascalschen Dreieck symmetrisch angeordnet, so ist beispielsweise $\binom{4}{1} = \binom{4}{3}$, $\binom{6}{4} = \binom{6}{2}$ bzw. allgemein

$$\binom{n}{r} = \binom{n}{n-r} \qquad \text{für alle } \; r \in \{0, 1, \ldots, n\}$$

Demnach hat eine n-elementige Menge A genau so viele r-elementige Teilmengen wie $(n-r)$-elementige. Dies folgt unmittelbar daraus, daß jede r-elementige Teilmenge von A genau ein $(n-r)$-elementiges Komplement bezüglich A besitzt, wie auch umgekehrt jede $(n-r)$-elementige Teilmenge von A genau ein r-elementiges Komplement.

Für große Zahlen $n \in \mathbb{N}$ ist die Berechnung von Binomialkoeffizienten mit dem Pascalschen Dreieck sehr mühevoll, benötigt man doch beispielsweise zur Bestimmung von $\binom{49}{6}$, der Anzahl der verschiedenen Lottotippreihen, 50 Zeilen des Pascalschen Dreiecks. Der folgende Satz gibt eine Formel zur direkten Berechnung der Binomialkoeffizienten an.

Satz I.26:

Für alle $n, r \in \mathbb{N}_0$ mit $r \leq n$ gilt

$$\binom{n}{r} = \frac{n!}{r!\,(n-r)!}.$$

Dabei ist für $n \in \mathbb{N}$ $\;n! = n \cdot (n-1) \cdot (n-2) \cdot \ldots \cdot 2 \cdot 1$ das Produkt der ersten n natürlichen Zahlen (lies 'n Fakultät') und $0! = 1$.

Beweis: Für alle $n \in \mathbb{N}_0$ und $r = 0$ gilt: $\binom{n}{0} = \frac{n!}{0!\,n!} = 1$, wobei die Festlegung $0! = 1$ zu beachten ist.

Für alle $n \in \mathbb{N}$ und alle $r \in \mathbb{N}$ mit $1 \leq r \leq n$ führen wir den Beweis durch vollständige Induktion nach n.

Induktionsanfang: Für $n = 1$ (also auch $r = 1$) ist $\binom{1}{1} = \frac{1!}{1!\,0!} = 1$.

Induktionsannahme: Die Aussage gelte für ein $n \in \mathbb{N}$:

$$\binom{n}{r} = \frac{n!}{r!\,(n-r)!} \qquad \text{für alle } \; r \in \mathbb{N} \; \text{ mit } \; 1 \leq r \leq n$$

Dann folgt aus dem Satz I.25 und der Induktionsannahme:

$$\begin{aligned}\binom{n+1}{r} &= \binom{n}{r-1}+\binom{n}{r} = \frac{n!}{(r-1)!\,(n-r+1)!}+\frac{n!}{r!\,(n-r)!}\\ &= \frac{n!\,r \;+\; n!\,(n-r+1)}{r!\,(n+1-r)!} = \frac{n!\,(r+n-r+1)}{r!\,(n+1-r)!}\\ &= \frac{(n+1)!}{r!\,(n+1-r)!}\end{aligned}$$

■

Beispiel 19:

Durch Auskürzen des Bruches $\dfrac{n!}{r!\,(n-r)!}$ verbleiben in Zähler und Nenner gleichviele Faktoren, nämlich genau r, es ist

$$\binom{n}{r} = \frac{n(n-1)(n-2)\cdot\ldots\cdot(n-r+1)}{1\cdot 2\cdot\ldots\cdot r}.$$

So erhält man $\binom{18}{4} = \dfrac{18\cdot 17\cdot 16\cdot 15}{1\cdot 2\cdot 3\cdot 4} = 3\,060,\ \binom{29}{26} = \binom{29}{3} = \dfrac{29\cdot 28\cdot 27}{1\cdot 2\cdot 3} = 3\,654$

und schließlich auch $\binom{49}{6} = \dfrac{49\cdot 48\cdot 47\cdot 46\cdot 45\cdot 44}{1\cdot 2\cdot 3\cdot 4\cdot 5\cdot 6} = 13\,983\,816.$

Die Berechnung von Binomialkoeffizienten mit dem Taschenrechner empfiehlt sich von links nach rechts in der Abfolge

$\binom{n}{r} = n\cdot(n-1):2\cdot(n-2):3\cdot(n-3):4\cdot\ldots\cdot(n-r+1):r.$

Warum sind bei dieser Rechenabfolge alle Zwischenergebnisse natürliche Zahlen ? ♣

Aus Satz I.26 und Beispiel 19 folgen unmittelbar die häufig verwendeten Rekursionen

$$\binom{n}{r} = \frac{n}{r}\cdot\binom{n-1}{r-1} \qquad \text{und} \qquad \binom{n}{r} = \frac{n-r+1}{r}\cdot\binom{n}{r-1}.$$

Übung 51:

Welche der Zahlen ist größer, $|\mathcal{P}_2(\mathcal{P}_4(\{a,b,c,d,e\}))|$ oder $|\mathcal{P}_4(\mathcal{P}_2(\{a,b,c,d,e\}))|$? Schätzen Sie zuerst, dann rechnen Sie ! ♠

Berechnet man für $n = 0, 1, 2, 3$ die Potenzen $(a+b)^n$ und vergleicht die auftretenden Koeffizienten mit den Zahlen des Pascalschen Dreiecks, stellt man Übereinstimmung fest:

$$\begin{array}{lclcl}
(a+b)^0 = & & 1 & = & \binom{0}{0} a^0b^0 \\
(a+b)^1 = & & a+b & = & \binom{1}{0} a^1b^0 + \binom{1}{1} a^0b^1 \\
(a+b)^2 = & & a^2+2ab+b^2 & = & \binom{2}{0} a^2b^0 + \binom{2}{1} a^1b^1 + \binom{2}{2} a^0b^2 \\
(a+b)^3 = & & a^3+3a^2b+3ab^2+b^3 & = & \binom{3}{0} a^3b^0 + \binom{3}{1} a^2b^1 + \binom{3}{2} a^1b^2 + \binom{3}{3} a^0b^3
\end{array}$$

Die Verallgemeinerung dieser Formeln für beliebige $n \in \mathbb{N}$ ist der sogenannte *binomische Lehrsatz* ; die Zahlen $\binom{n}{r}$ heißen aus diesem Grund Binomialkoeffizienten.

Satz I.27:

Für alle $n \in \mathbb{N}_0$ und beliebige Zahlen a, b gilt

$$(a+b)^n = \sum_{i=0}^{n} \binom{n}{i} a^{n-i}b^i.$$

Beweis: Das Ausmultiplizieren der n Faktoren $(a+b)(a+b) \cdot \ldots \cdot (a+b)$ liefert Summanden der Form $a^{n-i}b^i$ mit $0 \leq i \leq n$, denn man nimmt jeweils aus jeder Klammer einen Summanden a *oder* b und multipliziert sie. Will man den Faktor b aus den n Klammern i mal auswählen, so geht das auf $\binom{n}{i}$ verschiedene Arten. Also erhält man den Summanden $a^{n-i}b^i$ genau $\binom{n}{i}$ mal. ■

Übung 52:

Beweisen Sie den binomischen Lehrsatz durch vollständige Induktion. ♠

Beispiel 20:

a) $(a+b)^6 = a^6 + 6a^5b + 15a^4b^2 + 20a^3b^3 + 15a^2b^4 + 6ab^5 + b^6$

b) $(x-2y)^4 = (x+(-2y))^4 = x^4 + 4x^3(-2y) + 6x^2(-2y)^2 + 4x(-2y)^3 + (-2y)^4$
$= x^4 - 8x^3y + 24x^2y^2 - 32xy^3 + 16y^4$

c) Manche Zahlenpotenzen lassen sich relativ einfach mit dem binomischen Lehrsatz berechnen:

$$\begin{aligned}
10{,}01^4 &= (10+0{,}01)^4 = (10+10^{-2})^4 \\
&= 10^4 + 4\cdot 10^3 \cdot 10^{-2} + 6\cdot 10^2\cdot 10^{-4} + 4\cdot 10\cdot 10^{-6} + 10^{-8} \\
&= 10^4 + 4\cdot 10 + 6\cdot 10^{-2} + 4\cdot 10^{-5} + 10^{-8} \\
&= 10\,040{,}06004001
\end{aligned}$$

♣

Übung 53:

Berechnen Sie mit dem binomischen Lehrsatz:

a) $(2x + \frac{1}{2}y)^6$, $(\frac{1}{5}a - 2b)^5$ b) 102^4, 18^6 c) $20,02^3$, $1,999^4$. ♠

Ersetzt man im binomischen Lehrsatz

$$(a+b)^n = \sum_{i=0}^{n} \binom{n}{i} a^{n-i} b^i$$

die Variablen a, b durch spezielle Zahlen, erhält man Gesetzmäßigkeiten für Binomialkoeffizienten:

1. Für $a = b = 1$ erhält man die Formel aus Beispiel 14

$$2^n = \sum_{i=0}^{n} \binom{n}{i}.$$

2. Für $a = 1,\ b = -1$ folgt

$$\sum_{i=0}^{n} (-1)^i \binom{n}{i} = \binom{n}{0} - \binom{n}{1} + \binom{n}{2} - \ldots (-1)^n \binom{n}{n} = 0$$

Übung 54:

a) Beweisen Sie: $\sum_{i=0}^{n} 2^i \binom{n}{i} = 3^n \quad \forall n \in \mathbb{N}_0$.

b) Beweisen Sie für $r, n \in \mathbb{N}$ mit $r \leq n$ die Regel

$$r\binom{n}{r} = n\binom{n-1}{r-1}$$ und berechnen Sie mit ihrer Hilfe $\sum_{r=1}^{n} r\binom{n}{r}$.

♠

Wir haben bereits berechnet, daß es 13 983 816 Möglichkeiten gibt, einen Lottoschein auszufüllen. Könnte man alle verschiedenen Tippreihen gleichzeitig abgeben, stellt sich die Frage, wieviele Tippreihen in jeder möglichen Gewinnklasse sich darunter befinden. Dies wollen wir nun berechnen.

Es sei

$M = \{1, 2, 3, \ldots, 49\}$,
A die Menge der 6 gezogenen Zahlen,
z die gezogene Zusatzzahl,
$B = M \setminus A$, also B die Menge der 43 nicht gezogenen Zahlen.

Für $0 \leq r \leq 6$ ist durch

$$\mathcal{P}_r(A) \times \mathcal{P}_{6-r}(B)$$

die Menge aller Tippreihen mit genau r 'Richtigen' beschrieben.
Ist etwa $A = \{4, 7, 11, 28, 29, 43\}$ und $z = 46$, so ist durch

$$(\{4, 11, 28, 43\}, \{18, 37\}) \in \mathcal{P}_4(A) \times \mathcal{P}_2(B)$$

der Tip 4, 11, 18, 28, 37, 43 mit genau 4 Richtigen dargestellt. Es gibt also genau

$$|\mathcal{P}_r(A) \times \mathcal{P}_{6-r}(B)| = |\mathcal{P}_r(A)| \cdot |\mathcal{P}_{6-r}(B)| = \binom{6}{r} \cdot \binom{43}{6-r}$$

Tippreihen mit genau r Richtigen.
Bei dem zur Zeit üblichen Samstagslotto '6 aus 49' wird noch eine *Zusatzzahl* ausgespielt und es gibt 7 Gewinnklassen. Die folgende Tabelle gibt die einzelnen Gewinnklassen an und beantwortet die anfangs gestellte Frage nach der Anzahl der richtigen Tippreihen in den einzelnen Klassen.

Gewinnklasse	Anzahl 'Richtige'	Anzahl der Treffer ('Gewinn-Tippreihen')
I	6 und Superzahl	0 oder 1
II	6	1
III	5 und Zusatzzahl	$\binom{6}{5} = 6$
IV	5	$\binom{6}{5} \cdot \binom{42}{1} = 6 \cdot 42 = 252$
V	4	$\binom{6}{4} \cdot \binom{43}{2} = 15 \cdot 903 = 13\,545$
VI	3 und Zusatzzahl	$\binom{6}{3}\binom{42}{2} = 20 \cdot 861 = 17\,220$
VII	3	$\binom{6}{3} \cdot \binom{42}{3} = 20 \cdot 11\,480 = 229\,600$

Da die Gewinnklasse I von einer Zahl abhängt, die mit den gezogenen Zahlen nichts zu tun hat (es ist die Endziffer der Spielscheinnummer), läßt sich nicht sagen, ob ein Gewinn erzielt ist oder nicht.
Eine Tippreihe der Gewinnklasse III besteht aus der Zusatzzahl und 5 der 6 gezogenen Zahlen.
Bei den Gewinnklassen IV und VII ist zu beachten, daß hier unter den 'falsch getippten Zahlen' die Zusatzzahl nicht dabei sein darf. Entsprechend gilt für die Berechnung der Tippreihen in Gewinnklasse VI: Eine Tippreihe besteht aus 3 der 6 Zahlen aus A, aus z und aus 2 Zahlen von $B \setminus \{z\}$.

Wenn Sie davon ausgehen, daß jemand alle möglichen Tippreihen genau einmal abgegeben hat, können Sie aufgrund dieser Zahlen und der Gewinnquoten einer konkreten Wochenausspielung den Gesamtgewinn berechnen und mit dem Einsatz vergleichen. Sie werden feststellen, daß der Spieler einen satten Millionenverlust gemacht hat !

Übung 55:

Der Deutsche Lottoblock läßt als eine Systemart sogenannte *Vollsysteme* zu. Bei einem *10er-Vollsystem* kreuzt man auf einem speziellen *Systemtippschein* 10 Zahlen an und spielt damit alle möglichen Tippreihen, die aus 6 dieser 10 angekreuzten Zahlen gebildet werden können.

a) Mit wievielen Tippreihen ist ein Lottospieler pro 10er-Vollsystem an der Ausspielung beteiligt ?

b) Ein Lottospieler des 10er-Vollsystems hat einen Gewinn in der Gewinnklasse II und keinen Gewinn in Klasse III (genau einen Gewinn in Klasse III, aber keinen in Klasse II) erzielt. Wie viele Treffer in den anderen Gewinnklassen hat er dann ?

c) Die Zahlen eines Spieler des 10er-Vollsystems enthalten sowohl die 6 gezogenen Zahlen als auch die Zusatzzahl. Wie viele Treffer hat er in den Gewinnklassen II bis VII ?

♠

Das folgende Beispiel behandelt weitere kombinatorische Fragestellungen, die mit Hilfe von Binomialkoeffizienten gelöst werden können.

Beispiel 21:

a) Einem Fußballtrainer stehen für das nächste Spiel 2 Torhüter, 5 Abwehrspieler, 6 Mittelfeldspieler und 4 Sturmspitzen zur Verfügung.

Er möchte neben dem Torwart 3 Abwehrspieler, 4 Mittelfeldspieler und 3 Sturmspitzen einsetzen. Wieviele Möglichkeiten gibt es, die 11 Spieler aus dem Kader auszuwählen ?

Für die einzelnen Einsatzbereiche gibt es $\binom{2}{1}$, $\binom{5}{3}$, $\binom{6}{4}$, $\binom{4}{3}$ Möglichkeiten, insgesamt also

$$\binom{2}{1} \cdot \binom{5}{3} \cdot \binom{6}{4} \cdot \binom{4}{3} = 1200$$

verschiedene *personelle Zusammensetzungen* der Mannschaft.

Wieviele Möglichkeiten sind es, wenn der Trainer sich entschließt, eine Sturmspitze durch einen weiteren Mittelfeldspieler zu ersetzen ?

Wir werden hierauf in Kap.II, Beispiel 23 zurückkommen.

b) Zu einem Skatspiel werden je 10 Karten an drei Spieler verteilt, 2 Karten verbleiben 'im Skat'. Auf wie viele verschieden Arten ist dies möglich ?

Gefragt ist nach der Anzahl der Aufteilungen von 32 Karten (Menge M) in vier Teilmengen A, B, C, D mit

$$|A| = |B| = |C| = 10 \quad \text{und} \quad |D| = 2.$$

Definiert man, daß zwei Zerlegungen

$$M = A \cup B \cup C \cup D \quad \text{und} \quad M = A' \cup B' \cup C' \cup D'$$

genau dann gleich sein sollen, falls

$$A = A', \quad B = B', \quad C = C' \quad \text{und} \quad D = D'$$

ist, dann betrachtet man zwei gleiche Kartenaufteilungen, die verschieden an die Mitspieler verteilt sind, als unterschiedlich. Es ist

$$\begin{aligned} &A \in \mathcal{P}_{10}(M), \\ &B \in \mathcal{P}_{10}(M \setminus A), \\ &C \in \mathcal{P}_{10}(M \setminus (A \cup B)), \\ &D \in \mathcal{P}_2(M \setminus (A \cup B \cup C)), \end{aligned}$$

die gesuchte Anzahl ist also

$$|\mathcal{P}_{10}(M) \times \mathcal{P}_{10}(M \setminus A) \times \mathcal{P}_{10}(M \setminus (A \cup B)) \times \mathcal{P}_2(M \setminus (A \cup B \cup C))|,$$

und damit

$$\binom{32}{10} \cdot \binom{22}{10} \cdot \binom{12}{10} \cdot \binom{2}{2} = \frac{32!}{10!\,10!\,10!\,2!} \approx 2,75 \cdot 10^{15}.$$

c) Im Sportunterricht werden aus 13 Schülern zwei Vierer- und eine Fünfergruppe gebildet. Auf wie viele verschiedene Arten ist dies möglich, wenn zwei bestimmte Schüler A und B auf jeden Fall in verschiedenen Gruppen sein sollen ?

Ohne die Nebenbedingung gäbe es $\binom{13}{4} \cdot \binom{9}{4} \cdot \binom{5}{5}$ mögliche Gruppeneinteilungen.

Die Anzahl der Fälle, bei denen A und B zusammen in der Fünfergruppe wären, ist $\binom{11}{3} \cdot \binom{8}{4} \cdot \binom{4}{4}$.

Und auf $2 \cdot \binom{11}{2} \cdot \binom{9}{4} \cdot \binom{5}{5}$ unterschiedliche Arten können A und B in einer der beiden Vierergruppen sein, so daß sich wegen $\binom{5}{5} = \binom{4}{4} = 1$ für die gesuchte Anzahl ergibt

$$\binom{13}{4} \cdot \binom{9}{4} - (\binom{11}{3} \cdot \binom{8}{4} + 2 \cdot \binom{11}{2} \cdot \binom{9}{4}) = 90090 - (11550 + 13860) = 64680,$$

eine so sicherlich nicht erwartete Größenordnung.

d) Wieviele Produkte aus 4 Faktoren können mit den Zahlen $2, 3, 4, 5, 6, 7, 8, 9$ gebildet werden, wenn jeder Faktor höchstens zweifach vorkommen darf ?

Drei Fälle sind zu unterscheiden:

1. Alle Faktoren sind verschieden, es gibt $\binom{8}{4}$ verschiedene Produkte.

2. Auf $\binom{8}{1} \cdot \binom{7}{2}$ verschiedene Arten lassen sich Produkte bilden, bei denen genau eine Zahl als Quadrat auftritt.

3. Für Produkte zweier Quadrate der Zahlen gibt es $\binom{8}{2}$ Möglichkeiten.

Aufgrund dieser *Zerlegung* aller möglichen Fälle von Produktbildungen ist die gesuchte Anzahl

$$\binom{8}{4} + \binom{8}{1} \cdot \binom{7}{2} + \binom{8}{2} = 70 + 8 \cdot 21 + 28 = 266.$$

♣

Übung 56:

a) Wieviele verschiedene Lottotippreihen kann man abgeben, ohne eine Tippreihe mit mindestens '4 Richtigen' dabei zu haben ?

b) Wieviele verschiedene Summen mit 5 Summanden lassen sich aus a, b, c, d, e, f bilden, wenn jeder Buchstabe in einer Summe als Summand höchstens dreimal auftreten darf ?

c) Eine Reisegruppe verteilt sich zu je 3, 3 und 4 Personen auf 3 Mietwagen. Auf wieviele Arten ist das möglich, wenn 2 Personen auf jeden Fall zusammen in einem Auto fahren wollen ?

♠

Lösungen und Lösungshinweise zu den Übungen

Ü 51: $|\mathcal{P}_4(\{a,b,c,d,e\})| = \binom{5}{4} = 5 \quad \Rightarrow \quad |\mathcal{P}_2(\mathcal{P}_4(\{a,b,c,d,e\}))| = \binom{5}{2} = 10.$

$|\mathcal{P}_2(\{a,b,c,d,e\})| = \binom{5}{2} = 10 \quad \Rightarrow \quad |\mathcal{P}_4(\mathcal{P}_2(\{a,b,c,d,e\}))| = \binom{10}{4} = 210.$

Ü 52: Induktionsanfang: für $n = 1$ ist die Behauptung richtig.
Die Behauptung gelte für ein $n \in \mathbb{N}$. Dann ist

$$\begin{aligned}(a+b)^{n+1} = (a+b)(a+b)^n &= a \cdot \sum_{i=0}^{n} \binom{n}{i} a^{n-i} b^i + b \cdot \sum_{i=0}^{n} \binom{n}{i} a^{n-i} b^i \\ &= \sum_{i=0}^{n} \binom{n}{i} a^{n+1-i} b^i + \sum_{i=0}^{n} \binom{n}{i} a^{n-i} b^{i+1}.\end{aligned}$$

Das Potenzprodukt $a^{n+1-i}b^i$ tritt in der ersten Summe mit dem Koeffizienten $\binom{n}{i}$ auf, in der zweiten Summe mit dem Koeffizienten $\binom{n}{i-1}$, denn

für alle $i \in \{0, \ldots, n+1\}$ ist $a^{n-(i-1)}b^{(i-1)+1} = a^{n+1-i}b^i$.

Wegen $\binom{n}{i} + \binom{n}{i-1} = \binom{n+1}{i}$ (Satz I.25) folgt:

$$(a+b)^{n+1} = \sum_{i=0}^{n+1} \binom{n+1}{i} a^{n+1-i} b^i,$$

also ist die Behauptung des Satzes auch für $n+1$ richtig.

Ü 54:

a) $(a+b)^n = \sum\limits_{i=0}^{n} \binom{n}{i} a^{n-i} b^i$. Für $a = 1$, $b = 2$ erhält man die behauptete Formel.

b) $r\binom{n}{r} = \frac{r \cdot n!}{r!\,(n-r)!} = \frac{n \cdot (n-1)!}{(r-1)!\,((n-1)-(r-1))!} = n \cdot \binom{n-1}{r-1}$.

$\sum\limits_{r=1}^{n} r\binom{n}{r} = n \cdot \sum\limits_{r=1}^{n} \binom{n-1}{r-1} = n \cdot \sum\limits_{r=0}^{n-1} \binom{n-1}{r} = n \cdot 2^{n-1}$.

Ü 55: a) $\binom{10}{6} = 210$.

b) (1) Anzahl der Treffer in den anderen Gewinnklassen bei genau einem Gewinn in Klasse II: in I: 0 oder 1; in III: 0; in IV: $\binom{6}{5} \cdot \binom{4}{1} = 24$; in V: $\binom{6}{4} \cdot \binom{4}{2} = 90$; in VI: 0; in VII: $\binom{6}{3} \cdot \binom{4}{3} = 80$.

(2) Anzahl der Treffer in den anderen Gewinnklassen bei genau einem Gewinn in Klasse III: in I: 0; in II: 0; in IV: $\binom{5}{5} \cdot \binom{4}{1} = 4$; in V: $\binom{5}{4} \cdot \binom{5}{2} = 50$; in VI: $\binom{5}{3} \cdot \binom{4}{2} = 60$; in VII: $\binom{5}{3} \cdot \binom{4}{3} = 40$.

c) Anzahl der Gewinn-Tippreihen: in II: 1; in III: $\binom{6}{5} = 6$; in IV: $\binom{6}{5} \cdot \binom{3}{1} = 18$; in V: $\binom{6}{4} \cdot \binom{4}{2} = 90$; in VI: $\binom{6}{3} \cdot \binom{3}{2} = 60$; in VII: $\binom{6}{3} \cdot \binom{3}{3} = 20$.

Ü 56: a) Gefragt ist nach der Anzahl der Lottotippreihen mit genau 0 oder 1 oder 2 oder 3 Richtigen: $\binom{6}{0} \cdot \binom{43}{6} + \binom{6}{1} \cdot \binom{43}{5} + \binom{6}{2} \cdot \binom{43}{4} + \binom{6}{3} \cdot \binom{43}{3}$.

b) Möglichkeiten: $a+b+c+d+e$ $\quad a+a+b+c+d$ $\quad a+a+b+b+c$ $\quad a+a+a+b+c$ $\quad a+a+a+b+b$ (abgesehen von der Benennung der Buchstaben).

Die gesuchte Anzahl ist $\binom{6}{5} + \binom{6}{1} \cdot \binom{5}{3} + \binom{6}{2} \cdot \binom{4}{1} + \binom{6}{1} \cdot \binom{5}{2} + \binom{6}{1} \cdot \binom{5}{1}$.

Dabei geben die 5 Summanden an, wie viele verschiedene Summen bei jeder der 5 genannten Möglichkeiten durch Umbenennung der Buchstaben gebildet werden können.

c) $2 \cdot \binom{8}{1} \cdot \binom{7}{3} + \binom{8}{3} \cdot \binom{5}{3}$.

I.9 Aufgaben

1. Verneinen Sie die Aussagen.
   (a) Alle Wege führen nach Rom.
   (b) Pflanzen wachsen nur dann, wenn sie genügend Sonnenlicht und Wasser haben.
   (c) Alle Schotten sind großzügig und keiner spielt Dudelsack.

(d) Das Auto hatte weder Winterreifen, noch Schneeketten.
(e) Kein Mitspieler hatte mehr als '4 Richtige' getippt.
(f) Ein oder zwei Studenten kamen zu spät zur Vorlesung.
(g) Entweder mache ich nach dem Mittagessen einen Spaziergang oder ich halte einen Mittagsschlaf.
(h) Weder samstags noch sonntags fand ich einen Partner zum Tennisspielen.

2. Welche Aussagen sind wahr, welche sind falsch ? Verneinen Sie die Aussagen.
   (a) Es gibt keine kleinste positive Bruchzahl.
   (b) Die Reihe $1 + \frac{1}{2} + \frac{1}{4} + \frac{1}{8} + \frac{1}{16} + \ldots$ divergiert oder hat den Grenzwert 2.
   (c) Die Summe zweier Quadrate ganzer Zahlen ist eine natürliche Zahl.
   (d) Jeder Winkel im Halbkreis ist ein rechter.
   (e) Das Quadrat des Produktes zweier ganzer Zahlen ist größer als 0 oder mindestens ein Faktor ist 0.
   (f) Für ein gleichschenklig, rechtwinkliges Dreieck mit der Hypotenuse c und den Katheten a gilt $c = a \cdot \sqrt{2}$.
   (g) Weil die Zahlen 100 und 196 verschieden sind, haben sie auch unterschiedlich viele Teiler.
   (h) Ist eine natürliche Zahl a^2 durch 3 teilbar, dann läßt a beim Teilen durch 3 entweder den Rest 1 oder den Rest 2.
   (i) Ist das Viereck $ABCD$ ein Quadrat, ein Rechteck oder eine Raute, dann ist es auch ein Parallelogramm.
   (j) Für beliebige natürliche Zahlen n ist der Bruch $\frac{22n+7}{11n+3}$ ausgekürzt.

3. Welche der aussagenlogischen Formeln sind erfüllbar, welche allgemeingültig und welche kontradiktorisch ?
   (a) $q \Leftrightarrow (\neg q \Rightarrow p \wedge \neg p)$
   (b) $(p \Leftrightarrow q) \;\Leftrightarrow\; (p \wedge q) \vee (\neg q \wedge \neg p)$
   (c) $q \Leftrightarrow (\neg q \Rightarrow p) \wedge \neg p$
   (d) $(p \Leftrightarrow q) \;\Leftrightarrow\; p \wedge (q \vee \neg q) \wedge \neg p$

4. Welche der Formeln sind logisch äquivalent ?

(*a*) $\neg p \Rightarrow q$	(*b*) $\neg q \Rightarrow p$	(*c*) $\neg q \Leftrightarrow \neg p$
(*d*) $q \Leftrightarrow p$	(*e*) $\neg q \Leftrightarrow p$	(*f*) $q \Rightarrow p$
(*g*) $\neg p \Leftrightarrow q$	(*h*) $\neg q \Rightarrow \neg p$	(*i*) $q \Leftrightarrow \neg p$

5. Beweisen Sie durch äquivalente Umformungen die folgenden Tautologien.
   (a) $(p \Leftrightarrow q) \Leftrightarrow (\neg p \vee q) \wedge (\neg q \vee p)$ (b) $((\neg p \Rightarrow q) \wedge (p \Rightarrow \neg(p \vee q)) \Leftrightarrow q \wedge \neg p$

6. Welche Beziehung besteht zwischen den Aussagen ?
   (a) Wer raucht, denkt nicht. (b) Wer denkt, raucht nicht.
   Formalisieren Sie beide Aussagen.

7. Ein Politiker wird im Wahlkampf gefragt, ob er für oder gegen das Verbot von Alkohol ist. Er antwortet: „Ich habe mich stets gegen die Versuche gewandt, die Gegner der Bekämpfung der Antialkoholikerbewegung mundtot zu machen.“ Ist der Mann aufgrund dieser klaren Aussage für oder gegen das Alkoholverbot?

8. Von den vier Tatverdächtigen A, B, C, D ist einer der Täter. Beim Verhör machen sie die folgenden Aussagen: A: B ist der Täter. B: D ist der Täter. C: Ich war es nicht. D: Ich habe es nicht getan. Wer ist der Täter, wenn
   (a) genau einer lügt, (b) genau einer die Wahrheit sagt.

9. (a) Jeder, der eine feine Zunge hat, kann gut kochen.
   (b) Man ist kein wahrer Gourmetkoch, wenn man seine Gäste nicht lukullisch begeistern kann.
   (c) Niemand, der keine feine Zunge hat, kann seine Gäste lukullisch begeistern.
   (d) Niemand, außer einem wahrhaften Gourmetkoch, kann ein Festbankett kreieren.

   Formalisieren Sie die Aussagen, um herauszufinden, welche Eigenschaften man notwendigerweise besitzen muß, um ein Festbankett zu kreieren.

10. „Die Güllerings kommen uns am Samstag besuchen", begrüßt Herr Bacher seine Frau. Auf die Frage, ob denn die ganze Familie mit den Kindern Kerstin, Arno und Willi käme, kann Herr Bacher seine Frau auf die ihm eigene leicht verständliche und präzise Art beruhigen: „Kerstin und Arno kommen entweder gemeinsam oder gar nicht. Mindestens einer der beiden Söhne kommt. Herr Güllering käme nie ohne seine Frau. Entweder kommt Frau Güllering oder Kerstin. Wenn Willi kommt, dann kommen auch Herr Güllering und Arno.
    So, nun ist klar, mit welchem Aufgebot die Güllerings erscheinen werden."

11. Beweisen Sie durch Kontraposition:
    (a) Ist die Gleichung $x^2 + y^2 = z^3$ für ganze Zahlen nicht lösbar, dann ist auch $x^6 + y^6 = z^6$ nicht lösbar.
    (b) Für natürliche Zahlen a, b gilt:
    Ist $\frac{a-b}{a+b}$ ein ausgekürzter Bruch, dann ist auch $\frac{a}{b}$ ausgekürzt.

12. Beweisen Sie durch Fallunterscheidung.
    (a) Für alle reellen Zahlen x, y gilt $|x \cdot y| = |x| \cdot |y|$.
    (b) Ist die Summe zweier natürlicher Zahlen durch 10 teilbar, dann endet die Differenz der Quadrate dieser beiden Zahlen auf Null.

13. Beschreiben Sie die Mengen auf eine andere Art, zum Beispiel durch Angabe ihrer Elemente. Welche der Mengen sind endlich, welche unendlich ?

    $A = \{x \in \mathbb{Q} \mid x = \frac{a}{b},\ a \in \mathbb{Z}, b \in \mathbb{N},\ a + b = 3\}$

    $B = \{x \in \mathbb{R} \mid \sin x = 1\}$

    $C = \{x \in \mathbb{N} \mid \frac{x+9}{x} \leq \frac{x-4}{x+1}\}$

    $D = \{x \in \mathbb{Z} \mid -1990 \leq (x-4)^2 \leq 629\}$

    $E = \{x \in \mathbb{N}_0 \mid x = \sum_{k=0}^{2} a_k \cdot 4^k, a_k \in \{0,1,2,3\}\}$

    $F = \{x \in \mathbb{Z} \mid (x+11)(x-8) < 0\}$

14. Schreiben Sie die Mengen als Lösungsmengen über einer geeigneten Grundmenge.

$A = \{9, 19, 29, 39, \ldots\}$ $B = \{7, 11, 13\}$

$C = \{1, 2, 3, 4, 6, 8, 12, 16, 24, 48\}$ $D = \{0, \frac{\pi}{2}, \pi, \frac{3}{2}\pi, 2\pi, \frac{5}{2}\pi, \ldots\}$

$E = \{-1, 4, -9, 16, -25, 36, \ldots\}$ $F = \{-21, -42, -63, -84, \ldots\}$

15. Setzen Sie $\Rightarrow$, $\Leftarrow$ oder $\Leftrightarrow$ für $\heartsuit$ ein, so daß die Aussageformen für alle $x, y, z \in \mathbb{Z}$ wahr sind.

(a) $xyz = 0 \quad \heartsuit \quad (x = 0 \wedge y = 0) \vee z = 0$ (b) $x < 0 \wedge y > 0 \quad \heartsuit \quad xy < 0$

(c) $2|x \wedge 6|x \quad \heartsuit \quad 12|x$ (d) $3|x \wedge 5|x \quad \heartsuit \quad 15|x$

(e) $(x + y)(x - y) = 0 \quad \heartsuit \quad |x| = |y|$ (f) $x = y \quad \heartsuit \quad x^7 = y^7$

16. Welche der Aussagen sind wahr ? Beweis oder Gegenbeispiel ! Schreiben Sie die Aussagen über ganze Zahlen formal mit Junktoren und Quantoren. Bilden Sie jeweils formal die Negation und verbalisieren Sie diese.

(a) Wenn jeder Summand einer Summe $\sum_{i=1}^{n} a_i$ ganzer Zahlen durch 5 teilbar ist, dann ist auch die Summe durch 5 teilbar.

(b) Wenn keiner der Summanden durch 7 teilbar ist, dann ist auch die Summe nicht durch 7 teilbar.

(c) Wenn die Summe durch 3 teilbar ist, dann ist mindestens ein Summand durch 3 teilbar.

(d) Wenn die Summe nicht durch 7 teilbar ist, dann ist auch kein Summand durch 7 teilbar.

(e) Wenn wenigstens ein Summand durch 5 teilbar ist, dann ist auch die Summe durch 5 teilbar.

17. Wahr oder falsch ? Beweisen oder widerlegen Sie die Aussagen.

(a) $\exists x, y, z \in \mathbb{Z} : \quad 2x - 14y + 4712z = 33$

(b) $\forall a, b, c \in \mathbb{Z} : \quad a \mid b \ \wedge \ b \mid c \ \Rightarrow \ a \mid c$

(c) $\forall a, b, c, d \in \mathbb{Z} : \quad a \mid b \ \wedge \ c \mid d \ \Rightarrow \ a \cdot c \mid b \cdot d$

(d) $\forall a, b, c \in \mathbb{N} : \quad a^b = a^c \Rightarrow b = c$

18. Beweisen Sie die wahren Aussagen, widerlegen Sie die falschen. Bilden Sie von den Aussagen auch die Negationen.

(a) $\exists a \in \mathbb{Q}\ \forall b \in \mathbb{Q} : \quad (a+b)^2 = a^2 + b^2$ $\forall b \in \mathbb{Q}\ \exists a \in \mathbb{Q} : \quad (a+b)^2 = a^2 + b^2$

(b) $\forall a \in \mathbb{N}\ \exists b \in \mathbb{N} : \quad \mathrm{kgV}(a, b) = a$ $\exists b \in \mathbb{N}\ \forall a \in \mathbb{N} : \quad \mathrm{kgV}(a, b) = a$

(c) $\forall a \in \mathbb{N}\ \exists b \in \mathbb{N} : \quad \mathrm{ggT}(a, b) = a$ $\exists b \in \mathbb{N}\ \forall a \in \mathbb{N} : \quad \mathrm{ggT}(a, b) = a$

$\mathrm{kgV}(a, b)$ bedeutet '*kleinstes gemeinsames Vielfaches von a und b*'.
$\mathrm{ggT}(a, b)$ bedeutet '*größter gemeinsamer Teiler von a und b*'.

19. Es seien $A = \{a, 1, b, 3, c, 5\}$, $B = \{a, b, 3, 5, 7\}$, $C = \{1, 3, 5, 7, b, c\}$.
    (a) Bestimmen Sie alle Teilmengen von B, die echte Teilmengen von C sind.
    (b) Wie viele 3-elementige Teilmengen von A sind Teilmengen von B ?
    (c) Welche Teilmengen von C sind sowohl Teilmengen von A als auch von B?
    (d) Welche Teilmengen von B sind weder Teilmengen von A noch von C ?

20. In einer Großstadt werden für die Autokennzeichen neben dem Ortssymbol zwei Buchstaben und eine dreistellige Zahl verwendet. Wie viele verschiedene Zeichen können ausgegeben werden ?

21. Welche Tripel muß man zu der Menge $\{(1,3,5),(2,2,2),(2,4,6)\}$ mindestens noch hinzufügen, damit das kartesische Produkt $A \times B \times C$ dreier Mengen vorliegt ? Welche Mengen A, B, C sind es ?

22. Welche der folgenden Mengen sind endlich ? Wie viele Elemente haben die Mengen ? Nennen Sie von jeder Menge mindestens 5 Elemente, falls möglich.
    $A = \{(x,y,z) \in \mathbb{N} \times \mathbb{N} \times \mathbb{N} \;/\; x + y + z = 10\}$
    $B = \{(x,y,z) \in \mathbb{N} \times \mathbb{Z} \times \mathbb{N} \;/\; x + 2y + 3z = 6\}$
    $C = \{(x,y,z) \in \mathbb{N} \times \mathbb{N} \times \mathbb{N} \;/\; x^2 + y^2 = z^2\}$
    $D = \{(x,y,z) \in \mathbb{Z} \times \mathbb{Z} \times \mathbb{Z} \;/\; x^2 + y^2 = 1 \wedge x^2 + z^2 = 5\}$
    $E = \{(x,y,z) \in \mathbb{N} \times \mathbb{N} \times \mathbb{N} \;/\; x = y^2 - z^2\}$

23. Es seien $M_1, M_2, M_3, M_4, M_5, M_6$ die folgenden Teilmengen von $\mathbb{R} \times \mathbb{R}$.
    $M_1 = \{(x,y) \in \mathbb{R} \times \mathbb{R} \;/\; 3y \leq 2x + 3\}$
    $M_2 = \{(x,y) \in \mathbb{R} \times \mathbb{R} \;/\; 3y + 51 \geq 8x\}$
    $M_3 = \{(x,y) \in \mathbb{R} \times \mathbb{R} \;/\; y \leq -x + 1\}$
    $M_4 = \{(x,y) \in \mathbb{R} \times \mathbb{R} \;/\; y \geq -3x - 11\}$
    $M_5 = \{(x,y) \in \mathbb{R} \times \mathbb{R} \;/\; y \leq -(x-1)^2 + 5\}$
    $M_6 = \{(x,y) \in \mathbb{R} \times \mathbb{R} \;/\; y \leq -1\}$
    Stellen Sie $((M_1 \cap M_2) \cup (M_3 \cap M_4) \cup M_5) \cap \overline{M_6}$ im kartesischen Koordinatensystem dar.

24. In Kumpelheim blüht das Vereinsleben. 777 der 799 Gemeindebewohner gehören mindestens einem der drei Vereine an. 530 Bürger sind Mitglied im Sportverein, 446 in der Gesangsvereinigung 'Goldkehlchen'. Der Kleingartenverein 'Grüne Lunge' zählt 324 Mitglieder. Sowohl im Sport- als auch im Kleingartenverein sind 167 Dörfler, während 286 Bewohner in der Gesangsvereinigung und zugleich im Sportverein sind. Besonders verdienstvoll ist das Engagement von 87 Bewohnern, die allen drei Vereinen angehören.

    Wieviele Bewohner sind sind sowohl in der Gesangsvereinigung als auch im Kleingartenverein ?
    Wieviele Bewohner sind in genau einem Verein ?
    Wieviele Bewohner gehören genau zwei Vereinen an ?

25. Beweisen Sie die Summenformeln mit vollständiger Induktion.

(a) $1^2 + 2^2 + 3^2 + \ldots + n^2 = \frac{n(n+1)(2n+1)}{6} \quad \forall n \in \mathbb{N}$

(b) $1^3 + 2^3 + 3^3 + \ldots + n^3 = \left(\frac{n(n+1)}{2}\right)^2 \quad \forall n \in \mathbb{N}$

(c) $1^4 + 2^4 + 3^4 + \ldots + n^4 = \frac{1}{5}n^5 + \frac{1}{2}n^4 + \frac{1}{3}n^3 - \frac{1}{30}n \quad \forall n \in \mathbb{N}$

(d) $1^5 + 2^5 + 3^5 + \ldots + n^5 = \frac{1}{12}n^2(2n^2 + 2n - 1)(n+1)^2 \quad \forall n \in \mathbb{N}$

26. Finden Sie eine Formel für die Summe $1 + 3 + 5 + 7 + \ldots + (2n-1)$ und beweisen Sie diese induktiv.

27. Beweisen Sie durch vollständige Induktion

(a) $\sum_{i=1}^{n} i(i+1) = \frac{1}{3}n(n+1)(n+2) \quad \forall n \in \mathbb{N}$

(b) $\sum_{i=1}^{n} (2i-1)^2 = \frac{1}{3}(4n^3 - n) \quad \forall n \in \mathbb{N}$

(c) $\sum_{i=1}^{n} i(i+1)(n+1-i) = \frac{1}{12} \cdot \prod_{i=0}^{3}(n+i) \quad \forall n \in \mathbb{N}.$

28. Untersuchen Sie, in wieviele Gebiete eine Ebene durch n Geraden *maximal* zerlegt wird und beweisen Sie Ihre Vermutung induktiv.

29. Berechnen Sie die ersten Glieder der Folge $(a_n)_{n \in \mathbb{N}\setminus\{1\}}$ mit

$$a_n = \prod_{k=2}^{n} \left(1 - \tfrac{1}{k^2}\right)$$

und versuchen Sie, für das n–te Glied eine Formel in Form eines Bruches zu gewinnen. Beweisen Sie die vermutete Formel durch Induktion.

30. Beweisen Sie durch vollständige Induktion

$$(1-q)^n < \frac{1}{1+nq} \quad \forall q \in \mathbb{R},\ 0 < q < 1, \quad \forall n \in \mathbb{N}.$$

31. Beweisen Sie induktiv

(a) $3 \mid n^3 + 2n \quad \forall n \in \mathbb{N}$

(b) $133 \mid 11^{n+1} + 12^{2n-1} \quad \forall n \in \mathbb{N}$

(c) $6 \mid n^3 + 6n^2 + 11n + 6 \quad \forall n \in \mathbb{N}$

32. Behauptung: Alle reellen Zahlen sind gleich.
Zum „Beweis“wird durch vollständige Induktion nach n gezeigt:
Bei jedem n–Tupel $(x_1, x_2, \ldots, x_n)$ reeller Zahlen sind alle Komponenten x_i gleich.

Für $n = 1$ ist die Aussage wahr, denn für jedes 1-Tupel (x_1) reeller Zahlen gilt $x_1 = x_1$.
Induktionsannahme: Die Behauptung gelte für jedes n–Tupel reeller Zahlen.
Sei $(x_1, x_2, \ldots, x_{n+1})$ ein beliebiges $(n+1)$–Tupel reeller Zahlen.
Dann gilt für die beiden n–Tupel $(x_1, x_2, \ldots, x_n)$ und $(x_2, x_3, \ldots, x_{n+1})$ nach Induktionsvoraussetzung $x_1 = x_2 = \ldots = x_n \quad \wedge \quad x_2 = x_3 = \ldots = x_{n+1}$, also folgt $x_1 = x_2 = \ldots = x_n = x_{n+1}$.
Wo steckt der Fehler ?

Lösungen und Lösungshinweise zu den Aufgaben

1. -

2. Wahr sind die Aussagen (a), (b), (d) Satz des Thales, (e), (f) Satz des Pythagoras, (i) und (j), falsch sind die restlichen.
Negationen: (b): Die Reihe konvergiert mit einem Grenzwert $\neq 2$.
(c): Es gibt zwei ganze Zahlen, so daß die Summe der Quadrate keine natürliche Zahl ist (z.B. $0+0 \notin \mathbb{N}$). (f): Es gibt ein gleichschenklig, rechtwinkliges Dreieck, so daß $c \neq a \cdot \sqrt{2}$ gilt. (g): Die Zahlen 100 und 196 sind verschieden und haben gleich viele Teiler. (h): a^2 ist durch 3 teilbar und a läßt beim Teilen durch 3 weder den Rest 1 noch den Rest 2. (i): Das Viereck ist eine Quadrat, ein Rechteck oder eine Raute, aber kein Parallelogramm.

3. Allgemeingültig sind (b) und (c), erfüllbar (a) und (d).

4. Logisch äquivalent sind jeweils (a) und (b), (c) und (d), (e) und (i).

5. (a): $(p \Leftrightarrow q) \quad \Leftrightarrow \quad (p \wedge q) \vee (\neg p \wedge \neg q) \quad \Leftrightarrow \quad (p \vee \neg p) \wedge (p \vee \neg q) \wedge (q \vee \neg p) \wedge (q \vee \neg q) \quad \Leftrightarrow \quad (p \vee \neg q) \wedge (q \vee \neg p) \quad \Leftrightarrow \quad (\neg p \vee q) \wedge (\neg q \vee p)$.
$(b): \quad ((\neg p \Rightarrow q) \ \wedge \ (p \Rightarrow \neg(p \vee q)) \Leftrightarrow (p \vee q) \wedge (\neg p \vee \neg(p \vee q)) \Leftrightarrow (p \vee q) \wedge (\neg p \vee (\neg p \wedge \neg q)) \Leftrightarrow (p \vee q) \wedge (\neg p \wedge (\neg p \vee \neg q)) \Leftrightarrow (p \vee q) \wedge (\neg p \wedge \neg(p \wedge q)) \Leftrightarrow (p \vee q) \wedge \neg p \Leftrightarrow q \wedge \neg p$.

6. Die Aussagen sind äquivalent (Kontraposition).

7. Äquivalente Formulierung: „Ich war stets dafür, die Gegner ... zu Wort kommen zu lassen.“

8. (a): Da es nur einen Täter gibt, ist der Lügner A oder B, C und D sagen die Wahrheit. Dann ist B der Lügner und der Täter.
(b): Entweder sagt C oder D die Wahrheit. A und B lügen. Deshalb können B und D nicht Täter sein. Also ist C der Täter.

9. Mit den Bezeichnungen z: 'feine Zunge haben', k: 'gut kochen können', l: 'Gäste lukullisch verwöhnen können', g: 'wahrer Gourmetkoch sein', f: 'Festbankett kreieren können' ergeben sich folgende Aussagen: $z \Rightarrow k \quad \wedge \quad \neg l \Rightarrow \neg g \quad (g \Rightarrow l) \quad \wedge \quad l \Rightarrow z \quad \wedge \quad f \Rightarrow g.$ Um ein Festbankett kreieren zu können, muß man also alle Eigenschaften z, k, l, g besitzen.

10. Es kommen nur Kerstin und Arno.

11. (a): Ist $x^6 + y^6 = z^6$ lösbar, und ist (x_0, y_0, z_0) eine Lösung, dann ist (x_0^3, y_0^3, z_0^2) eine Lösung von $x^2 + y^2 = z^3$.
(b): Ist $\frac{a}{b}$ nicht ausgekürzt, und gilt für $d \in \mathbb{N}, d > 1: \quad d|a \wedge d|b$, dann folgt $d|(a-b) \wedge d|(a+b)$ (Beweis!), und somit ist auch $\frac{a-b}{a+b}$ nicht ausgekürzt.

12. (a): Der Betrag von $x \in \mathbb{R}$ ist definiert durch $|x| = \begin{cases} x & : \quad x \geq 0 \\ -x & : \quad x < 0 \end{cases}$.
1.) $x \geq 0 \wedge y \geq 0 \Rightarrow |xy| = xy = |x||y|;$
2.) $x \geq 0 \wedge y < 0 \Rightarrow |xy| = -(xy) = x(-y) = |x||y|;$
3.) $x < 0 \wedge y \geq 0 \Rightarrow |xy| = -(xy) = (-x)y = |x||y|;$
4.) $x < 0 \wedge y < 0 \Rightarrow |xy| = xy = (-x)(-y) = |x||y|;$
(b): Zu unterscheiden sind die möglichen Fälle für die Endziffern der beiden Zahlen a und b. Unter der Voraussetzung $10|a+b$ sind *für die Endziffern* von a und b die 6 Fälle 0 und 0, 1 und 9, 2 und 8, 3 und 7, 4 und 6, 5 und 5 möglich. Wegen der Kommutativität der Addition spielt dabei die Reihenfolge von a und b keine Rolle.

13. $A = \{x \in \mathbb{Q} \;/\; x = \frac{3-b}{b},\; b \in \mathbb{N}\}$; $B = \{x \in \mathbb{R} \;/\; x = (2k + \frac{1}{2})\pi,\; k \in \mathbb{Z}\}$; $C = \emptyset$; $D = \{x \in \mathbb{Z} \;/\; -21 \leq x \leq 29\}$; $E = \{x \in \mathbb{N}_0 \;/\; x < 64\}$; $F = \{x \in \mathbb{Z} \;/\; -11 < x < 8\}$.

14. $A = \{x \in \mathbb{N} \;/\; x = 10k-1, k \in \mathbb{N}\}$; $B = \{x \in \mathbb{N} \;/\; (x-7)(x-11)(x-13) = 0\}$; $C = T_{48}$; $D = \{x \in \mathbb{R} \;/\; x = k \cdot \frac{\pi}{2},\; k \in \mathbb{N}_0\}$; $E = \{x \in \mathbb{Z} \;/\; x = (-1)^k k^2,\; k \in \mathbb{N}\}$; $F = \{x \in \mathbb{Z} \;/\; x = 21k,\; k \in \mathbb{N}\}$.

15. (a) $\Leftarrow$; (b) $\Rightarrow$; (c) $\Leftarrow$; (d) $\Leftrightarrow$; (e) $\Leftrightarrow$; (f) $\Leftrightarrow$.

16. Es seien $a_1, \ldots, a_n \in \mathbb{Z}$; $s := \sum_{i=1}^{n} a_i$.
(a) $\forall i \in \{1, \ldots, n\}: \quad 5 \mid a_i \quad \Rightarrow \quad 5 \mid s.$ (wahr);
Negation: $\forall i \in \{1, \ldots, n\}: \quad 5 \mid a_i \quad \wedge \quad 5 \nmid s.$
(b) $\forall i \in \{1, \ldots, n\}: \quad 7 \nmid a_i \quad \Rightarrow \quad 7 \nmid s.$ (falsch);
(c) $3 \mid s \quad \Rightarrow \quad \exists i \in \{1, \ldots, n\}: \quad 3 \mid a_i.$ (falsch);
(d) $7 \nmid s \quad \Rightarrow \quad \forall i \in \{1, \ldots, n\}: \quad 7 \nmid a_i.$ (falsch);
(e) $\exists i \in \{1, \ldots, n\}: \quad 5 \mid a_i \quad \Rightarrow \quad 5 \mid s.$ (falsch).

17. (a) falsch: $\forall x, y, z \in \mathbb{Z}$ steht links eine gerade Zahl, rechts eine ungerade.
(b), (c): wahr; (d) falsch, z.B. für $a = 1,\; b = 2,\; c = 3$.

18. (a) wahr $(a = 0)$ / wahr $(a = 0)$; (b) wahr $(b = a)$ / wahr $(b = 1)$;
(c) wahr $(b = a)$ / falsch: b wäre größer als jede natürliche Zahl.

19. (a) Alle Teilmengen von $\{b, 3, 5, 7\}$ erfüllen die Bedingung.
(b) $\binom{4}{3} = 4$; (c) $\{3, 5\}$, $\{3\}$, $\{5\}$, $\emptyset$.
(d) Es erfüllen 8 der 32 Teilmengen von B die Bedingung, nämlich genau alle Teilmengen von B, die die Elemente a und 7 enthalten.

20. Die Anzahl ist $26 \cdot 26 \cdot (999 - 99) = 608\,400$.

21. $A = \{1, 2\}$, $B = \{2, 3, 4\}$, $C = \{2, 5, 6\}$. Es fehlen 15 Tripel.

22. $A = \{(1,1,8), (1,2,7), (1,3,6), \ldots, (1,8,1), (2,1,7), (2,2,6), \ldots\ldots, (8,1,1)\}$;
B, C sind unendlich; es ist beispielsweise $(3k, 4k, 5k) \in C \quad \forall k \in \mathbb{N}$.
$D = \{(1,1,2), (1,1,-2), (1,-1,2), (1,-1,-2),$
$(-1,1,2), (-1,1,-2), (-1,-1,2), (-1,-1,-2)\}$.
E ist unendlich; für beliebige $y, z \in \mathbb{N}$, $y > z$ läßt sich x berechnen.

23. Der schraffierte Teil ist der gesuchte Graph.

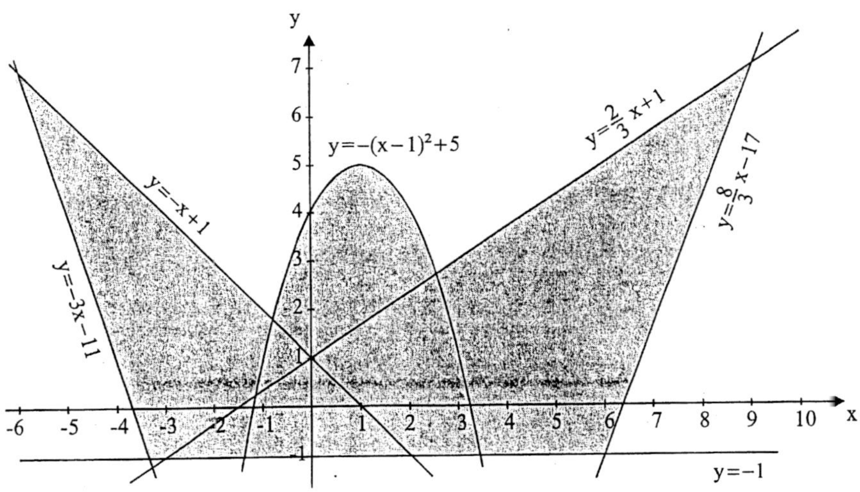

24. Bezeichnet S die Menge der Sportvereinsmitglieder, G die Menge der Mitglieder im Gesangsverein und K die der Mitglieder im Kleingartenverein, dann gilt:
$|S| = 530$; $|K| = 324$; $|G| = 446$; $|S \cap K| = 167$; $|S \cap G| = 286$;
$|S \cap G \cap K| = 87$; $|S \cup G \cup K| = 777$. Also ist
$|K \cap G| = |S| + |K| + |G| - |S \cap K| - |S \cap G| + |S \cap G \cap K| - |S \cup G \cup K| = \ldots = 157$.
157 Dorfbewohner sind Sänger und Kleingärtner.
Anzahl der Bewohner in genau einem Verein:
$|S \cup G \cup K| - |S \cap K| - |S \cap G| - |G \cap K| + 2|S \cap G \cap K| = 341$.
Anzahl der Bewohner in genau zwei Vereinen:
$|S \cap K| + |S \cap G| + |G \cap K| - 3|S \cap G \cap K| = 349$.

25. (a) *Induktionsanfang* : $n = 1$: $1^2 = \frac{1\cdot 2\cdot 3}{6}$.
Induktionsannahme : für ein $n \in \mathbb{N}$ gelte die Behauptung.
Induktionsschluß : $\sum_{i=1}^{n+1} i^2 = \sum_{i=1}^{n} i^2 + (n+1)^2$.

$$\begin{aligned}\sum_{i=1}^{n+1} i^2 &= \frac{n(n+1)(2n+1)}{6} + (n+1)^2 \qquad \text{(Induktionsannahme)}\\ &= \frac{n+1}{6}(2n^2+7n+6)\\ &= \frac{1}{6}(n+1)(n+2)(2(n+1)+1)\end{aligned}$$

(b), (c), (d) entsprechend.

26. Die Summenformel lautet $\sum_{i=1}^{n}(2i-1) = n^2$.

27. (a), (b) -
(c) Induktionsschluß:

$$\sum_{i=1}^{n+1} i(i+1)(n+2-i) = \sum_{i=1}^{n+1} i(i+1)(n+1-i+1)$$
$$= \sum_{i=1}^{n+1} i(i+1)(n+1-i) + \sum_{i=1}^{n+1} i(i+1)$$
$$= \left(\sum_{i=1}^{n} i(i+1)(n+1-i) + (n+1)(n+2)\cdot 0\right) + \sum_{i=1}^{n+1} i(i+1)$$
$$= \tfrac{1}{12}\prod_{i=0}^{3}(n+i) + \sum_{i=1}^{n+1} i(i+1) = \underbrace{\frac{1}{12}n(n+1)(n+2)(n+3) + \sum_{i=1}^{n+1} i(i+1)}_{x}$$

Kennt man die Formel in Aufgabe (a) und ersetzt die rechte Summe durch den entsprechenden Ausdruck, gelangt man schnell zur Induktionsbehauptung. Ohne Anwendung von (a), geht es so weiter:
Die Induktionsbehauptung lautet:

$$\sum_{i=1}^{n+1} i(i+1)(n+2-i) = \underbrace{\frac{1}{12}(n+1)(n+2)(n+3)(n+4)}_{y}$$

Vergleich von x und y : $x = y \quad \Leftrightarrow \quad \sum_{i=1}^{n+1} i(i+1) = \ldots = \frac{1}{3}(n+1)(n+2)(n+3)$.
Dies ist nun (z.B. durch Induktion) zu beweisen !

28. Um eine maximale Anzahl von Gebieten zu erreichen, dürfen keine zwei Geraden parallel sein. Jede Gerade schneidet jede andere.

Anzahl der Geraden	1	2	3	4	5	6
Anzahl der Gebiete	2	2+2=4	4+3=7	7+4=11	11+5=16	16+6=22

Vermutung: Durch n Geraden wird eine Ebene in maximal
$1 + (1+2+\ldots+n) = 1 + \sum_{i=1}^{n} i = 1 + \frac{n(n+1)}{2}$ Gebiete zerlegt.

Induktionsschritt: Eine $(n+1)$.Gerade erzeugt *vor* dem Schnittpunkt mit der 1.Geraden ein neues Gebiet und *nach jedem* Schnittpunkt mit einer der Geraden ein weiteres Gebiet, insgesamt also $n+1$ *neue* Gebiete.

29. $a_2 = \frac{3}{4},\quad a_3 = \frac{4}{6},\quad a_4 = \frac{5}{8},\quad a_5 = \frac{6}{10},\quad a_6 = \frac{7}{12},\quad a_7 = \frac{8}{14},$

Behauptung: $a_n = \frac{n+1}{2n}$.

Induktionsschluß (Anwendung der Induktionsannahme im 3.Schritt):

$$a_{n+1} = \prod_{i=2}^{n+1}(1-\frac{1}{i^2}) = \prod_{i=2}^{n}(1-\frac{1}{i^2})\cdot\left(1-\frac{1}{(n+1)^2}\right) = \frac{n+1}{2n}\cdot\frac{(n+1)^2-1}{(n+1)^2}$$

$$= \ldots\ldots = \frac{(n+1)+1}{2(n+1)}.$$

30. Induktionsanfang: $n=1: \quad 1-q < \frac{1}{1+q}$.

Induktionsschluß:

$$(1-q)^{n+1} = (1-q)^n\cdot(1-q) < \frac{1}{1+nq}\cdot\frac{1}{1+q} = \frac{1}{1+nq+q+nq^2}$$

$$< \frac{1}{1+nq+q} = \frac{1}{1+(n+1)q}.$$

Im 2.Schritt wurden sowohl die Induktionsannahme als auch der Induktionsanfang angewandt.

31. (a), (b) —

(c) Induktionsschluß:

$$(n+1)^3+6(n+1)^2+11(n+1)+6 = (n^3+3n^2+3n+1)+6(n^2+2n+1)+11n+11+6$$

$$= (n^3+6n^2+11n+6)+3(n^2+5n+6) = \underbrace{(n^3+6n^2+11n+6)}_{a} + \underbrace{3(n+2)(n+3)}_{b}$$

$6 \mid a$ nach Induktionsannahme, $3 \mid b \wedge [2 \mid (n+2) \vee 2 \mid (n+3)]$ (weil von zwei aufeinanderfolgenden Zahlen eine gerade ist) $\Rightarrow 2\cdot 3 \mid b \Rightarrow 6 \mid (a+b)$.

32. Die Induktionsannahme sagt nur, daß in jedem der beiden n–Tupel $(x_1, x_2, \ldots, x_n)$ und $(x_2, x_3, \ldots, x_{n+1})$ die Komponenten übereinstimmen. Das heißt aber nicht, daß die Komponenten der *beiden verschiedenen* n–Tupel gleich sind. Der Fehlschluß wird hervorgerufen bzw. verschleiert, weil man für die Komponenten der verschiedenen n–Tupel teilweise dieselben Bezeichnungen gewählt hat, nämlich $x_2, \ldots, x_n$.

II Relationen, Funktionen

Relationen und Funktionen sind Begriffe, die in allen mathematischen Disziplinen ein bedeutsames Handwerkszeug darstellen. Bei den Relationen trifft das hauptsächlich für die Äquivalenz- und für die Ordnungsrelationen zu. Funktion kann man als den grundlegenden Begriff der Mathematik schlechthin bezeichnen. Funktionen bilden das Fundament für jegliche mathematische Begriffsbildung und mathematisches Arbeiten.

II.1 Relationen

Definition II.1:

> A, B seien Mengen. Jede Teilmenge des kartesischen Produktes $A \times B$ heißt eine (zweistellige, binäre) **Relation zwischen** A **und** B.
>
> Jede Teilmenge von $A \times A$ heißt eine **Relation in** A.

Ist R eine Relation, so ist es auch üblich, für $(x, y) \in R$ kurz $x \, R \, y$ zu schreiben und zu sagen *'x steht in Relation zu y'*. Für R werden im konkreten Fall Symbole eingeführt, beispielsweise '$\leq$' für die kleiner-gleich-Relation in $\mathbb{R}$ oder '$|$' für die Teilbarkeitsrelation in $\mathbb{Z}$. So schreibt man $3 \leq 7$ statt $(3,7) \in \leq$ und entsprechend $4 \mid 12$ anstelle von $(4,12) \in |$. Diese Schreibweise macht nicht unbedingt deutlich, daß Relationen *Mengen*, nämlich Teilmengen kartesischer Produkte sind, mit denen man alle mengenalgebraischen Operationen ausführen kann und für die alle Gesetzmäßigkeiten aus Kapitel I.6 gelten.

Beispiel 1:

a) Für beliebige Mengen A, B sind $\emptyset$ und $A \times B$ Relationen zwischen A und B, die *trivialen Relationen.*

b) $\mathcal{G}$ sei die Menge aller Geraden einer Ebene $\mathcal{E}$.
$\mathcal{P}$ sei die Menge aller Punkte in der Ebene $\mathcal{E}$.
$R_1 = \{(P, g) \in \mathcal{P} \times \mathcal{G} \ / \ \text{Punkt } P \text{ liegt auf der Geraden } g\}$
$R_2 = \{g_1, g_2) \in \mathcal{G} \times \mathcal{G} \ / \ g_1 \text{ ist parallel zu } g_2\}$
$R_3 = \{g_1, g_2) \in \mathcal{G} \times \mathcal{G} \ / \ g_1, g_2 \text{ haben mindestens einen gemeinsamen Punkt }\}$
R_1 ist eine Relation zwischen $\mathcal{P}$ und $\mathcal{G}$, R_2 und R_3 sind Relationen in $\mathcal{G}$.

c) Relationen in $\mathcal{P}(\mathbb{N})$:
$R_4 = \{(A, B) \in \mathcal{P}(\mathbb{N}) \times \mathcal{P}(\mathbb{N}) \ / \ A \subseteq B\}$ (Inklusionsrelation, Teilmengenrelation)
$R_5 = \{(A, B) \in \mathcal{P}(\mathbb{N}) \times \mathcal{P}(\mathbb{N}) \ / \ A \subset B\}$ (echte Teilmengenrelation)
$R_6 = \{(A, B) \in \mathcal{P}(\mathbb{N}) \times \mathcal{P}(\mathbb{N}) \ / \ A \cap B = \emptyset\}$

d) Relationen in $\mathbb{N}$:
$R_7 = \{(x, y) \in \mathbb{N} \times \mathbb{N} \ / \ x|y\}$ (Teilbarkeitsrelation)
$R_8 = \{(x, y) \in \mathbb{N} \times \mathbb{N} \ / \ Q(x) = Q(y)\}$ ($Q(x)$ = Quersumme von x)
$R_9 = \{(x, y) \in \mathbb{N} \times \mathbb{N} \ / \ x - y = y - x\}$

$R_{10} = \{(x,y) \in \mathbb{N} \times \mathbb{N} \ / \ x+y \text{ ist ungerade } \} = \{(x,y) \in \mathbb{N} \times \mathbb{N} \ / \ 2 \nmid (x+y)\}$
$R_{11} = \{(x,y) \in \mathbb{N} \times \mathbb{N} \ / \ S(x) = S(y)\}$ $\quad (S(x) = \text{Stellenzahl von } x)$

e) Relationen in $\mathbb{R}$:
$R_{12} = \{(x,y) \in \mathbb{R} \times \mathbb{R} \ / \ x = y\}$ (Gleichheitsrelation)
$R_{13} = \{(x,y) \in \mathbb{R} \times \mathbb{R} \ / \ x \leq y\}$ (kleiner-gleich-Relation)
$R_{14} = \{(x,y) \in \mathbb{R} \times \mathbb{R} \ / \ x > y\}$ (größer-Relation)
$R_{15} = \{(x,y) \in \mathbb{R} \times \mathbb{R} \ / \ y = x^2\}$
$R_{16} = \{(x,y) \in \mathbb{R} \times \mathbb{R} \ / \ x \cdot y > 0 \ \vee \ x = y\}$
$R_{17} = \{(x,y) \in \mathbb{R} \times \mathbb{R} \ / \ x + y = y + x\}$

Die *Gleichheitsrelation* ist in jeder Menge A definiert

$$G = \{(x,y) \in A \times A \ / \ x = y\} = \{(x,x) \in A \times A \ / \ x \in A\}$$

und wird uns noch mehrfach begegnen. R_9 ist die Gleichheitsrelation in $\mathbb{N}$ in einer anderen Darstellung.

Da für *alle* Paare (x,y) reeller Zahlen $x + y = y + x$ gilt (Kommutativgesetz der Addition reeller Zahlen), ist R_{17} die triviale Relation $\mathbb{R} \times \mathbb{R}$. ♣

Neben der Angabe von Relationen als Mengen wie im zurückliegenden Beispiel lassen sich manche (endlichen) Relationen durch eine *Relationstafel* (bzw. eine *Relationsmatrix)* oder auch durch ein *Relationsdiagramm* angeben. Anwendung findet die Darstellung von Relationen durch Relationsdiagramme hauptsächlich bei Ordnungsrelationen.

Relationen in $\mathbb{R}$, also Teilmengen von $\mathbb{R} \times \mathbb{R}$, haben wir bereits in einem kartesischen Koordinatensystem dargestellt und diese Darstellungen *Graphen* der Relationen genannt.

Beispiel 2:

$T_{12} = \{1, 2, 3, 4, 6, 12\}$ ist die Menge aller positiven Teiler von 12. Die Teilbarkeitsrelation in T_{12} ist in einer Relationstafel und in einem Relationsdiagramm dargestellt.

	1	2	3	4	6	12
1	X	X	X	X	X	X
2		X		X	X	X
3			X		X	X
4				X		X
6					X	X
12						X

Abb. 2.1

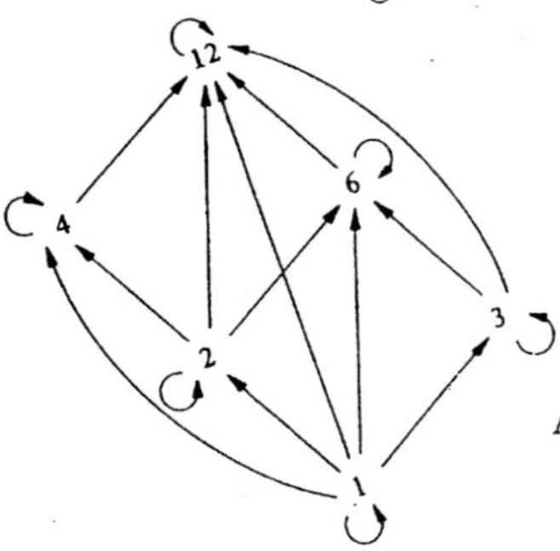

Abb. 2.2

Jedes Kreuz in einer Relationstafel bedeutet $(a,b) \in R$, wobei a in der Eingangsspalte, b in der Eingangszeile der Tafel steht.

Ein Pfeil von a nach b im Relationsdiagramm bedeutet $(a,b) \in R$, in diesem konkreten Fall $a|b$.

♣

Von Bedeutung sind hier hauptsächlich *Relationen in einer Menge A*, auf die wir uns nunmehr beschränken. Zunächst werden für Relationen in einer Menge spezielle Eigenschaften definiert.

Definition II.2:

R sei eine Relation in einer Menge A.

R heißt **reflexiv**, wenn gilt: $(a, a) \in R \quad \forall a \in A$.

R heißt **irreflexiv (antireflexiv)**, wenn gilt: $(a, a) \notin R \quad \forall a \in A$.

R heißt **symmetrisch**, wenn gilt: $(a, b) \in R \Rightarrow (b, a) \in R$.

R heißt **antisymmetrisch**, wenn gilt: $(a, b) \in R \wedge (b, a) \in R \Rightarrow a = b$.

R heißt **transitiv**, wenn gilt: $(a, b) \in R \wedge (b, c) \in R \Rightarrow (a, c) \in R$.

Für die Untersuchung der Eigenschaften von Relationen ist die aussagenlogische Qualität der Eigenschaften und ihrer Negationen von Bedeutung. So ist beispielsweise Reflexivität eine *Allaussage*, ebenso wie die Irreflexivität. Symmetrie, Antisymmetrie und Transitivität sind dagegen durch *Implikationen* definiert. Bezeichnet G die Gleichheitsrelation in einer Menge A,

$$G = \{(x, x) \in A \times A \;/\; x \in A\},$$

dann ist Reflexivität einer Relation R in A gleichbedeutend mit $G \subseteq R$.

Die Eigenschaften *'irreflexiv'* und *'reflexiv'* schließen sich zwar gegenseitig aus, dennoch ist *'irreflexiv'* nicht das logische Gegenteil von *'reflexiv'*. Dies folgt schon daraus, daß beides Allaussagen sind. Es gibt Relationen, die weder reflexiv noch irreflexiv sind, etwa R_6 in Beispiel 1. Auch ist *'antisymmetrisch'* nicht die Negation der Eigenschaft *'symmetrisch'*. Relationen können sowohl symmetrisch als auch antisymmetrisch sein, so beispielsweise die Gleichheitsrelation in einer Menge A.

Übung 1:

a) Wieviele Relationen in der Menge $A = \{a, b\}$ gibt es ?

b) Wieviele Relationen in der Menge A sind reflexiv (irreflexiv) ? Geben Sie alle reflexiven Relationen in A an.
Wieviele Relationen sind weder reflexiv, noch irreflexiv ?

c) R sei eine Relation in A, $R \neq \emptyset$. Was ist falsch am *'Beweis'* der Behauptung:
Ist R symmetrisch und transitiv, dann ist R auch reflexiv.
'Beweis': Sei $(a, b) \in R \Rightarrow (b, a) \in R$ (wegen der Symmetrie)
$\Rightarrow (a, b) \in R \wedge (b, a) \in R \Rightarrow (a, a) \in R$ (wegen der Transitivität)
$\Rightarrow R$ ist reflexiv.
Was hat man tatsächlich bewiesen ?

d) Finden Sie eine Relation in $\mathbb{N}$, die symmetrisch und transitiv, aber nicht reflexiv ist und weisen Sie die Eigenschaften der Relation nach.

♠

Beispiel 3:

Die Eigenschaften von R_6 und R_{16} aus Beispiel 1 werden nun bewiesen.

$R_6 = \{(A, B) \in \mathcal{P}(\mathbb{N}) \times \mathcal{P}(\mathbb{N}) \;/\; A \cap B = \emptyset\}$:

R_6 *ist nicht reflexiv*, denn beispielsweise ist $(\mathbb{N}, \mathbb{N}) \notin R_6$ wegen $\mathbb{N} \cap \mathbb{N} \neq \emptyset$.
R_6 *ist nicht irreflexiv*, denn wegen $\emptyset \cap \emptyset = \emptyset$ ist $(\emptyset, \emptyset) \in R_6$.
R_6 *ist symmetrisch:* $(A, B) \in R_6 \Rightarrow A \cap B = \emptyset \Rightarrow B \cap A = \emptyset \Rightarrow (B, A) \in R_6$.
R_6 *ist nicht antisymmetrisch:* es ist $(\mathbb{N}, \emptyset) \in R_6 \wedge (\emptyset, \mathbb{N}) \in R_6$, aber $\mathbb{N} \neq \emptyset$.
R_6 *ist nicht transitiv:* es ist $(\mathbb{N}, \emptyset) \in R_6 \wedge (\emptyset, \mathbb{N}) \in R_6$, aber $(\mathbb{N}, \mathbb{N}) \notin R_6$.

$R_{16} = \{(x, y) \in \mathbb{R} \times \mathbb{R} \;/\; x \cdot y > 0 \vee x = y\}$

R_{16} *ist reflexiv*, denn nach Definition ist $(x, x) \in R_{16} \quad \forall x \in \mathbb{R}$.
Wegen der Reflexivität ist R_{16} *nicht irreflexiv.*
R_{16} *ist symmetrisch:* $xy > 0 \vee x = y \Rightarrow yx > 0 \vee y = x$.
R_{16} *ist nicht antisymmetrisch*, denn beispielsweise ist $(3, 4) \in R_{16} \wedge (4, 3) \in R_{16}$, aber $3 \neq 4$.
R_{16} *ist transitiv:* $(x, y) \in R_{16} \wedge (y, z) \in R_{16}$
$\Rightarrow (xy > 0 \vee x = y) \wedge (yz > 0 \vee y = z)$
$$\Rightarrow (xy > 0 \wedge yz > 0) \vee \underbrace{(xy > 0 \wedge y = z)}_{xz > 0,\ (x,z) \in R_{16}} \vee \underbrace{(x = y \wedge yz > 0)}_{xz > 0,\ (x,z) \in R_{16}} \vee \underbrace{(x = y \wedge y = z)}_{x = z,\ (x,z) \in R_{16}}$$

Zu zeigen bleibt, daß auch im 1.Fall $(x, z) \in R_{16}$ gilt:
Aus $xy > 0$ folgt, daß x und y gleiche Vorzeichen haben, und aus $yz > 0$ folgt, daß auch y und z gleiche Vorzeichen haben. Also haben x, z gleiche Vorzeichen, und damit ist $xz > 0$.

Es ist $(x, z) \in R_{16}$ in jedem der vier möglichen Fälle, R_{16} also transitiv.
In der Tabelle sind die Eigenschaften der Relationen R_2 bis R_{17} aus Beispiel 1 angegeben. Die in der Tabelle fett gedruckten Eigenschaften sollen Sie beweisen.

	R_2	R_3	R_4	R_5	R_6	R_7	R_8	R_9
reflexiv	*ja*	*ja*	*ja*	*nein*	*nein*	*ja*	*ja*	*ja*
irreflexiv	*nein*	*nein*	*nein*	*ja*	*nein*	*nein*	*nein*	*nein*
symmetrisch	*ja*	*ja*	*nein*	*nein*	*ja*	*nein*	*ja*	*ja*
antisymmetrisch	*nein*	*nein*	*ja*	*ja*	*nein*	**ja**	**nein**	*ja*
transitiv	*ja*	**nein**	*ja*	*ja*	*nein*	*ja*	*ja*	*ja*

	R_{10}	R_{11}	R_{12}	R_{13}	R_{14}	R_{15}	R_{16}	R_{17}
reflexiv	*nein*	*ja*	*ja*	*ja*	*nein*	*nein*	*ja*	*ja*
irreflexiv	*ja*	*nein*	*nein*	*nein*	**ja**	**nein**	*nein*	*nein*
symmetrisch	*ja*	*ja*	*ja*	*nein*	*nein*	**nein**	*ja*	*ja*
antisymmetrisch	*nein*	*nein*	*ja*	*ja*	*ja*	**ja**	*nein*	*nein*
transitiv	**nein**	*ja*	*ja*	*ja*	*ja*	**nein**	*ja*	*ja*

Die Antisymmetrie der Relation R_5 ist ist möglicherweise nicht sofort einsichtig. Sie bedeutet, daß die Implikation

$$A \subset B \land B \subset A \Rightarrow A = B$$

stets wahr ist. Dies ist der Fall, da die Prämisse $A \subset B \land B \subset A$ immer falsch ist.

Aus dem gleichen Grund ist auch die größer-Relation R_{14} antisymmetrisch, ebenso wie die kleiner-Relation in jeder Menge reeller Zahlen. ♣

Die Eigenschaften einer Relation hängt nicht nur von der Paarmenge ab, sondern auch von der Menge A, in der sie definiert ist. Beispielsweise ist $\{(1,1),(2,2),(3,3)\}$ als Relation in $\{1,2,3\}$ reflexiv, aber als Relation in $\mathbb{N}$ nicht reflexiv, obwohl es sich um dieselbe Paarmenge handelt.
Wir betrachten zwei Relationen als *gleich*, wenn sie in derselben Menge A definiert sind und die Paarmengen gleich sind.

Übung 2:

Untersuchen Sie die Relationen hinsichtlich Reflexivität, Irreflexivität, Symmetrie, Antisymmetrie und Transitivität.

$R_1 = \{(x,y) \in \mathbb{N} \times \mathbb{N} \ / \ 2|x \ \lor \ 2 \not| y\}$
$R_2 = \{(x,y) \in \mathbb{N} \times \mathbb{N} \ / \ 2|x \ \land \ 2|y \ \land \ x^4 = y^4\}$
$R_3 = \{(x,y) \in \mathbb{Z} \times \mathbb{Z} \ / \ 2|(x-2y)\}$
$R_4 = \{(x,y) \in \mathbb{Z} \times \mathbb{Z} \ / \ x = y \ \lor \ x+y = 11 \ \lor \ x+y = -11\}$
$R_5 = \{(x,y) \in \mathbb{R} \times \mathbb{R} \ / \ |x-y| \leq 1\}$
$R_6 = \{(x,y) \in \mathbb{R} \times \mathbb{R} \ / \ |x-y| \leq min(|x|,|y|)\}$
$R_7 = \{(x,y) \in \mathbb{R} \setminus \{0\} \times \mathbb{R} \setminus \{0\} \ / \ |x| = |y| \ \lor \ (x-1)(y-1) > 0\}$
$R_8 = \{(x,y) \in \mathbb{R} \times \mathbb{R} \ / \ \sin x = \sin(\pi + y)\}$ ♠

Übung 3:

a) Nennen Sie für jeden der 6 möglichen Fälle eine nichtleere Relation in einer Menge A, die zwei der Eigenschaften

reflexiv, symmetrisch, antisymmetrisch, transitiv

hat und die beiden anderen Eigenschaften nicht. Weisen Sie alle vier Eigenschaften nach. Beweisen Sie, wenn eine Kombination von Eigenschaften nicht möglich ist.

b) Finden Sie ein Beispiel für eine Relation R, $R \neq \emptyset$, in einer Menge A, so daß gilt

$$(x,y) \in R \land (y,z) \in R \Rightarrow (x,z) \notin R.$$

Hinweis: Von Relationen, die durch eine Relationstafel gegeben sind, lassen sich die Eigenschaften leicht an der Tafel ablesen. (Wie ?) Daher kann man umgekehrt Relationen mit gewünschten Eigenschaften durch eine Relationstafel definieren. ♠

Da Relationen Mengen sind, existiert zu jeder Relation R die Komplementärmenge (Definition I.23). Sie ist ebenfalls eine Relation und wird als *Komplementärrelation* $\overline{R}$ bezeichnet.

Definition II.3:

R sei eine Relation in der Menge A. $\overline{R}$ sei die Komplementärmenge von R bezüglich $A \times A$,

$$\overline{R} = \{(x,y) \in A \times A \; / \; (x,y) \notin R\}.$$

Dann heißt $\overline{R}$ die **Komplementärrelation** von R in A.

Beispiel 4:

a) Die Komplementärrelation zur Teilbarkeitsrelation in $\mathbb{N}$ wird durch die Aussageform '$x \nmid y$' beschrieben.

b) Von der $\leq$-Relation in einer Menge reeller Zahlen ist die Komplementärrelation die $>$-Relation.

c) Die Komplementärrelationen von
$R_1 = \{(x,y) \in \mathbb{R} \times \mathbb{R} \; / \; x \cdot y > 0 \vee x = y\}$ und
$R_2 = \{(x,y) \in \mathbb{R} \times \mathbb{R} \; / \; x + y \geq 3 \wedge 2x - 3y \leq 12\}$ sind
$\overline{R_1} = \{(x,y) \in \mathbb{R} \times \mathbb{R} \; / \; x \cdot y \leq 0 \wedge x \neq y\}$ und
$\overline{R_2} = \{(x,y) \in \mathbb{R} \times \mathbb{R} \; / \; x + y < 3 \vee 2x - 3y > 12\}$.
Dies erhält man durch Anwendung der Regeln von de Morgan.

♣

Übung 4:

Stellen Sie die Graphen der Komplementärrelationen von R_1, R_2, R_3 in einem kartesischen Koordinatensystem dar.

$R_1 = \{(x,y) \in \mathbb{R} \times \mathbb{R} \; / \; |x| \neq |y|\}$
$R_2 = \{(x,y) \in \mathbb{R} \times \mathbb{R} \; / \; y < x^2 - 2x \vee x^2 + y^2 > 16\}$
$R_3 = \{(x,y) \in \mathbb{R} \times \mathbb{R} \; / \; 25y \neq x^3 \wedge (y \geq \frac{1}{5}x + 4 \vee 5y - x \leq -20)\}$ ♠

In welchem Zusammenhang die verschiedenen Eigenschaften von Relationen und deren Komplementärrelationen stehen, beschreibt der folgende Satz.

Satz II.4:

Ist R eine Relation in einer Menge A, so gilt:

(1) R ist reflexiv $\Leftrightarrow$ $\overline{R}$ ist irreflexiv.

(2) R ist symmetrisch $\Leftrightarrow$ $\overline{R}$ ist symmetrisch.

(3) Ist R antisymmetrisch (transitiv), so muß $\overline{R}$ nicht antisymmetrisch (nicht transitiv) sein.

Beweis: (1): Bezeichnet G die Gleichheitsrelation in A, so bedeutet Reflexivität $G \subseteq R$. Dann ist $G \cap \overline{R} = \emptyset$ und daher $\overline{R}$ irreflexiv und umgekehrt.

(2): Sei $(x,y) \in \overline{R} \Rightarrow (y,x) \in R \Rightarrow (x,y) \in R$ (Symmetrie von R)
$\Rightarrow (y,x) \in \overline{R} \Rightarrow \overline{R}$ ist symmetrisch.

(3): Die Teilbarkeitsrelation in $\mathbb{N}$ ist antisymmetrisch, die Komplementärrelation dagegen nicht, denn es ist $7 \nmid 8 \wedge 8 \nmid 7$, aber $7 \neq 8$.
Andererseits ist die $\leq$-Relation ein Beispiel dafür, daß sowohl R als auch $\overline{R}$ antisymmetrisch sind. ■

Übung 5:

Zeigen Sie anhand von Beispielen, daß die Komplementärrelation einer transitiven Relation transitiv sein kann, aber nicht transitiv sein muß. ♠

Vertauscht man bei allen Paaren der Relation

$$R = \{(x,y) \in \mathbb{N} \times \mathbb{N} \;/\; x|y\}$$

die Komponenten, so erhält man die Relation

$$R' = \{(y,x) \in \mathbb{N} \times \mathbb{N} \;/\; x|y\} = \{(x,y) \in \mathbb{N} \times \mathbb{N} \;/\; x \text{ ist Vielfaches von } y\}$$

und nennt sie *Umkehrrelation* von R.

Definition II.5:

Ist R eine Relation in einer Menge A, dann heißt die Relation R' in A, definiert durch

$$R' = \{(y,x) \in A \times A \;/\; (x,y) \in R\},$$

die **Umkehrrelation** von R in A.

Beispiel 5:

a) Die Umkehrrelation der $\leq$ –Relation in einer Menge reeller Zahlen ist die $\geq$ –Relation.

b) Wir betrachten die Relationen aus Beispiel 4c):
Für $R_1 = \{(x,y) \in \mathbb{R} \times \mathbb{R} \;/\; x \cdot y > 0 \vee x = y\}$ gilt $R_1{}' = R_1$.
Die Umkehrrelation von $R_2 = \{(x,y) \in \mathbb{R} \times \mathbb{R} \;/\; x + y \geq 3 \wedge 2x - 3y \leq 12\}$ ist $R_2{}' = \{(x,y) \in \mathbb{R} \times \mathbb{R} \;/\; x + y \geq 3 \wedge 2y - 3x \leq 12\}$.

♣

Bemerkungen:

1. Ist eine Relation R in einer endlichen Menge durch ein Relationsdiagramm gegeben, so erhält man das Relationsdiagramm von R' durch Umkehren der Pfeilrichtungen im Relationsdiagramm von R.

   Die Relationstafel von R' erhält man aus der von R durch „Spiegeln "an der Hauptdiagonalen.

2. Die Symmetrie und die Antisymmetrie einer Relation R in einer Menge A lassen sich mit Hilfe der Umkehrrelation R' und der Gleichheitsrelation G in A wie folgt formulieren:
   (1) R ist symmetrisch $\Leftrightarrow\ R' = R$.
   (2) R ist antisymmetrisch $\Leftrightarrow\ R \cap R' \subseteq G$.

   (1) folgt aus:
   R ist symmetrisch $\Leftrightarrow\ [(a,b) \in R \Leftrightarrow (b,a) \in R]$
   $\Leftrightarrow\ [(a,b) \in R \Leftrightarrow (a,b) \in R'] \ \Leftrightarrow\ R = R'$.
   Bei (2) ist die Beweisrichtung $'\Leftarrow'$: klar und $'\Rightarrow'$: ergibt sich aus:
   $(x,y) \in R\cap R' \Rightarrow (x,y) \in R \wedge (x,y) \in R' \Rightarrow (x,y) \in R \wedge (y,x) \in R \Rightarrow x = y$.

3. Zwischen der Umkehr- und der Komplementärrelation einer Relation R in einer Menge A besteht der Zusammenhang $\overline{R}' = \overline{R'}$, denn es gilt:

$$\begin{aligned}
\overline{R'} &= A \times A \setminus R' \\
&= A \times A \setminus \{(x,y) \in A \times A \ / \ (y,x) \in R\} \\
&= \{(x,y) \in A \times A \ / \ (y,x) \notin R\} \\
&= \{(y,x) \in A \times A \ / \ (y,x) \notin R\}' \\
&= \overline{R}'.
\end{aligned}$$

Übung 6:

Zeigen Sie: Ist R eine Relation in einer Menge A mit einer der Eigenschaften *reflexiv, irreflexiv, antisymmetrisch, transitiv,* dann hat auch die Umkehrrelation R' diese Eigenschaften.

♠

Übung 7:

Es seien $R = \{(x,y) \in \mathbb{N} \times \mathbb{N} \ / \ x|y\}$,
$S = \{(x,y) \in \mathbb{N} \times \mathbb{N} \ / \ Q(x) = Q(y)\}$,
$T = \{(x,y) \in \mathbb{N} \times \mathbb{N} \ / \ x \leq y\}$.

$Q(x)$ bedeutet Quersumme von x. Bestimmen Sie je 3 Elemente aus
$(R\cup S)\setminus(S'\cup R')$, $(\overline{S\cap T})\setminus(\overline{R}\cap\overline{S})$, $(S\cap T)'\setminus(R\cap\overline{S})'$, $(\overline{S'\cap R'})\setminus(R'\cup T')$.

♠

Lösungen und Lösungshinweise zu den Übungen

Ü 1: a) Anzahl der Relationen in $A = |\mathcal{P}(A \times A)| = 2^4 = 16$.
b) Es gibt 4 reflexive und 4 irreflexive Relationen in A. Reflexiv sind:
$R_1 = \{(a,a),(b,b)\}$, $R_2 = \{(a,a),(b,b),(a,b)\}$, $R_3 = \{(a,a),(b,b),(b,a)\}$,
$R_4 = A \times A$. Weder reflexiv, noch irreflexiv sind 8 Relationen.
c) $(a,a) \in R$ wurde nicht *für alle* $a \in A$ gezeigt, sondern nur für diejenigen $a \in A$, zu denen ein $b \in A$ existiert, so daß $(a,b) \in R$ gilt.
d) $R = \{(x,y) \in \mathbb{N} \times \mathbb{N} \ / \ 2 \mid x \ \wedge \ 2 \mid y\}$.
Ü 2: R_1 ist refl. , nicht irrefl. , nicht symm. , nicht antisymm. , trans. .
R_2 ist nicht refl. , nicht irrefl. , symm. , antisymm. , trans. .

R_3 ist nicht refl. , nicht irrefl. , nicht symm. , nicht antisymm. , trans. .
R_4 bis R_7 sind alle refl. , nicht irrefl. , symm. , nicht antisymm. , nicht trans. .
R_8 ist nicht refl. , nicht irrefl. , symm. , nicht antisymm. , nicht trans. .

Ü 3: a)

	refl.	*symm.*	*antis.*	*trans.*
R_5 aus Übung 2	*ja*	*ja*	*nein*	*nein*
$A = \{1,2,3\}$, $R = \{(1,1),(2,2),(3,3),(1,2),(2,3)\}$	*ja*	*nein*	*ja*	*nein*
Teilbarkeitsrelation in $\mathbb{Z}$	*ja*	*nein*	*nein*	*ja*
existiert nicht; siehe unten (1)	*nein*	*ja*	*ja*	*nein*
R aus Übung 1d)	*nein*	*ja*	*nein*	*ja*
kleiner-Relation in $\mathbb{N}$	*nein*	*nein*	*ja*	*ja*

zu (1): R sei Relation in A, $R \neq \emptyset \Rightarrow \exists\,(a,b) \in R \Rightarrow (b,a) \in R$ (Symmetrie) $\Rightarrow$ $a = b$ (Antisymm.) $\Rightarrow R \subseteq \{(a,a) \mid a \in A\} \Rightarrow R$ ist transitiv; die Bedingungen sind nicht erfüllbar.

b) $A = \{1,2,3\}$, $R = \{(1,2),(2,3)\}$ (vgl. a)).

Ü 4: R_1: Der Graph besteht aus den beiden Winkelhalbierenden im Koordinatensystem. Es ist $\overline{R_2} = \{(x,y) \in \mathbb{R} \times \mathbb{R} \mid y \geq (x-1)^2 - 1 \wedge x^2 + y^2 \leq 16\}$,
$\overline{R_3} = \{(x,y) \in \mathbb{R} \times \mathbb{R} \mid y = \frac{1}{25}x^3 \vee (y < \frac{1}{5}x + 4 \wedge y > \frac{1}{5}x - 4)\}$. Zum Graphen von $\overline{R_3}$ gehören auch die Punkte *auf* der kubischen Parabel.

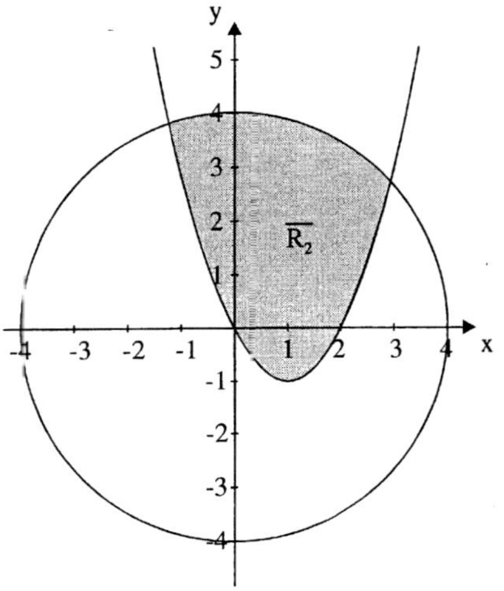

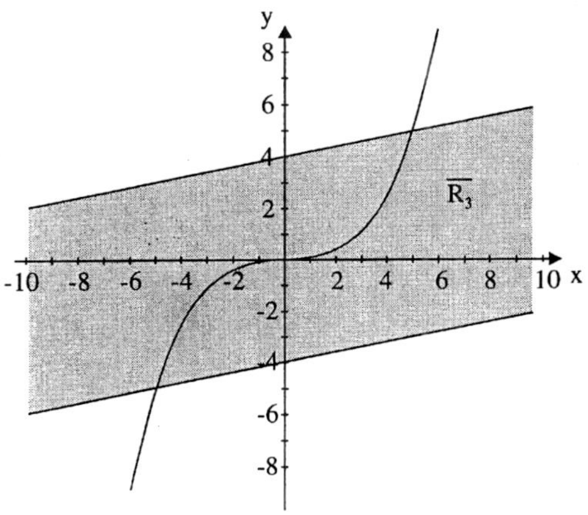

Ü 5: Kleiner-Relation in $\mathbb{N}$: Komplementärrelation '$\geq$' ist transitiv.
Teilbarkeisrelation in $\mathbb{N}$: Komplementärrelation ist nicht transitiv.

Ü 7: Die Paare (x,y) müssen der Reihe nach die folgenden Eigenschaften erfüllen:
(1) $x|y \wedge y \nmid x \wedge Q(x) \neq Q(y)$ (2) $(Q(x) \neq Q(y) \vee x > y) \wedge (x|y \vee Q(x) = Q(y))$
(3) $Q(x) = Q(y) \wedge y \leq x \wedge x \nmid y$ (4) $y \nmid x \wedge y > x$.

II.2 Äquivalenzrelationen

Eine Äquivalenzrelation in einer Menge A führt zu einer Zerlegung von A (vgl. Definition I.18). Man begegnet Äquivalenzrelationen, ebenso wie Zerlegungen, häufig in allen Bereichen der Mathematik, hier unter anderem bei der Behandlung der Gleichmächtigkeit von Mengen, was zum Kardinalzahlbegriff führt, bei der Lösung kombinatorischer Fragestellungen durch systematisches Zählen und auch in der Algebra, insbesondere bei den schulrelevanten Zahlbereichserweiterungen.

Definition II.6:

Eine Relation R in einer Menge A , die

reflexiv, symmetrisch und *transitiv*

ist, heißt **Äquivalenzrelation** in A.

Beispiel 6:

Von den Relationen in Beispiel 1 sind Äquivalenzrelationen:

$R_2 = \{g_1, g_2) \in \mathcal{G} \times \mathcal{G} \ / \ g_1 \text{ ist parallel zu } g_2\}$

$R_8 = \{(x,y) \in \mathbb{N} \times \mathbb{N} \ / \ Q(x) = Q(y)\}$ $\qquad (Q(x) = \text{Quersumme von } x)$

$R_9 = \{(x,y) \in \mathbb{N} \times \mathbb{N} \ / \ x - y = y - x\} = \{(x,x) \in \mathbb{N} \times \mathbb{N} \ / \ x \in \mathbb{N}\}$
(Gleichheitsrelation in $\mathbb{N}$)

$R_{11} = \{(x,y) \in \mathbb{N} \times \mathbb{N} \ / \ S(x) = S(y)\}$ $\qquad (S(x) = \text{Stellenzahl von } x)$

$R_{12} = \{(x,y) \in \mathbb{R} \times \mathbb{R} \ / \ x = y\}$ (Gleichheitsrelation in $\mathbb{R}$)

$R_{16} = \{(x,y) \in \mathbb{R} \times \mathbb{R} \ / \ x \cdot y > 0 \lor x = y\}$

$R_{17} = \{(x,y) \in \mathbb{R} \times \mathbb{R} \ / \ x + y = y + x\} = \mathbb{R} \times \mathbb{R}$

Die Reflexivität, Symmetrie und Transitivität dieser Relationen sind leicht nachprüfbar, die Eigenschaften von R_{16} wurden in Beispiel 3 untersucht. ♣

In jeder Menge A sind die triviale Relation $A \times A$ und die Gleichheitsrelation $G = \{(x,x) \in A \times A \ / \ x \in A\}$ Äquivalenzrelationen. Wegen der Reflexivität gilt für alle Äquivalenzrelationen R in A: $G \subseteq R$.
Für Äquivalenzrelationen wird oft das Symbol $'\sim'$ verwendet. Stehen a, b in Relation zueinander, schreibt man dann $'a \sim b'$ und sagt *'a ist äquivalent zu b'*.

Definition II.7:

Ist A eine nichtleere Menge, $\sim$ eine Äquivalenzrelation in A und $a \in A$, dann heißt

$$\overline{a} = \{x \in A \ / \ x \sim a\}$$

die **Äquivalenzklasse von a** bezüglich der Äquivalenzrelation $\sim$ in A.

Jedes Element $x \in \overline{a}$ heißt ein **Repräsentant** oder **Vertreter** der Äquivalenzklasse $\overline{a}$.

Während eine Relation $\sim$ Teilmenge von $A \times A$ ist, sind die Äquivalenzklassen Teilmengen von A. Eine oftmals verwendete Schreibweise für die Äquivalenzklasse von a ist $[a]$ anstelle von $\overline{a}$.

Welche Eigenschaften haben die Äquivalenzklassen einer Äquivalenzrelation $\sim$ in A?

Es ist

$$(1) \qquad \overline{a} \neq \emptyset \qquad \forall a \in A,$$

denn wegen der Reflexivität ist $a \sim a$ und somit $a \in \overline{a}$.

Weiterhin gilt

$$(2) \qquad \overline{a} = \overline{b} \quad \Leftrightarrow \quad a \sim b,$$

denn ist einerseits $\overline{a} = \overline{b}$, so ist wegen $a \in \overline{a}$ auch $a \in \overline{b}$ und daher $a \sim b$.
Ist andererseits $a \sim b$ und $x \in \overline{a}$, also $x \sim a$, so ist wegen der Transitivität auch $x \sim b$, also $x \in \overline{b}$; damit ist $\overline{a} \subseteq \overline{b}$ gezeigt. Ebenso folgt $\overline{b} \subseteq \overline{a}$, d.h. $\overline{a} = \overline{b}$.

Ferner ist

$$(3) \qquad \overline{a} \cap \overline{b} = \emptyset \text{ für } a \not\sim b \qquad (\text{also für } \overline{a} \neq \overline{b}),$$

denn wäre $x \in \overline{a} \cap \overline{b}$, also $x \sim a \wedge x \sim b$, so wäre wegen der Symmetrie auch $a \sim x \wedge x \sim b$, wegen der Transitivität also $a \sim b$, im Widerspruch zur Voraussetzung.

Schließlich gilt

$$(4) \qquad \bigcup_{a \in A} \overline{a} = A,$$

d.h. die Vereinigung aller Äquivalenzklassen ergibt A:
Wegen (1) gehört jedes Element von A mindestens einer Äquivalenzklasse an, wegen (3) sogar *genau einer* Äquivalenzklasse.

(1), (3) und (4) besagen, daß jede Äquivalenzrelation in einer Menge eine Zerlegung dieser Menge definiert.

Liegt umgekehrt eine Zerlegung der Menge A in nichtleere Teilmengen A_i vor, so läßt sich mit dieser Zerlegung eine Äquivalenzrelation in A wie folgt definieren. Dabei ist die Definition der Äquivalenzrelation unabhängig davon, ob A in endlich oder unendlich viele Teilmengen zerlegt ist.
Ist beispielsweise

$$A = \bigcup_{i=1}^{k} A_i \quad \text{mit} \quad A_i \cap A_j = \emptyset \quad \text{für } i \neq j,$$

mit nichtleeren Teilmengen A_i, definiert man die Relation $\sim$ in A durch

$$a \sim b \quad \Leftrightarrow \quad \exists i \in \mathbb{N} : \quad a \in A_i \wedge b \in A_i.$$

Es ist $\sim$ eine Äquivalenzrelation in A. Denn für jedes $a \in A$ existiert genau ein $i \in \mathbb{N}$ mit $a \in A_i$, also ist $a \sim a \ \forall a \in A$. Symmetrie und Transitivität der

Relation $\sim$ in A sind direkt ersichtlich.

Insgesamt haben wir damit bewiesen, daß eine *Zerlegung* einer Menge A und eine *Äquivalenzrelation* in A begrifflich äquivalent sind im Sinne des folgenden Satzes.

Satz II.8:

> Jede Äquivalenzrelation $\sim$ in einer Menge A definiert eine Zerlegung von A in die Teilmengen $\overline{a}$, $a \in A$.
> Umgekehrt definiert jede Zerlegung von A eine Äquivalenzrelation in A.

Beispiel 7:

a) Fragen wir zunächst nach den Äquivalenzklassen der Relationen in Beispiel 6:

$R_2 = \{g_1, g_2) \in \mathcal{G} \times \mathcal{G} \; / \; g_1 \text{ ist parallel zu } g_2\}$:
Eine Klasse bilden alle zueinander parallelen Geraden. Die Klassen werden *Parallelenscharen* genannt.

$R_8 = \{(x, y) \in \mathbb{N} \times \mathbb{N} \; / \; Q(x) = Q(y)\}$:
Beispielsweise ist $\overline{1} = \{1, 10, 100, \ldots\} = \{10^i \; / \; i \in \mathbb{N}_0\}$,
$\overline{3} = \{3, 12, 21, 30, 111, 102, 120, \ldots\} = \overline{12} = \overline{100101} = \ldots$
Es gibt unendlich viele Äquivalenzklassen, jede Klasse mit unendlich vielen Elementen.

Bei der Gleichheitsrelation in einer Menge A (z.B. R_9, R_{12}) bildet jedes Element eine einelementige Äquivalenzklasse.
Dagegen gehört zur trivialen Relation $A \times A$ in einer Menge A (z.B. R_{17}) nur eine Äquivalenzklasse, nämlich A selbst.

Was sind die Äquivalenzklassen der Äquivalenzrelation

$$R_{16} = \{(x, y) \in \mathbb{R} \times \mathbb{R} \; / \; x \cdot y > 0 \; \vee \; x = y\} \; ?$$

Für jede *positive* reelle Zahl a gilt $x \sim a$ genau dann, wenn x ebenfalls positiv ist, also bilden *alle positiven reellen Zahlen* eine Äquivalenzklasse:

$$\overline{a} = \mathbb{R}^+ \qquad \forall a \in \mathbb{R}^+$$

Für $b \in \mathbb{R}$, $b < 0$ ist genau dann $x \sim b$, wenn $x < 0$ gilt, also:

$$\overline{b} = \mathbb{R}^- \qquad \forall b \in \mathbb{R}^-.$$

Damit sind bereits alle reellen Zahlen außer 0 in einer Äquivalenzklasse enthalten und es ist $\overline{0} = \{0\}$.
Die Relation R_{16} hat 3 Äquivalenzklassen, die positiven reellen Zahlen, die negativen reellen Zahlen und die einelementige Klasse $\{0\}$, so daß R_{16} in $\mathbb{R}$ die Zerlegung induziert:

$$\mathbb{R} = \mathbb{R}^+ \cup \mathbb{R}^- \cup \{0\}.$$

Bestimmen Sie die Klassen der Relation $R_{11} = \{(x, y) \in \mathbb{N} \times \mathbb{N} \; / \; S(x) = S(y)\}$.

b) In $\mathbb{N}_0 \times \mathbb{N}_0$ sei die Relation $\sim$ definiert durch

$$(a_1, a_2) \sim (b_1, b_2) \quad :\Leftrightarrow \quad a_1 + b_2 = a_2 + b_1.$$

Es ist $\sim$ eine Äquivalenzrelation:

Reflexivität: $a_1 + a_2 = a_2 + a_1 \qquad \forall\, (a_1, a_2) \in \mathbb{N}_0 \times \mathbb{N}_0$.

Symmetrie: $(a_1, a_2) \sim (b_1, b_2) \Rightarrow a_1 + b_2 = a_2 + b_1$
$\Rightarrow b_1 + a_2 = b_2 + a_1 \Rightarrow (b_1, b_2) \sim (a_1, a_2)$.

Transitivität: $(a_1, a_2) \sim (b_1, b_2) \wedge (b_1, b_2) \sim (c_1, c_2)$
$\Rightarrow a_1 + b_2 = a_2 + b_1 \wedge b_1 + c_2 = b_2 + c_1$
$\Rightarrow a_1 + c_2 + (b_1 + b_2) = a_2 + c_1 + (b_1 + b_2)$
$\Rightarrow a_1 + c_2 = a_2 + c_1 \Rightarrow (a_1, a_2) \sim (c_1, c_2)$.

Welche Paare natürlicher Zahlen bilden eine Äquivalenzklasse ?
Beispielsweise gilt $(7,1) \sim (15,9)$, $(8,8) \sim (19,19)$ oder $(0,11) \sim (11,22)$.

Die definierende Eigenschaft der Relation läßt sich umstellen und mit Hilfe von *Differenzen in* $\mathbb{Z}$ angeben durch

$$(a_1, a_2) \sim (b_1, b_2) \quad :\Leftrightarrow \quad a_1 - a_2 = b_1 - b_2.$$

Alle *„differenzengleiche Paare"* bilden jeweils eine Klasse. Es gibt unendlich viele Äquivalenzklassen; jede Klasse hat unendlich viele Elemente. So ist zum Beispiel

$$\overline{(0,1)} = \{(0,1), (1,2), (2,3), \ldots, (7,8), (8,9), \ldots, (k, k+1) \ldots\}.$$

Wenn man von $\mathbb{N}_0$ ausgehend die ganzen Zahlen $\mathbb{Z}$ aufbaut, verwendet man *diese* Äquivalenzrelation in $\mathbb{N}_0 \times \mathbb{N}_0$. Eine ganze Zahl ist definiert als eine Äquivalenzklasse von Paaren natürlicher Zahlen bezüglich dieser Relation $\sim$.

Die ganze Zahl -1 ist definiert als die Äquivalenzklasse $\overline{(0,1)}$.

In Band 2 wird diese Zahlbereichserweiterung ausführlich behandelt.

♣

Übung 8:

Zeigen Sie, daß es sich um Äquivalenzrelationen handelt und bestimmen Sie die Äquivalenzklassen. Sind es endlich oder unendlich viele Klassen ? Wieviele Elemente haben die einzelnen Klassen ?

$R_1 = \{(x,y) \in \mathbb{N} \times \mathbb{N} \;/\; x^2 - x = y^2 - y\}$

$R_2 = \{(x,y) \in \mathbb{Z} \times \mathbb{Z} \;/\; x = y \vee x + y = -4\}$

$R_3 = \{(x,y) \in \mathbb{R} \times \mathbb{R} \;/\; \cos x = \cos y\}$

$R_4 = \{(x,y) \in \mathbb{Z} \times \mathbb{Z} \;/\; |x| = |y| \vee (x^2 - 16)(y^2 - 16) > 0\}$

$R_5 = \{(x,y) \in \mathbb{N} \times \mathbb{N} \;/\; \exists k \in \mathbb{N}_0 : 2^k \mid x \wedge 2^k \mid y \wedge 2^{k+1} \nmid x \wedge 2^{k+1} \nmid y\}$ ♠

Übung 9:

Zeigen Sie, daß in $\mathbb{Z} \times \mathbb{Z} \setminus \{0\}$ durch

$$(a_1, a_2) \sim (b_1, b_2) \quad :\Leftrightarrow \quad a_1 \cdot b_2 = a_2 \cdot b_1$$

eine Äquivalenzrelation definiert ist.
Welche Paare ganzer Zahlen bilden eine Äquivalenzklasse ? Geben Sie jeweils 5 zu (1, 3), (16, 10), (−6, 4), (−22, −121) bzw. (0, −713) äquivalente Zahlenpaare an. ♠

Die Zahlbereichserweiterung von den ganzen Zahlen $\mathbb{Z}$ zu den rationalen Zahlen $\mathbb{Q}$ verläuft nach demselben Prinzip wie die von den natürlichen Zahlen zu den ganzen Zahlen (Beispiel 7). Eine rationale Zahl (*Bruchzahl*) ist definiert als eine Äquivalenzklasse von Paaren aus $\mathbb{Z} \times \mathbb{Z} \setminus \{0\}$ bezüglich der Relation $\sim$ in Übung 9. Die definierende Eigenschaft der Relation $\sim$ läßt sich mit Hilfe von *Quotienten in* $\mathbb{Q}$ angeben:

$$(a_1, a_2) \sim (b_1, b_2) \quad :\Leftrightarrow \quad \frac{a_1}{a_2} = \frac{b_1}{b_2}.$$

Alle *„quotientengleichen Paare"* bilden jeweils eine Klasse. Die Bruchzahl $\frac{1}{2}$ ist definiert als die Äquivalenzklasse

$$\overline{(1,2)} = \{(1,2), (-1,-2), (2,4), (-2,-4), (3,6), (-3,-6), \ldots, (k, 2k), \ldots\}.$$

Auch hiermit werden wir uns in Band 2 ausführlich auseinandersetzen.

Analog zu den erwähnten Zahlbereichserweiterungen ist die Situation in der Vektorrechnung: Ein *Pfeil* in einer Ebene (oder im Raum) ist gekennzeichnet durch seine Länge und seine Richtung. Bezeichnet man zwei Pfeile als äquivalent, wenn sie gleichlang und gleichgerichtet sind, wird dadurch die Menge aller Pfeile in paarweise disjunkte *Pfeilklassen* zerlegt. Die Pfeilklassen heißen *Vektoren* der Ebene. Ein Vektor ist also eine Klasse aller gleichlangen, gleichgerichteten Pfeile der Ebene. Jeder einzelne *Pfeil* ist ein *Vertreter des Vektors.* Üblicherweise bezeichnet man sowohl die Vektoren (Pfeilklassen) wie auch ihre Vertreter (Pfeile) mit demselben Symbol, z.B. $\vec{a}$ (Abb. 2.3).

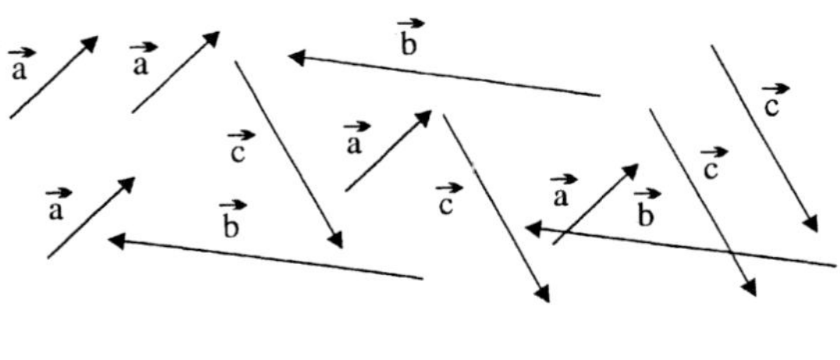

Abb. 2.3

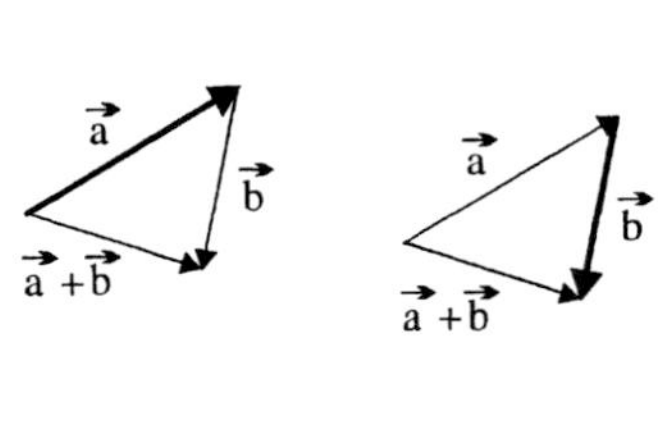

Abb. 2.4

Bei der Vektoraddition erfolgt die Addition mit Pfeilen, also mit Vertretern statt mit Klassen, und dabei ist manchmal notwendig, spezielle Vertreter zu wählen. Um beispielsweise die Vektoren $\vec{a}$ und $\vec{b}$, gegeben durch die in der Abb. 2.4 fett gezeichneten Pfeile, zu addieren, wählt man den Vertreter (Pfeil) von $\vec{a}$, dessen Spitze im Anfangspunkt von $\vec{b}$ liegt und erhält einen Vertreter (Pfeil) von $\vec{a} + \vec{b}$. Zu einem anderen Vertreter von $\vec{a}+\vec{b}$ gelangt man, wenn man den Vertreter von $\vec{b}$ wählt, dessen Anfangspunkt im Endpunkt von $\vec{a}$ liegt.

Äquivalenzrelation in einer Menge A und Zerlegung von A sind begrifflich äquivalent im Sinne des Satzes II.8. Daher läßt sich eine Äquivalenzrelation durch eine definierende Eigenschaft oder auch durch eine Klasseneinteilung von A beschreiben. Dies ist für die Lösung der folgenden Übung hilfreich.

Übung 10:

a) Wieviele Äquivalenzrelationen gibt es in $A = \{1, 2, 3, 4, 5, 6\}$ mit
(i) genau 5 (ii) genau 4 (iii) genau 7 (vi) genau 6 (v) genau 2
Äquivalenzklassen ?

b) Bestimmen Sie die Anzahl der Äquivalenzrelationen in A, bei denen die Äquivalenzklassen aus gleich vielen Elementen bestehen.

c) Geben Sie in $A = \{x \in \mathbb{N} \;/\; 1 \leq x \leq 9\}$ eine Äquivalenzrelation an, die aus genau zwei Äquivalenzklassen besteht, wobei eine Äquivalenzklasse doppelt so viele Elemente wie die andere enthält.
Wieviele derartige Äquivalenzrelationen gibt es in A ?

♠

Lösungen und Lösungshinweise zu den Übungen

Ü 8: $R_1: \quad x^2 - x = y^2 - y \Leftrightarrow (x-y)(x+y) = x - y \Leftrightarrow x = y \vee x + y = 1.$
Für $x, y \in \mathbb{N}$ ist $x + y = 1$ nicht möglich, R_1 ist also die Gleichheitsrelation in $\mathbb{N}$.

R_2: Reflexivität und Symmetrie ergeben sich unmittelbar. Transitivität:
$(x,y) \in R_2 \wedge (y,z) \in R_2 \Rightarrow (x = y \vee x + y = -4) \wedge (y = z \vee y + z = -4) \Rightarrow$
$(x = y \wedge y = z) \vee (x = y \wedge y + z = -4) \vee (x + y = -4 \wedge y = z) \vee$
$(x + y = -4 \wedge y + z = -4) \Rightarrow (x = z) \vee (x + z = -4) \vee (x + z = -4) \vee (x = z).$
Äquivalenzklasse von $a \in \mathbb{Z}$ ist $\overline{a} = \{a, -a-4\}$: unendlich viele zweielementige Äquivalenzklassen.

R_3: Wegen $\cos x = \cos(2\pi k + x) \quad \forall k \in \mathbb{Z}$ und wegen $\cos x = \cos(2\pi - x)$ ist die Äquivalenzklasse von $x \in \mathbb{R}$: $\overline{x} = \{2\pi k + x \;/\; k \in \mathbb{Z}\} \cup \{2\pi k - x \;/\; k \in \mathbb{Z}\}$.

R_4: Transitiv.: $(|x| = |y| \vee (x^2-16)(y^2-16) > 0) \wedge (|y| = |z| \vee (y^2-16)(z^2-16) > 0)$
$\Rightarrow (|x| = |y| \wedge |y| = |z|) \vee (|x| = |y| \wedge (y^2-16)(z^2-16) > 0) \vee$
$((x^2-16)(y^2-16) > 0 \wedge |y| = |z|) \vee ((x^2-16)(y^2-16) > 0) \wedge (y^2-16)(z^2-16) > 0)$
$\Rightarrow (|x| = |z|) \vee ((x^2-16)(z^2-16) > 0) \vee ((x^2-16)(z^2-16) > 0)$
$\vee ((x^2-16)(z^2-16) > 0)$.
Äquivalenzklassen: $\mathbb{Z} = \{x \in \mathbb{Z} \;/\; -3 \leq x \leq 3\} \cup \{4, -4\} \cup \{x \in \mathbb{Z} \;/\; x \leq -5 \vee x \geq 5\}$.

R_5: Natürliche Zahlen x, y sind genau dann äquivalent, wenn ihre beiden Primfaktorzerlegungen die gleiche Zweierpotenz enthalten. Damit folgen direkt die Eigenschaften einer Äquivalenzrelation. Eine Äquivalenzklasse wird also von allen natürlichen

Zahlen mit derselben Zweierpotenz in der Primfaktorzerlegung gebildet.
Formal zeigt man z.B. die Transitivität: $(x,y) \in R_5 \wedge (y,z) \in R_5 \Rightarrow \exists x', y', z' \in \mathbb{N}$: $x = 2^k \cdot x' \wedge y = 2^k \cdot y' \wedge z = 2^k \cdot z' \wedge 2 \not| x' \wedge 2 \not| y' \wedge 2 \not| z' \Rightarrow (x,z) \in R_5$.

Ü 9: Transitivität:
$(a_1, a_2) \sim (b_1, b_2) \wedge (b_1, b_2) \sim (c_1, c_2) \Rightarrow a_1 \cdot b_2 = a_2 \cdot b_1 \wedge b_1 \cdot c_2 = b_2 \cdot c_1$
$\Rightarrow a_1 c_2 b_1 b_2 = a_2 c_1 b_1 b_2 \Rightarrow a_1 c_2 b_1 = a_2 c_1 b_1$ (wegen $b_2 \neq 0$).
1.Fall: $b_1 \neq 0 \Rightarrow a_1 c_2 = a_2 c_1$;
2.Fall: $b_1 = 0 \Rightarrow a_1 = 0 \wedge c_1 = 0$ (wegen $b_2 \neq 0$) $\Rightarrow a_1 c_2 = a_2 c_1$.
Äquivalent sind quotientengleiche Paare.

Ü 10: Eine Äquivalenzrelation ist nach Satz II.8 eindeutig durch die Angabe ihrer Äquivalenzklassen charakterisiert. Die Anzahl der Äquivalenzrelationen in A ist gleich der Anzahl der Zerlegungen von A.

a) (i) Eine Äquivalenzrelation in A mit 5 Äquivalenzklassen ist eine Zerlegung von A in 4 einelementige und eine zweielementige Teilmenge. Es gibt $\binom{6}{2} = 15$ derartige Zerlegungen, denn durch Festlegung der zweielementigen Klasse sind die einelementigen eindeutig bestimmt. ($\binom{6}{2}$ ist die Anzahl der Möglichkeiten, eine zweielementige Teilmenge aus A zu bilden.)

(ii) $\binom{6}{3} = 20$ ist die Anzahl der Äquivalenzrelationen mit einer dreielementigen und drei einelementigen Klassen.
$\frac{1}{2}\binom{6}{2} \cdot \binom{4}{2} = 45$ ist die Anzahl der Äquivalenzrelationen mit je zwei zweielementigen und einelementigen Klassen.
Es gibt insgesamt $\binom{6}{2} + \frac{1}{2}\binom{6}{2} \cdot \binom{4}{2} = 65$ derartige Äquivalenzrelationen.

(iii) Wegen $|A| = 6$ nicht möglich. (iv) Es gibt nur die Gleichheitsrelation.

(v) Die Klassen können 1 und 5 oder 2 und 4 oder beide 3 Elemente haben. Daraus ergeben sich $\binom{6}{1} + \binom{6}{2} + \frac{1}{2}\binom{6}{3} = 31$ Möglichkeiten.

b) Die Klassen können 1 oder 2 oder 3 oder 6 Elemente enthalten. Es gibt $1 + 15 + 10 + 1 = 27$ Möglichkeiten.

c) Es gibt $\binom{9}{3} = 84$ Äquivalenzrelationen mit einer dreielementigen und einer sechselementigen Klasse.

II.3 Ordnungsrelationen

Um in einem Lexikon ein bestimmtes Wort nachschlagen zu können, muß zwischen Autor und Leser eine stillschweigende Übereinkunft bestehen, wo dieses Wort im Lexikon eingeordnet ist. Die Übereinkunft besteht in der Kenntnis und Anwendung einer gewissen *Ordnungsrelation* (lexikographische Ordnung) in einer beliebigen Menge von Worten. Nach demselben Prinzip funktioniert das Nachschlagen einer Telefonnummer im Telefonbuch oder das Auffinden eines bestimmten Buches im Katalog einer Bibliothek oder die Verwendung einer beliebigen Kartei.
Es handelt sich hierbei um spezielle Ordnungsrelationen im Sinne der folgenden Definition.

Definition II.9:

Eine Relation R in einer Menge A , die

reflexiv, antisymmetrisch und *transitiv*

ist, heißt **Ordnungsrelation** (auch **Ordnung**) in A.

Beispiel 8:

a) Der „Prototyp“einer Ordnungsrelation in der Schulmathematik ist die *kleiner-gleich-Relation* $' \leq '$ in jeder Menge reeller Zahlen, die bereits im Mathematikunterricht der Grundschule vorkommt und später in Form des Zahlenstrahls eine bedeutsame Veranschaulichung und Rechenhilfe für die Schüler darstellt (R_{13} aus Beispiel 1). Auch das kartesische Koordinatensystem basiert auf dieser Ordnungsrelation.

b) Die *Teilbarkeitsrelation* $' \mid '$ ist in jeder Menge *natürlicher* Zahlen eine Ordnungsrelation (R_7 aus Beispiel 1). Für $\mathbb{N}$ ergibt sich das so:
Reflexivität: $x \mid x \quad \forall x \in \mathbb{N}$, denn es ist $x \cdot 1 = x \quad \forall x \in \mathbb{N}$.
Antisymmetrie: $x \mid y \wedge y \mid x \Rightarrow \exists a, b \in \mathbb{N}: \ x \cdot a = y \wedge y \cdot b = x \Rightarrow$
$x \cdot a \cdot b = x \Rightarrow a = b = 1$ (wegen $a, b, x \in \mathbb{N}$) $\Rightarrow x = y$.
Transitivität: $x \mid y \wedge y \mid z \Rightarrow \exists a, b \in \mathbb{N}: x \cdot a = y \wedge y \cdot b = z \Rightarrow x \cdot a \cdot b = z \Rightarrow$
$x \mid z$ (wegen $a \cdot b \in \mathbb{N}$).

c) Ist $\mathcal{M}$ eine Menge von Mengen (beispielsweise die Potenzmenge einer Menge A), dann ist die *Inklusionsrelation* $' \subseteq '$ eine Ordnungsrelation in $\mathcal{M}$ (R_4 aus Beispiel 1). Dabei ist die Antisymmetrie von $\subseteq$ die Definition der Gleichheit von Mengen:

$$A \subseteq B \wedge B \subseteq A \Rightarrow A = B.$$

d) Die *Gleichheitsrelation* ist in jeder Menge A eine Ordnungsrelation.

♣

Für Ordnungsrelationen verwenden wir in Anlehnung an die $\leq$ −Relation das Symbol $' \preceq '$. Stehen x, y in Relation zueinander, schreiben wir $x \preceq y$ und sagen *'x unter y'*.

Ordnungsrelationen in endlichen Mengen werden oft durch Graphen dargestellt. Diese Graphen sind vereinfachte Relationsdiagramme im Sinne der folgenden Vereinbarung:

1. Da jede Ordnungsrelation reflexiv ist, werden alle Schlingen (Pfeile von einem Element auf sich) weggelassen.

2. Weggelassen werden auch alle Pfeile, die sich aus der Transitivität der Ordnungsrelation ergeben

3. Ist schließlich $x \preceq y$, so wird y *oberhalb* von x gezeichnet und die Pfeilspitze weggelassen.

Ein derart vereinfachtes Relationsdiagramm einer Ordnungsrelation $\preceq$ in A heißt **Hasse-Diagramm** von $\preceq$.

In der Abb. 2.5 sind für die Teilermenge $T_{18} = \{1, 2, 3, 6, 9, 18\}$ bezüglich $|$ Relationsdiagramm und Hasse-Diagramm gegenübergestellt.

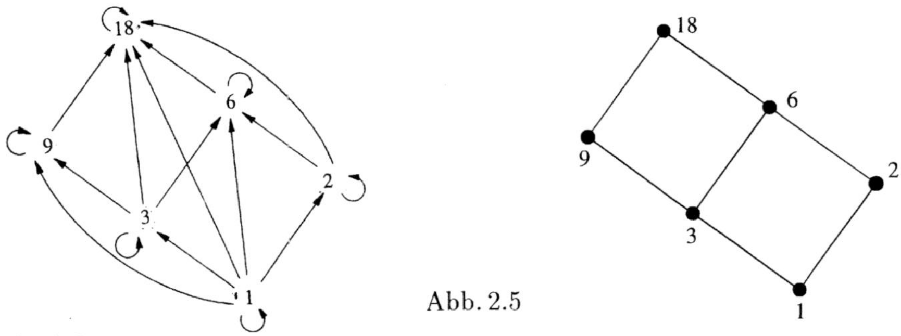

Abb. 2.5

Beispiel 9:

Die Abb. 2.6 zeigt drei Hasse-Diagramme von Ordnungsrelationen:
- Links das Diagramm einer lexikographischen Ordnung in einer Menge von Worten;
- in der Mitte das Hasse-Diagramm von $\mathcal{P}(\{1, 2, 3\})$ bezüglich $\subseteq$;
- rechts das Hasse-Diagramm der Teilbarkeitsrelation in $A = \{x \in \mathbb{N} \;/\; 1 \le x \le 10\}$.

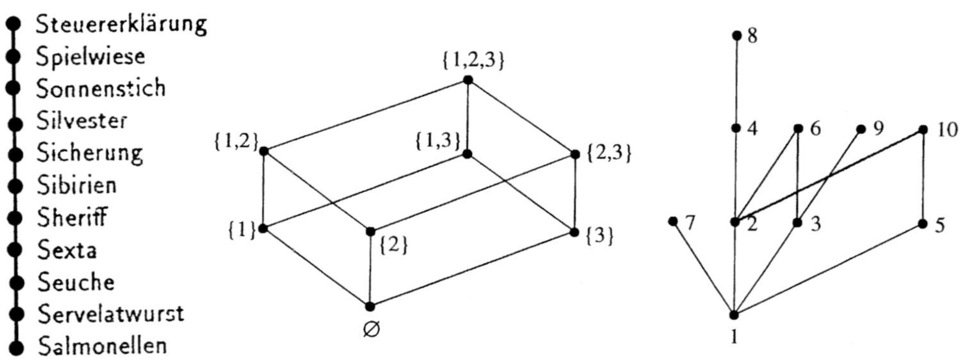

Abb. 2.6

♣

Übung 11:

a) Zeichnen Sie die Hasse-Diagramme.
   - Teilbarkeitsrelation in $T_{36} = \{1, 2, 3, 4, 6, 9, 12, 18, 36\}$.
   - Teilbarkeitsrelation in $A = \{x \in \mathbb{N} \;/\; 1 \le x \le 16\}$.
     (Sie können das Hasse-Diagramm aus Beispiel 9 ergänzen.)
   - Inklusionsrelation $\subseteq$ in $\mathcal{P}(\{1, 2, 3, 4\})$.

b) Welche Ordnungsrelation liegt dem Hasse-Diagramm in der Abbildung zugrunde ?

Abb. 2.7

♠

In $\mathbb{N}$ unterscheiden sich die Ordnungsrelationen $|$ und $\leq$ in einem wesentlichen Punkt:

Für beliebige $x, y \in \mathbb{N}$ gilt: $x \leq y \lor y \leq x$.

Dagegen gibt es $x, y \in \mathbb{N}$, z.B. $x = 2$, $y = 3$, so daß gilt $x \not| y \land y \not| x$.

Diese Eigenschaft der $\leq$-Relation wird in der folgenden Definition verallgemeinert.

Definition II.10:

Es sei $\preceq$ eine Ordnungsrelation in einer Menge A.

a) Elemente $x, y \in A$ heißen **vergleichbar** bezüglich $\preceq$, wenn gilt

$$x \preceq y \quad \lor \quad y \preceq x.$$

b) $\preceq$ heißt eine **lineare (totale, vollständige) Ordnungsrelation** in A, wenn je zwei beliebige Elemente aus A bezüglich $\preceq$ vergleichbar sind.

Die Vorüberlegung läßt sich damit so formulieren:
Die $\leq$ −Relation ist in jeder Menge reeller Zahlen linear und die Teilbarkeitsrelation in $\mathbb{N}$ ist nicht linear.

Die einfachste Form eines Hasse-Diagrammes ist die einer **Kette**, d.h. die Elemente sind auf einer (senkrecht stehenden) Strecke (wie bei der lexikografischen Ordnung in Beispiel 9), auf einer Halbgeraden (z.B. $\leq$ −Relation in $\mathbb{N}$) oder auf einer Geraden (z.B. $\leq$ −Relation in $\mathbb{R}$) angeordnet.

Aus Definition II.10 folgt unmittelbar, daß genau die Hasse-Diagramme der *linearen* Ordnungsrelationen Ketten sind.
Der **Zahlenstrahl** ist ein um 90° gedrehtes Hasse-Diagramm der $\leq$ −Relation in $\mathbb{R}$.

Lineare Ordnungsrelationen haben, wie im Falle der Lexika bereits gesehen, eine große praktische Bedeutung. Es ist in sehr vielen unterschiedlichen Bereichen und Situationen des täglichen Lebens notwendig, eine *Rangliste* herzustellen. Eine Rangliste ist aber nichts anderes als eine *lineare Ordnungsrelation.* Jede Bundesligatabelle ist eine solche Rangliste, ebenso die Startfolge der Rennläufer bei einer Skiweltcupabfahrt.
Der einfachste Weg, eine Rangliste zu erstellen, ist das Losverfahren, beispielsweise anwendbar bei der Festlegung der Startfolge zu einem sportlichen Wettkampf.
Für die Zuweisung von Studienplätzen an Studienbewerber in einem Numerus-Clausus-Fach ist dieses Verfahren nicht zu empfehlen. Hier sind sehr viele, teilweise unvergleichbare Voraussetzungen der Studienbewerber zu bewerten mit dem Ziel, am Ende zu einer eindeutigen Rangliste zu gelangen. Die „Gerechtigkeit“der hierbei zustande gekommenen linearen Ordnungsrelationen hat schon viele Gerichte beschäftigt.
Entsprechend problematisch ist die Erstellung von Ranglisten bei Bewerbungen um einen ausgeschriebenen Arbeitsplatz, bei der Aufstellung von Wählerlisten der

Parteien, bei der Zulassung von Studenten zu überfüllten Seminaren oder Praktika, bei der Nominierung von Sportlern zu internationalen Wettkämpfen. Die Liste ließe sich beliebig fortsetzen, macht aber bereits angesichts dieser Beispiele die Bedeutung und auch die Probleme bei der Definition linearer Ordnungsrelationen außerhalb der Mathematik deutlich.

Beispiel 10:

Von $R = \{(x, y) \in \mathbb{R} \times \mathbb{R} \;/\; x^3 + x \leq y^3 + y\}$ wird gezeigt, daß es sich um eine Ordnungsrelation handelt und die Linearität untersucht.

Reflexivität: $x^3 + x \leq x^3 + x \quad \forall x \in \mathbb{R}$.
Antisymmetrie: $x^3 + x \leq y^3 + y \wedge y^3 + y \leq x^3 + x \quad \Rightarrow \quad x^3 + x = y^3 + y \quad \Rightarrow$
$x^3 - y^3 + (x - y) = \underbrace{(x^2 + xy + y^2 + 1)}_{a}(x - y) = 0 \quad \Rightarrow \quad x - y = 0 \vee a = 0.$

Aus $a = 0$ folgt $xy < 0$; nach Definition von a ist dann aber
$(x + y)^2 = x^2 + 2xy + y^2 = a + xy - 1 = xy - 1 < 0$. Das steht im Widerspruch zu $(x + y)^2 \geq 0$, also folgt $a \neq 0$. Dann ist aber $x - y = 0$ und $x = y$.
Transitivität: $x^3 + x \leq y^3 + y \wedge y^3 + y \leq z^3 + z \quad \Rightarrow \quad x^3 + x \leq z^3 + z$.

R ist eine lineare Ordnungsrelation, da für alle $(x, y) \in \mathbb{R} \times \mathbb{R}$ gilt
$x^3 + x \in \mathbb{R} \wedge y^3 + y \in \mathbb{R}$ und je zwei reelle Zahlen bezüglich $\leq$ vergleichbar sind. ♣

Übung 12:

Prüfen Sie, ob Ordnungsrelationen vorliegen und untersuchen Sie gegebenenfalls die Linearität.
$R = \{(x, y) \in \mathbb{R} \times \mathbb{R} \;/\; |x - y| \leq min(|x|, |y|)\}$,
$S = \{(x, y) \in \mathbb{N} \setminus \{1\} \times \mathbb{N} \setminus \{1\} \;/\; x$ und y haben gleichviele Primfaktoren und

$$|x - \tfrac{100}{3}| \leq |y - \tfrac{100}{3}|\}.$$ ♠

Die $\leq$ –Relation und die $<$ –Relation unterscheiden sich nur dadurch, daß die eine *reflexiv* und die andere *irreflexiv* ist.

Definition II.11:

Eine Relation R in einer Menge A, die
irreflexiv, antisymmetrisch und *transitiv*
ist, heißt **strenge (strikte) Ordnungsrelationrelation** in A.

Beispiel 11:

a) Die $<$ –Relation ist in jeder Menge reeller Zahlen eine strenge Ordnungsrelation (siehe Beispiel 3).

b) Die echte Teilmengenrelation $\subset$ ist in einer Menge von Mengen eine strenge Ordnungsrelation (Beispiel 3).

c) Durch $x \mid y \wedge x \neq y$ ist in $\mathbb{N}$ eine strenge Ordnungsrelation definiert, die Relation '*... ist echter Teiler von ...* '. ♣

Bemerkungen:

1. Hasse-Diagramme definiert man für strenge Ordnungsrelationen analog zu den Ordnungsrelationen, wobei man natürlich keine Schlingen weglassen kann, da keine vorhanden sind. Daher stimmen die Hasse-Diagramme einer Ordnungsrelation und der 'zugehörigen' strengen Ordnungsrelation überein.

2. Vergleichbarkeit und Linearität sind für strenge Ordnungsrelationen genauso definiert wie für Ordnungsrelationen.

Für Ordnungsrelationen gibt es weitere Begriffe, die sich auf die Eigenschaften einzelner Elemente beziehen und die unter anderem zum Begriff der *Wohlordnung* führen.

Definition II.12:

Eine nichtleere Menge A mit einer Ordnungsrelation $\preceq$ heißt **wohlgeordnet**, wenn in jeder nichtleeren Teilmenge B von A ein Element $x \in B$ existiert, so daß $x \preceq y \quad \forall y \in B$ gilt.
Ein solches Element x heißt *kleinstes Element* oder *Minimum* der Teilmenge B.

Die Definition II.12 besagt insbesondere, daß die Menge A selbst ein kleinstes Element enthalten muß. Dies ist aber nur notwendig, nicht hinreichend, wie im folgenden klar wird.

Beispiel 12:

a) $\mathbb{R}$ bezüglich $\leq$ ist nicht wohlgeordnet, denn zum Beispiel die positiven reellen Zahlen $\mathbb{R}^+ = \{x \in \mathbb{R} \ / \ x > 0\}$ haben kein kleinstes Element.

b) $\mathbb{N}$ bezüglich $\leq$ ist wohlgeordnet. Anschaulich ist klar, daß jede nichtleere Teilmenge von $\mathbb{N}$ bezüglich $\leq$ ein kleinstes Element besitzt. Dennoch muß es bewiesen werden:
Zu zeigen: Ist $A \subseteq \mathbb{N}$ und hat A hat kein kleinstes Element, dann folgt $A = \emptyset$.
Beweis durch vollständige Induktion:
Induktionsanfang: $1 \notin A$, denn sonst wäre 1 kleinstes Element von A.
Induktionsannahme: Für alle $k \in \mathbb{N}$, $k \leq n$ gelte $k \notin A$.
Induktionsschluß: Es ist $n + 1 \notin A$, denn sonst wäre $n + 1$ kleinstes Element von A. Hieraus folgt $A = \emptyset$.

♣

Übung 13:

a) Beweisen Sie: Ist die Menge A bezüglich der Relation $\preceq$ wohlgeordnet, so ist $\preceq$ eine *lineare* Ordnungsrelation.
b) Geben Sie eine Ordnungsrelation $\preceq$ in einer Menge A an, bei der A ein kleinstes Element besitzt, $\preceq$ aber keine Wohlordnung ist.
c) Definieren Sie in $\mathbb{Z}$ eine Wohlordnung. ♠

In Bezug auf Ordnungsrelationen werden für die hier definierten Begriffe gelegentlich andere Bezeichnungen gewählt und die hier benutzten Bezeichnungen anders definiert. So wird die hier definierte *Ordnungsrelation* auch *Halbordnung* oder *partielle Ordnung* genannt, die *strenge Ordnungsrelation* wird dann als *Ordnung* bezeichnet.

Lösungen und Lösungshinweise zu den Übungen

Ü 11:

a)

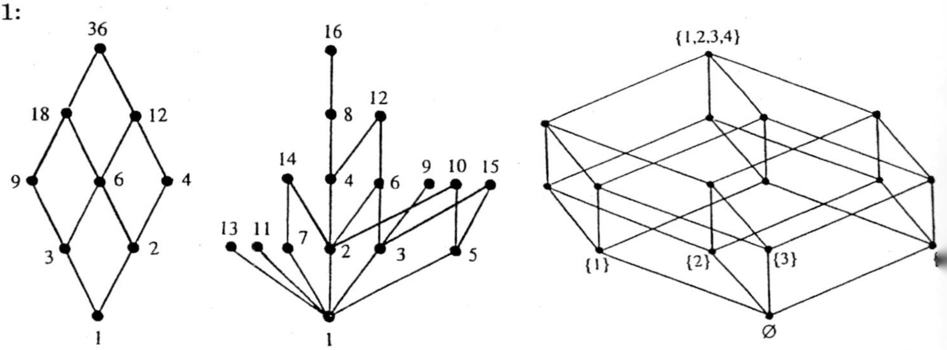

b) $A \preceq B \;\Leftrightarrow\;$ A liegt westlich von B.

Ü 12: R ist keine Ordnungsrelation, denn R ist nicht transitiv:
$(1,0) \in R \wedge (0,-1) \in R$, aber $(1,-1) \notin R$ wegen $|1-(-1)| > min(|1|,|-1|)$.
S ist Ordnungsrelation. Reflexivität und Transitivität folgen direkt. Antisymmetrie:
$(x,y) \in S \wedge (y,x) \in S \Rightarrow |x - \frac{100}{3}| \leq |y - \frac{100}{3}| \wedge |y - \frac{100}{3}| \leq |x - \frac{100}{3}| \Rightarrow$
$|x - \frac{100}{3}| = |y - \frac{100}{3}| \Rightarrow x - \frac{100}{3} = y - \frac{100}{3} \vee x - \frac{100}{3} = -(y - \frac{100}{3}) \Rightarrow$
$x = y \quad \vee \quad x + y = \frac{200}{3} \quad (\notin \mathbb{N}) \Rightarrow x = y \quad$ (wegen $x, y \in \mathbb{N}$).
Um die Gleichheit von x, y nachzuweisen, wird die weitere Eigenschaft der Relation (gleich viele Primfaktoren) nicht benötigt. S ist nicht linear, z.B. ist weder $(3,6) \in S$, noch $(6,3) \in S$.

Ü 13: a) Ist A bezüglich der Relation $\preceq$ wohlgeordnet , betrachte man für $x, y \in A$ die Teilmenge $\{x, y\}$, in der nach Voraussetzung gilt: $x \preceq y \vee y \preceq x$. Das bedeutet Linearität von $\preceq$.
b) Nach a) erfüllt jede nicht lineare Ordnungsrelation mit einem kleinsten Element, z.B. die Teilbarkeitsrelation in $T_6 = \{1,2,3,6\}$ die Bedingung.
c) $0 \preceq 1 \preceq -1 \preceq 2 \preceq -2 \preceq 3 \preceq -3 \preceq 4 \preceq -4 \preceq 5 \preceq -5 \ldots$.

II.4 Funktionen

Definition II.13:

> A und B seien Mengen. Ordnet man *jedem* Element aus A *genau ein* Element aus B zu, dann heißt diese eindeutige Zuordnung eine **Funktion** oder auch **Abbildung von** A **in** B. Für eine Funktion f von A in B schreibt man $f: A \longrightarrow B$.

Bemerkungen:

1. Funktionen sind *spezielle Relationen*:
Ist $R \subseteq A \times B$ eine Relation zwischen A und B, für die gilt

$$\text{zu jedem } a \in A \text{ existiert genau ein } b \in B \text{ mit } (a, b) \in R,$$

dann ist R eine Funktion von A in B.

Oft werden Funktionen so als spezielle Relationen definiert.

2. Manchmal trifft man auf einen etwas abweichenden Funktionsbegriff:
Durch eine Funktion f wird jedem Element *einer Teilmenge von A* genau ein Element aus B zugeordnet.

Wir werden für den Funktionsbegriff ausschließlich Definition II.13 zugrunde legen.

Bezeichnungen: $f: A \to B$ sei eine Funktion von A in B.

A heißt **Definitionsbereich (Ausgangsmenge, Urbildmenge)** von f.

B heißt **Wertebereich (Zielmenge)** von f.

Wird dem Element $a \in A$ das Element $b \in B$ zugeordnet, schreibt man

$$f: a \mapsto b \qquad \text{oder} \qquad f(a) = b.$$

und sagt: 'a wird auf b abgebildet' oder 'b ist der Funktionswert von a unter f' oder 'b ist *das* Bild von a unter f' oder 'a ist *ein* Urbild von b unter f'.
Die letzten beiden Sprechweisen bringen zum Ausdruck, daß jedes Element $a \in A$ genau ein Bild besitzt, während ein Element $b \in B$ mehrere oder auch keine Urbilder haben kann.

Im Falle $A = B$ ist $f: A \to A$ eine **Abbildung von A in sich**.

$\mathrm{F}(A, B)$ bezeichnet die **Menge aller Abbildungen von** A **in** B und $\mathrm{F}(A)$ die **Menge aller Abbildungen von** A **in sich**.

Wenn es zu keinen Verwechslungen führen kann, sprechen wir kurz von einer Funktion f anstelle von $f: A \to B$.

Beispiel 13:

Für jede Menge A ist die **identische Abbildung** id_A definiert durch

$$id_A(a) = a \quad \forall a \in A.$$

Funktionen $f: \mathbb{R} \longrightarrow \mathbb{R}$:

$f_1(x) = 7x - 4 \quad \forall x \in \mathbb{R}$

$f_2(x) = x^2 + 6x + 9 \quad \forall x \in \mathbb{R}$

$f_3(x) = |x| + 2x \quad \forall x \in \mathbb{R}$

$f_4(x) = \sin(x^2) \quad \forall x \in \mathbb{R}$

$k \in \mathbb{R}$ sei fest gewählt: $f_k(x) = k \quad \forall x \in \mathbb{R}$ (konstante Funktion f_k).

Funktionen $f: \mathbb{N} \longrightarrow \mathbb{N}$:

$f_5(x) = 7x - 4 \quad \forall x \in \mathbb{N}$.

$f_6(x) = Q(x) \quad \forall x \in \mathbb{N}$; $Q(x)$ = Quersumme von x.

$f_7(x) = |T_x| \quad \forall x \in \mathbb{N}$; $|T_x|$ = Anzahl der positiven Teiler von x (Teilerfunktion).

$f_8: \mathbb{R} \times \mathbb{R} \to \mathbb{R} \qquad f_8((x, y)) = x + y \qquad \forall (x, y) \in \mathbb{R} \times \mathbb{R}$.

Die Addition ist, wie alle algebraischen Verknüpfungen (Band 2), als eine Funktion definiert.

$f_9: \mathbb{R} \times \mathbb{R} \to \mathcal{P} \qquad f_9((x, y)) = P(x, y) \qquad \forall (x, y) \in \mathbb{R} \times \mathbb{R}$.

Dabei ist $\mathcal{P}$ die Menge aller Punkte einer Ebene, in der ein Koordinatensystem festgelegt ist und $P(x, y)$ der Punkt der Ebene mit den Koordinaten x und y.

Es sei s_g eine Achsenspiegelung in der Ebene $\mathcal{P}$ an einer Gerade g und P' sei der Bildpunkt von P bei der Spiegelung:

$s_g: \mathcal{P} \to \mathcal{P} \qquad s_g(P) = P' \qquad \forall P \in \mathcal{P}$.

Die Achsenspiegelungen gehören zu den Kongruenzabbildungen einer Ebene, ebenso wie Parallelverschiebungen und Drehungen. Bei Kongruenzabbildungen werden Geraden auf Geraden, parallele Geraden auf parallele Geraden, Strecken auf gleich lange Strecken und Winkel auf gleich große Winkel abgebildet. Sie spielen in der Geometrie eine bedeutende Rolle.

M sei eine Menge:

$f_{10}: \mathcal{P}(M) \to \mathcal{P}(M) \qquad f_{10}(A) = \overline{A} \qquad \forall A \in \mathcal{P}(M)$.

Prüfen Sie nach, daß jeweils die Bedingungen aus Definition II.13 erfüllt sind. ♣

Auch außerhalb der Mathematik finden Funktionen weitreichende Anwendungen, wie die folgenden Beispiele andeuten:

Bei einer Menge von Menschen wird jeder Person zugeordnet:
- der vollständige Name;
- der Fingerabdruck des linken Daumens (hoffentlich ist niemand amputiert);
- der Geburtstag;
- der Personalausweis (vorausgesetzt ist, daß jede Person einen Ausweis hat).

Bei einer Menge von Studenten wird jedem Studierenden zugeordnet:
- der Studienort;

- die Menge der Studienfächer;
- die Matrikelnummer.

Jedem Buch aus dem Bestand einer Bibliothek wird die entsprechende Karteikarte (die Standnummer / das Anschaffungsdatum / ...) zugeordnet.

Bei einer Ware wird auf der Verpackung eine schwarz-weiße 'Strichfolge' angebracht, so daß aufgrund des Strichcodes mit Hilfe eines Scanners an der Kasse eines Geschäftes der Preis eindeutig ermittelt, und zum Ausdruck eines Kassenzettels elektronisch verarbeitet werden kann.

Ordnet man bei einer Menge von Autobesitzern jedem sein Autokennzeichen zu, muß das keine Funktion sein, da eine Person Halter mehrerer Autos sein kann.

Für Funktionen als spezielle Relationen werden die Darstellungsformen von Relationen übernommen. Das Relationsdiagramm wird zum **Funktionsdiagramm**, die Relationstafel reduziert sich zu der aus dem Mathematikunterricht bekannten **Wertetafel (Wertetabelle)**. Im folgenden Beispiel sind für eine Funktion die verschiedenen Darstellungen angegeben.

Beispiel 14:

$A = \{1,2,3,4\}, \quad B = \{0,1\};$

$T \subseteq A, \quad T = \{1,3,4\}:$

$f_T : A \to B$ sei definiert durch

$$f_T(k) = \begin{cases} 1 & \text{falls } k \in T \\ 0 & \text{falls } k \notin T \end{cases}$$

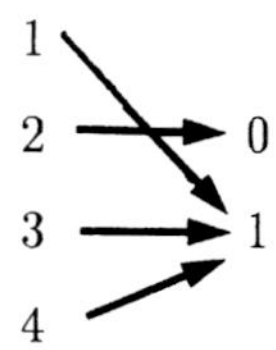

Funktionsdiagramm

x	y
1	1
2	0
3	1
4	1

Wertetabelle

f_T heißt die *charakteristische Funktion von* T. Auf diese Weise läßt sich *jeder* Teilmenge von A eindeutig eine solche charakteristische Funktion zuordnen. Und somit hat man wiederum eine Abbildung, nämlich von $\mathcal{P}(A)$ in die Menge $\mathcal{F}(A, B)$.

Wie sehen die charakteristischen Funktionen zu den Teilmengen $\{2,4\}$, $\emptyset$, A aus? Geben Sie in allen drei Fällen Funktionsdiagramm und Wertetabelle an.

Wir werden später auf die charakteristischen Funktionen zurückkommen. ♣

Übung 14:

Es seien $A = \{1,2\}$, $B = \{a,b,c\}$. Geben Sie alle Funktionen von A in B und alle Funktionen von B in A an. In welchem Fall gibt es mehr Funktionen ? ♠

Übung 15:

Bestimmen Sie eine möglichst umfassende Teilmenge A von $\mathbb{N}$ derart, daß eine Funktion $f : A \to \mathbb{N}$ vorliegt.

a) $f(x) = 2x - 7$, b) $f(x) = \frac{2}{3}x + 5$, c) $f(x) = (x-5)^2$. ♠

Manchmal sind bei einer Funktion nur *Teilmengen* des Definitions- bzw. des Wertebereichs von Interesse. Bei einer Funktion $f : A \to B$ muß beispielsweise nicht jedes $b \in B$ Bild eines Elementes $a \in A$ sein. Man interessiert sich häufig nur für die Elemente $b \in B$, die mindestens ein Urbild in A haben.

Definition II.14:

Es sei $f : A \to B$ eine Funktion. Dann heißt

$$\mathit{Bild}\, f = f(A) = \{f(x) \;/\; x \in A\}$$

das **Bild von** f (die **Bildmenge von** f).

Für jede Teilmenge T von A heißt $f(T) = \{f(t) \;/\; t \in T\}$ das **Bild** (die **Bildmenge) von** T unter f.

Für $U \subseteq B$ nennt man $\bar{f}^1(U) = \{x \in A \;/\; f(x) \in U\}$ die **Urbildmenge von** U unter f. Insbesondere ist $\bar{f}^1(B) = A$.

Für $T \subseteq A$ heißt die Funktion $f|_T : T \to B$, definiert durch

$$f|_T(x) = f(x) \qquad \forall x \in T,$$

Einschränkung (Restriktion) von f **auf** T.

Bemerkung: Ist $f : A \to B$ eine Funktion, so enthält *Bild* f genau alle Elemente aus B, die mindestens ein Urbild besitzen. Diese Teilmenge von B wird im Unterschied zum hier gewählten Sprachgebrauch manchmal als *Wertebereich* der Funktion bezeichnet. Die Unterscheidung zwischen B und *Bild* f ist oftmals von Bedeutung.

Beispiel 15:

Beispiele von Bildmengen und Urbildmengen für die durch Funktionsdiagramm definierte Funktion $f : A \to B$:

$\mathit{Bild}\, f = f(A) = \{a, b, d, e, g, h, i\}$;

$f(T) = f(\{4,5,6,7\}) = f(\{5,7\}) = \{a, b\}$;

$\bar{f}^1(U) = \bar{f}^1(\{e,h,k\}) = \bar{f}^1(\{e,h\}) = \{9,10\}$;

$\bar{f}^1(\{a\}) = \bar{f}^1(\{a,c\}) = \{4,5,6\}$.

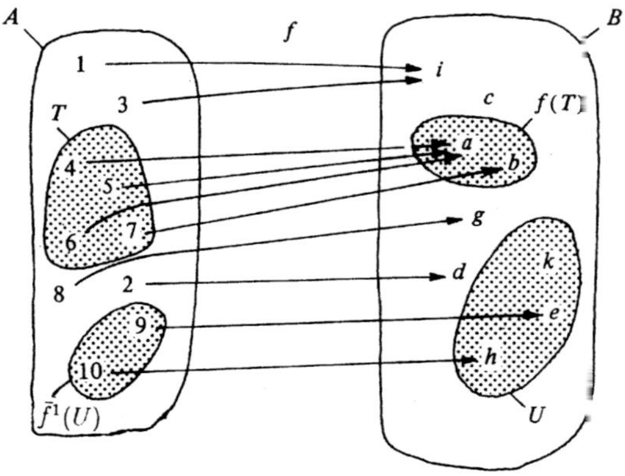

♣

Abb. 2.8

Übung 16:

Es seien $f : A \to B$ eine Funktion und $X \subseteq A$, $Y \subseteq B$. Beweisen Sie:

$$X \subseteq \bar{f}^1(f(X)) \qquad \text{und} \qquad f(\bar{f}^1(Y)) \subseteq Y.$$

Geben Sie jeweils eine Funktion und Teilmengen X, Y von A bzw. von B an, so daß für die Teilmengenbeziehungen $' \subset '$ gilt. ♠

Übung 17:

Es sei $f : \mathbb{R} \to \mathbb{R}$ eine Funktion mit $f(x) = 3x + 1$. Ferner seien
$T_1 = \{x \in \mathbb{R} \,/\, 0 \le x \le 1\}$, $T_2 = \{3k + 1 \,/\, k \in \mathbb{N}_0\}$, $T_3 = \{3k + 2 \,/\, k \in \mathbb{N}_0\}$.
Berechnen Sie $f(\mathbb{R})$, $f(\mathbb{N}_0)$, $\bar{f}^1(\mathbb{N})$, $f(T_1)$, $\bar{f}^1(T_1)$, $f(T_2)$, $\bar{f}^1(T_2)$, $f(T_3)$, $\bar{f}^1(T_3)$. ♠

Wir haben zwei Relationen *gleich* genannt, wenn sie in derselben Menge A definiert sind und die Paarmengen gleich sind. Entsprechend bezeichnen wir zwei **Funktionen** $f : A \to B$ und $g : C \to D$ genau dann als **gleich**, wenn sie im Definitionsbereich, im Wertebereich und in *allen* Funktionswerten übereinstimmen:

$$f = g \quad \Leftrightarrow \quad A = C \quad \wedge \quad B = D \quad \wedge \quad f(x) = g(x) \ \ \forall x \in A.$$

Funktionen, die die gleiche Funktionsvorschrift haben, sich aber im Definitions- oder Wertebereich unterscheiden, können sehr unterschiedliche Eigenschaften haben, wie wir bald sehen werden.

Für eine Funktion $f : A \to B$ ist durch Definition II.13 nicht ausgeschlossen, daß
- ein $b \in B$ existiert, welches in A *kein Urbild* hat,
- zwei *verschiedene Elemente* $a_1, a_2 \in A$ auf *dasselbe* Element $b \in B$ abgebildet werden.

In der folgenden Definition geht es speziell um Funktionen, bei denen diese Fälle *nicht* auftreten.

Definition II.15:

Es sei $f : A \to B$ eine Funktion.

f heißt **injektiv** (eine **Injektion**), wenn für alle $a_1, a_2 \in A$ gilt:

$$f(a_1) = f(a_2) \ \Rightarrow \ a_1 = a_2.$$

f heißt **surjektiv** (eine **Surjektion**),
wenn zu jedem $b \in B$ ein $a \in A$ existiert, so daß gilt $f(a) = b$.

Eine Funktion, die injektiv und surjektiv ist, heißt **bijektiv** (eine **Bijektion**).

Die Eigenschaften '*injektiv*' und '*surjektiv*' lassen sich auf verschiedene Arten charakterisieren:

Ist die Funktion $f : A \to B$ *injektiv*, ergibt sich aus Definition II.13 unmittelbar, daß folgenden Aussagen dazu äquivalent sind:

(1) Jedes $b \in B$ hat *höchstens ein* Urbild in A.
(2) Für alle a_1, $a_2 \in A$ gilt: $a_1 \ne a_2 \ \Rightarrow \ f(a_1) \ne f(a_2)$.

Surjektivität einer Funktion $f : A \to B$ bedeutet: $\forall b \in B : \ \exists a \in A : \ f(a) = b$.
Äquivalent hierzu sind die Aussagen:

(1) Jedes $b \in B$ hat *mindestens ein* Urbild in A.
(2) *Bild* $f = B$.

Eine Funktion $f : A \to B$ ist genau dann *bijektiv*, wenn jedes $b \in B$ *genau ein* Urbild in A hat.

Ebenso wie Relationen in $\mathbb{R}$, lassen sich auch Funktionen $f : \mathbb{R} \to \mathbb{R}$ durch einen **Graphen** darstellen. Die Bedingung, daß bei einer Funktion jedem $a \in \mathbb{R}$ genau ein $b \in \mathbb{R}$ zugeordnet wird, ist gleichbedeutend damit, daß bei einem *Funktionsgraphen* jede Parallele zur $y-$Achse den Graphen höchstens einmal schneidet.
Ist eine Funktion darüber hinaus *injektiv*, schneidet jede Parallele zur $x-$Achse den Graphen *höchstens* einmal.
Surjektivität einer Funktion $f : \mathbb{R} \to \mathbb{R}$ ist äquivalent dazu, daß jede Parallele zur $x-$Achse den Graphen *mindestens* einmal schneidet.
Genau dann ist eine Funktion $f : \mathbb{R} \to \mathbb{R}$ *bijektiv*, wenn jede Parallele zur $x-$Achse den Graphen *genau* einmal schneidet. Die Abbildungen veranschaulichen die Zusammenhänge.

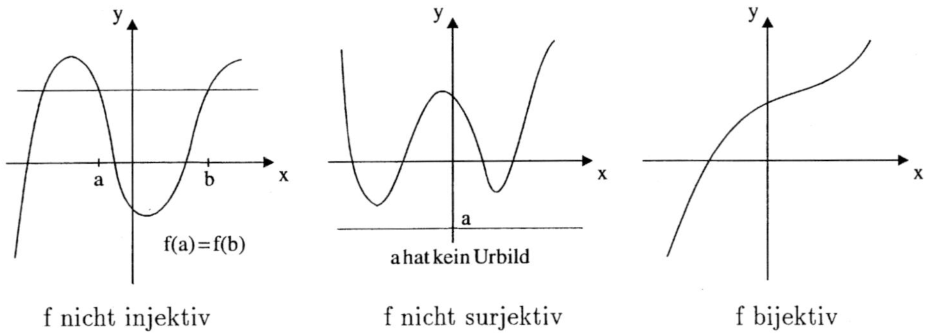

Abb. 2.9

Die Aussagen gelten entsprechend, wenn der Definitions- und der Wertebereich der Funktionen Teilmengen von $\mathbb{R}$ sind. Untersucht man

$$f(x) = x^2 \quad \text{(Normalparabel)}$$

für unterschiedliche Definitions- und Wertebereiche hinsichtlich Injektivität und Surjektivität, stellt man fest, daß diese Eigenschaften sowohl vom Definitionsbereich als auch vom Wertebereich abhängen.

Überprüfen Sie anhand einer Normalparabel im Koordinatensystem die Aussagen in der Tabelle.

$f(x) = x^2$	injektiv	surjektiv
$f : \mathbb{R} \to \mathbb{R}$	*nein*	*nein*
$f : \mathbb{R}_0^+ \to \mathbb{R}$	*ja*	*nein*
$f : \mathbb{R} \to \mathbb{R}_0^+$	*nein*	*ja*
$f : \mathbb{R}_0^+ \to \mathbb{R}_0^+$	*ja*	*ja*
$f : \mathbb{R}_0^- \to \mathbb{R}_0^+$	*ja*	*ja*

Beispiel 16:

Welche Eigenschaften haben die Funktionen aus Beispiel 14 ?

$f_1 : \mathbb{R} \to \mathbb{R} : \quad f_1(x) = 7x - 4 \qquad \forall x \in \mathbb{R}.$

f_1 ist injektiv: $\quad f_1(x_1) = f_1(x_2) \Rightarrow 7x_1 - 4 = 7x_2 - 4 \Rightarrow 7x_1 = 7x_2 \Rightarrow x_1 = x_2.$

f_1 ist surjektiv: Urbild von einem beliebigen $b \in \mathbb{R}$ ist $a = \frac{b}{7} + \frac{4}{7}$, denn es ist $f_1(a) = f_1(\frac{b}{7} + \frac{4}{7}) = b$.

$f_2 : \mathbb{R} \to \mathbb{R} : \quad f_2(x) = x^2 + 6x + 9 \qquad \forall x \in \mathbb{R}.$

Der Graph von f_2 ist eine verschobene Normalparabel mit dem Scheitelpunkt $S(-3, 0)$, daher haben alle $b \in \mathbb{R}$, $b < 0$ keine Urbilder und f_2 ist nicht surjektiv.

f_2 ist auch nicht injektiv, denn beispielsweise gilt $f_2(1) = f_2(-7) = 16$, obwohl $1 \neq -1$.

$f_5 : \mathbb{N} \to \mathbb{N} : \quad f_5(x) = 7x - 4 \qquad \forall x \in \mathbb{N}.$

Die Funktionsvorschriften von f_5 und f_1 stimmen überein, dennoch ist f_5 nicht surjektiv, es ist $Bild\, f_5 = \{7x - 4 \ / \ x \in \mathbb{N}\} \neq \mathbb{N}$, beispielsweise ist $1 \notin Bild\, f_5$.

Die Injektivität von f_5 folgt genau wie bei f_1.

$f_6 : \mathbb{N} \to \mathbb{N} : \quad f_6(x) = Q(x) \qquad \forall x \in \mathbb{N}; \qquad Q(x) = \text{Quersumme von } x.$

f_6 ist nicht injektiv: $f_6(1) = f_6(10) = 1$, aber $1 \neq 10$.

f_6 ist surjektiv: zu beliebigem $b \in \mathbb{N}$ muß eine Zahl $a \in \mathbb{N}$ gefunden werden, deren Quersumme b ist. Für $a = \sum_{k=0}^{b-1} 10^k$ gilt $f_6(a) = b$.

$f_9 : \mathbb{R} \times \mathbb{R} \to \mathcal{P} \qquad f_9((x,y)) = P(x,y) \qquad \forall (x,y) \in \mathbb{R} \times \mathbb{R};.$

Verschiedenen Zahlenpaaren aus $\mathbb{R} \times \mathbb{R}$ sind verschiedene Punkte der Ebene $\mathcal{P}$ zugeordnet, f_9 ist also injektiv.

f_9 ist auch surjektiv, denn von jedem Punkt der Ebene $\mathcal{P}$ kann man auf bekannte Weise seine Koordinaten bestimmen.

Diese Bijektion ermöglicht es, geometrische Sachverhalte durch Beziehungen zwischen Zahlenpaaren auszudrücken und geometrische Probleme arithmetisch zu lösen. Dies ist die Arbeitsweise der *analytischen Geometrie.* Beispielsweise entspricht der konstruktiven Bestimmung des Schnittpunktes zweier Geraden in der analytischen Geometrie das Aufstellen der beiden Geradengleichungen im Koordinatensystem und das Lösen eines Gleichungssystems von zwei Gleichungen mit zwei Unbekannten. Koordinatensysteme im Raum sind Grundlage für die *räumliche* analytische Geometrie.

Die Eigenschaften der anderen Funktionen aus Beispiel 13 sind in der Tabelle angegeben mit der Empfehlung, die Aussagen zu überprüfen.

	id_A	f_3	f_4	f_k	f_7	f_8	s_g	f_{10}
injektiv	*ja*	*ja*	*nein*	*nein*	*nein*	*nein*	*ja*	*ja*
surjektiv	*ja*	*ja*	*nein*	*nein*	*ja*	*ja*	*ja*	*ja*

♣

Übung 18:

A, B seien nichtleere Mengen, $f : A \to B$ eine Funktion. Welche Aussagen sind wahr, welche falsch ?

(1) Gibt es zu jedem $b \in B$ ein $a \in A$ mit $f(a) = b$, so ist f injektiv.

(2) Ist f surjektiv, so hat jedes $a \in A$ mindestens ein Bild $f(a) \in B$.

(3) Hat jedes $a \in A$ mindestens ein Bild $f(a) \in B$, dann ist f surjektiv.

(4) Hat jedes Bild in B genau ein Urbild in A, so ist f injektiv.

(5) Gibt es zu jedem $b \in B$ genau ein $a \in A$ mit $f(a) = b$, so ist f injektiv.

(6) Hat jedes Bild in B mindestens ein Urbild in A, so ist f surjektiv.

(7) Genau dann ist f bijektiv, wenn zu jedem $b \in B$ genau ein $a \in A$ existiert mit $f(a) = b$.

(8) Hat jedes Bild in B genau ein Urbild in A, so ist f bijektiv.

(9) Genau dann ist f injektiv, wenn zu jedem $a \in A$ höchstens ein $b \in B$ existiert mit $f(a) = b$. ♠

Übung 19:

Untersuchen Sie die Funktionen hinsichtlich Injektivität und Surjektivität.

a) $f : \mathbb{N} \to \mathbb{N}$ $\quad f(x) = \frac{x}{2} + \frac{1}{4} + \frac{1}{4}(-1)^{x+1}$.

b) $f : \mathbb{N} \to \mathbb{N}$ $\quad f(x) = \binom{x+1}{x-1}$.

c) $f : \mathbb{N} \to \mathbb{N}$ $\quad f(x) = |x - \frac{3}{2}| + \frac{1}{2}$.

d) $f : \mathbb{N} \to \mathbb{N}$ $\quad f(x) = x + (-1)^{x+1}$.

e) $f : \mathbb{Q} \to \mathbb{Q}$ $\quad f(x) = \frac{3}{7}x + \frac{1}{2}$.

f) $f : \mathbb{R} \to \mathbb{R}$ $\quad f(x) = 4|x| - 7$.

g) $f : \mathbb{R} \to \mathbb{R}$ $\quad f(x) = 2^x$.

h) $f : [0,1] \to [0,1]$ $\quad f(x) = 4(\sqrt{x} - x) \quad [0,1] = \{x \in \mathbb{R} \,/\, 0 \le x \le 1\}$.

♠

Bemerkungen

1. Durch einen kleinen kosmetischen Eingriff am Wertebereich läßt sich jede nicht surjektive Funktion $f : A \to B$ in eine surjektive umwandeln: Es ist *Bild* $f \subseteq B$ und stets ist $f : A \to$ *Bild* f eine *surjektive* Funktion.

2. Wie kann man von einer nicht injektiven Funktion zu einer injektiven gelangen? Für jede Funktion $f : A \to B$ ist $\underset{f}{\sim}$, definiert durch
$$a_1 \underset{f}{\sim} a_2 :\Leftrightarrow f(a_1) = f(a_2) \qquad a_1, a_2 \in A,$$
eine Äquivalenzrelation.
Reflexivität bedeutet $f(a) = f(a) \quad \forall a \in A$.
Aus $f(a_1) = f(a_2)$ folgt $f(a_2) = f(a_1)$, und damit die Symmetrie.
Wegen $[\, f(a_1) = f(a_2) \;\wedge\; f(a_2) = f(a_3) \;\Rightarrow\; f(a_1) = f(a_3)\,]$ ist $\underset{f}{\sim}$ auch transitiv.

Eine Äquivalenzklasse enthält jeweils alle Elemente mit dem gleichen Bild unter f. Durch $\tilde{f}$ ist eine weitere Charakterisierung *injektiver* Funktionen möglich:

Eine Funktion $f : A \to B$ ist genau dann injektiv, wenn die Äquivalenzklassen von $\tilde{f}$ alle einelementig sind.

Bezeichnet man mit $\overline{A}$ die Menge der Äquivalenzklassen von A bezüglich $\tilde{f}$, dann ist $\overline{f} : \overline{A} \to B$, definiert durch

$$\overline{f}(\overline{a}) = f(a) \qquad \forall\, \overline{a} \in \overline{A},$$

eine *injektive* Funktion.

Beweis: Zunächst ist klar, daß $\overline{f}$ eine Funktion ist, denn sind $\overline{a}, \overline{b}$ zwei verschiedene Äquivalenzklassen, dann ist für beliebige $x \in \overline{a}$, $y \in \overline{b}$ einerseits $f(a) = f(x)$ und $f(b) = f(y)$, andererseits ist stets $f(x) \neq f(y)$, also $\overline{f}(\overline{a_1}) \neq \overline{f}(\overline{a_2})$.

Injektivität: $\overline{f}(\overline{a_1}) = \overline{f}(\overline{a_2}) \Rightarrow f(a_1) = f(a_2) \Rightarrow a_1 \tilde{f} a_2 \Rightarrow \overline{a_1} = \overline{a_2}$.

In welchen Fällen ist die Funktion $\overline{f} : \overline{A} \to B$ bijektiv ?

Beispiel 17:

Was sind für $f : \mathbb{R} \to \mathbb{R}$, $f(x) = |x - \frac{3}{2}| - \frac{1}{2}$ die Äquivalenzklassen bezüglich $\tilde{f}$?
Es ist

$$f(x) = |x - \frac{3}{2}| - \frac{1}{2} = \begin{cases} x - 2 & \text{falls } x \geq \frac{3}{2} \\ -x + 1 & \text{falls } x < \frac{3}{2} \end{cases}$$

Sind x_1, x_2 *verschiedene* Zahlen mit $f(x_1) = f(x_2)$, dann muß $x_1 \geq \frac{3}{2}$ und $x_2 < \frac{3}{2}$ sein oder umgekehrt. Aus $f(x_1) = x_1 - 2 = -x_2 + 1 = f(x_2)$ folgt $x_2 = -x_1 + 3$. Somit ist die Äquivalenzklasse $\overline{x_1}$ von x:

$$\overline{x_1} = \{x_1, -x_1 + 3\}.$$

Nur die Äquivalenzklasse $\overline{\frac{3}{2}}$ ist einelementig, alle anderen sind zweielementig.

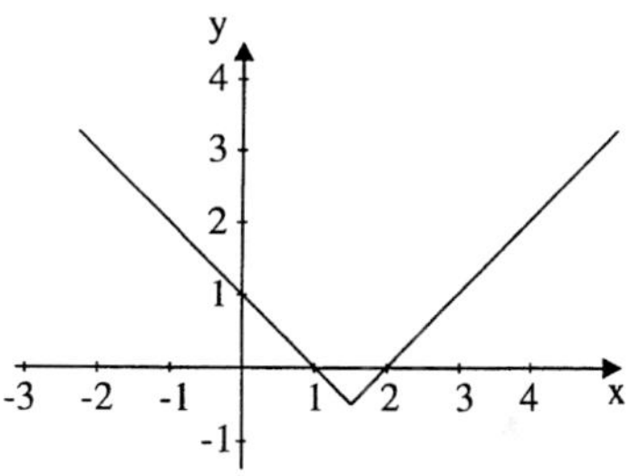

Abb. 2.10

Veranschaulichen Sie sich das Ergebnis am Graphen von f ! ♣

Versucht man eine Funktion $f : A \to B$ in dem Sinne umzukehren, daß man jedem Element $b \in B$ alle seine Urbilder in A zuordnet, ist diese Umkehrung genau dann wieder eine Funktion, wenn f bijektiv ist, denn nur dann hat *jedes* $b \in B$ *genau ein* Urbild in A. Ist dagegen f nicht injektiv, gibt es ein $b \in B$, das mindestens zwei Urbilder hat, und ist f nicht surjektiv, hat mindestens ein $b \in B$ kein Urbild. Somit ist in beiden Fällen die Umkehrung keine Funktion.

Ist $f : A \to B$ eine *bijektive* Funktion, so heißt f **umkehrbar** und die Funktion

$$f^{-1} : B \to A \qquad \text{mit} \qquad f^{-1}(b) = \bar{f}^1(\{b\}) \quad \forall b \in B$$

ist die **Umkehrfunktion** von f.

Die Umkehrfunktion f^{-1} von f ist ebenfalls bijektiv und die Umkehrfunktion von f^{-1} ist f: $(f^{-1})^{-1} = f$.

Es ist $f(a) \in B$ und wegen der Bijektivität ist $f^{-1}(b)$ ein eindeutig bestimmtes Element von A. Damit folgen aus der Definition für eine Funktion f und ihre Umkehrfunktion f^{-1} unmittelbar die charakteristischen Eigenschaften

$$f^{-1}(f(a)) = a \quad \forall a \in A \qquad \text{und} \qquad f(f^{-1}(b)) = b \quad \forall b \in B.$$

Beim Bilden der Umkehrfunktion werden Definitions- und Wertebereich, Bild und Urbild vertauscht. Die beschriebene 'Umkehrung' einer Funktion f ist die Bildung ihrer Umkehrrelation, so daß der Sachverhalt auch so darstellbar ist:

Die *Umkehrrelation* einer Funktion f ist genau dann eine *Funktion*, wenn f bijektiv ist. Sie heißt dann Umkehrfunktion und wird mit f^{-1} bezeichnet. f^{-1} ist auch bijektiv.

Beispiel 18:

a) Für alle $a \in \mathbb{R} \setminus \{0\}$ und alle $b \in \mathbb{R}$ sind die Funktionen

$$f(x) = ax + b \qquad \forall x \in \mathbb{R}$$

bijektiv. Wie sehen die Umkehrfunktionen aus ?

Ist $f : \mathbb{R} \to \mathbb{R}$ eine bijektive Funktion, so gelangt man zur Umkehrabbildung f^{-1}, indem man in der Funktionsvorschrift überall $f(x)$ durch x und x durch $f^{-1}(x)$ ersetzt. Das führt in diesem Falle zu der Umkehrabbildung mit der Funktionsvorschrift

$$f^{-1}(x) = \frac{1}{a}x - \frac{b}{a} \qquad \forall x \in \mathbb{R}.$$

Die Umkehrfunktion von $f(x) = 3x - 27$ ist beispielsweise $f^{-1}(x) = \frac{1}{3}x + 9$.

Für die Graphen von einer beliebigen bijektiven Funktion $f \in \mathcal{F}(\mathbb{R})$ und der Umkehrfunktion f^{-1} bedeutet das, daß man jeweils den einen durch Spiegelung des anderen an der 'Winkelhalbierenden' $f(x) = x$ des Koordinatensystems erhält.

b) Für festes $n \in \mathbb{N}$ betrachten wir die Funktionen

$$f : \mathbb{R} \to \mathbb{R} \qquad f(x) = x^n.$$

Da die Existenz der Umkehrfunktionen f^{-1} von der Ausgangs- und der Zielmenge abhängt, muß untersucht werden, für welche Ausgangs- und für welche Zielmengen f bijektiv ist. Dazu unterscheiden wir zwei Fälle:

(1) $f(x) = x^n$ mit $n \in \mathbb{N}$, *n ungerade.*

Die Funktion $f : \mathbb{R} \to \mathbb{R}$ ist surjektiv und injektiv. Daher existiert die Umkehrfunktion $f^{-1} : \mathbb{R} \to \mathbb{R}$. Man benutzt für sie die Schreibweise

$$f^{-1}(x) = x^{\frac{1}{n}} = \sqrt[n]{x} \quad \forall x \in \mathbb{R}.$$

Bei *ungeradem n* ist $x^{\frac{1}{n}}$ bzw. $\sqrt[n]{x}$ die *reelle* Zahl a, für die $a^n = x$ gilt.
In der Abbildung sind die Funktion $f(x) = x^3$, ihre Umkehrfunktion $f^{-1}(x) = \sqrt[3]{x}$ und die 'Winkelhalbierende' $f(x) = x$ dargestellt.

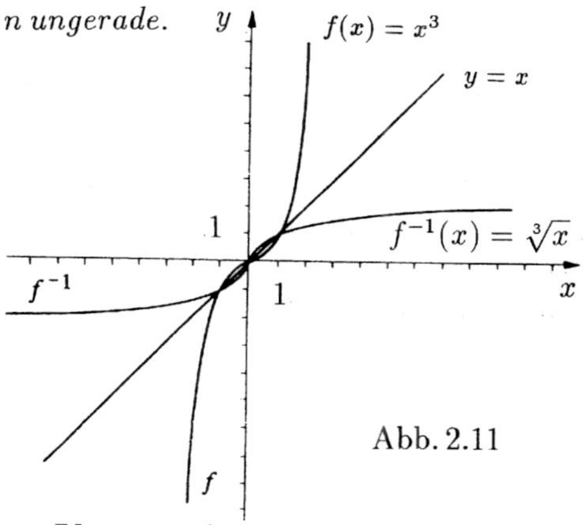

Abb. 2.11

(2) $f(x) = x^n$ mit $n \in \mathbb{N}$, *n gerade.*

In diesem Falle verläuft der Graph der Funktion f wie die Normalparabel nur oberhalb der x-Achse und ist symmetrisch zur y-Achse. Da f weder surjektiv noch injektiv ist, existiert keine Umkehrabbildung. Dagegen sind die Funktionen

$$f_1 : \mathbb{R}_0^+ \to \mathbb{R}_0^+ \quad \text{und} \quad f_2 : \mathbb{R}_0^- \to \mathbb{R}_0^+$$

mit obiger Abbildungsvorschrift bijektiv, besitzen mithin Umkehrfunktionen

$$f_1^{-1} : \mathbb{R}_0^+ \to \mathbb{R}_0^+ \quad \text{und} \quad f_2^{-1} : \mathbb{R}_0^+ \to \mathbb{R}_0^- .$$

Unterschiedliche Einschränkung der Ausgangs- und Zielmengen führt zu verschiedenen Bijektionen f_1 und f_2, zu denen auch verschiedene Umkehrfunktionen f_1^{-1} und f_2^{-1} gehören. Es ist

$$f_1^{-1}(x) = x^{\frac{1}{n}} = +\sqrt[n]{x} \qquad f_2^{-1}(x) = -x^{\frac{1}{n}} = -\sqrt[n]{x} \qquad x \in \mathbb{R}_0^+.$$

Bei *geradem n* ist unter $x^{\frac{1}{n}}$ bzw. $\sqrt[n]{x}$ stets die *nicht negative* reelle Zahl a zu verstehen, für die $a^n = x$ gilt. Die folgenden Abbildungen enthalten für n=2 die Graphen der beiden Funktionen und ihrer Umkehrfunktionen.

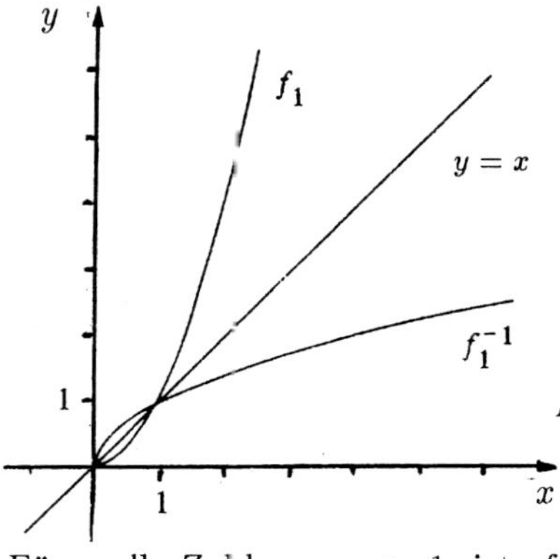

Abb. 2.12

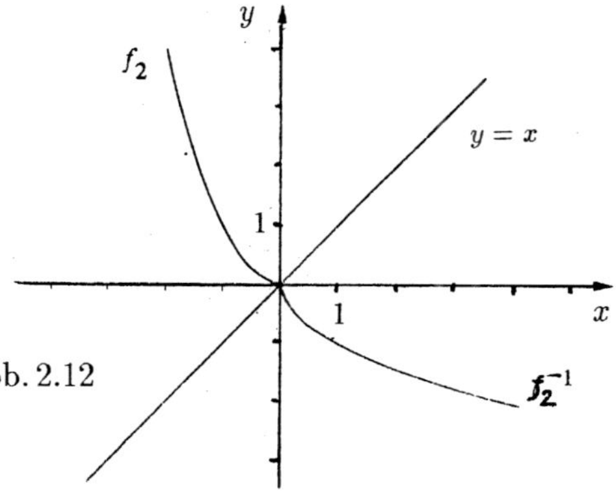

c) Für reelle Zahlen a, $a > 1$, ist $f : \mathbb{R} \to \mathbb{R}$ mit $f(x) = a^x$ injektiv, aber nicht surjektiv. Wegen *Bild* $f = \mathbb{R}^+$ ist $f : \mathbb{R} \to \mathbb{R}^+$ bijektiv. Für

$$f : \mathbb{R} \to \mathbb{R}^+ \qquad f(x) = a^x \quad \forall x \in \mathbb{R}.$$

existiert daher die Umkehrfunktion $f^{-1} : \mathbb{R}^+ \to \mathbb{R}$. (Da hier im Beispiel

Definitions- und Wertebereiche von f und f^{-1} festliegen, wird im folgenden nicht mehr zwischen der Funktion und der Funktionsvorschrift unterschieden.)

Nach Definition der Umkehrfunktion gilt für $x \in \mathbb{R}^+$

$$f^{-1}(x) = y \quad \Leftrightarrow \quad f(y) = a^y = x.$$

Das Bild eines beliebigen $x \in \mathbb{R}^+$ unter f^{-1} ist also die reelle Zahl y, die man bei der Basiszahl a in den Exponenten setzen muß, um x zu erhalten. Gilt für $x, y \in \mathbb{R}$, $x > 0$, die Gleichung $a^y = x$, so nennt man y den *Logarithmus von x zur Basis a* und schreibt $y = \log_a x$. Für die Umkehrfunktion von f schreibt man entsprechend $f^{-1}(x) = \log_a x$ und sagt: „Die Umkehrfunktion der Exponentialfunktion $f(x) = a^x$ ist die Logarithmusfunktion $f^{-1}(x) = \log_a x$."

Logarithmen zur Basis 10 werden auch *dekadische Logarithmen* genannt. Die Funktion $f^{-1}(x) = \log_{10} x$ ist also die Umkehrfunktion von $f(x) = 10^x$.

Für die Differential- und Integralrechnung ist es zweckmäßig, die Eulersche Zahl e als Basis eines Logarithmus zu wählen (e ist eine irrationale reelle Zahl; $e = 2,71828\ldots$). Die Logarithmen zur Basis e heißen *natürliche Logarithmen*. Statt '$\log_e x$' schreibt man '$\ln x$' und liest dies *'logarithmus naturalis von x'*. Es ist $f^{-1}(x) = \ln x$ die Umkehrfunktion von $f(x) = e^x$.
Abb. ... zeigt die Graphen der Funktionen $f(x) = a^x$ und der zugehörigen Umkehrfunktionen bezüglich der Basen 10 und e.

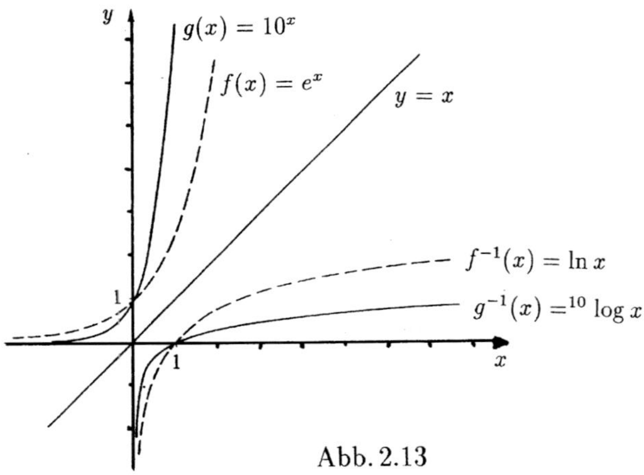

Abb. 2.13

♣

Übung 20:

Bestimmen Sie von den bijektiven Funktionen $f, g, h \in \mathcal{F}(\mathbb{R})$ die Umkehrfunktionen.
$f(x) = -\frac{3}{11}x + \frac{2}{9}$, $\qquad g(x) = 2x^5 - 2,5$, $\qquad h(x) = |2x - 3| + 3x$. ♠

Lösungen und Lösungshinweise zu den Übungen

Ü 14: Es gibt 9 Abbildungen von A in B und 8 Abbildungen von B in A.
Ü 15: Die Menge A wird gebildet von allen $x \in \mathbb{N}$, für die gilt $f(x) \in \mathbb{N}$.
a) $A = \{x \in \mathbb{N} \;/\; x > 3\}$ b) $A = \{x \in \mathbb{N} \;/\; 3|x\}$ c) $A = \{x \in \mathbb{N} \;/\; x \neq 5\}$.

Ü 16: $f : \mathbb{R} \to \mathbb{R} \qquad f(x) = x^2 \quad \forall x \in \mathbb{R}$
$X = \mathbb{R}_0^+, \quad f(X) = \mathbb{R}_0^+, \quad \bar{f}^1(f(X)) = \bar{f}^1(\mathbb{R}_0^+) = \mathbb{R}.$
$Y = \{1, -1\}, \quad \bar{f}^1(Y) = \{1, -1\}, \quad f(\bar{f}^1(Y)) = f(\{1, -1\}) = \{1\}.$

Ü 17: $f(\mathbb{R}) = \mathbb{R}, \quad f(\mathbb{N}_0) = \{3k + 1 \;/\; k \in \mathbb{N}_0\} = T_2,$
$\bar{f}^1(\mathbb{N}): \quad \bar{f}^1(k) \in \mathbb{N} \Rightarrow 3k + 1 \in \mathbb{N} \Rightarrow 3k \in \mathbb{N}_0 \Rightarrow \bar{f}^1(\mathbb{N}) = \{\frac{k}{3} \;/\; k \in \mathbb{N}_0\}$
$f(T_1) = \{x \in \mathbb{R} \;/\; 1 \le x \le 4\}, \quad \bar{f}^1(T_1) = \{x \in \mathbb{R} \;/\; -\frac{1}{3} \le x \le 0\},$
$f(T_2) = \{3(3k + 1) + 1 \;/\; k \in \mathbb{N}_0\} = \{9k + 4 \;/\; k \in \mathbb{N}_0\}, \quad \bar{f}^1(T_2) = \mathbb{N}_0,$
$f(T_3) = \{9k + 7 \;/\; k \in \mathbb{N}_0\}, \quad \bar{f}^1(T_3) = \{\frac{3k+2}{3} - \frac{1}{3} \;/\; k \in \mathbb{N}_0\} = \{k + \frac{1}{3} \;/\; k \in \mathbb{N}_0\}.$

Ü 18: (1) falsch, (2) wahr, (3) falsch, (4) wahr, (5) wahr, (6) falsch, (7) wahr, (8) falsch, (9) falsch.

Ü 19: a) Nicht injektiv: $f(1) = f(2)$; surjektiv: ein Urbild von $k \in \mathbb{N}$ ist $2k$.

b) $f(x) = \binom{x+1}{x-1} = \binom{x+1}{2} = \frac{x(x+1)}{2}$;
injektiv: $f(x) = \frac{x(x+1)}{2} = \frac{y(y+1)}{2} = f(y) \Rightarrow x^2 + x = y^2 + y \Rightarrow x^2 - y^2 = -(x - y) \Rightarrow$ $(x + y)(x - y) = -(x - y) \Rightarrow x = y \vee x + y = -1$ (in $\mathbb{N}$ nicht möglich);
nicht surjektiv: 2 hat kein Urbild, denn $\frac{x(x+1)}{2} = 2$ ist in $\mathbb{N}$ nicht lösbar;

c) Nicht injektiv: $f(1) = f(2)$; surjektiv: Urbild von $k \in \mathbb{N}$ ist $k + 1$.

d) Injektiv: $f(a) = f(b)$
1.Fall: $a = 2k,\ k \in \mathbb{N}: \quad f(a) = f(2k) = 2k - 1 = f(b) \Rightarrow b = 2k \Rightarrow b = a;$
2.Fall: $a = 2k - 1,\ k \in \mathbb{N}: \quad f(a) = f(2k - 1) = 2k = f(b) \Rightarrow b = 2k - 1 = a;$
surjektiv: für $a = 2k,\ k \in \mathbb{N}$ ist $2k - 1$ Urbild, für $a = 2k - 1$ ist $2k$ Urbild.

e) Injektiv und surjektiv.

f) Nicht injektiv: $f(1) = f(-1)$; nicht surjektiv: $f(x) \ge -7 \quad \forall x \in \mathbb{R}$.

g) Injektiv: $f(a) = f(b) \Rightarrow 2^a = 2^b \Rightarrow a \cdot \log 2 = b \cdot \log 2 \Rightarrow a = b$;
nicht surjektiv: $f(x) > 0 \quad \forall x \in \mathbb{R}$.

h) Nicht injektiv: f(0)=f(1);
surjektiv: Urbild von $y \in [0, 1]$
ist $x = (\frac{1}{2} + \frac{1}{2} \cdot \sqrt{1 - y})^2 \in [0, 1]$.

Ü 20: $f^{-1}(x) = -\frac{11}{3}x + \frac{22}{27}$,
$g^{-1}(x) = \sqrt[5]{\frac{1}{2}x + \frac{5}{4}} \qquad x \in \mathbb{R}$,

$$h(x) = \begin{cases} 5x - 3 & \text{falls } x \ge \frac{3}{2} \\ x + 3 & \text{falls } x < \frac{3}{2} \end{cases}$$

$$h^{-1}(x) = \begin{cases} \frac{1}{5}x + \frac{3}{5} & \text{falls } x \ge \frac{9}{2} \\ x - 3 & \text{falls } x < \frac{9}{2} \end{cases}$$

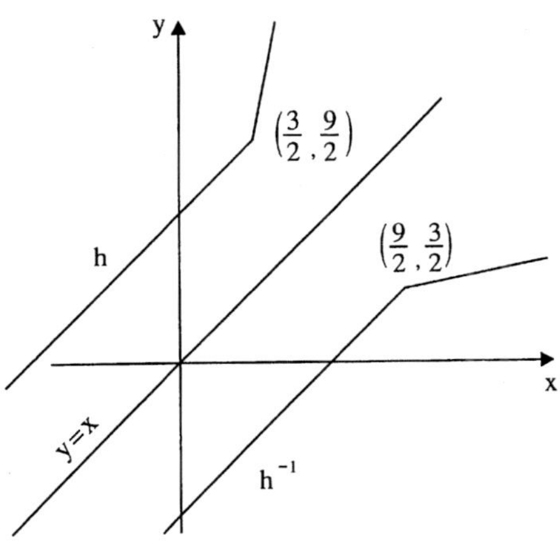

II.5 Verkettung von Funktionen

Zwei Funktionen mit geeigneten Definitions- und Wertebereichen lassen sich nacheinander anwenden, miteinander *verketten.*

Satz II.16:

Für Funktionen $f : A \to B \;\; , g : B \to C$ ist durch

$$(g \circ f)(a) := g(f(a)) \qquad \forall a \in A$$

eine Funktion $g \circ f$ von A in C definiert, die **Verkettung (Komposition) von g mit f**, gelesen 'g nach f'.

Beweis: Für jedes $a \in A$ gibt es genau ein $b \in B$ mit $f(a) = b$, weil f eine Funktion ist. Und für jedes solche $b \in B$ gibt es genau ein $c \in C$ mit $g(b) = c$, weil g eine Funktion ist. Also gibt es für jedes $a \in A$ genau ein $c \in C$ mit $(g \circ f)(a) := g(f(a)) = c$, und $g \circ f : A \to C$ ist eine Funktion. ■

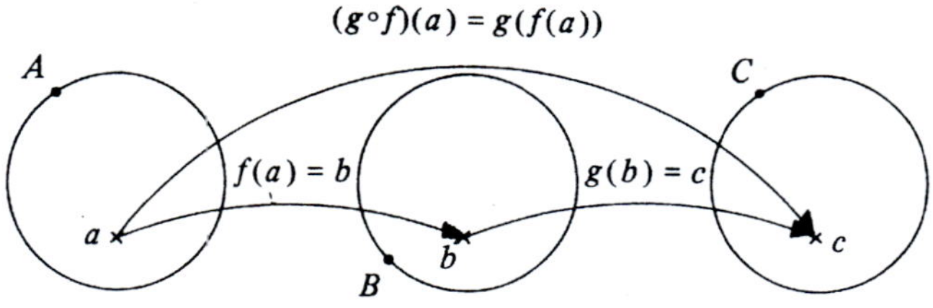

Abb. 2.14

Nach Satz II.16 ist für Funktionen $f : A \to B \;\; , g : B \to C$ die Verkettung $g \circ f$ nur erklärt, wenn der Wertebereich von f gleich dem Definitionsbereich von g ist. Die Verkettung $f \circ g$ ist nur für den Fall $C = A$ definiert. Ist $C \subset A$, so läßt sich g auch als Funktion mit dem Wertebereich A auffassen, und dann existiert auch $f \circ g$. Von Funktionen einer Menge A in sich $(A = B = C)$, sind sowohl $g \circ f$ als auch $f \circ g$, $f \circ f$ und $g \circ g$ definiert.
Beachtenswert bei der Schreibweise $g \circ f$ ist, daß die *rechts* stehende Abbildung zuerst angewandt wird, entgegen der Reihenfolge des Lesens. Die Sprechweise 'g nach f' weist darauf hin.

Beispiel 19:

a) Für eine *bijektive* Funktion $f : A \to B$ und Ihre Umkehrfunktion $f^{-1} : B \to A$ ist die Eigenschaft

$$f^{-1}(f(a)) = a \quad \forall a \in A \qquad \text{und} \qquad f(f^{-1}(b)) = b \quad \forall b \in B$$

charakteristeisch. Mit Hilfe der Verkettung läßt sich der Zusammenhang zwischen f und der Umkehrfunktion f^{-1} äquivalent ausdrücken durch

$$(f^{-1} \circ f)(a) = a \quad \forall a \in A \qquad \text{und} \qquad (f \circ f^{-1})(b) = b \quad \forall b \in B$$

oder $$f^{-1} \circ f = id_A \qquad \text{und} \qquad f \circ f^{-1} = id_B.$$

b) Für $f, g \in \mathcal{F}(\mathbb{R})$ mit $f(x) = x^2 + 2$, $g(x) = 3x - 4$ existieren $g \circ f$, $f \circ g$, $f \circ f$ und $g \circ g$. Für alle $x \in \mathbb{R}$ ist

$(g \circ f)(x) = g(f(x)) = g(x^2 + 2) = 3(x^2 + 2) - 4 = 3x^2 + 2$

$(f \circ g)(x) = f(g(x)) = f(3x - 4) = (3x - 4)^2 + 2 = 9x^2 - 24x + 18$

$(f \circ f)(x) = f(f(x)) = f(x^2 + 2) = (x^2 + 2)^2 + 2 = x^4 + 4x^2 + 6$

$(g \circ g)(x) = g(g(x)) = g(3x - 4) = 3(3x - 4) - 4 = 9x - 16$

c) Beispiel a) zeigt, daß die Verkettung von Funktionen nicht kommutativ ist, d.h. im allgemeinen ist $g \circ f \neq f \circ g$.
Es sind $f, g \in \mathcal{F}(\mathbb{R})$ mit

$$f(x) = ax + b \qquad g(x) = cx + d \qquad \forall x \in \mathbb{R}$$

Funktionen, deren Graphen für beliebige $a, b, c, d \in \mathbb{R}$ Geraden sind. Auch die Graphen der Verkettungen sind Geraden, es ist nämlich für alle $x \in \mathbb{R}$

$$(g \circ f)(x) = ca \cdot x + (cb + d) \qquad (f \circ g)(x) = ac \cdot x + (ad + b).$$

In Übung 22 sollen Sie für diese Funktionen untersuchen, unter welchen Bedingungen $g \circ f = f \circ g$ gilt.

d) Für die Funktionen $f, g : \mathcal{P}(\mathbb{Z}) \to \mathcal{P}(\mathbb{Z})$ mit

$$f(A) = \overline{A} \cup \mathbb{N} \qquad g(A) = \overline{A \cap \overline{\mathbb{N}}} \qquad \forall A \in \mathcal{P}(\mathbb{Z})$$

bestimmen wir die Verkettungen $g \circ f$, $f \circ g$, $f \circ f$ und $g \circ g$. Dabei werden die Regeln von de Morgan für Mengen angewandt.

$$\begin{aligned}(g \circ f)(A) = g(f(A)) = g(\overline{A} \cup \mathbb{N}) &= \overline{(\overline{A} \cup \mathbb{N}) \cap \overline{\mathbb{N}}} = \overline{(\overline{A} \cup \mathbb{N})} \cup \overline{\overline{\mathbb{N}}}) \\ &= (A \cap \overline{\mathbb{N}}) \cup \mathbb{N} = (A \cup \mathbb{N}) \cap (\overline{\mathbb{N}} \cup \mathbb{N}) = A \cup \mathbb{N}.\end{aligned}$$

Nach den Regeln von de Morgan gilt $\overline{A \cap \overline{\mathbb{N}}} = \overline{A} \cup \mathbb{N}$. Daher ist

$$f(A) = g(A) \quad \forall A \in \mathcal{P}(\mathbb{Z}), \text{ also } f = g.$$

Hieraus folgt $g \circ f = f \circ g = f \circ f = g \circ g$.

♣

Übung 21:

a) Berechnen Sie die Verkettungen $f \circ g$, $g \circ f$, $f \circ f$, $g \circ g$ für $f, g \in \mathcal{F}(\mathbb{R}^+)$ mit

$$f(x) = x^2 + 2, \qquad g(x) = \tfrac{1}{2x+1}.$$

b) Es seien $f, g : \mathcal{P}(\mathbb{Z}) \to \mathcal{P}(\mathbb{Z})$ Funktionen mit

$$f(A) = A \cap \mathbb{N} \quad \text{und} \quad g(A) = \overline{A}.$$

Bestimmen Sie $g \circ f$, $f \circ g$, $f \circ f$, $g \circ g$ und für
$A = \{x \in \mathbb{Z} \ / \ x \geq 5\}$, $B = \{x \in \mathbb{Z} \ / \ -20 \leq x \leq 20\}$, $C = \{x \in \mathbb{Z} \ / \ x \leq -11\}$
jeweils die Funktionswerte.

♠

Übung 22:

Es seien $f, g \in \mathcal{F}(\mathbb{R})$ mit $f(x) = ax + b$ und $g(x) = cx + d$ $(a, b, c, d \in \mathbb{R})$. Beweisen Sie, daß $g \circ f = f \circ g$ genau dann gilt, wenn sich die Graphen von f und g auf der ersten Winkelhalbierenden schneiden oder dazu parallel sind. ♠

Wie verhalten sich die Eigenschaften von Funktionen bei Verkettungen ?

Satz II.17:

Es seien $f : A \to B$, $g : B \to C$ Funktionen. Dann gilt:

(a) g und f injektiv $\Rightarrow$ $g \circ f$ injektiv,

(b) g und f surjektiv $\Rightarrow$ $g \circ f$ surjektiv,

(c) g und f bijektiv $\Rightarrow$ $g \circ f$ bijektiv,

(d) $g \circ f$ injektiv $\Rightarrow$ f injektiv,

(e) $g \circ f$ surjektiv $\Rightarrow$ g surjektiv,

(f) $g \circ f$ bijektiv $\Rightarrow$ f injektiv und g surjektiv.

Beweis:

(a): $(g \circ f)(a_1) = ((g \circ f)(a_2) \Rightarrow g(f(a_1)) = g(f(a_2)$ $\quad (a_1, a_2 \in A)$

$\Rightarrow f(a_1) = f(a_2)$ (weil g injektiv ist)

$\Rightarrow a_1 = a_2$ (weil f injektiv ist)

Damit ist $g \circ f$ injektiv.

(b): Sei $c \in C$ $\Rightarrow \exists b \in B : g(b) = c$ (weil g surjektiv ist)

$\Rightarrow \exists a \in A : f(a) = b$ (weil f surjektiv ist)

$\Rightarrow (g \circ f)(a) = c$ (nach Definition von $g \circ f$)

Also ist $g \circ f$ surjektiv.

(c) folgt aus (a) und (b).

(d): $f(a_1) = f(a_2) \Rightarrow g(f(a_1)) = g(f(a_2))$ $\quad (\Leftrightarrow (g \circ f)(a_1) = (g \circ f)(a_2))$

$\Rightarrow a_1 = a_2$ (weil $g \circ f$ injektiv ist)

(e): Sei $c \in C$ $\Rightarrow \exists a \in A : (g \circ f)(a) = g(f(a)) = c$

$\Rightarrow f(a) \in B$ ist Urbild von c unter g.

(f) folgt aus (d) und (e). ■

Übung 23:

Geben Sie jeweils Funktionen $f, g \in$F($\mathbb{N}$) an, für die gilt

(1) f injektiv, aber $g \circ f$ nicht injektiv,

(2) $g \circ f$ injektiv, aber g nicht injektiv,

(3) g surjektiv, aber $g \circ f$ nicht surjektiv,

(4) $g \circ f$ surjektiv, aber f nicht surjektiv,

(5) $g \circ f$ bijektiv, aber g nicht injektiv und f nicht surjektiv.

Die Funktionen f, g sollen in allen 5 Fällen unterschiedlich sein. ♠

Übung 24:

Es seien f, g, h Funktionen von $\mathbb{R}_0^+$ in $\mathbb{R}_0^+$ mit
$f(x) = 4x^2 + 16x + 17, \qquad g(x) = 4x^2 - 10x + \frac{25}{4}, \qquad h(x) = \frac{1}{2}x + \frac{5}{4}.$
Untersuchen Sie jeweils, ob die Funktionen $f,\ g,\ h \circ f,\ g \circ h$ injektiv bzw. surjektiv sind.

♠

Für die Verkettung dreier Funktionen f, g, h mit geeigneten Definitions- und Wertebereichen gibt es die beiden Möglichkeiten $(h \circ g) \circ f$ oder $h \circ (g \circ f)$. Im folgenden Satz wird gezeigt, daß die Verkettung von Funktionen *assoziativ* ist.

Satz II.18:

Sind $f : A \to B$, $g : B \to C$, $h : C \to D$ Funktionen, dann sind $(h \circ g) \circ f$ und $h \circ (g \circ f)$ Funktionen von A in D, und es ist
$$(h \circ g) \circ f = h \circ (g \circ f).$$

Beweis: Für beliebige $a \in A$ ist
$$((h \circ g) \circ f)(a) = (h \circ g)(f(a)) = h(g(f(a)))$$
und
$$(h \circ (g \circ f))(a) = h(g \circ f)(a)) = h(g(f(a))).$$
■

Aus Satz II.18 läßt sich ableiten, daß die Verkettung von mehr als drei Funktionen unabhängig von der Beklammerung zu einem eindeutigen Ergebnis führt. Daher können bei der Verkettung von Funktionen Klammern weggelassen werden. Auch lassen sich Potenzen von Funktionen einer Menge A in sich bezüglich der Verkettung bilden. Für natürliche Zahlen n und $f \in \mathrm{F}(A)$ definiert man *rekursiv*:

$$f^1 = f \qquad \text{und} \qquad f^{n+1} = f \circ f^n.$$

So ist beispielsweise für $f : \mathbb{R} \setminus \{-1, 0, 1\} \to \mathbb{R} \setminus \{-1, 0, 1\}$ mit $f(x) = \dfrac{1+x}{1-x}$

$f^2(x) = -\dfrac{1}{x}, \qquad f^3(x) = -\dfrac{1-x}{1+x}, \qquad f^4(x) = x = id(x)$ (identische Abbildung).

Wegen $id \circ f = f \circ id = f$ (Beispiel 19) wiederholen sich die folgenden Potenzen von f zyklisch modulo 4, das heißt es ist

$f^5 = f \circ id = f$ und weiterhin $f^9 = f^{13} = f^{17} = \ldots = f.$

Entsprechend erhält man $f^6 = f^{10} = f^{14} = \ldots = f^2, \quad f^7 = f^{11} = f^{15} = \ldots = f^3.$

Übung 25:

Ermitteln Sie für die folgenden Funktionen jeweils den kleinsten Exponenten $k \in \mathbb{N}$, für den gilt $f_i^k = id$ $(i = 1, 2, 3, 4)$.

$$f_1(x) = -x, \qquad f_2(x) = \frac{x-1}{x}, \qquad f_3(x) = \frac{x-1}{x+1}, \qquad f_4(x) = \frac{x-1}{x+2}.$$

Geben Sie die Funktionsvorschriften von $f_1^{45},\ f_2^{119},\ f_2^{57},\ f_3^{73},\ f_3^{114}\ f_4^{106}$ an.

Welche Mengen $A_i \subseteq \mathbb{R}$ $(i = 1,2,3,4)$ sind als Definitions- und Wertebereich für die Funktionen f_i und deren Potenzen geeignet, so daß die Verkettung definiert ist ? Bestimmen Sie für jede Funktion eine möglichst umfassende Teilmenge A_i. ♠

Übung 26:

Die Funktionen $f, g \in \mathrm{F}(\mathbb{N})$ seien definiert durch

$$f(x) = 10x \qquad g(x) = \begin{cases} 1 & \text{falls } x \in \mathbb{N} \text{ Primzahl} \\ x & \text{falls } x \in \mathbb{N} \text{ keine Primzahl} \end{cases}$$

a) Bestimmen Sie $f \circ g$, $g \circ f$, $f \circ f$, $g \circ g$, $g \circ g \circ g$.
b) Beweisen oder widerlegen Sie: $g \circ f \circ g \circ g = f \circ g$ und $g \circ g \circ g \circ f \circ g \circ f = f \circ f$.
c) Es bezeichne $f_0 \in \mathcal{F}(\mathbb{R})$ die Nullfunktion: $f_0(x) = 0 \quad \forall x \in \mathbb{R}$.
Bestimmen Sie Funktionen $f, g \in \mathcal{F}(\mathbb{R})$ mit $f \neq f_0 \neq g$, für die gilt:
$f \circ g = f_0$ und $g \circ f = f_0$. ♠

Lösungen und Lösungshinweise zu den Übungen

Ü 21: a) $(f \circ g)(x) = \dfrac{8x^2 + 8x + 3}{4x^2 + 4x + 1}$, $(g \circ f)(x) = \dfrac{1}{2x^2 + 5}$, $(g \circ g)(x) = \dfrac{2x + 1}{2x + 3}$,
$(f \circ f)(x) = x^4 + 4x^2 + 6$.

b) $(g \circ f)(X) = \overline{X} \cup \overline{\mathbb{N}}$, $(f \circ g)(X) = \overline{X} \cap \mathbb{N}$,
$(f \circ f)(X) = (X \cap \mathbb{N}) \cap \mathbb{N} = X \cap \mathbb{N} \Rightarrow f \circ f = f$, $(g \circ g)(X) = \overline{\overline{X}} \Rightarrow g \circ g = id$.
$(g \circ f)(A) = \{x \in \mathbb{Z} \,/\, x < 5 \vee x \leq 0\} = \{x \in \mathbb{Z} \,/\, x < 5\}$,
$(g \circ f)(B) = \{x \in \mathbb{Z} \,/\, x < -20 \vee x > 20 \vee x \leq 0\} = \{x \in \mathbb{Z} \,/\, x > 20 \vee x \leq 0\}$,
$(g \circ f)(C) = \{x \in \mathbb{Z} \,/\, x > -11 \vee x \leq 0\} = \mathbb{Z}$
$(f \circ g)(A) = \{1,2,3,4\}$, $(f \circ g)(B) = \{x \in \mathbb{Z} \,/\, x > 20\}$, $(f \circ g)(C) = \mathbb{N}$.
$(f \circ f)(A) = f(A) = \{x \in \mathbb{Z} \,/\, x \geq 5\}$. $f(B) = \{x \in \mathbb{Z} \,/\, 1 \leq x \leq 20\}$, $f(C) = \emptyset$.

Ü 22: $(g \circ f)(x) = ca \cdot x + (cb + d)$, $(f \circ g)(x) = ac \cdot x + (ad + b)$.
$g \circ f = f \circ g \;\Leftrightarrow\; (*)\;\; ad + b = cb + d \;\Leftrightarrow\; (**)\;\; (a-1)d = (c-1)b$
Beh.: $g \circ f = f \circ g \Leftrightarrow (i)\; \exists x_0 \in \mathbb{R} : (1)\; x_0 = ax_0 + b \wedge (2)\; x_0 = cx_0 + d \vee (ii)\; a = c = 1$
<u>Beweis:</u> $'\Leftarrow'$: Es gelte (i): $x_0 = ax_0 + b \Rightarrow x_0 = \frac{b}{1-a}$ $(a \neq 1)$
$\Rightarrow \frac{b}{1-a} = c \cdot \frac{b}{1-a} + d$ (wegen (2)) $\Rightarrow b = cb + d(1-a) \Rightarrow (1-c)b = (1-a)d$,
also gilt $(**)$. Es gelte (ii): $a = c = 1 \Rightarrow d + b = b + d$, es gilt $(*)$.
$'\Rightarrow'$: Fall 1: $a = 1 \quad \Rightarrow c = 1 \vee b = 0$ (wegen $(**)$). Für $c = 1$ ist $a = c = 1$, es gilt $(**)$. Für $b = 0$ ist $f(x) = 0$, f ist 1.Winkelhalbierende und g schneidet f oder ist dazu parallel.
Fall 2: $a \neq 1$ Für $c = 1$ folgt $g(x) = x$ und die Argumentation von oben.
Ist $c \neq 1$ schneiden die Geraden f, g die Winkelhalbierende $w(x) = x$ in $P_1(x_1, x_1)$ bzw. $P_2(x_2, x_2)$: $x_1 = ax_1 + b \wedge x_2 = cx_2 + d \Rightarrow x_1 = \frac{b}{1-a} \wedge x_2 = \frac{d}{1-c} \Rightarrow x_1 = x_2$,
also $P_1 = P_2$ (wegen $(**)$).

Ü 23: (1) f injektiv, $g \circ f$ nicht injektiv: $f = id_{\mathbb{N}}$, $g(x) = 1 \quad \forall x \in \mathbb{N}$.

(2) $g \circ f$ injektiv, g nicht injektiv: $f(x) = x + 1$, $g(x) = \begin{cases} 1 & \text{falls } x = 1 \\ x - 1 & \text{falls } x > 1 \end{cases}$

$g \circ f = id_{\mathbb{N}}$, $g(1) = g(2)$.

(3) g surjektiv, $g \circ f$ nicht surjektiv: $f(x) = 2 \quad \forall x \in \mathbb{N}$
$g(x) = Q(x) \quad (Q(x) = \text{Quersumme})$.

(4) $g \circ f$ surjektiv, f nicht surjektiv: $f(x) = 2^{x-1}$, $g(x) = |T_x|$ ($|T_x|$ = Anzahl der positiven Teiler von x, siehe Beispiel 13), $g \circ f = id_{\mathbb{N}}$.

(5) $g \circ f$ bijektiv, f nicht surjektiv, g nicht injektiv: $f(x) = x + 2$,

$$g(x) = \begin{cases} 1 & \text{falls } x \leq 2 \\ x - 2 & \text{falls } x > 2 \end{cases} \qquad g \circ f = id_{\mathbb{N}}.$$

Einige der Funktionenpaare (f,g) erfüllen mehrere Bedingungen: welche Paare, welche Bedingungen sind es ?

Ü 24: Man beachte, daß $\mathbb{R}_0^+$ Definitions- und auch Wertebereich ist, daß also die Graphen nur im 1. Quadranten betrachtet werden.

$f(x) = (2x + 4)^2 + 1$, Parabel mit Scheitel $S(-2, 1)$: injektiv, nicht surjektiv.

$g(x) = (2x - \frac{5}{2})^2$, Parabel mit Scheitel $S(\frac{5}{4}, 0)$: surjektiv, nicht injektiv, denn beispielsweise ist $g(1) = g(\frac{3}{2})$.

$(h \circ f)(x) = 2((x + 2)^2 + \frac{7}{8})$, Parabel mit Scheitel $S(-2, \frac{7}{4})$: injektiv, nicht surjektiv.

$(g \circ h)(x) = x^2$, bijektiv.

Ü 25: $f_1^2 = id$, $f_2^3 = id$, $f_3^4 = id$, $f_4^6 = id$.

$f_1^{45} = f_1^{44} \circ f_1 = (f_1^2)^{22} \circ f_1 = id \circ f_1 = f_1$, $\qquad f_2^{119} = f_2^{4 \cdot 29 + 2} = f_2^2 = \frac{1}{1-x}$,

$f_2^{57} = id$, $\qquad f_3^{73} = f_3$, $\qquad f_3^{114} = f_3^2 = -\frac{1}{x}$, $\qquad f_4^{106} = f_4^4 = -\frac{x+1}{x}$.

Maximaler Definitions- und Wertebereich ist für

$f_1 : \mathbb{R}$, $f_2 : \mathbb{R} \setminus \{0, 1\}$, $f_3 : \mathbb{R} \setminus \{0, 1, -1\}$, $f_4 : \mathbb{R} \setminus \{0, 1 - \frac{1}{2}, -1, -2\}$.

Ü 26:

$$(f \circ g)(x) = f(g(x)) = \begin{cases} f(1) & \text{falls } x \in \mathbb{P} \\ f(x) & \text{falls } x \notin \mathbb{P} \end{cases} = \begin{cases} 10 & \text{falls } x \in \mathbb{P} \\ 10x & \text{falls } x \notin \mathbb{P} \end{cases}.$$

$\mathbb{P}$ bezeichnet die Menge der Primzahlen.

$(g \circ f)(x) = g(f(x)) = g(10x) = 10x \quad \forall x \in \mathbb{N} \quad \Rightarrow \quad g \circ f = f$.

$(f \circ f)(x) = 100x \quad \forall x \in \mathbb{N}$.

$$(g \circ g)(x) = \begin{cases} g(1) & \text{falls } x \in \mathbb{P} \\ g(x) & \text{falls } x \notin \mathbb{P} \end{cases} = \begin{cases} 1 & \text{falls } x \in \mathbb{P} \\ x & \text{falls } x \notin \mathbb{P} \end{cases} = g(x) \Rightarrow g \circ g = g$$

b) Aus $g \circ f = f$ und $g \circ g = g$ folgt mit Satz II.18 (Assoziativität von $\circ$):

$g \circ f \circ g \circ g = (g \circ f) \circ (g \circ g) = f \circ g$ und

$g \circ g \circ g \circ f \circ g \circ f = (g \circ g) \circ (g \circ f) \circ (g \circ f) = (g \circ f) \circ f = f \circ f$.

c) $f(x) = \begin{cases} 0 & \text{falls } x \geq 0 \\ -1 & \text{falls } x < 0 \end{cases}$, $\qquad g(x) = \begin{cases} 1 & \text{falls } x > 0 \\ 0 & \text{falls } x \leq 0 \end{cases}$.

II.6 Gleichmächtigkeit von Mengen

Das Feststellen der Anzahl der Elemente einer endlichen Menge A geschieht durch *Abzählen*. Hat die Menge A genau n Elemente, wird durch den Abzählvorgang der Zahl 1 das zuerst gezählte Element, der Zahl 2 das danach gezählte Element und der Zahl n das zuletzt gezählte Element zugeordnet. Durch Abzählen einer n-elementigen Menge A wird also eine *bijektive* Abbildung der Menge $\{1, 2, \ldots, n\}$ auf A definiert. Bei einem axiomatischen Aufbau der Mengenlehre *definiert* man die für *endliche* Mengen A, B *Anzahlgleichheit* der Elemente durch die Existenz einer Bijektion von A auf B.

Definition II.19:

Eine Menge A heißt **gleichmächtig** zu einer Menge B, wenn es eine Bijektion $f : A \to B$ gibt. Wir schreiben dann '$A\ glm\ B$'.

Aufgrund der in Kap.II.4 und II.5 abgeleiteten Eigenschaften von Bijektionen können wir nun beweisen.

Satz II.20:

In jeder nichtleeren Menge $\mathcal{M}$ von Mengen ist die Relation glm eine Äquivalenzrelation.

Beweis:

Für alle $A \in \mathcal{M}$ ist die identische Abbildung eine Bijektion von A auf A. Also ist glm reflexiv.
Ist $A\ glm\ B$, dann existiert eine Bijektion $f : A \to B$ und die Umkehrabbildung $f^{-1} : B \to A$ ist ebenfalls eine Bijektion. Daher ist glm symmetrisch.
Ist $A\ glm\ B$ und $B\ glm\ C$, so existieren Bijektionen $f : A \to B$ und $g : B \to C$. Dann ist $g \circ f : A \to C$ eine Bijektion von A auf C (Satz II.17). Somit ist glm transitiv. ■

Besonders die Transitivität von glm wird häufig zum Nachweis, daß zwei Mengen A, B gleichmächtig sind, ausgenutzt.

Ist A eine *endliche* Menge, so wird die **Elementezahl** von A definiert durch

$$|A| = n \quad :\Leftrightarrow \quad \{1, 2, \ldots, n\}\ glm\ A.$$

Dies bedeutet für endliche Mengen A, B, daß $A\ glm\ B$ äquivalent zu $|A| = |B|$ ist. Denn ist $A\ glm\ B$ und $|A| = n$, so ist $\{1, 2, \ldots, n\}\ glm\ A$ und wegen der Transitivität von glm auch $\{1, 2, \ldots, n\}\ glm\ B$ und damit $|B| = n$.
Ist andererseits $|A| = |B| = n$, dann ist $\{1, 2, \ldots, n\}\ glm\ A \ \wedge\ \{1, 2, \ldots, n\}\ glm\ B$, so daß aus der Symmetrie und der Transitivität $A\ glm\ B$ folgt.

Da endliche Mengen genau dann gleichmächtig sind, wenn sie gleichviele Elemente haben, kann eine *endliche* Menge nicht zu einer ihrer *echten* Teilmengen gleichmächtig sein. Anders ist die Situation bei *unendlichen* Mengen, wie das folgende Beispiel zeigt.

Beispiel 20:

a) Die Menge $\mathbb{P}$ der Primzahlen ist eine *echte* Teilmenge von $\mathbb{N}$. Dennoch ist $\mathbb{P}\ glm\ \mathbb{N}$:

Bezeichnet man die Primzahlen ihrer Größe nach mit p_i, $i \in \mathbb{N}$, also $p_1 = 2,\ p_2 = 3,\ p_3 = 5,\ p_4 = 7,\ p_5 = 11,\ p_6 = 13,\ p_7 = 17,\ \ldots,\ p_{50} = 229,\ \ldots$ dann ist durch

$$f(p_i) = i \qquad \forall p_i \in \mathbb{P}$$

eine Bijektion von $\mathbb{P}$ auf $\mathbb{N}$ definiert. Aus der Definition von f folgt direkt die Injektivität, und f ist surjektiv, weil es unendlich viele Primzahlen gibt, zu jedem $i \in \mathbb{N}$ eine Primzahl p_i als Urbild existiert. (Die Existenz unendlich vieler Primzahlen wird in Kapitel III bewiesen.)

b) Es ist $\mathbb{N} \subset \mathbb{Z} \quad \wedge \quad \mathbb{N}\ glm \mathbb{Z}$:

Die natürlichen Zahlen sind bezüglich der $\leq$ −Relation wohlgeordnet (Definition II.12, Beispiel 12). Die $\leq$ −Relation ist eine lineare Ordnungsrelation mit kleinstem Element. Wenn man die ganzen Zahlen ebenso anordnet, gelangt man direkt zu einer Bijektion f von $\mathbb{N}$ auf $\mathbb{Z}$, wie im folgenden Beispiel:

$\mathbb{N}$:	1	2	3	4	5	6	7	8	9	10	...
f	↓	↓	↓	↓	↓	↓	↓	↓	↓	↓	↓
$\mathbb{Z}$:	0	1	−1	2	−2	3	−3	4	−4	5	...

Die Funktionsvorschrift für f lautet:

$$f(1) = 0 \quad \wedge \quad f(2n) = n \quad \wedge \quad f(2n+1) = -n \qquad \forall n \in \mathbb{N}.$$

♣

Eine endliche Menge ist zu keiner ihrer echten Teilmengen gleichmächtig, bei unendlichen Mengen kann dies, wie das Beispiel $\mathbb{N}\ glm\ \mathbb{Z}$ zeigt, der Fall sein. Bei einer axiomatischen Grundlegung der Mengenlehre *definiert* man die *Endlichkeit* bzw. *Unendlichkeit einer Menge* durch diese Eigenschaften. Man sagt:

Definition II.21:

a) Eine Menge A heißt **endlich**, wenn sie zu keiner ihrer echten Teilmengen gleichmächtig ist:
A ist eine endliche Menge $:\Leftrightarrow\ (T \subseteq A \wedge T\ glm\ A \Rightarrow T = A)$.

b) Eine Menge A heißt **unendlich**, wenn sie zu mindestens einer ihrer echten Teilmengen gleichmächtig ist:
A ist eine unendliche Menge $:\Leftrightarrow\ \exists\, T \subset A : \quad T\ glm\ A$.

Bei unendlichen Mengen kann von einer *Anzahl* der Elemente nicht gesprochen werden. Insofern hat Gleichmächtigkeit bei unendlichen Mengen eine andere Bedeutung als bei endlichen Mengen. Dies wird im folgenden Beispiel, in dem überwiegend Zahlbereiche bezüglich *glm* verglichen werden, noch einmal deutlich. Die Ergebnisse sind oftmals überraschend und es bedarf zuweilen kunstvoller Konstruktionen, um nachzuweisen, daß die jeweiligen Mengen gleichmächtig oder auch nicht gleichmächtig sind. Einige derartige Beweise gehen auf GEORG CANTOR, den Begründer der transfiniten Mengenlehre, zurück. So werden die Beweise in den folgenden Beispielen a), c) und e) als *Cantorsche Diagonalverfahren* bezeichnet. Cantor wurde bereits in Kapitel I.3 im Zusammenhang mit der Erklärung des Mengenbegriffs erwähnt.

Beispiel 21:

a) $\mathbb{N}$ *glm* $\mathbb{N} \times \mathbb{N}$.

In Abb. 2.15 ist eine Bijektion f von $\mathbb{N}$ auf $\mathbb{N} \times \mathbb{N}$ durch eine *Numerierung* graphisch beschrieben: Die Gitterpunkte im 1.Quadranten eines kartesischen Koordinatensystems stellen die Zahlenpaare aus $\mathbb{N} \times \mathbb{N}$ dar. (Eigentlich bedeutet dies: Die Gitterpunkte des 1.Quadranten sind bijektiv auf die Zahlenpaare von $\mathbb{N} \times \mathbb{N}$ abgebildet (vgl. Beispiel 16).)
Man denke sich die Gitterpunkte bei (1,1) beginnend längs der eingezeichneten Linie numeriert. Verschiedenen natürlichen Zahlen (Nummern) sind dann verschiedene Gitterpunkte, und somit verschiedene Zahlenpaare zugeordnet, f ist also injektiv. Und jeder Gitterpunkt des Quadranten, damit jedes Zahlenpaar aus $\mathbb{N} \times \mathbb{N}$ erhält eine Nummer, so daß die Funktion f insgesamt bijektiv ist.

Es gibt beliebig viele verschiedene Möglichkeiten zur Numerierung der Gitterpunkte und damit beliebig viele Bijektionen von $\mathbb{N}$ auf $\mathbb{N} \times \mathbb{N}$. In Abb. 2.15 ist eine weitere Bijektion g graphisch dargestellt. Stellen Sie für die Bijektionen f und g je eine Wertetafel für 1 bis 30 auf.

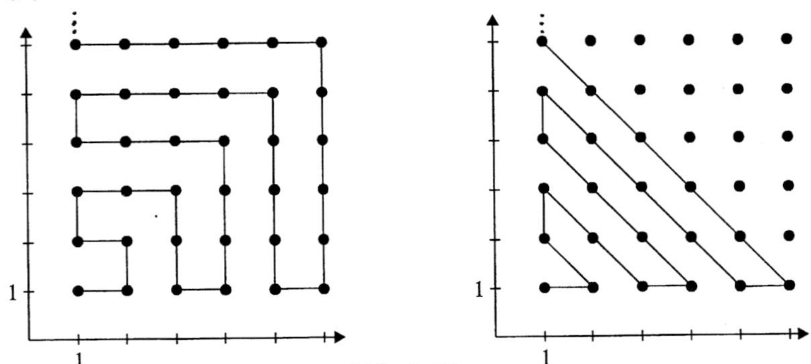

Abb. 2.15

b) $\mathbb{N}$ *glm* $\mathbb{Z} \times \mathbb{Z}$.

Zwei verschiedene Numerierungen der Gitterpunkte mit ganzzahligen Koordinaten sind in Abb. 2.16 angedeutet.

$\mathbb{N} \times \mathbb{N}$ *glm* $\mathbb{Z} \times \mathbb{Z}$.

Ohne Angabe einer konkreten Bijektion folgt die Gleichmächtigkeit aus der Transitivität, denn es wurde bereits gezeigt: $\mathbb{N} \times \mathbb{N}$ *glm* $\mathbb{N} \wedge \mathbb{N}$ *glm* $\mathbb{Z} \times \mathbb{Z}$.

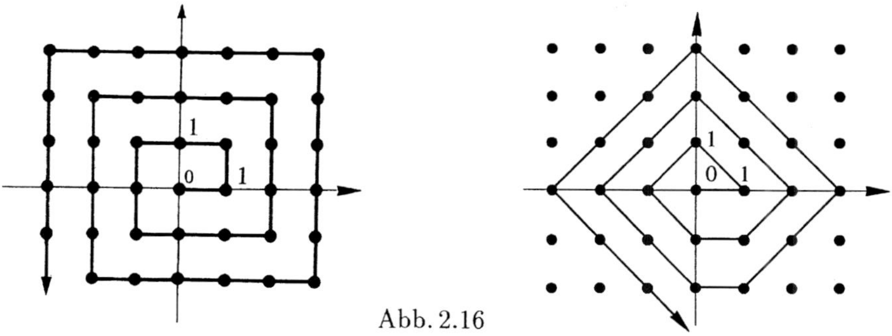

Abb. 2.16

c) $\mathbb{N}$ *glm* $\mathbb{Q}$.

Selbst die rationalen Zahlen, d.h. die Menge aller Bruchzahlen, lassen sich numerieren. Bei einer Anordnung der rationalen Zahlen wie in Abb. 2.17 kann eine Numerierung wie bei $\mathbb{N} \times \mathbb{N}$ vorgenommen werden. Zu beachten ist hierbei allerdings, daß jede rationale Zahl in der Anordnung mehrfach (sogar unendlich oft) vorkommt, beispielsweise $\frac{1}{2}, \frac{2}{4}, \frac{3}{6}, \frac{4}{8}, \frac{5}{10}, \frac{6}{12}, \ldots$. Wenn man nun bei der Numerierung eine rationale Zahl genau beim ersten Auftreten zählt und danach übergeht, erhält man eine Bijektion von $\mathbb{Q}$ auf $\mathbb{N}$.

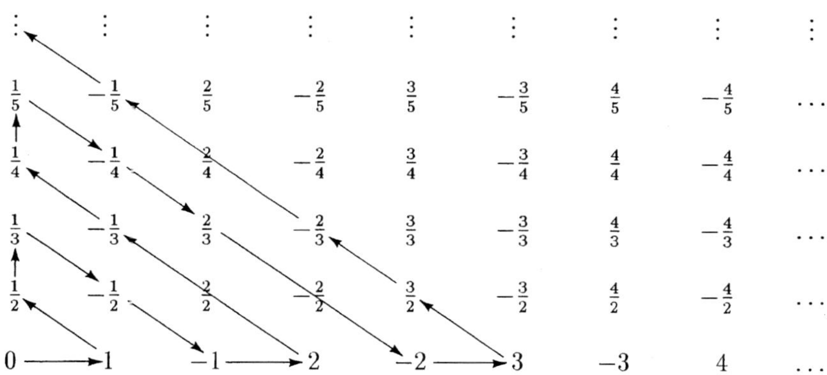

Abb. 2.17

d) $\mathbb{R}$ *glm* $]0,1[$.

Dabei bezeichnet $]0,1[$ das *offene Intervall* der reellen Zahlen zwischen 0 und 1: $]0,1[:=\{x \in \mathbb{R} \;/\; 0 < x < 1\}$. Die Gleichmächtigkeit erkennt man an Abb. 2.18. Das offene Intervall $]0,1[$ ist durch eine geknickte Strecke der Länge 1 dargestellt, welche von einem Zentrum Z auf die Zahlengerade projiziert wird. Hat das Zentrum die angedeutete Lage, ist die Projektion eine bijektive Abbildung.

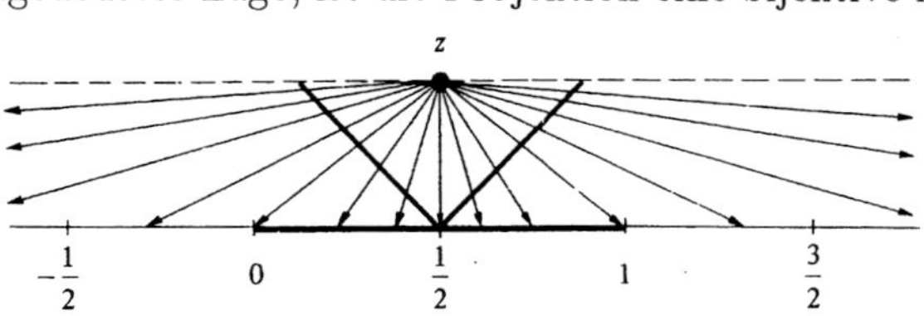

Abb. 2.18

e) $\mathbb{N}$ *nicht glm* $]0,1[$.

Wir denken uns die reellen Zahlen zwischen 0 und 1 in Dezimalbruchdarstellung gegeben und nehmen an, es gäbe eine Bijektion

$$f:\ \mathbb{N} \Rightarrow]0,1[\,,$$

also eine Numerierung der reellen Zahlen zwischen 0 und 1. Dann wäre für diese reellen Zahlen eine Reihenfolge festgelegt, etwa wie in der nebenstehenden Abbildung angedeutet. Dabei gibt der erste Index an den Ziffern die Nummer der reellen Zahl bei der Numerierung an, während der zweite Index die Stelle der Ziffer nach dem Komma angibt.

$$\begin{array}{l} 0,a_{11}a_{12}a_{13}a_{14}a_{15}\ldots \\ 0,a_{21}a_{22}a_{23}a_{24}a_{25}\ldots \\ 0,a_{31}a_{32}a_{33}a_{34}a_{35}\ldots \\ 0,a_{41}a_{42}a_{43}a_{44}a_{45}\ldots \\ 0,a_{51}a_{52}a_{53}a_{54}a_{55}\ldots \\ 0,a_{61}a_{62}a_{63}a_{64}a_{65}\ldots \\ \ldots\ldots\ldots\ldots\ldots\ldots \end{array}$$

Abb.2.19

Jede reelle Zahl aus dem Intervall hätte in dieser Reihenfolge ihren festen Platz. Betrachten wir aber nun eine reelle Zahl

$$0,b_1b_2b_3b_4b_5b_6\ldots \qquad \text{mit } b_i \in \{1,2,\ldots,9\},\ b_i \neq a_{ii} \quad \text{für alle } i \in \mathbb{N},$$

dann kommt diese reelle Zahl in der angegebenen Reihenfolge nicht vor: Für kein $i \in \mathbb{N}$ kann sie auf dem i-ten Platz stehen, denn die Zahl auf dem i-ten Platz hat die Ziffer a_{ii}. Das bedeutet aber, daß sich bei *jeder* Funktion $f : \mathbb{N} \to]0,1[$ stets mindestens eine reelle Zahl x zwischen 0 und 1 finden läßt, die kein Urbild in $\mathbb{N}$ hat. Daher kann es keine Bijektion von $\mathbb{N}$ auf $]0,1[$ geben.
Insbesondere ist

$$\mathbb{N} \textit{ nicht glm } \mathbb{R}.$$

Denn aus $\mathbb{N}\, glm\, \mathbb{R} \wedge \mathbb{R}\, glm\,]0,1[$ würde $\mathbb{N}\, glm\,]0,1[$ folgen.
Mit der Transitivität von *glm* folgt weiterhin

$$\mathbb{Z} \textit{ nicht glm } \mathbb{R} \quad \wedge \quad \mathbb{Q} \textit{ nicht glm } \mathbb{R}.$$

f) Es sei $A = \{x \in \mathbb{R} \ /\ 0 < x \leq 1\}$, dann ist $A\, glm\, A \times A$. Zum Beweis stellen wir jede Zahl aus A durch einen *nichtabbrechenden* Dezimalbruch dar, schreiben also etwa $0,\overline{9}$ für den abbrechenden Dezimalbruch 1 oder $0,272\overline{9}$ für 0,273. Durch diese Vereinbarung wird die Eindeutigkeit der Darstellung für jede reelle Zahl x aus A gesichert, denn es ist $0,\overline{9} = 1$ und $0,272\overline{9} = 0,273$. Wir konstruieren nun folgendermaßen eine Funktion f von A auf $A \times A$: In dem nichtabbrechenden Dezimalbruch

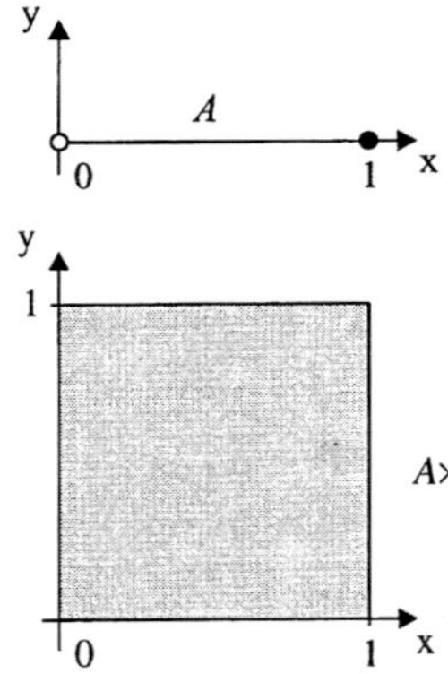

Abb. 2.20

$$0,a_1a_2a_3a_4a_5\ldots \quad \in A$$

machen wir hinter jeder von 0 verschiedenen Ziffer einen Strich und verteilen dann die so abgegrenzten Ziffernkomplexe alternierend auf zwei neue Dezimalbrüche, mit denen wir dann ein Paar aus $A \times A$ bilden wie im folgenden Beispiel:

0,	3		05		003		8		001		...
	↑		↑		↑		↑		↑		
0,	3	1	05	07	003	1	8	5	001	7	...
		↓		↓		↓		↓		↓	
0,		1		07		1		5		7	...

Damit ist

$$f: \quad 0{,}3105070031850017\ldots \longmapsto (0{,}3050038001\ldots, 0{,}107157\ldots).$$

Man überzeugt sich leicht davon, daß f eine Bijektion ist. (Übung 27) ♣

Übung 27:

a) Beweisen Sie: $0,\overline{9} = 1$.

b) Zeigen Sie, daß die Funktion f in Beispiel 21f) eine Bijektion ist.

c) Es sei $A = \{x \in \mathbb{R} \;/\; 0 < x \leq 1\}$ und jede reelle Zahl aus dieser Menge als nichtabbrechender Dezimalbruch geschrieben. Die Funktion $g : A \to A \times A$ sei definiert durch

$$g(0, a_1a_2a_3a_4a_5a_6\ldots) = (0, a_1a_3a_5\ldots \;,\; 0, a_2a_4a_6\ldots).$$

Zeigen Sie, daß g keine Bijektion ist. ♠

Übung 28:

Beschreiben Sie eine Numerierung von $\mathbb{N} \times \mathbb{N} \times \mathbb{N}$.
Hinweis: Ordnen Sie die Tripel $(a, b, c) \in \mathbb{N} \times \mathbb{N} \times \mathbb{N}$ zunächst nach ihrer Summe $a + b + c$. ♠

Ist eine Menge A gleichmächtig zu $\mathbb{N}$, kann man A numerieren, das heißt die Elemente von A *abzählen.*

Definition II.22:

> Eine Menge A heißt **abzählbar (numerierbar)**, wenn $A \; glm \; \mathbb{N}$ gilt.
> Ist A unendlich und nicht abzählbar, so heißt A **überabzählbar**.

Abzählbare Mengen sind beispielsweise $\mathbb{Z}$, $\mathbb{Q}$, $\mathbb{N}\times\mathbb{N}$, $\mathbb{Z}\times\mathbb{Z}$, $\mathbb{N}\times\mathbb{N}\times\mathbb{N}$, $\mathbb{Z}\times\mathbb{Z}\times\mathbb{Z}$.
Überabzählbar sind etwa die Mengen $]0{,}1[$, $\mathbb{R}$ und $\mathbb{C}$, die komplexen Zahlen.

Die überabzählbaren Mengen sind nun keineswegs alle gleichmächtig zueinander, auch hier gibt es unterschiedliche 'Mächtigkeiten'. Mit dem Begriff der *Kardinalzahl* lassen sich die 'verschiedenen Arten des Unendlichseins' von Mengen mathematisch beschreiben.

Lösungen und Lösungshinweise zu den Übungen

Ü 27: a) Es ist $10 \cdot 0,\overline{9} = 9,\overline{9}$ und somit $9 \cdot 0,\overline{9} = 9,\overline{9} - 0,\overline{9} = 9 \Rightarrow 0,\overline{9} = 1$

b) Injektivität: $f(a) = (a_1, a_2) = (b_1, b_2) = f(b) \Rightarrow a_1 = b_1 \wedge a_2 = b_2$, a_1, a_2, b_1, b_2 sind *nichtabbrechende* Dezimalbrüche. Durch Umkehrung der Abbildungsvorschrift folgt $a = b$.
Surjektivität: sei $(a_1, a_2) \in A \times A$ mit nichtabbrechenden Dezimalbrüchen a_1, a_2, dann läßt sich durch Umkehrung der Abbildungsvorschrift ein nichtabbrechender Dezimalbruch a konstruieren mit $f(a) = (a_1, a_2)$.

c) Die Funktion g ist surjektiv, aber nicht injektiv. Im Unterschied zur Funktion f in b) können *abbrechende* Dezimalbrüche in den Bildpaaren auftreten, die dann gleich einem *nichtabbrechenden* Dezimalbruch sind (vgl. a)):
$g(0,10\overline{19}) = (0.1111\ldots\ ,\ 0,0999\ldots) = (0,\overline{1}\ ,\ 0,0\overline{9})$ und
$g(0,11\overline{01}) = (0.1111\ldots\ ,\ 0,1000\ldots) = (0,\overline{1}\ ,\ 0,0\overline{9})$, aber $0,10\overline{19} \neq 0,11\overline{01}$.

II.7 Abbildungen einer endlichen Menge in eine endliche Menge

Für *endliche* Mengen A, B bestimmen wir die Anzahl der Abbildungen und die Anzahl der *injektiven* Abbildungen von A in B. Als Spezialfall erhält man daraus auch die Anzahl der *Bijektionen* einer endlichen Menge A auf sich. Wie bereits die Binomialkoeffizienten, sind diese Anzahlen hilfreich zur Behandlung kombinatorischer Fragestellungen, wie sich hier und auch in Kapitel IV zeigen wird.

Für endliche Mengen A, B mit $|A| = r$, $|B| = s$ soll zunächst $|\mathrm{F}(A, B)|$, die Anzahl der Funktionen von A in B bestimmt werden.
Wir numerieren die Elemente von A und B, etwa

$$A = \{a_1, a_2, \ldots, a_r\}, \qquad B = \{b_1, b_2, \ldots, b_s\}$$

und fragen, wieviele verschiedenen Möglichkeiten für die Definition einer Funktion $f : A \to B$ existieren. Für alle $i \in \{1, 2, \ldots, s\}$ kann $f(a_1) = b_i$ gewählt werden. Das sind s verschiedene Möglichkeiten. Da f eine beliebige Funktion ist, gibt es unabhängig vom Funktionswert $f(a_1)$ für a_2 dieselben s Möglichkeiten, für die Bilder von a_1 *und* a_2 also s^2 Möglichkeiten. Damit ist unmittelbar einsichtig, daß es für alle a_i, $i = 1, \ldots, r$, unabhängig voneinander s Möglichkeiten gibt, $f(a_i)$ festzulegen, also s^r Möglichkeiten, eine Funktion von A in B zu definieren.

Satz II.23:

Für endliche Mengen A, B mit $|A| = r$, $|B| = s$ gibt es genau s^r Funktionen von A in B:

$$|\mathrm{F}(A, B)| = s^r.$$

Insbesondere gilt

$$|\mathrm{F}(A)| = r^r.$$

Formal läßt sich der Satz auch durch vollständige Induktion beweisen (Aufgabe 19).

Aufgrund dieser Formel, die sich auch $|\mathrm{F}(A,B)| = |B|^{|A|}$ schreiben läßt, wird die Menge aller Funktionen von A in B oftmals mit B^A bezeichnet. In Übung 14 haben Sie für $A = \{1,2\}$, $B = \{a,b,c\}$ alle $3^2 = 9$ Funktionen von A in B und alle $2^3 = 8$ Funktionen von B in A bestimmt.

In Kapitel I.7 wurde per Induktion bewiesen, daß für die Potenzmenge einer n-elementigen Menge A gilt $|\mathcal{P}(A)| = 2^n$. Diese Formel läßt sich auch mit Hilfe dieses Satzes und der in Beispiel 14 definierten *charakteristischen Funktionen* beweisen:

Es sei $B = \{0,1\}$. für jedes $T \in \mathcal{P}(A)$ ist die charakteristische Funktion $f_T : A \to B$ definiert durch

$$f_T(k) = \begin{cases} 1 & \text{falls} \quad k \in T \\ 0 & \text{falls} \quad k \notin T \end{cases}$$

Die Funktion g, die jeder Teilmenge T von A ihre charakteristische Funktion f_T zuordnet, ist eine *bijektive* Abbildung von $\mathcal{P}(A)$ auf die Menge $\mathrm{F}(A,B)$. Denn verschiedene Teilmengen T_1, T_2 von A haben verschiedene charakteristische Funktionen f_{T_1} und f_{T_2}. Daher ist g injektiv. Die Funktion g ist auch surjektiv, denn für $f \in \mathrm{F}(A,B)$ ist die Teilmenge T_f von A, definiert durch $T_f = \{a \in A \ / \ f(a) = 1\}$, das Urbild von f unter der Abbildung g. Da g eine Bijektion ist, folgt zusammen mit Satz II.23

$$|\mathcal{P}(A)| = |\mathrm{F}(A,B)| = 2^n.$$

Beispiel 22:

Beim derzeitigen Fußballtoto (Elferwette) muß man für 11 Spiele die Ausgänge '1' (Sieg der Heimmannschaft), '0' (Unentschieden) oder '2' (Sieg der Gastmannschaft) voraussagen. Eine Tippreihe kann man sich also vorstellen als eine Abbildung

$$f : \{1,2,3,4,5,6,7,8,9,10,11\} \longrightarrow \{0,1,2\}.$$

Daher gibt es nach Satz II.23 genau $3^{11} = 177\,147$ verschiedene Tips.

Um wieviel reduziert sich die Zahl der verschiedenen Tippreihen, wenn der Ausgang von drei bestimmten Spielen als nahezu sicher gilt, und diese Spiele stets gleich getippt werden ? ♣

Eine ähnliche Überlegung wie bei der Frage nach der Anzahl der Abbildungen einer Menge A in eine Menge B führt zu der Anzahlbestimmung der *injektiven* Abbildungen einer endlichen Menge A in eine endliche Menge B. Wir bezeichnen die injektiven Abbildungen von A in B mit $\mathcal{I}(A,B)$ und die Mengen A, B mit

$$A = \{a_1, a_2, \ldots, a_r\}, \qquad B = \{b_1, b_2, \ldots, b_s\}.$$

Injektive Abbildungen können nur für $s \geq r$ existieren. Ist nun $f : A \to B$ eine Injektion, kann $f(a_1) = b_i$ für alle $i \in \{1,2,\ldots,s\}$ gewählt werden. Das sind s verschiedene Möglichkeiten. Da f eine injektive Funktion ist, gilt $f(a_1) \neq f(a_2)$, es gibt für a_2 nur noch $s-1$ Möglichkeiten, für die Bilder von a_1 und a_2 also $s \cdot (s-1)$

Möglichkeiten. Für jedes der folgenden a_i gibt es eine Möglichkeit weniger. Für a_r hat man schließlich noch $s-(r-1)$ mögliche Bilder in B und man erhält

$$s\cdot(s-1)\cdot(s-2)\cdot\ldots\cdot(s-r+2)\cdot(s-r+1)$$

für die Anzahl der Injektionen von A in B. Dieser Ausdruck läßt sich auch in der Form $\dfrac{s!}{(s-r)!}$ schreiben.

Satz II.24:

Für endliche Mengen A, B mit $|A|=r$, $|B|=s$ und $r\leq s$ gibt es genau $\dfrac{s!}{(s-r)!}$ injektive Funktionen von A in B:

$$|\mathcal{I}(A,B)|=\frac{s!}{(s-r)!}.$$

In diesem Fall wollen wir zusätzlich den formalen Induktionsbeweis führen. Möglicherweise enthält er Anregungen zur Lösung der Aufgabe 19.

Beweis: Zu beweisen ist durch vollständige Induktion nach s:

Für alle $s\in\mathbb{N}$ und alle $r\in\mathbb{N}$ mit $r\leq s$ ist $|\mathcal{I}(A,B)|=\dfrac{s!}{(s-r)!}$.

Induktionsanfang: $s=1$, $r=1$: $|\mathcal{I}(A,B)|=\frac{1!}{0!}=1$
(zu beachten ist $0!=1$ per definitionem).
Die Behauptung gelte für $s\in\mathbb{N}$.
A,B seien Mengen mit $|B|=s+1$, $|A|=r$, $r\leq s+1$. Es sei $a\in A$ fest gewählt und $\mathcal{I}(A,B)$ in $s+1$ Teilmengen eingeteilt, wobei einer solchen Teilmenge alle Injektionen von A in B angehören, die a auf ein fest gewähltes Element von B abbilden. Ist $B=\{b_1,b_2,\ldots,b_{s+1}\}$ und für $i=1,2,\ldots,s+1$

$$\mathcal{I}_i=\{f\in\mathcal{I}(A,B)\ /\ f(a)=b_i\},$$

dann liegt eine Zerlegung von $\mathcal{I}(A,B)$ vor:

$$\mathcal{I}(A,B)=\bigcup_{i=1}^{s+1}\mathcal{I}_i\quad\wedge\quad\mathcal{I}_i\cap\mathcal{I}_j=\emptyset\quad\text{für } i\neq j.$$

Durch Anwendung der Induktionsannahme erhält man

$$|\mathcal{I}_i|=|\mathcal{I}(A\setminus\{a\},B\setminus\{b_i\})=\frac{s!}{(s-r+1)!}\qquad\forall i\in\{1,2,\ldots,s+1\}\,.$$

Hiermit folgt die Induktionsbehauptung:

$$|\mathcal{I}(A,B)|=\sum_{i=1}^{s+1}|\mathcal{I}_i|=(s+1)\cdot\frac{s!}{(s-r+1)!}=\frac{(s+1)!}{(s+1-r)!}.$$

■

Beispiel 23:

a) Bei einer Kabinettsbildung sind 18 Ministerposten zu besetzen, 11 künftige Amtsinhaber stehen bereits fest. Für die restlichen Ministerien gibt es 10 Anwärter, von denen jeder für jedes Ressort einsetzbar ist (,was nur in der Politik möglich ist).

Auf wieviele unterschiedliche Arten kann eine Regierung gebildet werden ?

Jedes mögliche Kabinett läßt sich als *injektive* Abbildung der 7 unbesetzten Ministerposten in die Menge der 10 Kandidaten auffassen, also gibt es

$$\frac{10!}{3!} = 10 \cdot 9 \cdot 8 \cdot \ldots \cdot 4 = 604\,800$$

verschiedene Möglichkeiten der Bildung eines Kabinetts.

b) In Kap.I, Beispiel 21 wurde über Möglichkeiten der personellen Zusammensetzung einer Fußballmannschaft nachgedacht. Wir greifen dieses Beispiel auf.

Ein Trainer hat 2 Torhüter, 5 Abwehrspieler, 6 Mittelfeldspieler und 4 Sturmspitzen zur Verfügung. Er benötigt für das nächste Spiel einen Torwart, 3 Abwehrspieler, 4 Mittelfeldspieler und 3 Sturmspitzen. Es gibt gemäß Beispiel 21 in Kap.I 1200 Möglichkeiten, 11 Spieler auszuwählen. Durch die *personelle Auswahl* ist die *Mannschaftsaufstellung* noch nicht festgelegt, denn innerhalb der verschiedenen Einsatzbereiche können die verschiedenen Positionen noch unterschiedlich besetzt werden.

Man gelangt zu einer Mannschaftsaufstellung, wenn man für jeden Einsatzbereich die Positionen *injektiv* in die Menge der jeweils verfügbaren Spieler abbildet, beispielsweise die 4 Mittelfeldpositionen in die Menge der 6 vorhandenen Mittelfeldspieler.

Die Zahl der möglichen Mannschaftsaufstellungen ist daher

$$2 \cdot (5 \cdot 4 \cdot 3) \cdot (6 \cdot 5 \cdot 4 \cdot 3) \cdot (4 \cdot 3 \cdot 2) = 1\,036\,800.$$

♣

Übung 29:

Es sei $A = \{0, 1, 2, 3, 4, 5\}$. Wieviele Abbildungen gibt es von $A \times A$ in A ?
Wieviele Abbildungen und wieviele Injektionen gibt es von A in $A \times A$? ♠

Übung 30:

Wieviele verschiedene Wörter mit 4 Buchstaben kann man aus den 26 Buchstaben des Alphabets bilden, wenn

a) die Buchstaben in einem Wort alle verschieden sein sollen,

b) auch gleiche Buchstaben in einem Wort vorkommen können ?

Ein Wort soll dabei eine Folge von Buchstaben sein, unabhängig davon, ob sich ein sprachlicher Sinn ergibt. ♠

Übung 31:

Wieviele verschiedene Trikoloren lassen sich aus 6 Farben herstellen ?
Wieviele sind es, wenn eine bestimmte Farbe in jeder Fahne vorkommen soll ? ♠

Ist f eine *injektive* Abbildung der endlichen Menge A in sich, dann ist f auch *surjektiv* und damit *bijektiv.* Denn wäre f nicht surjektiv, dann wäre f eine Bijektion auf eine *echte* Teilmenge von A, nämlich auf $\mathit{Bild}\, f$, im Widerspruch zu Definition II.21. Also sind die injektiven Abbildungen einer endlichen Menge A in sich genau die Bijektionen von A auf sich, ganz im Unterschied zu unendlichen Mengen. Die Menge der Bijektionen von A auf sich bezeichnen wir mit $\mathcal{B}(A)$.

Bijektive Abbildungen einer Menge A auf sich werden auch **Permutationen** von A genannt. Hinsichtlich der Anzahl der Permutationen einer endlichen Menge A erhält man nun als Spezialfall von Satz II.24 (r=s):

Satz II.25:

Eine n–elementige Menge A besitzt genau $n!$ Permutationen:

$$|\mathcal{B}(A)| = n!$$

Die Anwendung dieses Satzes zeigt beispielsweise, daß es $8! = 40\,320$ Möglichkeiten gibt, die bei einem 100 Meter-Lauf an den Start gehenden Läufer 1 bis 8 auf die 8 Bahnen zu verteilen.

Übung 32:

Wieviele verschiedene Zahlen kann man jeweils durch Permutation der Ziffern in 47 193 bzw. in 688 309 bilden ? Berechnen Sie in beiden Fällen die Summe dieser Zahlen. ♠

Im folgenden Beispiel beschäftigen wir uns etwas näher mit den Permutationen von $A = \{1, 2, 3\}$.

Beispiel 24:

Es gibt 3!=6 Permutationen von $A = \{1, 2, 3\}$:

x	$id_A(x)$	$p_1(x)$	$p_2(x)$	$p_3(x)$	$p_4(x)$	$p_5(x)$
$1 \mapsto$	1	1	3	2	2	3
$2 \mapsto$	2	3	2	1	3	1
$3 \mapsto$	3	2	1	3	1	2

Für Permutationen endlicher Mengen verwendet man besondere Schreibweisen, beispielsweise

$$p_4 = \begin{pmatrix} 1\,2\,3 \\ 2\,3\,1 \end{pmatrix} \qquad \text{anstelle von} \qquad p_4 : \begin{array}{c} 1 \mapsto 2 \\ 2 \mapsto 3 \\ 3 \mapsto 1 \end{array}$$

Man gibt unter jedem Element das entsprechende Bild an. Damit ist

$$\mathcal{B}(A) = \{\begin{pmatrix}1\,2\,3\\1\,2\,3\end{pmatrix}, \begin{pmatrix}1\,2\,3\\1\,3\,2\end{pmatrix}, \begin{pmatrix}1\,2\,3\\3\,2\,1\end{pmatrix}, \begin{pmatrix}1\,2\,3\\2\,1\,3\end{pmatrix}, \begin{pmatrix}1\,2\,3\\2\,3\,1\end{pmatrix}, \begin{pmatrix}1\,2\,3\\3\,1\,2\end{pmatrix}\}.$$

Nach Satz II.17 ist die Verkettung zweier bijektiver Funktionen wieder bijektiv. Die Verkettung zweier Permutationen von A ist also wieder eine Permutation von A. Man sagt: Die Verkettung $\circ$ ist in der Menge $\mathcal{B}(A)$ *abgeschlossen.*
Da zu jeder bijektiven Funktion die Umkehrfunktion existiert und diese auch bijektiv ist, sind Permutationen p umkehrbar und es gilt (vgl. Beispiel 19 a))

$$p \circ p^{-1} = id_A \qquad \wedge \qquad p^{-1} \circ p = id_A.$$

Beispielsweise ist die Umkehrfunktion von p_4 die Permutation p_5:

$$\begin{pmatrix}1\,2\,3\\2\,3\,1\end{pmatrix} \circ \begin{pmatrix}1\,2\,3\\3\,1\,2\end{pmatrix} = \begin{pmatrix}1\,2\,3\\3\,1\,2\end{pmatrix} \circ \begin{pmatrix}1\,2\,3\\2\,3\,1\end{pmatrix} = id_A\,.$$

Bei dieser Darstellung von Permutationen ist besonders darauf zu achten, daß bei der Berechnung von $p \circ q$ die *rechts* stehende Permutation zuerst auszuführen ist ('p nach q', siehe Satz II.16). So ist beispielsweise

$$p_2 \circ p_4 = \begin{pmatrix}1\,2\,3\\3\,2\,1\end{pmatrix} \circ \begin{pmatrix}1\,2\,3\\2\,3\,1\end{pmatrix} = \begin{pmatrix}1\,2\,3\\2\,1\,3\end{pmatrix} = p_3,$$

denn es ist $(p_2 \circ p_4)(1) = p_2(p_4(1)) = p_2(2) = 2$, $(p_2 \circ p_4)(2) = p_2(p_4(2)) = p_2(3) = 1$ und $(p_2 \circ p_4)(3) = p_2(p_4(3)) = p_2(1) = 3$.
Dagegen erhält man

$$p_4 \circ p_2 = \begin{pmatrix}1\,2\,3\\2\,3\,1\end{pmatrix} \circ \begin{pmatrix}1\,2\,3\\3\,2\,1\end{pmatrix} = \begin{pmatrix}1\,2\,3\\1\,3\,2\end{pmatrix} = p_1.$$

In einer sogenannten Strukturtafel lassen sich alle Verkettungen der Permutationen von A angeben. Die Permutation $p_i \circ p_j$ steht dabei in der i-ten Zeile und der j-ten Spalte der Tafel

Die bereits berechneten Verkettungen in $\mathcal{B}(A)$ sind in der nachfolgenden Strukturtafel eingetragen. Vervollständigen Sie die Tafel und geben Sie zu jeder Permutation die Umkehrfunktion an.

$(\mathcal{B}(A), \circ)$	id_A	p_1	p_2	p_3	p_4	p_5
id_A	id_A	p_1	p_2	p_3	p_4	p_5
p_1	p_1					
p_2	p_2				p_3	
p_3	p_3					
p_4	p_4		p_1			id_A
p_5	p_5				id_A	

♣

Übung 33:

Bestimmen Sie alle Permutionen von $A = \{1, 2, 3, 4\}$ und geben Sie die Umkehrfunktion jeder Permutation an.

Eine mögliche Systematik, die sicherstellt, daß man alle 24 Permutationen von A erhält, besteht darin, die Menge $\mathcal{B}(A)$ zu zerlegen und die Permutationen der einzelnen Teilmengen zu bestimmen.
Ein Element $a \in A$ heißt *Fixpunkt* der Permutation p, wenn $p(a) = a$ gilt. Bezeichnet nun $\mathcal{P}_i$ für $i = 0, 1, 2, 4$ die Menge aller Permutationen von A, die genau i Fixpunkte besitzen, dann ist

$$\mathcal{B}(A) = \mathcal{P}_0 \cup \mathcal{P}_1 \cup \mathcal{P}_2 \cup \mathcal{P}_4$$

eine Zerlegung von $\mathcal{B}(A)$, wie man sich leicht überlegt. (Warum gibt es keine Permutationen mit genau 3 Fixpunkten ?) ♠

Lösungen und Lösungshinweise zu den Übungen

Ü 29: Es gibt $6^{36} \approx 1{,}03 \cdot 10^{28}$ Abbildungen von $A \times A$ in A.
$|\mathcal{F}(A, A \times A)| = 36^6 = 2\,176\,782\,336$, $|\mathcal{I}(A, A \times A)| = \frac{36!}{30!} = 1\,402\,410\,240$.

Ü 30: a) In einem Wort gibt es 4 Positionen. Es gibt so viele Wörter, wie es Injektionen der vier Positionen in die Menge der 26 Buchstaben gibt: $\frac{26!}{22!} = 358\,800$.
b) $26^4 = 456\,976$
(Anzahl der Abbildungen der Wortpositionen in die Buchstabenmenge).

Ü 31: Die Anzahl der Trikoloren ist gleich der Anzahl der Injektionen einer 3-elementigen Menge (Positionen in der Trikolore) in eine 6-elementige Menge (Farben). Soll eine bestimmte Farbe in jeder Fahne vorkommen, hat man zunächst die Wahl unter 5 Farben für 2 Positionen und somit $5 \cdot 4 = 20$ Möglichkeiten, dann noch die Wahl, welche Position die festgelegte Farbe auf der Fahne einnimmt. Dies sind insgesamt $3 \cdot 20 = 60$ Möglichkeiten.

Ü 32: Permutation der Ziffern von 47 193 führt zu 5!=120 verschiedenen Zahlen. Bei der Summe dieser Zahlen kommt in jeder Stelle (Einer, Zehner, ...) jede der Ziffern 1,3,4,7,9 genau 120:5=24 mal vor. Die Summe der Einer, Zehner, ... , Zehntausender ist also jeweils $24 \cdot (1 + 3 + 4 + 7 + 9) = 576$. Damit ist die Gesamtsumme 576+5760+57600+576000+576000+5760000=6 399 936.

Bei 688 309 tritt die Ziffer 8 doppelt auf. Wähle 2 von 6 Stellen für die Ziffer 8 aus: $\binom{6}{2}$ Möglichkeiten. Bilde die 4 restlichen Ziffern injektiv auf die verbliebenen 4 Stellen ab: 4! Möglichkeiten. Daraus ergeben sich insgesamt 360 Möglichkeiten.

Diesmal erhält man bei Addition $60 \cdot (0 + 3 + 6 + 8 + 8 + 9) = 2\,040$ Einer, Zehner, Hunderter, ... , Hunderttausender. Die Gesamtsumme beträgt 226 666 440.

Ü 33: Es gibt eine Permutation mit 4 Fixpunkten, 6 Permutationen mit 2 Fixpunkten, 8 Permutationen mit einem Fixpunkt und 9 *fixpunktfreie* Permutationen.

II.8 Aufgaben

1. Beweisen Sie die wahren Aussagen, widerlegen Sie die falschen.
   (a) In $\mathbb{N}$ gibt es genau eine Relation, die zugleich Ordnungs- und Äquivalenzrelation ist.
   (b) R sei eine symmetrische und transitive Relation in der Menge A, $R \neq \emptyset$:
   R ist Äquivalenzrelation $\Leftrightarrow$ $\forall a \in A: \exists b \in A: (b,a) \in R$.
   (c) In $\mathbb{N}$ ist die Relation '$\sim$', definiert durch
   $$a \sim b \Leftrightarrow Q(a) = Q(b) \vee S(a) = S(b),$$
   eine Äquivalenzrelation mit unendlich vielen Äquivalenzklassen.
   ($Q(a)$ = Quersumme von a, $S(a)$ = Stellenzahl von a)

2. Es sei A die Menge aller achtstelligen Zahlen, die aus den Ziffern 1 und 2 gebildet werden können. Die Relation $\sim$ in A, definiert durch
   $$a \sim b \Leftrightarrow a \text{ und } b \text{ enthalten gleich viele Einsen},$$
   ist eine Äquivalenzrelation. Bestimmen Sie von jeder Äquivalenzklasse die Anzahl der Elemente.

3. Untersuchen Sie, welche der folgenden Relationen Äquivalenzrelationen, welche Ordnungsrelationen sind. Bestimmen Sie von den Äquivalenzrelationen die Äquivalenzklassen; untersuchen Sie Ordnungsrelationen hinsichtlich Linearität.
   $R_1 = \{(x,y) \in \mathbb{Z} \times \mathbb{Z} \;/\; x \mid y \wedge y \mid x\}$
   $R_2 = \{(x,y) \in \mathbb{R}^* \times \mathbb{R}^* \;/\; x^3y^5 \geq 0\}$
   $R_3 = \{(x,y) \in \mathbb{R}^* \times \mathbb{R}^* \;/\; x^4y^7 \geq 0\}$
   $R_4 = \{(x,y) \in \mathbb{Z} \times \mathbb{Z} \;/\; x = 5 - y \vee x = y\}$
   $R_5 = \{(x,y) \in \mathbb{N} \times \mathbb{N} \;/\; |x - \frac{5}{3}| \leq |y - \frac{5}{3}|\}$
   $R_6 = \{(x,y) \in \mathbb{N} \times \mathbb{N} \;/\; Q(x) \leq Q(y)\}$
   Es ist $\mathbb{R}^* = \mathbb{R} \setminus \{0\}$.

4. Welche der folgenden Ordnungsrelationen sind linear, welche nicht ? Zeichnen Sie jeweils das Hasse-Diagramm.
   (a) Teilmengenrelation in $M = \mathcal{P}(\{1,2,3\}) \setminus (\mathcal{P}(\{2,3\}) \cup \{\{1,3\}\})$;
   (b) Teilmengenrelation in $M = \mathcal{P}(\{1,2,3,4\}) \setminus (\mathcal{P}(\{2,3,4\}) \cup \{\{1,3\},\{1,4\}\})$;
   (c) Teilbarkeitsrelation in $M = \{1, 9, 27, 243, 19\,683, 177\,147\}$.

5. In $\mathcal{F}(\mathbb{R})$ sei die Relation $\lhd$ definiert durch $f \lhd g \Leftrightarrow f(x) \leq g(x) \quad \forall x \in \mathbb{R}$.
   Zeigen Sie, daß $\lhd$ eine Ordnungsrelation ist und untersuchen Sie $\lhd$ bezüglich Linearität.

6. (a) Prüfen Sie, ob Funktionen $f: \mathbb{R}_0^+ \to \mathbb{R}_0^+$ vorliegen. Wenn ja, untersuchen Sie die Funktionen auf Injektivität und Surjektivität.
   $f_1(x) = 9x^2 - 24x + 14$, $\quad f_2(x) = \frac{1}{36}x^2 - \frac{2}{9}x + \frac{4}{9}$, $\quad f_3(x) = (\frac{1}{4}x + 1)^2 + 3$,
   $f_4(x) = -4x^2 + 16x + 8$, $\quad f_5(x) = 4x^2 - 12x + 17$.

(b) Bestimmen Sie für die Funktionen $f : \mathbb{R} \to \mathbb{R}$ in (a) die Äquivalenzklassen bezüglich der Relation $\underset{f}{\sim}$.

7. A, B seien nichtleere Mengen, $f : A \to B$ eine Funktion. Welche Aussagen sind wahr, welche falsch ?
   (1) Ist $B \subset A$, dann kann f nicht bijektiv sein.
   (2) Jede Injektion läßt sich durch Einschränkung des Wertebereichs zu einer Bijektion machen.
   (3) Sind A, B endliche Mengen mit $|A| = |B|$, und ist f injektiv, so ist f auch bijektiv.
   (4) Ist $A = B$, so ist jede Injektion auch eine Bijektion.
   (5) Ist jede Surjektion zugleich eine Injektion, muß $A = B$ und $|A| < \infty$ gelten.
   (6) Ist f injektiv und die Umkehrrelation von f eine surjektive Abbildung, so ist f bijektiv.

8. Zeichnen Sie die Graphen der folgenden Funktionen $f : \mathbb{R} \to \mathbb{R}$. Dabei ist $[x]$ definiert als die größte ganze Zahl, die kleiner oder gleich x ist.
   (a) $f_1(x) = \frac{|x|}{x}$ $x \neq 0$ (b) $f_2(x) = |1 - |x||$ (c) $f_3(x) = x - [x]$
   (d) $f_4(x) = \frac{x+|x|}{2}$ (e) $f_5(x) = (-1)^{[x]}$ (f) $f_6(x) = \frac{1}{2} \cdot [2x]$

9. Bestimmen Sie jeweils verschiedene Funktionen $f \in \mathcal{F}(\mathbb{R})$, so daß für alle $x, y \in \mathbb{R}$ gilt
   (a) $f(x+y) = f(x) + f(y)$ (b) $f(x+y) = f(x) \cdot f(y)$ (c)$f(-x) = f(x)$
   (d) $f(x \cdot y) = f(x) \cdot f(y)$ (e) $f(x \cdot y) = f(x) + f(y)$ (f) $f(-x) = -f(x)$

10. Bestimmen Sie eine nicht konstante Funktion $f \in \mathcal{F}(\mathbb{R})$ mit der Eigenschaft $f(x) = f(\frac{1}{2}x) \quad \forall x \in \mathbb{R}$.

11. Es seien $f, g \in \mathcal{F}(\mathbb{R})$ mit $f(x) = (x-1)^2$, $g(x) = 5x + 1 \quad \forall x \in \mathbb{R}$.
    Bilden Sie (a) $f \circ g$, (b) $g \circ f$, (c) $f \circ f$, (d) $g \circ g$.
    Untersuchen Sie, welche der vier Abbildungen injektiv, welche surjektiv sind.

12. Es seien $f : \mathbb{Z} \to \mathbb{Z}$, $g : \mathbb{R} \to \mathbb{Z}$, $h : \mathbb{R}_0^+ \to \mathbb{R}$ Funktionen mit
    $$f(x) = x^2, \qquad g(x) = [x], \qquad h(x) = \frac{2x-1}{x+1}.$$
    Dabei ist $[x]$ die größte ganze Zahl, die kleiner oder gleich x ist.
    Leiten Sie eine möglichst einfache Darstellung von $f \circ g \circ h$ her.

13. Für $k \in \mathbb{N}$, $k \geq 2$ sei $g_k \in F(\mathbb{N})$ definiert durch
    $$g_k(x) = \begin{cases} 1 & \text{falls } x \leq k \\ x - k + 1 & \text{falls } x > k \end{cases}$$
    (a) Berechnen Sie $g_k \circ g_l$ für beliebige $k, l \in \mathbb{N} \setminus \{1\}$. Gilt stets $g_k \circ g_l = g_l \circ g_k$?

(b) Untersuchen Sie, ob es Funktionen $f, g \in$F(IN) gibt mit

$$g \circ g_k \circ g_l = id \quad \text{bzw.} \quad g_k \circ g_l \circ f = id$$

14. Beweisen Sie:
   (a) Sind $f : B \to C$ und $g : B \to C$ Funktionen und ist $h : A \to B$ eine *surjektive* Funktion, dann gilt
   $$f \circ h = g \circ h \quad \Rightarrow \quad f = g.$$
   (b) Sind $f : A \to B$ und $g : A \to B$ Funktionen und ist $h : B \to C$ eine *injektive* Funktion, dann gilt
   $$h \circ f = h \circ g \quad \Rightarrow \quad f = g.$$

15. Beweisen Sie: $\mathbb{N}\ glm\ \mathbb{Z} \times \mathbb{Z} \times \mathbb{Z}$.

16. Begründen Sie, warum beim Cantorschen Diagonalverfahren (Beispiel 21 e)) im Beweis für die Überabzählbarkeit von $\{x \in \mathbb{R} \ / \ 0 < x < 1\}$ die Existenz irrationaler Zahlen wesentlich ist.

17. Eine reelle Zahl heißt *algebraisch*, wenn sie Lösung einer Gleichung der Form
   $$a_n x^n + a_{n-1} x^{n-1} + \ldots + a_2 x^2 + a_1 x + a_0 = 0 \qquad (a_i \in \mathbb{Z})$$
   ist. $\mathcal{A}$ bezeichne die Menge der algebraischen Zahlen.
   (a) Zeigen Sie, daß $\mathbb{Q}$ eine *echte* Teilmenge von $\mathcal{A}$ ist.
   (b) Beweisen Sie, daß die Menge der algebraischen Zahlen abzählbar ist.
   Hinweis: Man ordne zunächst alle algebraischen Gleichungen obiger Form nach dem Wert der Summe $n + |a_n| + |a_{n-1}| + \ldots + |a_2| + |a_1| + |a_0|$, welche man die *Höhe der Gleichung* nennt. Es gibt nur endlich viele Gleichungen mit vorgegebener Höhe (Begründung ?) und jede Gleichung hat nur endlich viele Lösungen.
   (c) $\mathcal{A}$ ist eine *echte* Teilmenge von $\mathbb{R}$. Begründung ?

18. (a) Zeigen Sie: Sind A_k für $k = 1, \ldots, n$ abzählbare Mengen, dann ist auch $\bigcup_{k=1}^{n} A_k$ eine abzählbare Menge.
   (b) Begründen Sie mit Hilfe von (a): Ist M eine überabzählbare Menge und A eine abzählbare Teilmenge, dann ist $M \setminus A$ überabzählbar. Insbesondere ist $\mathbb{R} \setminus \mathbb{Q}$ überabzählbar.

19. Beweisen Sie durch vollständige Induktion: Es gibt genau s^r Funktionen von einer r-elementigen Menge A in eine s-elementige Menge B $(r, s \in \mathbb{N})$.

20. Bestimmen Sie für $A = \{1, 2, 3, 4, 5\}$ alle Permutationen $p \in \mathcal{B}(A)$, $p \neq id_A$, mit
   (a) $p^2 = p \circ p = id_A$, (b) $p^3 = id_A$, (c) $p^4 = id_A \wedge p^2 \neq id_A$.

Lösungen und Lösungshinweise zu den Aufgaben

1. (a) Die Gleichheitsrelation ist einzige Ordnungs- und Äquivalenzrelation in $\mathbb{N}$.
(b) ist wahr: $(b,a) \in R \;\Rightarrow\; (a,b) \in R$ (Symm.) $\Rightarrow (a,a) \in R \;\; \forall a \in A$ (Trans.) $\Rightarrow$ R ist Äquivalenzrelation.
(c) ist falsch: $\sim$ ist nicht transitiv: $1 \sim 10 \;\wedge\; 10 \sim 12$, aber $1 \not\sim 12$.

2. Enthält $a \in A$ genau k Einsen, ist $|\overline{a}| = \binom{8}{k}$.

3. R_1 ist Äquivalenzrelation mit den Klassen $a = \{a, -a\} \;\; \forall a \in \mathbb{Z}$.
R_2 ist Äquivalenzrelation mit den 2 Klassen $\mathbb{R}^+$ und $\mathbb{R}^-$: reelle Zahlen x, y sind genau dann äquivalent, wenn sie dasselbe Vorzeichen haben.
R_3 ist nicht reflexiv, etwa $(-1,-1) \notin R_3$.
R_4 ist Äquivalenzrelation mit den Klassen $a = \{a, 5-a\} \;\; \forall a \in \mathbb{Z}$.
R_5 ist lineare Ordnungsrelation. Beweis der Antisymmetrie:
$|x - \frac{5}{3}| \leq |y - \frac{5}{3}| \;\wedge\; |y - \frac{5}{3}| \leq |x - \frac{5}{3}| \;\Rightarrow\; |x - \frac{5}{3}| = |y - \frac{5}{3}| \;\Rightarrow$
(1) $x - \frac{5}{3} = y - \frac{5}{3}$, also $x = y \;\vee\;$ (2) $x - \frac{5}{3} = -(y - \frac{5}{3}) \;\Rightarrow\; x + y = \frac{10}{3}$.
Wegen $\frac{10}{3} \notin \mathbb{N}$ ist Fall (2) nicht möglich, es gilt $x = y$.
R_6 ist weder symmetrisch, noch antisymmetrisch, also keine Äquivalenz- und keine Ordnungsrelation.

4. (a), (c): lineare Ordnungsrelationen;
(b): nicht linear, z.B. sind $\{1,2,3\}$ und $\{1,2,4\}$ nicht vergleichbar.

5. Die Ordnungsrelation $\lhd$ ist nicht linear: z.B. sind die Funktionen $f(x) = x^2$ und $g(x) = x^3$ nicht vergleichbar, denn es ist etwa $f(2) < g(2)$, aber $f(-1) > g(-1)$.

6. (a) Die Graphen aller Funktionen sind Parabeln, wobei nur f_4 'nach unten geöffnet ist'. Hieraus und aus der Lage des Scheitelpunktes lassen sich die Eigenschaften der f_i ableiten.
f_1: Scheitelpunkt $S(\frac{4}{3}, -2)$; f_1 ist keine Funktion, z.B. ist $f_1(\frac{4}{3})$ in $\mathbb{R}_0^+$ nicht definiert.
f_2: $S(\frac{1}{4}, 0)$; f_2 ist eine surjektive, nicht injektive Funktion.
f_3: $S(-4, 3)$; f_3 ist eine injektive, nicht surjektive Funktion.
f_4: $S(2, 24)$; nach unten geöffnet; f_4 ist keine Funktion, z.B. ist $f_4(5)$ in $\mathbb{R}_0^+$ nicht definiert.
f_5: $S(\frac{3}{2}, 8)$; f_2 ist eine nicht surjektive, nicht injektive Funktion.
(b) Für $a \in \mathbb{R}_0^+$ sind die Klassen bezüglich $\widetilde{f}$:
$f_2: \; \overline{a} = \{a, \frac{1}{2} - a\} \qquad f_3: \; \overline{a} = \{a\} \qquad f_5: \; \overline{a} = \{a, 3-a\}$

7. (1) ist falsch: $A = \mathbb{N}$, $B = \mathbb{V}_2$, $f(x) = 2x$.
(2) ist wahr: *Bild* $f \subseteq B$ und $f: A \to$ *Bild* f ist stets surjektiv.
(3) ist wahr: Wegen $|A| = |B| < \infty$ gilt: f injektiv $\Rightarrow$ $|A| = |\mathit{Bild}\, f|$ $\Rightarrow$ $|\mathit{Bild}\, f| = |A| = |B|$; aus $|\mathit{Bild}\, f| = |B|$ folgt die Surjektivität von f.
(4) ist falsch: $A = B = \mathbb{N}$, $f(x) = 2x$.
(5) ist falsch: Die Aussage gilt auch für $|A| < \infty$, $|A| = |B|$ und $A \neq B$.

(6) ist wahr: Ist die Umkehr*relation* von f eine *Funktion*, ist f umkehrbar und somit bijektiv.

8. —

9. (a) $f(x) = 2x$ (b) $f(x) = 2^x$ (c) $f(x) = x^2$
(d) $f(x) = |x|$ (e) $f(x) = 0$ (f) $f(x) = x^3$

Anmerkung zu (e): Die Eigenschaft $f(x \cdot y) = f(x) + f(y)$ wird auch von der Logarithmusfunktion erfüllt. Die Logarithmusfunktion ist aber keine Abbildung von $\mathbb{R}$ in $\mathbb{R}$.

10.
$$f(x) = \begin{cases} 1 & \text{falls } x \leq 0 \\ 0 & \text{falls } x > 0 \end{cases}$$

11. (a) $(f \circ g)(x) = 25x^2$, (b) $(g \circ f)(x) = 5x^2 - 10x + 6$,
(c) $(f \circ f)(x) = x^4 - 4x^3 + 4x^2$, (d) $(g \circ g)(x) = 25x + 6$.

Es sind $f \circ g$, $g \circ f$ und $f \circ f$ weder injektiv, noch surjektiv. Im Falle $f \circ f$ folgt dies aus Satz II.17(d),(e). Aufgrund von (c) des Satzes ist $g \circ g$ bijektiv.

12. Es ist $h(x) = \frac{2x-1}{x+1} = 2 - \frac{3}{x+1}$ monoton steigend und
$h(x) \geq -1 \ \ \forall x \in \mathbb{R}_0^+$, $h(0) = -1$ $h(\frac{1}{2}) = 0$, $h(2) = 1$ und $h(x) \leq 2 \ \ \forall x \geq 2$.
Damit erhält man für $g \circ h$:
$$(g \circ h)(x) = \begin{cases} -1 & \text{falls } 0 \leq x < \frac{1}{2} \\ 0 & \text{falls } \frac{1}{2} \leq x < 2 \\ 1 & \text{falls } 2 \leq x \end{cases}$$

Hieraus folgt
$$(f \circ g \circ h)(x) = \begin{cases} 0 & \text{falls } \frac{1}{2} \leq x < 2 \\ 1 & \text{sonst} \end{cases}$$

13. (a) Es ist $g_k \circ g_l = g_l \circ g_k = g_{k+l-1} \qquad \forall k, l \in \mathbb{N} \setminus \{1\}$.
(b) Alle Funktionen g_{k+l-1} sind nicht injektiv, id ist bijektiv. Daher existiert nach Satz II.17(f) kein $g \in \mathrm{F}(\mathbb{N})$ mit $g \circ (g_k \circ g_l) = g \circ g_{k+l-1} = id$.
Für $f \in \mathrm{F}(\mathbb{N})$ mit $f(x) = x + k + l - 2$ gilt $g_k \circ g_l \circ f = id$.

14. (a) $h : A \to B$ ist surjektiv: $\forall b \in B \ \ \exists a \in A : \ h(a) = b$. Dann ist
$g(b) = g(h(a)) = (g \circ h)(a) = (f \circ h)(a) = f(h(a)) = h(b) \quad \forall b \in B$
$\Rightarrow \ g = f$. Im 3.Schritt wurde die Voraussetzung $g \circ h = f \circ h$ ausgenutzt.
(b) $h : E \to C$ ist injektiv: $h(x) = h(y) \ \Rightarrow \ x = y$.
Dann ist für alle $a \in A$: $(h \circ f)(a) = h(f(a)) = h(g(a)) = (h \circ g)(a)$
$\Rightarrow \ f(a) = g(a)$ (weil h injektiv ist) $\Rightarrow \ f = g$.

15. Es ist $\mathbb{Z} \times \mathbb{Z} \times \mathbb{Z} \; glm \; (\mathbb{Z} \times \mathbb{Z}) \times \mathbb{Z}$. Aus Beispiel 21 folgt ferner
$\mathbb{Z} \times \mathbb{Z} \; glm \; \mathbb{Z} \quad \wedge \quad \mathbb{Z} \times \mathbb{Z} \; glm \; \mathbb{N}$, so daß man aus

$$\mathbb{Z} \times \mathbb{Z} \times \mathbb{Z} \; glm \; (\mathbb{Z} \times \mathbb{Z}) \times \mathbb{Z} \; glm \; \mathbb{Z} \times \mathbb{Z} \; glm \; \mathbb{N}$$

mit der Transitivität $\mathbb{Z} \times \mathbb{Z} \times \mathbb{Z} \; glm \; \mathbb{N}$ erhält.

16. Man könnte das Diagonalverfahren vom Beweis, daß $]0,1[$ nicht gleichmächtig zu $\mathbb{N}$ ist (Beispiel 21e)) formal auch auf die *rationalen* Zahlen im Intervall $]0,1[$ anwenden. Gäbe es keine irrationalen Zahlen, wäre die dabei gebildete Zahl $0,b_1b_2b_3\ldots$ stets rational. Man hätte dann bewiesen, daß die *rationalen* Zahlen des Intervalls $]0,1[$ nicht abzählbar sind, was falsch ist.

17. (a) Es ist $\mathbb{Q} \subseteq \mathcal{A}$, da $\frac{a}{b} \in \mathbb{Q}$ Lösung von $bx - a = 0$ ist.
$\sqrt{2} \in \mathcal{A}$, da $\sqrt{2}$ Lösung von $x^2 - 2 = 0$ ist, $\sqrt{2} \notin \mathbb{Q} \Rightarrow \mathbb{Q} \subset \mathcal{A}$.
(c) Wäre $\mathcal{A} = \mathbb{R}$, dann wäre $\mathcal{A}$ überabzählbar.

18. (a) Es sei $A_k = \{a_{k1}, a_{k2}, a_{k3}, \ldots\}$ für $k = 1, 2, \ldots, n$. Dann ist
$$\bigcup_{k=1}^{n} A_k = \{a_{11}, a_{21}, a_{31}, \ldots, a_{n1},\ a_{12}, a_{22}, a_{32}, \ldots, a_{n2},\ a_{13}, \ldots\}$$
eine Numerierung der Vereinigungsmenge.
(b) Es ist $M = (M \setminus A) \cup A$. Wäre $M \setminus A$ abzählbar, dann auch M als Vereinigung zweier abzählbarer Mengen (vgl. (a)).

19. Man orientiere sich am Induktionsbeweis von Satz II.24.
Zu beweisen ist durch vollständige Induktion nach r:
$$\text{Für alle } r \in \mathbb{N} \text{ und alle } s \in \mathbb{N} \text{ ist } |\mathcal{F}(A,B)| = s^r.$$
Induktionsschluß: Es sei $|A| = r + 1$, $a \in A$ festgewählt, $B = \{b_1, b_2 \ldots, b_s\}$.
Die s Teilmengen $\mathcal{F}_i$, von $\mathcal{F}(A,B)$, definiert durch
$$\mathcal{F}_i = \{f \in \mathcal{F}(A,B) \;/\; f(a) = b_i\}, \quad i = 1, 2, \ldots, s,$$
bilden eine Zerlegung von $\mathcal{F}(A,B)$. Es ist $|\mathcal{F}_i| = s^r \quad \forall i = 1, 2, \ldots, s$ nach Induktionsannahme und
$$|\mathcal{F}(A,B)| = \sum_{i=1}^{s} |\mathcal{F}_i| = s \cdot s^r = s^{r+1}.$$

20. (a) $p^2 = id$ für $p \neq id$ gilt genau dann, wenn jeweils zwei Zahlen vertauscht werden: $(*)\ \ p(i) = j \wedge p(j) = i$.
Es gibt $\binom{5}{2} = 10$ derartige Permutationen mit 3 Fixpunkten, zum Beispiel $\binom{1\,2\,3\,4\,5}{1\,2\,5\,4\,3}$, und 15 Permutationen mit einem Fixpunkt und zwei Ziffernpaaren mit der Eigenschaft $(*)$, beispielsweise $\binom{1\,2\,3\,4\,5}{2\,1\,3\,5\,4}$.
(b) Gefragt ist nach allen Permutationen mit zwei Fixpunkten und 3 Ziffern i, j, k mit $p(i) = j \wedge p(j) = k \wedge p(k) = i$ (3er-Zyklus). Es gibt $2 \cdot \binom{5}{3} = 20$ solche Permutationen, wie etwa $\binom{1\,2\,3\,4\,5}{1\,3\,4\,2\,5}$ oder $\binom{1\,2\,3\,4\,5}{1\,4\,3\,2\,5}$.
(c) Gefragt ist nach den 30 Permutationen p der Art $\binom{1\,2\,3\,4\,5}{3\,2\,4\,5\,1}$ mit einem Fixpunkt und 4 Ziffern i, j, k, l mit $p(i) = j \wedge p(j) = k \wedge p(k) = l \wedge p(l) = i$.

III Teilbarkeit

III.1 Teiler, Vielfache, Primzahlen

Ob sich eine natürliche Zahl durch eine andere teilen läßt, ist von jeher eine bedeutsame mathematische Fragestellung gewesen. Die Teilbarkeitseigenschaften natürlicher und ganzer Zahlen sind Gegenstand der elementaren Zahlentheorie. Jedem Schüler sind seit seiner Grundschulzeit bewußt oder unbewußt Fragestellungen der elementaren Zahlentheorie wohlvertraut: Division mit Rest; Zerlegung von Zahlen in Primfaktoren; Hauptnenner bestimmen; ohne Division der Zahlen erkennen, ob eine Zahl durch 2,3,4,5,6,8,9,10, ... teilbar ist; wissen, ob die Summe oder das Produkt zweier gerader bzw. ungerader oder einer geraden und einer ungeraden Zahl gerade oder ungerade ist; ...
Darüber hinaus ist die elementare Zahlentheorie ein Fundament der Arithmetik. Viele Rechenmethoden, -vorteile und -kniffe haben zahlentheoretischen Ursprung.
Die Zahlentheorie ist einer der ältesten Zweige der Mathematik. Im Laufe der Jahrhunderte haben viele berühmte Mathematiker wie beispielsweise EUKLID von Alexandria (etwa 300 v. Chr.), DIOPHANT von Alexandria (etwa 250 n. Chr.), PIERRE DE FERMAT (1601–1665), LEONARD EULER (1707–1783), CARL FRIEDRICH GAUSS (1777–1855), um nur wenige bekannte Namen zu nennen, wichtige Entwicklungen zur Zahlentheorie beigetragen, die sich auch förderlich auf viele andere Teilgebiete der Mathematik ausgewirkt haben.

Im Rahmen dieses Buches gibt es zwei wesentliche Gründe, sich mit Teilbarkeitslehre zu beschäftigen, nämlich

— die Relevanz für die Schulmathematik;
— das Kennenlernen typischer mathematischer Methoden an einem relativ geläufigen Stoff.

Außerdem werden in der Teilbarkeitslehre die bisher entwickelten Begriffe angewandt und miteinander verknüpft. Das ist auch der Grund, weshalb in den zurückliegenden Kapiteln punktuell bereits Begriffe der Zahlentheorie, wie etwa Teiler- und Vielfachenmengen als Beispiele auftraten.
Die vorgekommenen Begriffe werden hier nochmals zusammengefaßt.

Es seien $a, b \in \mathbb{Z}$.

$$a \mid b \quad :\Leftrightarrow \quad \exists c \in \mathbb{Z}: \quad a \cdot c = b.$$

a heißt **Teiler** von b und b heißt **Vielfaches** von a.

$T_a = \{x \in \mathbb{N} \;/\; x \mid a\}$ heißt die **Teilermenge** von $a \in \mathbb{Z}$,

$V_a = \{x \in \mathbb{N} \;/\; a \mid x\}$ heißt die **Vielfachenmenge** von $a \in \mathbb{Z}$.

Während Teilermengen T_a und Vielfachenmengen V_a auch für negative a aus natürlichen Zahlen bestehen, werden manchmal alle *ganzzahligen Vielfachen* von $a \in \mathbb{Z}$ betrachtet.

$\mathbb{V}_a = \{x \in \mathbb{Z} \;/\; a \mid x\}$ bezeichnet die **Menge aller ganzzahligen Vielfachen** von $a \in \mathbb{Z}$.

Aus der Definition lassen sich für die Teilbarkeitsrelation in $\mathbb{Z}$ die folgenden, häufig verwendeten *Teilbarkeitsregeln* ableiten.

Satz III.1:

Für $a, b, c, d \in \mathbb{Z}$ gilt

(1) $a|a, \quad -a|a, \quad 1|a, \quad -1|a,$

(2) $a|b \;\wedge\; b|a \;\Rightarrow\; a = b \;\vee\; a = -b,$
insbesondere $a|1 \Rightarrow a = 1 \;\vee\; a = -1,$

(3) $a|b \;\wedge\; b|c \;\Rightarrow\; a|c,$

(4) $a|0, \quad 0|a \Rightarrow a = 0,$

(5) $a|b \;\wedge\; c|d \;\Rightarrow\; ac \mid bd,$

(6) $d|a \;\wedge\; d|b \;\Rightarrow\; d \mid m \cdot a + n \cdot b \qquad \forall m, n \in \mathbb{Z}.$

Beweis:

(1) $a \cdot 1 = a, \quad (-a) \cdot (-1) = a, \quad 1 \cdot a = a$ und $(-1) \cdot (-a) = a.$

(2) $a|b \wedge b|a \Rightarrow \exists c, d \in \mathbb{Z}: \; a \cdot c = b \wedge b \cdot d = a \Rightarrow b \cdot (c \cdot d) = b$
$\Rightarrow c \cdot d = 1 \Rightarrow c = d = 1 \vee c = d = -1 \Rightarrow a = b \vee a = -b.$

(3) $a|b \wedge b|c \Rightarrow \exists d, e \in \mathbb{Z}: \; a \cdot d = b \wedge b \cdot e = c$
$\Rightarrow a \cdot (d \cdot e) = c$ mit $d \cdot e \in \mathbb{Z} \Rightarrow a|c.$

(4) $a|0$ wegen $a \cdot 0 = 0$ und aus $0 \cdot d = a$ folgt $a = 0.$

(5) $a|b \wedge c|d \Rightarrow \exists e, f \in \mathbb{Z}: \; a \cdot e = b \wedge c \cdot f = d$
$\Rightarrow b \cdot d = a \cdot c \cdot (e \cdot f) \Rightarrow ac \mid bd.$

(6) Aus $d|a \wedge d|b$ folgt wie bei (5) $d \cdot e = a \wedge d \cdot f = b$ für $e, f \in \mathbb{Z}$. Dann ist $ma + nb = (me + nf) \cdot d$, es gilt (6). ■

Für ganze Zahlen a, b nennt man jeden Term

$$ma + nb \qquad \text{mit } m, n \in \mathbb{Z}$$

eine *Vielfachensumme* von a und b.
Die folgenden Spezialfälle von Regel (6) des Satzes III.1 über Vielfachensummen werden in der Teilbarkeitslehre sehr oft angewandt.

(6.1) $d|a \wedge d|b \Rightarrow d|a + b,$
(6.2) $d|a \wedge d|b \Rightarrow d|a - b,$
(6.3) $d|a + b \wedge d|a \Rightarrow d|b,$
(6.4) $d|a - b \wedge d|b \Rightarrow d|a,$
(6.5) $d|a \Rightarrow d|ma \qquad \forall m \in \mathbb{Z}.$

Übung 1:

Leiten Sie (6.1) bis (6.5) aus Satz III.1(6) ab. ♠

Übung 2:

Wie verändern sich die Aussagen von Satz III.1 für die Teilbarkeitsrelation in $\mathbb{N}$? ♠

Die Teilbarkeitsrelation ist nach Satz III.1 (1),(2),(3) in $\mathbb{Z}$ reflexiv und transitiv, in $\mathbb{N}$ darüber hinaus antisymmetrisch. Teilbarkeit ist in $\mathbb{N}$, damit auch in jeder Teilmenge von $\mathbb{N}$ und insbesondere in jeder Teilermenge T_a eine Ordnungsrelation. Das Hasse-Diagramm von T_a wird *Teilerdiagramm* von a genannt. Wir werden auf die Struktur von Teilerdiagrammen zurückkommen.
Für die Bestimmung der Teilermenge T_a einer natürlichen Zahl a ist es hilfreich, daß die positiven Teiler paarweise auftreten: Gilt $d \in T_a$, dann ist $c = \frac{a}{d}$ eine natürliche Zahl und auch ein Teiler von a. Es heißen d und $\frac{a}{d}$ *komplementäre Teiler* von a. Komplementäre Teiler sind dadurch bestimmt, daß ihr Produkt a ergibt. Ermittelt man von a die positiven Teiler der Größe nach, beginnend bei 1, so erhält man zu jedem Teiler d durch Division den komplementären Teiler $\frac{a}{d}$. Die Teilermenge ist vollständig, wenn man alle Teiler d ermittelt hat, für die $d \leq \frac{a}{d}$ gilt. Wann dies erreicht ist, beschreibt der folgende Satz.

Satz III.2:

Es seien $a, d \in \mathbb{N}$ mit $d|a$. Dann gilt $\quad d \leq \sqrt{a} \vee \frac{a}{d} \leq \sqrt{a}.$

Beweis: Aus der Annahme $\quad d > \sqrt{a} \wedge \dfrac{a}{d} > \sqrt{a} \quad$ folgt der Widerspruch

$$a = d \cdot \frac{a}{d} > \sqrt{a} \cdot \sqrt{a} = a.$$

■

Auch wenn man aufgrund dieses Satzes zur Bestimmung von T_a die Teiler nur bis zur Größenordnung $\sqrt{a}$ berechnen muß und die anderen als Komplementärteiler erhält, kann das bei sehr großen Zahlen mühselig sein. Insofern ist die Aussicht erfreulich, in den folgenden Abschnitten weitere Hilfsmittel zur Bestimmung von Teilern wie die Primfaktorzerlegung oder Teilbarkeitskriterien kennenzulernen.

Um beispielsweise alle Teiler von 216 zu bestimmen, genügt es, alle Teiler bis $\sqrt{216} < 15$ zu ermitteln und jeweils die Komplementärteiler zu errechnen. Vervollständigen Sie die Teilermenge von 216, bei der Teiler und Komplementärteiler jeweils durch Pfeile verbunden sind.

$$T_{216} = \{1\ ,\ 2\ ,\ 3\ ,\ 4\ ,\ 6\ ,\quad \ldots \quad ,\quad ,\ 54\ ,\ 72\ ,\ 108\ ,\ 216\}$$

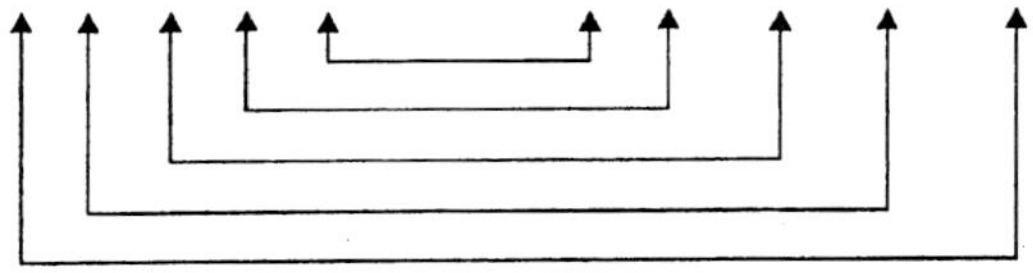

Übung 3:

a) Zeigen Sie für $a \in \mathbb{N}$: $\quad 2 \mid |T_a| \quad \Leftrightarrow \quad a$ ist keine Quadratzahl.

b) Bezeichnet P_a das Produkt aller Teiler von a, dann gilt $\quad P_a = a^{\frac{|T_a|}{2}}$.
Hinweis: Unterscheiden Sie die Fälle:
1. a ist keine Quadratzahl; $\quad |T_a| = 2k \;$ mit $\; k \in \mathbb{N}$.
2. a ist Quadratzahl; $\quad |T_a| = 2k + 1 \;$ mit $\; k \in \mathbb{N}$.

♠

Als Teiler einer Zahl spielen besonders die jedem Leser bekannten Primzahlen eine bedeutende Rolle. Die Menge der Primzahlen bezeichnen wir mit $\mathbb{P}$.

Definition III.3:

a) Eine natürliche Zahl p mit $p \neq 1$, für die $T_p = \{1, p\}$ gilt, heißt **Primzahl**.

b) Eine natürliche Zahl n mit $n \neq 1$ heißt **zusammengesetzt**, wenn n keine Primzahl ist.

c) Ist $n \in \mathbb{N}$, $p \in \mathbb{P}$ und gilt $p|n$, dann heißt p ein **Primteiler** von n.

Primzahlen sind die multiplikativen Bausteine der natürlichen Zahlen insofern, als sich jede natürliche Zahl bis auf die Reihenfolge eindeutig in ein Produkt von Primzahlen zerlegen läßt. Zum Beweis dieses sogenannten *Fundamentalsatzes der Zahlentheorie* benötigt man den folgenden Satz, mit dessen Hilfe sich auch zeigen läßt, daß es unendlich viele Primzahlen gibt.

Satz III.4:

Jede natürliche Zahl n mit $n \geq 2$, besitzt einen Primteiler.

In Kapitel I, Beispiel 18 wurde dieser Satz bereits durch vollständige Induktion bewiesen.

Schon bei EUKLID von Alexandria, der etwa vor 2300 Jahren lebte, findet man in seinen *Elementen* einen sehr eleganten Beweis, daß es unendlich viele Primzahlen gibt. Ein naheliegender Beweisansatz wäre der Versuch, *alle* Primzahlen zu konstruieren, um zu sehen, daß es unendlich viele sind. Dies ist natürlich nicht möglich. Oder man könnte versuchen, beginnend bei 2, rekursiv aus den vorhandenen Primzahlen die nächst größere zu finden; aber dies ist wegen der unregelmäßigen Verteilung der Primzahlen in der Menge der natürlichen Zahlen nicht zu bewerkstelligen. Euklid umgeht diese Schwierigkeiten, indem er sich in seinem indirekten Beweis, den wir hier wiedergeben, auf das Notwendige beschränkt und formuliert: *„Die Primzahlen sind mehr als jede vorgelegte Menge von Primzahlen.“*

Satz III.5:

Es gibt unendlich viele Primzahlen.

Beweis: Angenommen, es gäbe nur die endlich vielen Primzahlen $p_1, \ldots, p_r$. Nach Satz III.4 hat jede natürliche Zahl einen Primteiler p, so auch die Zahl

$$a = p_1 \cdot p_2 \cdot \ldots \cdot p_{r-1} \cdot p_r + 1.$$

Wäre $p = p_i$ für ein $i \in \{1, 2, \ldots, r\}$, würde nach Satz III.1 (6.3) folgen $p|1$, im Widerspruch dazu, daß keine Primzahl Teiler von 1 ist. Also ist p eine von allen p_i $(i \in \{1, 2, \ldots, r\})$ verschiedene Primzahl. Das widerspricht der Annahme, daß $p_1, \ldots, p_r$ alle Primzahlen sind. ∎

Der Beweis von Euklid bietet die Möglichkeit, eine unendliche Folge von Primzahlen zu konstruieren:

Man beginnt mit $p_1 = 2$ und erhält $a_1 = 2 + 1 = 3$, die zweitkleinste Primzahl. Aus $p_1 = 2, p_2 = 3$ ergibt sich $a_2 = 2 \cdot 3 + 1 = 7$, die nächst größere Primzahl. Auch ist $a_3 = 2 \cdot 3 \cdot 7 + 1 = 43 \in \mathbb{P}$, aber nicht mehr die nach 7 folgende Primzahl. Der nächste Schritt führt mit $a_4 = 2 \cdot 3 \cdot 7 \cdot 43 + 1 = 1807 = 13 \cdot 139$ erstmals zu einer zusammengesetzten Zahl, deren kleinster Primteiler 13 ist. Fortfahrend liefert $a_5 = 1806 \cdot 13 + 1 = 53 \cdot 443$ die Primzahl 53. Die so entstehende Primzahlfolge

$$2\ ,\ 3\ ,\ 7\ ,\ 43\ ,\ 13\ ,\ 53\ ,\ 5\ ,\ 6221671\ ,\ \ldots$$

ist nicht monoton wachsend und läßt keinerlei Regelmäßigkeit erkennen. Dies ist für den Beweis des Satzes von Euklid auch nicht nötig. Es bleibt die Frage nach einer systematischen Methode, Primzahlen zu ermitteln.

Ein einfaches Verfahren, um *alle* Primzahlen bis zu einer natürlichen Zahl n zu bestimmen, stammt von dem griechischen Gelehrten ERATOSTHENES von Cyrene (276–196 v.Chr.) und wird nach ihm **Sieb des Eratosthenes** genannt.

1. Man schreibe alle natürlichen Zahlen von 2 bis n auf.
2. Man markiere die Zahl 2 (als Primzahl) und streiche jede 2. Zahl (zusammengesetzte Zahlen mit dem Primteiler 2).
3. Man markiere nun die nächste, nicht gestrichene Zahl k (als Primzahl) und streiche sodann jede k-te (als zusammengesetzte Zahl mit dem Primteiler k).
4. Man führe den 3.Schritt für alle k mit $k \le \sqrt{n}$ durch.

Dann bilden alle markierten zusammen mit allen nicht gestrichenen Zahlen die Menge $\mathbb{P}_n = \{p \in \mathbb{P} \ / \ p \le n\}$. Die in den Schritten 3 und 4 markierten Zahlen k sind Primzahlen, weil k von keiner kleineren Primzahl geteilt wird. Aus Satz III.2 folgt unmittelbar, daß eine *zusammengesetzte* natürliche Zahl n einen Primteiler p mit $p \le \sqrt{n}$ besitzt. Daher erhält man *alle* Primzahlen p mit $p \le n$, wenn man das Siebverfahren für alle k mit $k \le \sqrt{n}$ durchführt. Bemerkenswert ist, daß es für die Durchführung des Siebverfahrens genügt, wenn man jeweils bis k zählen kann. Im folgenden Beispiel ist das Siebverfahren für $n = 100$ durchgeführt. Man hat nur jede zweite, dritte, fünfte und siebente Zahl zu streichen, um alle Primzahlen bis 100 zu erhalten.

Beispiel 1:

2	3	~~4~~	5	~~6~~	7	~~8~~	~~9~~	~~10~~	11	~~12~~	13
~~14~~	~~15~~	~~16~~	17	~~18~~	19	~~20~~	~~21~~	~~22~~	23	~~24~~	~~25~~
~~26~~	~~27~~	~~28~~	29	~~30~~	31	~~32~~	~~33~~	~~34~~	~~35~~	~~36~~	37
~~38~~	~~39~~	~~40~~	41	~~42~~	43	~~44~~	~~45~~	~~46~~	47	~~48~~	~~49~~
~~50~~	~~51~~	~~52~~	53	~~54~~	~~55~~	~~56~~	~~57~~	~~58~~	59	~~60~~	61
~~62~~	~~63~~	~~64~~	~~65~~	~~66~~	67	~~68~~	~~69~~	~~70~~	71	~~72~~	73
~~74~~	~~75~~	~~76~~	~~77~~	~~78~~	79	~~80~~	~~81~~	~~82~~	83	~~84~~	~~85~~
~~86~~	~~87~~	~~88~~	89	~~90~~	~~91~~	~~92~~	~~93~~	~~94~~	~~95~~	~~96~~	97
~~98~~	~~99~~	~~100~~									

♣

Übung 4:

Bestimmen Sie mit dem Siebverfahren von Eratosthenes alle Primzahlen bis 300. ♠

Die seit Jahrhunderten intensiv betriebene Suche nach möglichst großen Primzahlen hat im Zeitalter der Computer einen anderen Stellenwert bekommen. So war es zuvor für manche Mathematiker eine Lebensaufgabe, eine möglichst weitgehende Primzahltabelle zu berechnen. Beispielsweise publizierte D. N. LEHMER 1914 eine Primzahltafel bis 10 006 721. Darüber hinaus wurden auch wesentlich weiter reichende Primzahl- und Primfaktortabellen erstellt.

Die Regellosigkeit der Primzahlverteilung in der Menge der natürlichen Zahlen wurde bereits erwähnt. D. ZAGIER formulierte dies so: *„Sie wachsen wie Unkraut unter den natürlichen Zahlen, scheinbar keinem Gesetz als dem Zufall unterworfen, und kein Mensch kann voraussagen, wo wieder eine sprießen wird, noch einer Zahl ansehen, ob sie prim ist oder nicht."*
Deutlich wird dies beispielsweise bei den Anzahlen von Primzahlen in Intervallen $[a,b] = \{x \in \mathbb{N} \ / \ a \leq x \leq b\}$ gleicher Länge, wie die folgende Tabelle andeutet.

Intervall	$[1,100]$	$[100,200]$	$[200,300]$	$[400,500]$	$[1100,1200]$
Primzahlen	25	21	16	17	12

$[268\,300, 268\,400]$	$[299\,900, 300\,000]$	$[9\,999\,900, 10\,000\,000]$	$[10\,000\,000, 10\,000\,100]$
1	9	9	2

Abgesehen von 2 und 3 ist der kleinste mögliche Abstand zweier Primzahlen 2, denn von zwei aufeinanderfolgenden Zahlen ist stets eine durch 2 teilbar. Ein Paar $(p, p+2)$ aus Primzahlen mit minimalem Abstand heißt ein **Primzahlzwilling**. Im Intervall $[3,100]$ gibt es 8 Primzahlzwillinge, die Sie in Beispiel 1 im Sieb des Eratosthenes ablesen können.
Die Suche nach möglichst großen Primzahlzwillingen führte auf Paare wie $(297 \cdot 2^{546} - 1, 297 \cdot 2^{546} + 1)$ oder auch $(1\,706\,595 \cdot 2^{11\,235} - 1, 1\,706\,595 \cdot 2^{11\,235} + 1)$, wobei die Zahlen im letzten Falle mehr als 3350 Dezimalstellen haben.
Unterhalb der Schranke 10^6 gibt es 8 169 Primzahlzwillinge, unterhalb 10^{10} sind es bereits 27 412 679. Es wird vermutet, daß es unendlich viele Primzahlzwillinge gibt; dies konnte jedoch bisher nicht bewiesen werden.

Sucht man nach Tripeln von Primzahlen $(p, p+2, p+4)$ mit minimalem Abstand, wird sofort klar, daß es außer (3,5,7) keine derartigen Tripel gibt, denn für $p > 3$ ist stets eine der Zahlen $p, p+2, p+4$ durch 3 teilbar. Enthalten 4 aufeinanderfolgende *ungerade* Zahlen 3 Primzahlen, so bezeichnet man derartige Tripel als **Primzahldrillinge**. Mit dieser Definition erschließt sich wieder ein weites mathematisches Aufgabenfeld mit Fragerstellungen wie bei den Primzahlen und Primzahlzwillingen. Beispiele für Primzahldrillinge sind

$$(5,7,11),\ (17,19,23),\ (37,41,43),\ (97,101,103),\ (101,103,107),\ (103,107,109).$$

Die Frage nach *maximalen* Abständen von benachbarten Primzahlen wird durch den folgenden Satz beantwortet.

Satz III.6:

Zu jeder natürlichen Zahl n gibt es n aufeinanderfolgende Zahlen, die alle zusammengesetzt sind.

Beweis: Die n Zahlen

$$(n+1)!+2,\ (n+1)!+3,\ \dots\ ,(n+1)!+n+1,$$

sind alle zusammengesetzt, denn für alle $k \in \{2,3,\dots,n+1\}$ gilt $k \mid (n+1)!+k$. ■

Für praktische Berechnungen ist dieser Beweis ungeeignet. Um auf diese Weise eine 'Primzahllücke' der Länge 20 zu erhalten, muß man sich auf dem Zahlenstrahl schon bis zur Zahl $21!+2 = 51\,090\,902\,171\,709\,440\,002$ begeben, obwohl zwischen 1327 und 1361 bereits 34 zusammengesetzte Zahlen liegen. 112 zusammengesetzte Zahlen liegen zwischen 370 216 und 370 373.

Es soll nun der Fundamentalsatz der Zahlentheorie bewiesen werden. Dabei wird zunächst die *Existenz* und dann die *Eindeutigkeit* der Primfaktorzerlegung einer natürlichen Zahl gezeigt, beides durch vollständige Induktion.

Satz III.7:

Jede natürliche Zahl n mit $n \geq 2$ ist bis auf die Reihenfolge der Faktoren eindeutig in ein Produkt von Primzahlen zerlegbar.

Beweis:

Existenz: Für $n=2$ existiert eine Primfaktorzerlegung. (Man betrachtet 2 als ein Produkt mit *einem* Faktor.)
Induktionsannahme: Jede Zahl $i \in \mathbb{N}$ mit $2 \leq i \leq n$ habe eine Primfaktorzerlegung.
Für $n+1$ betrachten wir die 2 Fälle:
1.) $n+1 \in \mathbb{P}:\quad n+1$ hat eine Primfaktorzerlegung.
2.) $n+1 \notin \mathbb{P}:\quad \exists a,b \in \mathbb{N}:\quad a \cdot b = n+1 \ \land\ 1 < a,b < n+1.$
Dann haben a und b nach Induktionsannahme Primfaktorzerlegungen und deren Produkt ist eine Primfaktorzerlegung von $n+1$.

Eindeutigkeit: Für $n=2$ ist die Primfaktorzerlegung eindeutig.
Induktionsannahme: Jede Zahl $i \in \mathbb{N}$ mit $2 \leq i \leq n$ habe eine eindeutige Primfaktorzerlegung.
Für $n+1$ betrachten wir die 2 Fälle:
1.) $n+1 \in \mathbb{P}:\quad n+1$ hat eine eindeutige Primfaktorzerlegung.
2.) $n+1 \notin \mathbb{P}:\quad \exists p \in \mathbb{P}, r \in \mathbb{N}:\quad p \cdot r = n+1 \quad \land \quad 1 < p,r < n+1$ (Satz III.4)
Nach Induktionsannahme ist die Primfaktorzerlegung von r eindeutig; es sei $r = p_1 \cdot p_2 \cdot \ldots \cdot p_i$. Dann ist auch jede Primfaktorzerlegung von $n+1$, *die den Primteiler p enthält*, eindeutig. Zu zeigen bleibt, daß es keine Primfaktorzerlegung von $n+1$ gibt, in der p nicht vorkommt.

Sei (1) $n+1 = p \cdot p_1 \cdot \ldots \cdot p_i := p \cdot r \qquad p_1,\dots,p_i \in \mathbb{P}$
und (2) $n+1 = q \cdot q_1 \cdot \ldots \cdot q_j := q \cdot s \qquad q,q_1,\dots,q_j \in \mathbb{P},$

wobei die Primzahlen $q,q_1,\dots,q_j$ alle von p verschieden sein sollen. Wegen $p \neq q$

können wir ohne Beschränkung der Allgemeinheit $1 < p < q < n+1$ annehmen und betrachten die natürliche Zahl

$$k := n + 1 - p \cdot s,$$

die sich auf zwei Arten darstellen läßt:

$$(3) \quad k = p \cdot r - p \cdot s = p(r - s),$$
$$(4) \quad k = q \cdot s - p \cdot s = s(q - p).$$

Wegen $k < n + 1$ hat k eine *eindeutige* Primfaktorzerlegung (Induktionsvoraussetzung). Auf Grund von (3) ist p ein Primteiler, der dann auch in der Primfaktorzerlegung (4) vorkommt. Da p in der *eindeutigen* Zerlegung von s nicht enthalten ist, muß p Primteiler der *eindeutigen* Zerlegung von $p - q$ sein. Aus $p|q-p$ und $p|p$ folgt $p|q$ und damit $p = q$. Das widerspricht der Annahme, es gäbe eine Primfaktorzerlegung (2) von $n + 1$, in der p nicht vorkommt; (1) ist die eindeutige Primfaktorzerlegung von $n + 1$. ■

Für große natürliche Zahlen ist es keine triviale Aufgabe, ihre Primfaktorzerlegung zu bestimmen, auch wenn man beispielsweise weiß, daß eine Zahl a den Primfaktor 2 bzw. 5 hat, wenn die Endziffer durch 2 bzw. durch 5 teilbar ist, oder genau dann den Primfaktor 3 hat, wenn die Quersumme durch 3 teilbar ist. In Kapitel III.3 werden Sie darüber hinaus auch für andere Primzahlen derartige, einfach zu handhabende *Teilbarkeitskriterien* kennenlernen.

Beispiel 2:

Es soll die Primfaktorzerlegung von $a = 824\,670$ (ohne Taschenrechner) bestimmt werden. Mit den geläufigen Kriterien sieht man direkt, daß 2,3 und 5 Primteiler von a sind: $824\,670 = 2 \cdot 3 \cdot 5 \cdot 27\,498$. Aufgrund der Quersumme ist $27\,498$ wiederum durch 3 teilbar: $824\,670 = 2 \cdot 3^2 \cdot 5 \cdot 9\,163$. Die Primfaktorzerlegung von $9\,163$ müssen Sie derzeit durch Probieren ermitteln. Es ist $9\,163 = 7^2 \cdot 11 \cdot 17$. Später können Sie die Primteiler 7 und 11 mit Hilfe von Kriterien und Kopfrechnen herausfinden. Insgesamt ist $824\,670 = 2 \cdot 3 \cdot 5 \cdot 7^2 \cdot 11 \cdot 17$. ♣

Übung 5:

Bestimmen Sie die Primfaktorzerlegung von $a = \prod_{k=1}^{11} \binom{12}{k}$. ♠

Übung 6:

a) Auf wieviele Nullen endet die Zahl $125!$?

b) Für welche $k \in \{1, 2, \ldots, 25\}$ enden die Binomialkoeffizienten $\binom{25}{k}$ auf Null ? Auf wie viele Nullen ? ♠

Man vereinbart für die Primfaktorzerlegung einer natürlichen Zahl a eine standardisierte Schreibweise, die manche Beweisführung vereinfacht. Die Primzahlen werden der Größe nach durchnumeriert,

$p_1 = 2\,,\ p_2 = 3\,,\ p_3 = 5\,,\ p_4 = 7\,,\ p_5 = 11\,,\ p_6 = 13\,,\ p_7 = 19,\ \ldots$ und

$$a = \prod_{i=1}^{\infty} p_i^{\alpha_i} \qquad p_i \in \mathbb{P},\ \alpha_i \in \mathbb{N}_0$$

kanonische Form der Primfaktorzerlegung von a, kurz *kanonische Primfaktorzerlegung von a* genannt. Das Produkt ist nur formal unendlich, es enthält nur endlich viele Exponenten $\alpha_i \neq 0$ und damit nur endlich viele Faktoren, die ungleich 1 sind. Im konkreten Fall werden natürlich nur diese Faktoren angegeben. An der kanonischen Primfaktorzerlegung zweier Zahlen läßt sich Teilbarkeit ablesen.

Satz III.8:

Für natürliche Zahlen a, b mit den kanonischen Primfaktorzerlegungen

$a = \prod_{i=1}^{\infty} p_i^{\alpha_i}\,,\quad b = \prod_{i=1}^{\infty} p_i^{\beta_i}$ gilt: $a|b \;\Leftrightarrow\; \alpha_i \le \beta_i \;\; \forall i \in \mathbb{N}$.

Beweis: $'\Rightarrow'$: $a|b \Rightarrow \exists c \in \mathbb{N} :\ ac = b$; sei $c = \prod_{i=1}^{\infty} p_i^{\gamma_i}$ $(\gamma_i \in \mathbb{N}_0)$, dann folgt

$ac = \prod_{i=1}^{\infty} p_i^{\alpha_i} \cdot \prod_{i=1}^{\infty} p_i^{\gamma_i} = \prod_{i=1}^{\infty} p_i^{\gamma_i+\alpha_i} = \prod_{i=1}^{\infty} p_i^{\beta_i} = b$. Hieraus folgt für alle $i \in \mathbb{N}$ $\alpha_i + \gamma_i = \beta_i$ und das heißt $\alpha_i \le \beta_i$.

$'\Leftarrow'$: Ist $\alpha_i \le \beta_i$ für alle $i \in \mathbb{N}$, dann ist $\gamma_i := \beta_i - \alpha_i \in \mathbb{N}_0$ und es folgt

$a \cdot c = b$ mit $c = \prod_{i=1}^{\infty} p_i^{\gamma_i}$. ■

Mit Hilfe dieses Satzes lassen sich von einer natürlichen Zahl a aus der kanonischen Primfaktorzerlegung die Teiler und damit auch die Anzahl der Teiler angeben.

Satz III.9:

Es sei $a \in \mathbb{N} \setminus \{1\}$ und $a = \prod_{i=1}^{\infty} p_i^{\alpha_i}$ die kanonische Primfaktorzerlegung.

a) $T_a = \{\prod_{i=1}^{\infty} p_i^{\gamma_i} \;/\; \gamma_i \in \mathbb{N}_0\,,\ \gamma_i \le \alpha_i \;\; \forall i \in \mathbb{N}\}$.

b) $|T_a| = \prod_{i=1}^{\infty} (\alpha_i + 1)$.

Beweis: a) ist eine direkte Folgerung aus Satz III.8.
b) Jeder Primteiler p_i von a mit einem Exponenten α_i liefert $\alpha_i + 1$ Teiler von a, nämlich $p_i^0, p_i^1, \ldots, p_i^{\alpha_i}$. Ist $a = p_i^{\alpha_i} p_j^{\beta_j}$, dann gibt es für jede Potenz $p_i^{\gamma_i}$, $0 \le \gamma_i \le \alpha_i$, genau α_{j+1} Teiler von a, nämlich $p_i^{\gamma_i}p_j^0,\ p_i^{\gamma_i}p_j^1,\ p_i^{\gamma_i}p_j^2,\ \ldots, p_i^{\gamma_i}p_j^{\alpha_j}$, insgesamt also $(\alpha_i + 1)\cdot(\alpha_j + 1)$ Teiler. Mit jeder weiteren Primzahlpotenz $p_k^{\alpha_k}$ in der Primfaktorzerlegung steigt die Anzahl der Teiler aufgrund der gleichen Überlegung um das $(\alpha_k + 1)$-fache. Hieraus folgt die behauptete Formel. ■

Satz III.9 besagt, daß die *Struktur* der Teilermenge T_a einer natürlichen Zahl a und auch die Anzahl $|T_a|$ der Teiler *nur* abhängig von der *Anzahl* der Primteiler von a und deren *Exponenten* in der Primfaktorzerlegung von a ist, nicht dagegen von den Primteilern selbst. Beispielsweise haben $12 = 2^2 \cdot 3$ und $2299 = 11^2 \cdot 19$ die gleiche Struktur der Teilermengen wie jede Zahl $a = p^2 \cdot q$ mit $p, q \in \mathbb{P}$, und es ist

$$|T_{12}| = |T_{2299}| = |T_{p^2 \cdot q}| = 3 \cdot 2 = 6.$$

Beispiel 3:

Es sollen mit Hilfe der Formel in Satz III.9 alle natürlichen Zahlen mit genau 18 Teilern bestimmt werden. Dazu ist eine Fallunterscheidung nach der Anzahl der Primteiler sinnvoll.

1.) Hat a genau einen Primteiler, dann ist $a = p^{17}$, wobei p eine beliebige Primzahl darstellt.

2.) Hat a genau 2 Primteiler, müssen alle Möglichkeiten untersucht werden, 18 in ein Produkt aus 2 Faktoren, beide ungleich 1, zu zerlegen:

2.1) $18 = 2 \cdot 9 \quad \Rightarrow \quad a = p \cdot q^8 \qquad p, q \in \mathbb{P}.$

2.2) $18 = 3 \cdot 6 \quad \Rightarrow \quad a = r^2 \cdot s^5 \qquad r, s \in \mathbb{P}.$

3.) a hat genau 3 Primteiler. Wegen $18 = 2 \cdot 3 \cdot 3$ folgt $a = t \cdot u^2 \cdot v^2$ mit $t, u, v \in \mathbb{P}$.

♣

Übung 7:

a) Welche Zahlen mit genau 12 Teilern haben genau 2 Primteiler, wobei

(i) der größte Primteiler 5 ist,

(ii) der größte Primteiler höchstens 5 ist ?

b) Bestimmen Sie die drittkleinste natürliche Zahl mit genau 12 Teilern.

(Es genügt die Angabe der Primfaktorzerlegungen der Zahlen.) ♠

Aufgrund der Struktur von Teilermengen folgt für die *Teilerdiagramme* natürlicher Zahlen unmittelbar: Die Teilerdiagramme zweier natürlicher Zahlen a, b mit den Primfaktorzerlegungen

$$a = \prod_{i=1}^{\infty} p_i^{\alpha_i} \quad \text{und} \quad b = \prod_{i=1}^{\infty} p_i^{\beta_i}$$

stimmen genau dann überein[6], wenn a, b gleichviele Primteiler haben und die *Exponentenfolgen*

$$\alpha_1, \alpha_2, \ldots, \alpha_n, \ldots \qquad \text{und} \qquad \beta_1, \beta_2, \ldots, \beta_n, \ldots$$

bis auf die Reihenfolge übereinstimmen.

Wir wollen nun normierte Darstellungen von Teilerdiagrammen beschreiben, wobei wir nach der Anzahl der Primteiler unterscheiden.

1.) $a = p^\alpha \qquad p \in \mathbb{P}, \quad \alpha \in \mathbb{N}.$

Das Teilerdiagramm ist eine Kette, wie in Abb. 3.1 dargestellt für $a = p^4$.

2.) $a = p^\alpha \cdot q^\beta \qquad p, q \in \mathbb{P}, \quad \alpha, \beta \in \mathbb{N}.$

[6] Genauer müßte man sagen: „... *sind ordnungsisomorph, ...*“

Das Teilerdiagramm läßt sich als Rechteck darstellen, wie beispielsweise in Abb. 3.1 für $a = p^2 \cdot q^3$. Dabei läßt sich dieses Rechteck so entstanden denken, daß das Teilerdiagramm von p^2 dreimal in dieselbe Richtung parallel verschoben wurde.

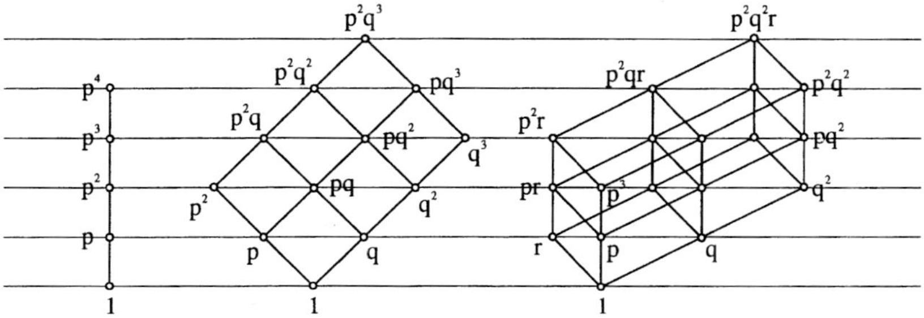

Abb. 3.1

3.) $a = p^\alpha \cdot q^\beta \cdot r^\gamma \qquad p, q, r \in \mathbb{P}, \quad \alpha, \beta, \gamma \in \mathbb{N}.$
Das Teilerdiagramm läßt sich als Quader darstellen, wie beispielsweise in Abb. 3.1 für $a = p^2 \cdot q^2 \cdot r$, und dieser Quader ist interpretierbar als einmal parallel verschobenes Teilerdiagramm von $p^2 \cdot q^2$.

Die waagerechten 'Höhenlinien' in Abb. 3.1 sind als Zeichenhilfen sehr nützlich.

4.) $a = p^\alpha \cdot q^\beta \cdot r^\gamma \cdot s^\delta \qquad p, q, r, s \in \mathbb{P}, \quad \alpha, \beta, \gamma, \delta \in \mathbb{N}.$
Das Teilerdiagramm von a erhält man durch δ–faches Parallelverschieben des Teilerdiagramms von $a' = p^\alpha \cdot q^\beta \cdot r^\gamma$.
In Abb. 3.2 wurde das Teilerdiagramm von $a' = p \cdot q \cdot r$ in einer neuen Richtung zweimal parallel verschoben; es entsteht das Teilerdiagramm von $a = p \cdot q \cdot r \cdot s^2$ für $p, q, r, s \in \mathbb{P}$.

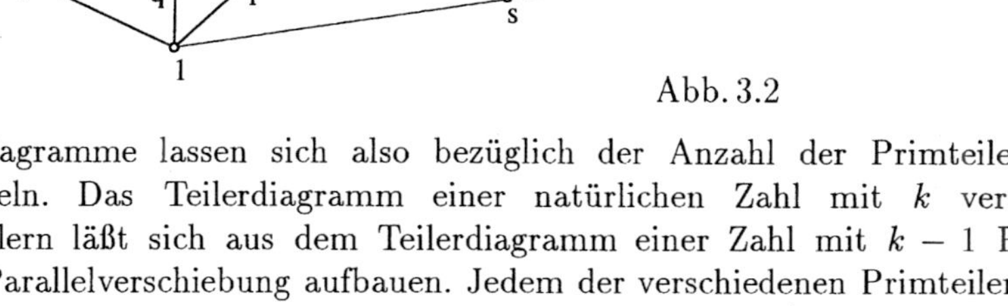

Abb. 3.2

Teilerdiagramme lassen sich also bezüglich der Anzahl der Primteiler rekursiv entwickeln. Das Teilerdiagramm einer natürlichen Zahl mit k verschiedenen Primteilern läßt sich aus dem Teilerdiagramm einer Zahl mit $k-1$ Primteilern durch Parallelverschiebung aufbauen. Jedem der verschiedenen Primteiler wird eine 'Richtung' im Teilerdiagramm zugeordnet. Fortschreiten von unten nach oben im Teilerdiagramm bedeutet dann Multiplikation mit dem entsprechenden Primteiler (siehe Abb. 3.2).

Strukturelle Übereinstimmung von Ordnungsrelationen drückt sich in der Übereinstimmung der Hasse-Diagramme aus. So stimmen nicht nur die Teilerdiagramme mancher verschiedener Zahlen überein, sondern auch Teilerdiagramme von Primzahlprodukten $p_1 \cdot p_2 \cdot \ldots \cdot p_k$ mit den Hassediagrammen von Potenzmengen $\mathcal{P}(\{a_1, \ldots, a_k\})$ ($k \in \mathbb{N}$) bezüglich $\subseteq$. In Abb. 3.3 ist das für $k = 4$ dargestellt.

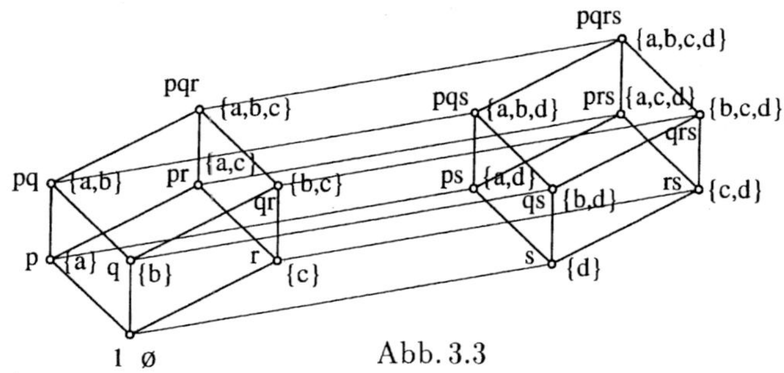

Abb. 3.3

Übung 8:

Zeichnen Sie die Teilerdiagramme:

a) für 252, 378, 980, 1061, 4000, 5120 ;

b) für eine natürliche Zahl a mit genau 3 Primteilern und 12 Teilern. ♠

Ist p eine Primzahl, dann ist $\sqrt{p}$ irrational. In I.2 hatten wir den Beweisablauf hierfür als Beispiel für einen indirekten Beweis angegeben. Mit Hilfe der Primfaktorzerlegung natürlicher Zahlen läßt sich die Irrationalität weiterer Zahlen nachweisen.

Satz III.10:

Ist $x_0 \in \mathbb{R}$ eine Lösung der Gleichung

$$x^n + a_{n-1}x^{n-1} + a_{n-2}x^{n-2} + \ldots + a_1 x + a_0 = 0 \quad \text{mit} \quad a_{n-1}, \ldots, a_0 \in \mathbb{Z},$$

so ist x_0 entweder ganzzahlig oder irrational.

Beweis: Angenommen, es gibt eine *rationale* Lösung x_0, dann läßt sich x_0 als ausgekürzter Bruch $x_0 = \frac{u}{v}$ darstellen. Einsetzen in die Gleichung und Multiplizieren der Gleichung mit v^n führt zu

$$u^n + a_{n-1}u^{n-1}v + a_{n-2}u^{n-2}v^2 + \ldots + a_1 u v^{n-1} + a_0 v^n = 0.$$

Da v die rechte Seite teilt und außer bei u^n in allen Summanden der linken Seite als Faktor auftritt, teilt, muß v auch u^n teilen (Satz III.1 (6.3)). Sei p ein Primteiler von v, dann folgt $p|u^n$ und hieraus $p|u$. Weil $p|v \wedge p|u$ im Widerspruch zur Voraussetzung steht, daß $\frac{u}{v}$ ein ausgekürzter Bruch war, kann v keinen Primteiler besitzen; es muß $v = 1$ sein. Daher ist jede *rationale* Lösung *ganzzahlig*. ■

Ist $p \in \mathbb{P}$, dann ist $\sqrt{p}$ Lösung der Gleichung $x^2 - p = 0$ und wegen $\sqrt{p} \notin \mathbb{Z}$ muß $\sqrt{p}$ irrational sein. Satz III.10 beinhaltet daher die Aussage in Kapitel I.2. Allgemeiner folgt aus diesem Satz:

Satz III.11:

Für $m, n \in \mathbb{N}$, $m \geq 2$ ist $\sqrt[m]{n}$ entweder eine ganze oder eine irrationale Zahl.

Übung 9:

Beweisen Sie Satz III.11. ♠

Ergänzend folgt noch eine Aussage über die Irrationalität von Logarithmen.

Satz III.12:

Für natürliche Zahlen $a, b \neq 1$ ist $\log_b a$ irrational, wenn eine der Zahlen a oder b einen Primteiler besitzt, den die andere nicht hat.

Beweis: Angenommen $\log_a b = \frac{u}{v}$ ist ein ausgekürzter Bruch, dann ist nach Definition des Logarithmus $a^{\frac{u}{v}} = b$ und damit $a^u = b^v$. Ist $p \in \mathbb{P}$ mit $p|a$, dann gilt $p|a^u$, also $p|b^v$ und somit $p|b$, d.h. jeder Primteiler von a muß Primteiler von b sein. Entsprechend schließt man für die Primteiler von b. ■

Übung 10:

Welche dekadischen Logarithmen $\log_{10} a$ sind aufgrund dieses Satzes irrational ?

Zeigen Sie anhand eines Beispiels für die dekadischen Logarithmen, daß die Umkehrung des Satzes III.12 nicht richtig ist. ♠

Lösungen bzw. Lösungshinweise zu den Übungen

Ü 1: (6.3) $d|1 \cdot (a+b) - 1 \cdot a$; (6.4) $d|1 \cdot (a-b) + 1 \cdot b$; (6.5) $d|m \cdot a + 0 \cdot b$.

Ü 3: a) Genau wenn a keine Quadratzahl ist, sind alle Teiler sind alle Teiler d von ihren Komplementärteilern $\frac{a}{d}$ verschieden, die Teiler treten paarweise auf. Quadratzahlen sind dadurch charakterisiert, daß es genau einen Teiler d gibt, der gleich seinem Komplementärteiler ist: $d = \frac{a}{d} \Rightarrow d^2 = a$.

b) <u>1.Fall:</u> Die Teilermenge läßt sich mit Hilfe der Komplementärteiler angeben:
$T_a = \{d_1, d_2, \ldots, d_k, \frac{a}{d_k}, \ldots, \frac{a}{d_2}, \frac{a}{d_1}, \}$. Hieraus folgt unmittelbar $P_a = a^{\frac{|T_a|}{2}}$.

<u>2.Fall:</u> Die Teilermenge hat die Gestalt
$T_a = \{d_1, d_2, \ldots, d_{k-1}, d_k, d_{k+1}, \frac{a}{d_k}, \frac{a}{d_{k-1}}, \ldots, \frac{a}{d_2}, \frac{a}{d_1}, \}$ mit $d_{k+1}^2 = a$ oder $d_{k+1} = a^{\frac{1}{2}}$. Damit folgt

$$P_a = d_1 \frac{a}{d_1} \cdot d_2 \frac{a}{d_2} \cdot \ldots \cdot d_k \frac{a}{d_k} \cdot d_{k+1} = a^k \cdot a^{\frac{1}{2}} = a^{k+\frac{1}{2}} = a^{\frac{2k+1}{2}} = a^{\frac{|T_a|}{2}}.$$

Ü 4: Es gibt 62 Primzahlen, die kleiner als 300 sind.

Ü 5: Wegen der Symmetrie $\binom{12}{k} = \binom{12}{12-k}$ genügt es, die Primfaktorzerlegungen von $\binom{12}{1}$ bis $\binom{12}{6}$ zu bestimmen. Ausgehend von der Primfaktorzerlegung von $\binom{12}{1}$ notiert man, welche Primfaktoren bei $\binom{12}{2}$ hinzukommen und welche wegfallen, d.h. man verwendet die in Kap.I.8 nach Beispiel 19 angegebene Rekursion:

$\binom{12}{1} = \frac{12}{1} =$	$2^2 \cdot\ 3$	$= \binom{12}{11}$
$\binom{12}{2} = \binom{12}{1} \cdot \frac{11}{2} =$	$2 \cdot\ 3 \cdot\ \ \ 11$	$= \binom{12}{10}$
$\binom{12}{3} = \binom{12}{2} \cdot \frac{10}{3} =$	$2^2 \cdot\ \ 5 \cdot\ \ 11$	$= \binom{12}{9}$
$\binom{12}{4} = \binom{12}{3} \cdot \frac{9}{4} =$	$3^2 \cdot\ 5 \cdot\ \ 11$	$= \binom{12}{8}$
$\binom{12}{5} = \binom{12}{4} \cdot \frac{8}{5} =$	$2^3 \cdot\ 3^2 \cdot\ \ 11$	$= \binom{12}{7}$
$\binom{12}{6} = \binom{12}{5} \cdot \frac{7}{6} =$	$2^2 \cdot\ 3 \cdot\ \ 7 \cdot\ 11$	

Hieraus folgt $\prod_{k=1}^{11} \binom{12}{k} = 2^{18} \cdot 3^{13} \cdot 5^4 \cdot 7 \cdot 11^9$.

Ü 6: Jede 0 am Ende einer natürlichen Zahl a resultiert aus einer 2 *und* einer 5 in der Primfaktorzelegung von a.
a) Jeder *zweite* Faktor von 125! enthält den Primteiler 2 und jeder *fünfte* Faktor den Primteiler 5 mindestens einmal. Daher kommt der Primteiler 2 häufiger vor als der Primteiler 5. Die Anzahl der Nullen am Ende ist daher gleich der Anzahl der Primteiler 5 in 125!. Es enthalten 25 Zahlen den Primteiler 5, davon 5 Zahlen den Primteiler zweimal und nur der Faktor 125 den Primteiler dreimal. Also endet 125 auf 31 Nullen.

b) Durch rekursives Vorgehen wie in Übung 5 hinsichtlich der Primteiler 2 und 5 findet man heraus: Auf 2 Nullen enden die Binomialkoeffizienten für
$k = 2, 3, 6, 7, 11, 12, 13, 14, 18, 19, 22, 23$, auf eine Null für $k = 4, 5, 10, 15, 20, 21$ und nicht auf Null für $k = 1, 8, 9, 16, 17, 24$.

Ü 7: a) (i) $12 = 2 \cdot 6: \quad 2 \cdot 5^5,\ \ 3 \cdot 5^5,\ \ 2^5 \cdot 5,\ \ 3^5 \cdot 5.$
$12 = 3 \cdot 4: \quad 2^2 \cdot 5^3,\ \ 3^2 \cdot 5^3,\ \ 2^3 \cdot 5^2,\ \ 3^3 \cdot 5^2.$

(ii) Zu den Zahlen aus (i) kommen hinzu: $2 \cdot 3^5,\ 2^5 \cdot 3,\ 2^2 \cdot 3^3,\ 2^3 \cdot 3^2$.

b) $2^2 \cdot 3 \cdot 7 = 84$.

Ü 8: Die 'Dimension' und Gestalt der Teilerdiagramme ergibt sich aus den Primfaktorzerlegungen der Zahlen:
a) $252 = 2^2 \cdot 3^2 \cdot 7,\ \ 378 = 2 \cdot 3^3 \cdot 7,\ \ 980 = 2^2 \cdot 5 \cdot 7^2,\ \ 1061 = 3 \cdot 5 \cdot 7 \cdot 11,$
$4000 = 2^5 \cdot 5^3,\ \ 5120 = 2^{10} \cdot 5$. Die Teilerdiagramme von 252 und 980 stimmen überein.
b) $12 = 2 \cdot 2 \cdot 3 \Rightarrow a = p \cdot q \cdot r^2$ mit $p, q, r \in \mathbb{P}$.

Ü 9: Die Behauptung folgt aus Satz III.10. $\sqrt[m]{n}$ ist Lösung der Gleichung $x^m - n = 0$.

Ü 10: Aufgrund des Satzes ist $\log_{10} a$ irrational, wenn a einen von 2 und 5 verschiedenen Primteiler besitzt oder wenn a genau einen der beiden Primteiler 2 oder 5 hat.
Umkehrung des Satzes: $\log_b a$ irrational $\Rightarrow \exists p \in \mathbb{P}:$ p teilt entweder a oder b.
Gegenbeispiel:
$\log_{10} 20$ ist irrational, denn $\log_{10} 20 = \log_{10}(2 \cdot 10) = \log_{10} 10 + \log_{10} 2 = 1 + \log_{10} 2$.
Wäre nun $\log_{10} 20$ rational, dann auch $\log_{10} 2 = \log_{10} 20 - 1$, was aber nach Satz III.12 nicht der Fall ist.

III.2 Gemeinsame Teiler, gemeinsame Vielfache

Stets ist 1 ein *gemeinsamer* Teiler zweier natürlicher Zahlen a, b. Haben a und b einen gemeinsamen Primteiler p, dann gibt es außer 1 weitere gemeinsame Teiler. $T_a \cap T_b$ ist die Menge *aller* gemeinsamen Teiler. Häufig ist der *größte* gemeinsame Teiler von Interesse.

Definition III.13:

> Es seien $a_1, a_2, \ldots, a_n \in \mathbb{Z}$ und mindestens ein $a_i \neq 0$. Die größte Zahl der Menge $\bigcap_{i=1}^{n} T_{a_i}$ heißt der **größte gemeinsame Teiler** von $a_1, \ldots, a_n$, geschrieben $\operatorname{ggT}(a_1, a_2, \ldots, a_n)$.

Eine solche größte Zahl existiert immer, denn wegen $1 \in T_{a_i}$ für alle $i \in \{1, \ldots, n\}$ ist die Menge $\bigcap_{i=1}^{n} T_{a_i}$ aller gemeinsamen Teiler der a_i nicht leer. Ferner ist für $a_k \neq 0$ die Teilermenge T_{a_k}, und damit auch $\bigcap_{i=1}^{n} T_{a_i}$, eine *endliche* Menge *natürlicher* Zahlen, und jede derartige Menge besitzt genau eine *größte* Zahl.
Da $T_a = T_{-a}$ für alle ganzen Zahlen a gilt, ist es keine Einschränkung der Allgemeinheit, wenn man sich auf die Berechnung des ggT *natürlicher Zahlen* beschränkt.
Aus Definition III.13 folgt für $a_1, \ldots, a_n \in \mathbb{Z}$:

$$\operatorname{ggT}(a_1, a_2, \ldots, a_n) = \operatorname{ggT}(|a_1|, |a_2|, \ldots, |a_n|).$$

Zur konkreten Berechnung von $\operatorname{ggT}(a_1, \ldots, a_n)$ ist Definition III.13 sehr aufwendig und daher ungeeignet. Es wären zuerst n Teilermengen zu bestimmen, ihr Durchschnitt zu bilden, um dann die größte Zahl herauszufinden. Für den Fall *zweier* Zahlen a, b leiten wir nun andere Berechnungsmöglichkeiten ab.
Aufgrund der Teilbarkeitsregeln in Satz III.1 gilt für ganze Zahlen a, b, c

$$d \in T_a \cap T_b \;\Leftrightarrow\; d|a \wedge d|b \;\Leftrightarrow\; d|a \wedge d|b - ca \;\Leftrightarrow\; d \in T_a \cap T_{b-ca}.$$

Damit ist $T_a \cap T_b = T_a \cap T_{b-ca}$, und wir haben bewiesen

Satz III.14:

> Für $a, b, c \in \mathbb{Z}$ ist $\operatorname{ggT}(a, b) = \operatorname{ggT}(a, b - ca)$.

Der größte gemeinsame Teiler zweier Zahlen ändert sich also nicht, wenn man von einer der Zahlen ein Vielfaches der anderen Zahl subtrahiert. Die Anwendung dieser Gesetzmäßigkeit reduziert die Berechnung von $\operatorname{ggT}(a, b)$ auf Multiplikationen und Subtraktionen:

$$\begin{aligned}
\operatorname{ggT}(4524, 3564) &= \operatorname{ggT}(4524\text{-}3564,\ 3564) = \operatorname{ggT}(960,\ 3564)\\
&= \operatorname{ggT}(960,\ 3564 - 4 \cdot 960) = \operatorname{ggT}(960,\ \text{-}276)\\
&= \operatorname{ggT}(960\text{-}4{\cdot}276,\ 276) = \operatorname{ggT}(\text{-}144,\ 276)\\
&= \operatorname{ggT}(144,\ 276 - 2 \cdot 144) = \operatorname{ggT}(144,\ \text{-}12) = 12
\end{aligned}$$

Wählt man in Satz III.14 $c \in \mathbb{Z}$ derart, daß die Differenz $d := b - ca$ nicht negativ und möglichst klein ist, so nennt man das die *Division von b durch a mit Rest*:
Als spezielle Anwendung von Satz III.14 läßt sich $\mathrm{ggT}(a, b)$ durch eine Folge derartiger Divisionen mit Rest, genannt *Euklidischer Algorithmus*, bestimmen.

Definition III.15:

a) Für $a, b \in \mathbb{Z}$ heißt die Darstellung

$$a = v \cdot b + r, \qquad v, r \in \mathbb{Z}, \quad 0 \leq r < b$$

Division von a durch b mit Rest.

b) Es seien a, b verschiedene natürliche Zahlen. Dann ist die folgende Kette von Divisionen mit Rest der **Euklidische Algorithmus für a und b.**

$$\begin{array}{lllll} a & = v_1 \cdot b & + \; r_1 & v_1 \in \mathbb{N}_0, & 0 < r_1 < b \\ b & = v_2 \cdot r_1 & + \; r_2 & v_2 \in \mathbb{N}, & 0 < r_2 < r_1 \\ r_1 & = v_3 \cdot r_2 & + \; r_3 & v_3 \in \mathbb{N}, & 0 < r_3 < r_2 \\ & \vdots & & \vdots & \vdots \\ r_{n-3} & = v_{n-1} \cdot r_{n-2} & + \; r_{n-1} & v_{n-1} \in \mathbb{N}, & 0 < r_{n-1} < r_{n-2} \\ r_{n-2} & = v_n \cdot r_{n-1} & + \; r_n & v_n \in \mathbb{N}, & 0 < r_n < r_{n-1} \\ r_{n-1} & = v_{n+1} \cdot r_n & + \; 0 & v_{n+1} \in \mathbb{N}, & \end{array}$$

Dabei ist r_n als der letzte von 0 verschiedene Rest in der Kette der Divisionen erklärt. Da die Reste eine monoton abnehmende Folge natürlicher Zahlen sind, das heißt, es gilt

$$r_1 > r_2 > r_3 > \ldots > r_{n-2} > r_{n-1} > r_n > 0,$$

gibt es für beliebige natürliche Zahlen a, b einen letzten von 0 verschiedenen Rest r_n, so daß diese Divisionskette stets abbricht.

Satz III.16:

Beim Euklidischen Algorithmus für natürliche Zahlen a, b ist der letzte von 0 verschiedene Rest der größte gemeinsame Teiler von a und b.

Beweis: Aus der ersten Zeile im Euklidischen Algorithmus folgt mit Satz III.14

$$\mathrm{ggT}(a,\, b) = \mathrm{ggT}(a - v_1 b,\, b) = \mathrm{ggT}(r_1,\, b).$$

Aufgrund der weiteren Zeilen ist

$$\mathrm{ggT}(a,\, b) = \mathrm{ggT}(r_1,\, b) = \mathrm{ggT}(r_1,\, r_2) = \mathrm{ggT}(r_3,\, r_2) = \ldots.$$
$$\ldots. = \mathrm{ggT}(r_{n-2},\, r_{n-1}) = \mathrm{ggT}(r_n,\, r_{n-1}) = \mathrm{ggT}(r_n,\, 0) = r_n.$$

■

Beispiel 4:

Für $a = 4524$ und $b = 3564$ besteht der Euklidische Algorithmus aus 6 Divisionen.

$$\begin{array}{rcrcr} 4524 &=& 1 \cdot 3564 &+& 960 \\ 3564 &=& 3 \cdot \ 960 &+& 684 \\ 960 &=& 1 \cdot \ 684 &+& 276 \\ 684 &=& 2 \cdot \ 276 &+& 132 \\ 276 &=& 2 \cdot \ 132 &+& \underline{12} \\ 132 &=& 11 \cdot \ \ 12 && \end{array}$$

Es ist 12 der letzte von 0 verschiedene Rest und somit ggT(4524, 3564)=12, was wir bereits mit Satz III.14 berechnet haben. ♣

Was läßt sich über die Menge der *gemeinsamen* Teiler zweier natürlicher Zahlen a, b sagen ?

Aus $T_a \cap T_b = T_a \cap T_{b-ca}$ folgt mit der ersten Zeile des Euklidischen Algorithmus für a und b

$$T_a \cap T_b = T_{a-v_1 b} \cap T_b = T_{r_1} \cap T_b.$$

Entsprechend dem Beweis von Satz III.16 folgt aus den weiteren Zeilen
$T_a \cap T_b = T_{r_1} \cap T_b = T_{r_1} \cap T_{r_2} = T_{r_3} \cap T_{r_2} = \ldots$
$\ldots = T_{r_{n-2}} \cap T_{r_{n-1}} = T_{r_n} \cap T_{r_{n-1}} = T_{r_n} \cap T_0 = T_{r_n} \cap \mathbb{N} = T_{r_n}.$

Mit $r_n = \mathrm{ggT}(a, b)$ heißt das

Satz III.17:

Die gemeinsamen Teiler der natürlichen Zahlen a, b sind genau die Teiler von $\mathrm{ggT}(a, b)$:

$$T_a \cap T_b = T_{\mathrm{ggT}(a,b)}.$$

Es gilt die entsprechende Verallgemeinerung für Zahlen $a_1, a_2, \ldots, a_n$.

Übung 11:

Zeigen Sie für natürliche Zahlen $a_1, a_2, \ldots, a_n$: $\bigcap\limits_{i=1}^{n} T_{a_i} = T_{\mathrm{ggT}(a_1, a_2, \ldots, a_n)}$ ♠

Aufgrund dieses Satzes kann man *alle* gemeinsamen Teiler von a und b bestimmen, wenn $\mathrm{ggT}(a, b)$ bekannt ist.

Zeichnet man die Teilerdiagramme von a und b ineinander wie in Abb. 3.4 für

$a = 2^2 \cdot 7^4, \quad b = 2^2 \cdot 5 \cdot 7^2,$

bilden die *gemeinsamen* Bestandteile das Teilerdiagramm von $\mathrm{ggT}(a, b)$.

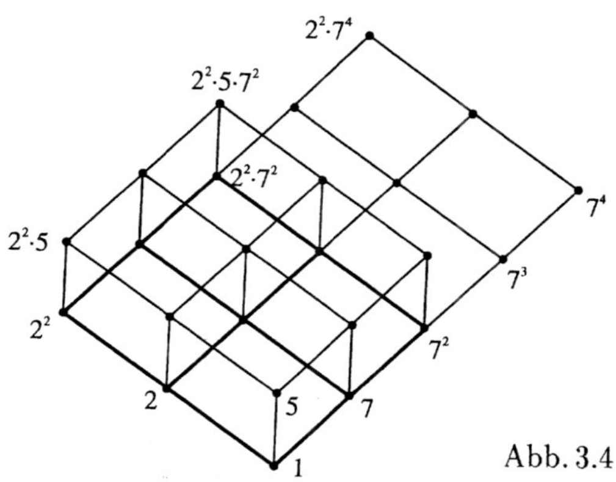

Abb. 3.4

Aus $T_a \cap T_b = T_b \cap T_a$ (Kommutativität von $\cap$) und $(T_a \cap T_b) \cap T_c = T_a \cap (T_b \cap T_c)$ (Assoziativität von $\cap$) folgt

$$\text{ggT}(a, b) = \text{ggT}(b, a)$$
$$\text{ggT}(\text{ggT}(a, b), c) = \text{ggT}(a, \text{ggT}(b, c)).$$

Wegen der Assoziativität von $\cap$ ist für $n > 2$ in der obigen Definition $\text{ggT}(a_1, a_2, \ldots, a_n)$ eindeutig bestimmt. Für n Zahlen $a_1, \ldots, a_n$ kann man nun $\text{ggT}(a_1, \ldots, a_n)$ berechnen, indem man sukzessive den größten gemeinsamen Teiler zweier Zahlen a_i, a_j mit $i, j \in \{1, \ldots, n\}$ und $i \neq j$ bestimmt und diese beiden Zahlen durch ihren größten gemeinsamen Teiler ersetzt. Beispielsweise ist

$$\begin{aligned}\text{ggT}(86, 2136, 33426, 84, 11239) &= \text{ggT}(\text{ggT}(84, 86), 2136, 33426, 11239)\\ &= \text{ggT}(2, 2136, 33426, 11239)\\ &= \text{ggT}(\text{ggT}(2, 11239), 2136, 33426)\\ &= \text{ggT}(1, 2136, 33426) = 1.\end{aligned}$$

Man kann sich daher auf Berechnungsmethoden für den größten gemeinsamen Teiler *zweier* Zahlen beschränken.

Übung 12:

Bestimmen Sie auf verschiedene Arten, auch mit dem Euklischen Algorithmus $\text{ggT}(1144, 3861)$ und $\text{ggT}(616, 882, 532)$. ♠

In der Schule wird die Berechnung von $\text{ggT}(a, b)$ häufig mit Hilfe der kanonischen Primfaktorzerlegung vorgenommen.

Satz III.18:

Für $a, b \in \mathbb{N}$ mit den Primfaktorzerlegungen $a = \prod_{i=1}^{\infty} p_i^{\alpha_i}$, $b = \prod_{i=1}^{\infty} p_i^{\beta_i}$ ist

$$\text{ggT}(a, b) = \prod_{i=1}^{\infty} p_i^{\min(\alpha_i, \beta_i)}.$$

Dabei ist $\min(\alpha, \beta)$ die *kleinere* der beiden Zahlen α, β. Bei Gleichheit ist $\min(\alpha, \beta) = \alpha = \beta$.

Beweis: Sei $c = \prod_{i=1}^{\infty} p_i^{\min(\alpha_i, \beta_i)}$, dann gilt nach Satz III.1 $c|a \wedge c|b$, d.h. $c \in T_a \cap T_b$. Sei $d \in T_a \cap T_b$ mit der Primfaktorzerlegung $d = \prod_{i=1}^{\infty} p_i^{\delta_i}$. Dann ist für alle $i \in \mathbb{N}$ $\delta_i \leq \alpha_i \wedge \delta_i \leq \beta_i$, und es folgt $\delta_i \leq \min(\alpha_i, \beta_i)$. Damit ist jeder gemeinsame Teiler von a und b ein Teiler von c und $c = \text{ggT}(a, b)$. ■

Mit Hilfe der Primfaktorzerlegung erhält man für $\text{ggT}(4524, 3564)$:

$$\begin{array}{rcccccccccc} 4524 & = & 2^2 & \cdot & 3 & & & \cdot & 13 & \cdot & 29\\ 3564 & = & 2^2 & \cdot & 3^4 & \cdot & 11 & & & & \\ \hline \text{ggT}(3564, 4524) & = & 2^2 & \cdot & 3 & & & & & & \end{array}$$

In Abschnitt 3.1 wurde für natürliche Zahlen a, b jeder Term $m \cdot a + n \cdot b$ mit $m, n \in \mathbb{Z}$ eine Vielfachensumme von a mit b bezeichnet. Aus dem Euklidischen Algorithmus für beliebige natürliche Zahlen a, b läßt sich stets $\text{ggT}(a, b)$ als Vielfachensumme von a und b darstellen, wie wir am zurückliegenden Beispiel $a = 4524$, $b = 3564$ zeigen wollen. Man löst die Gleichungen des Euklidischen Algorithmus nach den Resten auf und setzt sie, von 'unten' beginnend, ineinander ein.

$$\begin{aligned} 4524 &= 1 \cdot 3564 + 960 \\ 3564 &= 3 \cdot 960 + 684 \\ 960 &= 1 \cdot 684 + 276 \\ 684 &= 2 \cdot 276 + 132 \\ 276 &= 2 \cdot 132 + \underline{12} \\ 132 &= 11 \cdot 12 \end{aligned}$$

$$\begin{aligned} 12 &= 276 - 2 \cdot 132 \\ &= 276 - 2(684 - 2 \cdot 276) = 5 \cdot 276 - 2 \cdot 684 \\ &= 5(960 - 684) - 2 \cdot 684 = 5 \cdot 960 - 7 \cdot 684 \\ &= 5 \cdot 960 - 7(3564 - 3 \cdot 960) = 26 \cdot 960 - 7 \cdot 3564 \\ &= 26(4524 - 3564) - 7 \cdot 3564 = \underline{26 \cdot 4524 - 33 \cdot 3564} \end{aligned}$$

Daß sich der größte gemeinsame Teiler zweier Zahlen a, b als Vielfachensumme von a uns b darstellen läßt, führt zum folgenden Satz, der die Vielfachensummen von a und b mit den Vielfachen von $\text{ggT}(a, b)$ in Zusammenhang bringt.

Satz III.19:

Für natürliche Zahlen a, b gilt:

$$\{z \cdot \text{ggT}(a, b) \;/\; z \in \mathbb{Z}\} = \{m \cdot a + n \cdot b \;/\; m, n \in \mathbb{Z}\}.$$

Speziell für $z = 1$ existieren $m, n \in \mathbb{Z}$ mit $\text{ggT}(a, b) = m \cdot a + n \cdot b$.

Beweis: Wie im Beispiel lassen sich mit dem Euklidischen Algorithmus $m, n \in \mathbb{Z}$ finden mit $\text{ggT}(a, b) = m \cdot a + n \cdot b$. Dann ist für beliebige $z \in \mathbb{Z}$:
$z \cdot \text{ggT}(a, b) = zm \cdot a + zn \cdot b$; es gilt $\{z \cdot \text{ggT}(a, b) \;/\; z \in \mathbb{Z}\} \subseteq \{m \cdot a + n \cdot b \;/\; m, n \in \mathbb{Z}\}$.

'$\supseteq$': $\text{ggT}(a, b) | a \wedge \text{ggT}(a, b) | b \Rightarrow \text{ggT}(a, b) | m \cdot a + n \cdot b \quad \forall m, n \in \mathbb{Z}$ (Satz III.1)
Daher existiert ein $z \in \mathbb{Z}$ mit $z \cdot \text{ggT}(a, b) = m \cdot a + n \cdot b$. ■

Die Vielfachensummendarstellung von $\text{ggT}(a, b)$ ist nicht eindeutig.

Aus $\quad \text{ggT}(a, b) = m \cdot a + n \cdot b \qquad a, b \in \mathbb{N},\ m, n \in \mathbb{Z}$
und $\quad 0 = (zb) \cdot a + (-za) \cdot b \qquad z \in \mathbb{Z}$

erhält man unendlich viele verschiedene Darstellungen

$$\text{ggT}(a, b) = (m + zb) \cdot a + (n - za) \cdot b \qquad z \in \mathbb{Z}.$$

Übung 13:

Beweisen Sie für natürliche Zahlen $a_1, a_2, \ldots, a_n$:

$$\{z \cdot \text{ggT}(a_1, a_2, \ldots, a_n) \;/\; z \in \mathbb{Z}\} = \{\sum_{i=1}^{n} v_i \cdot a_i \;/\; v_i \in \mathbb{Z}\}$$

♠

Übung 14:

Geben Sie mehrere Vielfachensummendarstellungen von ggT(299, 247) und von ggT(105, 352) an.
Bestimmen Sie eine Vielfachensummendarstellung von ggT(40, 24 ,60 ,100). ♠

In den Beweisen vieler Sätze spielt die Vielfachensummendarstellung des größten gemeinsamen Teilers eine Rolle.

Satz III.20:

$$\text{Für } a,\ b,\ c \in \mathbb{Z} \text{ gilt } a \mid b \cdot c \ \wedge \ \text{ggT}(a,b)=1 \quad \Rightarrow \quad a \mid c.$$

Beweis: Wegen $\text{ggT}(a,b)=1$ gibt es $m,n \in \mathbb{Z}$ mit $1 = m \cdot a + n \cdot b$, und es folgt $c = mac + nbc$; $a \mid mac$ und $a \mid nbc$ nach Voraussetzung, somit gilt $a \mid c$. ∎

Übung 15:

Beweisen Sie für natürliche Zahlen $m, a_1, a_2, \ldots, a_n$:

$$\text{ggT}(a_i, m) = 1 \qquad \forall i \in \{1,2,\ldots,n\} \quad \Rightarrow \quad \text{ggT}(\prod_{i=1}^{n} a_i, m) = 1.$$

♠

Satz III.21:

Für $a_1, a_2, \ldots, a_n,\ d \in \mathbb{N}$ mit $d \mid a_i \ \ \forall i \in \{1,2,\ldots,n\}$ gilt

$$\text{ggT}(a_1, a_2, \ldots, a_n) = d \quad \Leftrightarrow \quad \text{ggT}(\frac{a_1}{d}, \frac{a_2}{d}, \ldots, \frac{a_n}{d}) = 1.$$

Beweis: **'** $\Rightarrow$ **' :** Es gibt $v_i \in \mathbb{Z}$ mit $d = \sum_{i=1}^{n} v_i a_i$, nach Übung 13:

$1 = \sum_{i=1}^{n} v_i \frac{a_i}{d} \quad \Rightarrow \quad 1 \in \{\sum_{i=1}^{n} v_i \frac{a_i}{d} \ / \ v_i \in \mathbb{Z}\} \ \ (= \{z \cdot \text{ggT}(\frac{a_1}{d}, \frac{a_2}{d}, \ldots, \frac{a_n}{d}) \ / \ z \in \mathbb{Z}\}) \quad \Rightarrow$

$\exists z_0 \in \mathbb{N}: \quad 1 = z_0 \cdot \text{ggT}(\frac{a_1}{d}, \frac{a_2}{d}, \ldots, \frac{a_n}{d}) \quad \Rightarrow \quad 1 = \text{ggT}(\frac{a_1}{d}, \frac{a_2}{d}, \ldots, \frac{a_n}{d}).$

' $\Leftarrow$ **' :** Aus der Voraussetzung folgt (Ü 13): $\exists v_i \in \mathbb{Z}: \quad 1 = \sum_{i=1}^{n} v_i \frac{a_i}{d} \quad \Rightarrow \quad d = \sum_{i=1}^{n} v_i a_i.$

Ist $\text{ggT}(a_1, a_2, \ldots, a_n) = e$, dann folgt wiederum mit Übung 13: $\exists k \in \mathbb{N}: \ d = k \cdot e$, das heißt $d \geq e$. Da e der *größte* gemeinsame Teiler ist, muß $d = e$ gelten. ∎

Übung 16:

a) Beweisen Sie für $a_1, a_2, \ldots, a_n,\ d \in \mathbb{N}$:

$$d \cdot \text{ggT}(a_1, a_2, \ldots, a_n) = \text{ggT}(d \cdot a_1, d \cdot a_2, \ldots, d \cdot a_n).$$

b) Berechnen Sie ggT(1 530, 12 870, 18 270) mit Hilfe der Formel in a). ♠

Definition III.22:

Natürliche Zahlen $a_1, a_2, \ldots, a_n$ heißen **teilerfremd**, wenn gilt

$$\text{ggT}(a_1, a_2, \ldots, a_n) = 1 \quad .$$

Gilt $\text{ggT}(a_i, a_j) = 1 \quad \forall i, j \in \{1, 2, \ldots, n\}$ mit $i \neq j$, dann heißen die Zahlen **paarweise teilerfremd**.

Beispiel 5:

Paarweise teilerfremde Zahlen sind stets teilerfremd, aber nicht umgekehrt:

$$\text{ggT}(6, 15, 35){=}1, \text{ aber } \text{ggT}(6, 15){=}3 \text{ und } \text{ggT}(15, 35){=}5;$$

die Zahlen sind teilerfremd, aber nicht paarweise teilerfremd. Dagegen sind die Zahlen 38, 51, 65, 77 wegen

$$\text{ggT}(38{,}51){=}\text{ggT}(38{,}65){=}\text{ggT}(38{,}77){=}\text{ggT}(51{,}65){=}\text{ggT}(51{,}77){=}\text{ggT}(65{,}77){=}1$$

paarweise teilerfremd. Nur für *zwei* Zahlen a, b sind die Begriffe *teilerfremd* und *paarweise teilerfremd* äquivalent. ♣

Übung 17:

Bestimmen Sie (unendlich viele) 5-Tupel $(a_1, a_2, a_3, a_4, a_5)$ natürlicher Zahlen (Angabe der Primfaktorzerlegung), so daß gilt

$$\text{ggT}(a_i, a_j) > 1 \;\; \forall\, i, j \in \{1, 2, 3, 4, 5\} \;\; \wedge \;\; \text{ggT}(a_1, a_2, a_3, a_4, a_5) = 1.$$

Welches sind die 3 kleinsten Zahlentupel bei Ihrem Verfahren ? ♠

Mit Satz III.21 folgt, daß es für jede rationale Zahl q, $q \neq 0$, eine Bruchdarstellung

(1) $$q = \frac{a}{b} \quad \text{mit } a \in \mathbb{Z}, b \in \mathbb{N} \text{ und } \text{ggT}(a, b){=}1$$

gibt, das heißt, daß sich jeder Bruch 'auskürzen' läßt. Denn ist $q = \frac{m}{n}$ eine beliebige Bruchdarstellung von q mit $\text{ggT}(m, n) = d$ und $m = d \cdot a$, $n = d \cdot b$, dann ist $d = \text{ggT}(m, n) = \text{ggT}(ad, bd)$ und somit $1 = \text{ggT}(\frac{ad}{d}, \frac{bd}{d}) = \text{ggT}(a, b)$. Ferner ist $q = \frac{m}{n} = \frac{ad}{bd} = \frac{a}{b}$.

Man nennt (1) die *reduzierte (ausgekürzte) Bruchdarstellung* von $q \in \mathbb{Q}$.

In den Sätzen III.10, III.11 und III.12 wurde die Irrationalität gewisser Zahlen (z.B. Wurzeln, Logarithmen) gezeigt. Bei den indirekten Beweisen resultierte der Widerspruch jeweils aus der Existenz einer reduzierten Bruchdarstellung rationaler Zahlen.

Definition III.23:

Es seien $a_1, a_2, \ldots, a_n \in \mathbb{Z}$, alle $a_i \neq 0$. Die kleinste Zahl der Menge $\bigcap_{i=1}^{n} V_{a_i}$ heißt das **kleinste gemeinsame Vielfache** von $a_1, \ldots, a_n$, geschrieben $\text{kgV}(a_1, a_2, \ldots, a_n)$.

Ist $a_i = 0$ für ein $i \in \{1, 2, \ldots, n\}$, setzt man $\text{kgV}(a_1, a_2, \ldots, a_n) = 0$.

Da im erstgenannten Fall der Definition das Produkt $a_1 \cdot a_2 \cdot \ldots \cdot a_n$ und damit auch jedes Vielfache dieses Produktes in jeder der Vielfachenmengen V_{a_i} enthalten ist, gilt: Die Menge $\bigcap\limits_{i=1}^{n} V_{a_i}$ aller gemeinsamen Vielfachen der a_i ist eine nichtleere, unendliche Menge natürlicher Zahlen und besitzt somit genau ein kleinstes Element. Das sichert die Existenz und Eindeutigkeit des kgV für beliebige $a_1, a_2, \ldots, a_n \in \mathbb{Z}$.
Wegen $V_a = V_{-a} \quad \forall a \in \mathbb{Z}$ gilt wie beim ggT:

$$\text{kgV}(a_1, a_2, \ldots, a_n) = \text{kgV}(|a_1|, |a_2|, \ldots, |a_n|) \qquad a_1, \ldots, a_n \in \mathbb{Z},$$

Daher beschränken wir uns im folgenden wiederum auf natürliche Zahlen. In Analogie zu Satz III.17 gilt für die gemeinsamen Vielfachen zweier natürlicher Zahlen a, b :

Satz III.24:

Die gemeinsamen Vielfachen der natürlichen Zahlen a, b sind genau die Vielfachen von $\text{kgV}(a, b)$:

$$V_a \cap V_b = V_{\text{kgV}(a,b)}.$$

Beweis: Es sei $k = \text{kgV}(a, b)$.
$' \subseteq '$: Sei $v \in V_a \cap V_b$ und $v = m \cdot k + r$ die Division von v durch k mit Rest, dann ist $r = v - m \cdot k, \quad 0 \leq r < k$:
$a \mid v \wedge b \mid v \wedge a \mid k \wedge b \mid k \quad \Rightarrow \quad a \mid r \wedge b \mid r$; r ist gemeinsames Vielfaches von a und b. Wegen $r < k$ muß $r = 0$ gelten, es ist $v = m \cdot k$, das heißt $v \in V_{\text{kgV}(a,b)}$.
$' \supseteq '$: Für $w \in V_{\text{kgV}(a,b)}$ gilt $w = k \cdot r$ mit $r \in \mathbb{N}$ (Satz III.24):
$a \mid k \wedge b \mid k \quad \Rightarrow \quad a \mid w \wedge b \mid w \quad \Rightarrow \quad w \in V_a \cap V_b$. ■

Für natürliche Zahlen $a_1, a_2, \ldots, a_n$ läßt sich induktiv ableiten (Aufgabe 13):

$$\bigcap_{i=1}^{n} V_{a_i} = V_{\text{kgV}(a_1, a_2, \ldots, a_n)}.$$

Weitere Übereinstimmungen zum ggT resultieren aus den mengenalgebraischen Gesetzmäßigkeiten für den Durchschnitt:

$$\text{kgV}(a, b) = \text{kgV}(b, a),$$
$$\text{kgV}(\text{kgV}(a, b), c) = \text{kgV}(a, \text{kgV}(b, c)),$$

so daß es, wie schon beim größten gemeinsamen Teiler, genügt, Methoden zur Berechnung des kleinsten gemeinsamen Vielfachen *zweier* Zahlen zu behandeln.

In diesem Falle ist eine Vorgehensweise nach Definition III.23 günstiger als beim ggT. Um $\text{kgV}(a, b)$ zu berechnen, bildet man die Vielfachen von a und prüft jeweils, ob es sich auch um ein Vielfaches von b handelt. Ist dies erstmals der Fall, hat man $\text{kgV}(a, b)$ gefunden. So ist beispielsweise

$$\begin{aligned} \text{kgV}(20, 28, 15, 6) &= \text{kgV}(\text{kgV}(15, 20), 28, 6) = \text{kgV}(60, 28, 6) \\ &= \text{kgV}(\text{kgV}(60, 6), 28) = \text{kgV}(60, 28) = 420. \end{aligned}$$

Auch $\text{kgV}(a, b)$ kann man mit Hilfe der kanonischen Primfaktorzerlegung berechnen.

Satz III.25:

Für $a, b \in \mathbb{N}$ mit den Primfaktorzerlegungen $a = \prod_{i=1}^{\infty} p_i^{\alpha_i}$, $b = \prod_{i=1}^{\infty} p_i^{\beta_i}$ ist

$$\text{kgV}(a,b) = \prod_{i=1}^{\infty} p_i^{\max(\alpha_i,\beta_i)}.$$

Dabei ist $\max(\alpha, \beta)$ die *größere* der beiden Zahlen α, β. Bei Gleichheit ist $\max(\alpha, \beta) = \alpha = \beta$.

Übung 18:

Beweisen Sie Satz III.25. ♠

Die Berechnung des kgV von mehr als 2 Zahlen mit Hilfe der Primfaktorzerlegung führt man in einem Schritt durch:

$$\begin{array}{rcccccccc} 6 & = & 2 & \cdot & 3 & & & & \\ 15 & = & & & 3 & \cdot & 5 & & \\ 20 & = & 2^2 & & & \cdot & 5 & & \\ 28 & = & 2^2 & & & & & \cdot & 7 \\ \hline \text{kgV}(6,15,20,28) & = & 2^2 & \cdot & 3 & \cdot & 5 & \cdot & 7 \end{array}$$

Übung 19:

Bestimmen Sie die Primfaktorzerlegung von kgV(10 164, 46 200, 154 000, 24 255). ♠

Übung 20:

Um Brüche addieren zu können, muß man sie gleichnamig machen, auf den gleichen Nenner bringen. Bestimmen sie für die Stammbrüche $\frac{1}{2}, \frac{1}{3}, \frac{1}{4}, \frac{1}{5}, \ldots, \frac{1}{29}, \frac{1}{30}$ auf möglichst einfache Weise die Primfaktorzerlegung des kleinsten gemeinsamen Nenners (Hauptnenner). ♠

Die Berechnung von $\text{kgV}(a,b)$ läßt sich auch auf den ggT zurückführen.

Satz III.26:

Für $a, b \in \mathbb{N}$ gilt $\quad \text{kgV}(a,b) = \dfrac{a \cdot b}{\text{ggT}(a,b)}$.

Beweis: Für $a = \prod_{i=1}^{\infty} p_i^{\alpha_i}$, $b = \prod_{i=1}^{\infty} p_i^{\beta_i}$ ist

$$\frac{a \cdot b}{\text{ggT}(a,b)} = \frac{\prod_{i=1}^{\infty} p_i^{\alpha_i+\beta_i}}{\prod_{i=1}^{\infty} p_i^{\min(\alpha_i,\beta_i)}} = \prod_{i=1}^{\infty} p_i^{\alpha_i+\beta_i-\min(\alpha_i,\beta_i)} = \prod_{i=1}^{\infty} p_i^{\max(\alpha_i,\beta_i)} = \text{kgV}(a,b).$$ ■

Die mögliche Vermutung, daß sich in Verallgemeinerung des Satzes III.26 $\mathrm{kgV}(a_1, a_2, \ldots, a_n)$ als Produkt der a_i, geteilt durch $\mathrm{ggT}(a_1, a_2, \ldots, a_n)$ berechnen läßt, erweist sich als falsch. Es ist beispielsweise

$$\mathrm{kgV}(6{,}15{,}20{,}28) = 420, \quad \text{dagegen} \quad \frac{6 \cdot 15 \cdot 20 \cdot 28}{\mathrm{ggT}(6, 15, 20, 28)} = \frac{6 \cdot 15 \cdot 20 \cdot 28}{1} = 50\,400.$$

Eine Verallgemeinerung von Satz III.26 werden wir in Satz III.28 kennenlernen. Dazu benötigen wir den folgenden Satz, der eine Analogie zu Satz III.21 ist.

Satz III.27:

Es seien $a_1, a_2, \ldots, a_n \in \mathbb{N}$, v ein gemeinsames Vielfaches der a_i, dann gilt

$$v = \mathrm{kgV}(a_1, a_2, \ldots, a_n) \quad \Leftrightarrow \quad \mathrm{ggT}\left(\frac{v}{a_1}, \frac{v}{a_2}, \ldots, \frac{v}{a_n}\right) = 1.$$

Beweis: '$\Rightarrow$': Sei $\mathrm{ggT}(\frac{v}{a_1}, \frac{v}{a_2}, \ldots, \frac{v}{a_n}) = d$, dann ist für $i = 1, \ldots, n$

$\frac{v}{d \cdot a_i} \in \mathbb{N}$, somit gilt $a_i | \frac{v}{d}$ und $\frac{v}{d} \in \bigcap_{i=1}^{n} V_{a_i}$ $(= V_{\mathrm{kgV}(a_1, a_2, \ldots, a_n)}$ nach Satz III.24)

$\Rightarrow \quad v \mid \frac{v}{d} \quad \Rightarrow \quad d = 1.$

'$\Leftarrow$': Mit $\mathrm{kgV}(a_1, a_2, \ldots, a_n) = k$ ist $m \cdot k = v$ für ein $m \in \mathbb{N}$, es folgt

$1 = \mathrm{ggT}(\frac{v}{a_1}, \frac{v}{a_2}, \ldots, \frac{v}{a_n}) = \mathrm{ggT}(\frac{k \cdot m}{a_1}, \frac{k \cdot m}{a_2}, \ldots, \frac{k \cdot m}{a_n}) = m \cdot \mathrm{ggT}(\frac{k}{a_1}, \frac{k}{a_2}, \ldots, \frac{k}{a_n}).$

Der erste Schritt ist die Voraussetzung, im letzten Schritt wird Ü 16 angewandt. Also ist $m = 1$ und damit $k = v$. ∎

Satz III.28:

Für natürliche Zahlen $a_1, a_2, \ldots, a_n$ und $A = \prod_{i=1}^{n} a_i$ ist

$$\mathrm{kgV}(a_1, a_2, \ldots, a_n) = \frac{a_1 \cdot a_2 \cdot \ldots \cdot a_n}{\mathrm{ggT}(\frac{A}{a_1}, \frac{A}{a_2}, \ldots, \frac{A}{a_n})}.$$

Beweis: Es sei $d = \mathrm{ggT}(\frac{A}{a_1}, \frac{A}{a_2}, \ldots, \frac{A}{a_n})$, dann folgt für alle $i \in \{1, 2, \ldots, n\}$:

$d \mid \frac{A}{a_i} \quad \Rightarrow \quad \frac{A}{a_i \cdot d} \in \mathbb{N} \quad \Rightarrow \quad \frac{A}{d} = a_i \cdot \frac{A}{a_i \cdot d} \quad \Rightarrow \quad \frac{A}{d} \in V_{a_1} \cap V_{a_2} \cap \ldots \cap V_{a_n}.$

Nach Satz III.24 gilt damit $\frac{A}{d} \in V_{\mathrm{kgV}(a_1, a_2, \ldots, a_n)}$.

Wegen $d = \mathrm{ggT}(\frac{A}{a_1}, \frac{A}{a_2}, \ldots, \frac{A}{a_n})$ folgt aus Satz III.21 $\mathrm{ggT}(\frac{A}{d \cdot a_1}, \frac{A}{d \cdot a_2}, \ldots, \frac{A}{d \cdot a_n}) = 1$ und hieraus mit Satz III.27 die Behauptung $\mathrm{kgV}(a_1, a_2, \ldots, a_n) = \frac{A}{d}$. ∎

Die Berechnung von $\mathrm{kgV}(6, 15, 20, 28)$ mit der Formel in Satz III.28 ergibt

$$\begin{aligned}
\mathrm{kgV}(6, 15, 20, 28) &= \frac{6 \cdot 15 \cdot 20 \cdot 28}{\mathrm{ggT}(15 \cdot 20 \cdot 28, 6 \cdot 20 \cdot 28, 6 \cdot 15 \cdot 28, 6 \cdot 15 \cdot 20)} \\
&= \frac{6 \cdot 15 \cdot 20 \cdot 28}{\mathrm{ggT}(3 \cdot 20 \cdot 28, 6 \cdot 15 \cdot 4)} \\
&= \frac{6 \cdot 15 \cdot 20 \cdot 28}{\mathrm{ggT}(60 \cdot 28, 60 \cdot 6)} = \frac{6 \cdot 15 \cdot 20 \cdot 28}{60 \cdot 2} = 420
\end{aligned}$$

Die Angabe der Rechenschritte soll deutlich machen, wie man durch Anwendung der Sätze und Verfahren (hier Satz III.21, Ü 16) weitgehend mit *Kopfrechnen* zum Ergebnis kommen kann.

Lösungen bzw. Lösungshinweise zu den Übungen

Ü 11: Beweis durch Induktion nach n. Induktionsanfang ($n = 2$) siehe Satz III.17. Beim Induktionsschritt wird die Assoziativität von $\cap$ und von ggT, im zweiten Schritt die Induktionsannahme ausgenutzt: $a_1, a_2, \ldots, a_n \in \mathbb{N}$:

$$\bigcap_{i=1}^{n+1} T_{a_i} = \bigcap_{i=1}^{n} T_{a_i} \cap T_{a_{n+1}} = T_{\text{ggT}(\text{ggT}(a_1,a_2,\ldots,a_n),a_{n+1})} = T_{\text{ggT}(a_1,a_2,\ldots,a_n)}.$$

Ü 12: ggT(1144, 3861) = ggT(1144, 429) = ggT(286, 429)=ggT(286, 143) = 143. Gerechnet wurde so nach Satz III.14, daß die auftretenden Reste identisch sind mit denen beim Euklidischen Algorithmus für 3861 und 1144.

Man bestimme zunächst mit dem Euklidischen Algorithmus ggT(616, 882) = 14 (4 Divisionen) und dann ggT(532, 14) = 14 (5 Divisionen).

Ü 13: Induktion nach n (vgl. Ü 11).
Induktionsanfang $n = 2$: Satz III.19. Induktionsschritt: $'\subseteq'$:

$$z \cdot \text{ggT}(a_1, a_2, \ldots, a_{n+1}) = z \cdot \text{ggT}(\text{ggT}(a_1, a_2, \ldots, a_n), a_{n+1}) = z \cdot \text{ggT}(\sum_{i=1}^{n} v_i a_i, a_{n+1}) =$$
$$z(m \cdot \sum_{i=1}^{n} v_i a_i + n \cdot a_{n+1}) = \sum_{i=1}^{n} (z \cdot m \cdot v_i) a_i + (z \cdot n) a_{n+1} \in \{\sum_{i=1}^{n+1} x_i a_i \ / \ x \in \mathbb{Z}\};\ v_i, m, n \in \mathbb{Z}.$$

1.Schritt des Beweises: Assoziativität von ggT; 2.Schritt: Induktionsannahme; 3.Schritt: Induktionsanfang.

$$'\supseteq' : \quad \sum_{i=1}^{n+1} v_i a_i = \sum_{i=1}^{n} v_i a_i + v_{n+1} a_{n+1} = z_0 \cdot \text{ggT}(a_1, a_2, \ldots, a_n) + v_{n+1} a_{n+1} \in$$
$$\{z \cdot \text{ggT}(\text{ggT}(a_1, a_2, \ldots, a_n), a_{n+1}) \ / \ z \in \mathbb{Z}\} = \{z \cdot \text{ggT}(a_1, a_2, \ldots, a_n, a_{n+1}) \ / \ z \in \mathbb{Z}\}.$$

Ü 14: ggT(299, 247)=13 = 65·23 - 78·19. ggT(105, 352)=1 = 57·105 - 17·352.
ggT(40, 24, 60, 100) = 4 = 0·10+64·6-12·15-8·25.

Ü 15: $\text{ggT}(a_i, m) = 1 \quad \forall i \in \{1, 2, \ldots, n\} \quad \Rightarrow \quad \exists x_i, y_i \in \mathbb{Z} : \quad 1 = x_i a_i + y_i m \quad \Rightarrow$
$1 = (x_1 a_1 + y_1 m) \cdot (x_2 a_2 + y_2 m) \cdot \ldots \cdot (x_n a_n \cdot y_n m) = x_1 x_2 \ldots x_n \cdot a_1 a_2 \ldots a_n + m \cdot z$
mit einem $z \in \mathbb{Z}$. (Man überlege sich, daß abgesehen von $x_1 x_2 \ldots x_n \cdot a_1 a_2 \ldots a_n$ jeder Summand des Produktes mindestens einen Faktor m enthält.)
$\Rightarrow \quad 1 \in \{z \cdot \text{ggT}(a_1 a_2 \cdot \ldots \cdot a_n, m) \ / \ z \in \mathbb{Z}\} \Rightarrow \text{ggT}(a_1 a_2 \cdot \ldots \cdot a_n, m) = 1.$

Ü 16: a) Satz III.21: $\text{ggT}(a_1, a_2, \ldots, a_n) = d \quad \Leftrightarrow \quad \text{ggT}(\frac{a_1}{d}, \frac{a_2}{d}, \ldots, \frac{a_n}{d}) = 1.$
Setze $b_i = \frac{a_i}{d}$, $i = 1, 2, ..., n$ und erhalte
$\text{ggT}(b_1 d, b_2 d, \ldots, b_n d) = d \quad \Leftrightarrow \quad \text{ggT}(b_1, b_2, \ldots, b_n) = 1.$
$\text{ggT}(b_1 d, b_2 d, \ldots, b_n d) = d \quad \Leftrightarrow \quad d \cdot \text{ggT}(b_1, b_2, \ldots, b_n) = d$
Also: $\text{ggT}(b_1 d, b_2 d, \ldots, b_n d) = d \cdot \text{ggT}(b_1, b_2, \ldots, b_n).$

b) Man 'klammere' solange gemeinsame Teiler der a_i 'aus', bis von zwei der Zahlen a_i erkennbar ist, daß sie teilerfremd sind:
ggT(1530, 12870, 18270) = 10·ggT(153, 1287, 1827) = 30·ggT(51, 429, 609) = 90·ggT(17, 143, 203) = 90.

Ü 17: Bezeichnen p_1, p_2, p_3, p_4, p_5 fünf verschiedene Primzahlen und ist $p = p_1 \cdot p_2 \cdot \ldots \cdot p_5$, so erfüllen die Zahlen $a_i = \frac{p}{p_i}$, $i = 1, 2, \ldots, 5$, die Bedingung.

Ü 18: Der Beweis verläuft analog zu Satz III.18.

Ü 19: kgV(10164, 46200, 154000, 24255) $= 2^4 \cdot 3^2 \cdot 5^3 \cdot 7^2 \cdot 11^2$.

Ü 20: Von jeder Primzahl p, $p < 30$, bestimme man die höchste Potenz p^k mit $p^k \leq 30$ und bilde das Produkt aller dieser Potenzen:
$\mathrm{kgV}(2, 3, \ldots, 29, 30) = 2^4 \cdot 3^2 \cdot 5^2 \cdot 7 \cdot 11 \cdot 13 \cdot 17 \cdot 19 \cdot 23 \cdot 29$.

III.3 Kongruenzen und Restklassen, Teilbarkeitskriterien

Für jede natürliche Zahl m ist in $\mathbb{Z}$ die **Kongruenzrelation modulo m**, bezeichnet mit $\ldots \equiv \ldots \pmod{m}$, definiert durch

$$a \equiv b \pmod{m} \quad \Leftrightarrow \quad m | a - b, \qquad a, b \in \mathbb{Z}.$$

Aus dieser Definition folgt unmittelbar die Reflexivität und Symmetrie der Relation. Die Transitivität wurde in Satz III.1 (3) bewiesen. Daher gilt:

Satz III.29:

Für alle $m \in \mathbb{N}$ ist die Kongruenzrelation eine Äquivalenzrelation.

Die Kongruenzrelationen lassen sich auch anders charakterisieren:

$a \equiv b \pmod{m} \quad \Leftrightarrow \quad a$ und b lassen beim Teilen durch m denselben Rest.

Denn lassen a und b beim Teilen durch m denselben Rest, etwa $a = v_1 \cdot m + r$ und $b = v_2 \cdot m + r$ mit $v_1, v_2, r \in \mathbb{Z}$, $0 \leq r < m$, gilt $a - b = m \cdot (v_1 - v_2)$.
Ist andererseits $a = v_1 \cdot m + r_1$ und $b = v_2 \cdot m + r_2$ mit $v_1, v_2, r_1, r_2 \in \mathbb{Z}$, $0 \leq r_1, r_2 < m$, dann folgt aus $m | a - b$: $m | (m \cdot (v_1 - v_2) + (r_1 - r_2))$ und wegen $|r_1 - r_2| < m$ ist $r_1 = r_2$.

Wie sehen die Äquivalenzklassen aus ? Die Kongruenzrelation modulo m hat m Äquivalenzklassen, jede Klasse unendlich viele Elemente. Die Äquivalenzklassen der Kongruenzrelation modulo m heißen die **Restklassen modulo m**. Wir schreiben $[a]_m$ für die Äquivalenzklasse von $a \in \mathbb{Z}$ bezüglich $\ldots \equiv \ldots \pmod{m}$ bzw. kurz $[a]$, wenn der Modul m bekannt ist. Die Restklasse a modulo m besteht genau aus den ganzen Zahlen, die beim Teilen durch m denselben Rest lassen wie a. Meistens spricht man von den Restklassen 0,1,2,...,$m - 1$ modulo m.

Da die Kongruenz eine Äquivalenzrelation ist, sind zwei ganze Zahlen genau dann kongruent modulo m, wenn ihre Restklassen gleich sind:

$$a \equiv b \pmod{m} \quad \Leftrightarrow \quad [a]_m = [b]_m.$$

Beispiel 6:

Zur Kongruenzrelation modulo 4 gehören die Äquivalenzklassen

$[0]_4 = \{\ldots, -16, -12, -8, -4, 0, 4, 8, 12, 16, \ldots\} = \mathbb{V}_4$;

$[1]_4 = \{\ldots, -15, -11, -7, -3, 1, 5, 9, 13, 17, \ldots\} = [49]_4 = [-35]_4 = \ldots$
$= \{4k+1 \;/\; k \in \mathbb{Z}\}$,

$[2]_4 = \{\ldots, -14, -10, -6, -2, 2, 6, 10, 14, 18, \ldots\} = [86]_4 = [-146]_4 = \ldots$
$= \{4k+2 \;/\; k \in \mathbb{Z}\}$,

$[3]_4 = \{\ldots, -13, -9, -5, -1, 3, 7, 11, 15, 19, \ldots\} = [-97]_4 = [35]_4 = \ldots$
$= \{4k+3 \;/\; k \in \mathbb{Z}\}$.

Daß 27 und 83 beim Teilen durch 4 beide den Rest 3 lassen, kann man unterschiedlich ausdrücken, etwa

$27 \equiv 83 \pmod 4$ oder $[27]_4 = [83]_4$ oder $27 \in [83]_4$ oder $83 \in [27]_4$, ... ♣

Für den Umgang mit Kongruenzen gelten Rechenregeln wie für den Umgang mit Gleichungen. Diese werden aus dem folgenden Satz abgeleitet und erweisen sich als nützliches und elegantes Instrument zur Lösung mancher zahlentheoretischen Aufgabenstellung.

Satz III.30:

Es seien $a_1, a_2, b_1, b_2 \in \mathbb{Z}$, dann gilt

(1) $a_1 \equiv b_1 \pmod m \wedge a_2 \equiv b_2 \pmod m \;\Rightarrow\; a_1 + a_2 \equiv b_1 + b_2 \pmod m$,

(2) $a_1 \equiv b_1 \pmod m \wedge a_2 \equiv b_2 \pmod m \;\Rightarrow\; a_1 \cdot a_2 \equiv b_1 \cdot b_2 \pmod m$.

Beweis: Die Behauptungen folgen aus den Regeln von Satz III.1.

(1): $m|a_1 - b_1 \wedge m|a_2 - b_2 \Rightarrow m|(a_1 - b_1) + (a_2 - b_2) \Rightarrow m|(a_1 + a_2) - (b_1 + b_2)$.

(2): $m|a_1 - b_1 \wedge m|a_2 - b_2 \Rightarrow m|(a_2(a_1 - b_1) + b_1(a_2 - b_2)) \Rightarrow m|a_1a_2 - b_1b_2$. ∎

In Satz III.30 besagt (1), daß man Kongruenzen bezüglich desselben Moduls zueinander addieren darf.

Die spezielle Wahl $a_2 = b_2$ bedeutet, daß man zu Kongruenzen beidseitig dieselben ganzen Zahlen addieren kann.

Entsprechend besagt (2) in Satz III.30:

Kongruenzen bezüglich desselben Moduls können miteinander multipliziert werden, insbesondere kann man Kongruenzen nach demselben Modul beidseitig mit derselben ganzen Zahl multiplizieren. Das Beispiel

$$x \equiv 1 \pmod 6 \Rightarrow 2x \equiv 2 \pmod 6, \quad \text{aber} \quad 2x \equiv 2 \pmod 6 \not\Rightarrow x \equiv 1 \pmod 6$$

zeigt, daß diese Operation nicht umkehrbar ist.

Daß man Kongruenzen nach demselben Modul potenzieren darf, wird erkennbar, wenn man eine Kongruenz mehrfach mit sich selbst multipliziert.

Die Übereinstimmung von Regeln für den Umgang mit Kongruenzen und Gleichungen wirft die Frage auf, ob man in Kongruenzen, ebenso wie in Gleichungen, kürzen kann.

Am Beispiel $2x \equiv 2 \pmod 6 \not\Rightarrow x \equiv 1 \pmod 6$ wurde bereits deutlich., daß dies nicht unbeschränkt möglich ist.
Es gelten zwei Regeln:

$$(3) \qquad a \equiv b \pmod m \wedge d \in T_a \cap T_b \cap T_m \quad \Rightarrow \quad \frac{a}{d} \equiv \frac{b}{d} \left(\mathrm{mod}\, \frac{m}{d}\right).$$

Ein *gemeinsamer* Teiler von a, b und m darf in Kongruenzen gemäß (3) gekürzt werden. Der Beweis ist Inhalt von Übung 21. Weiterhin gilt

$$(4) \qquad a \equiv b \pmod m \wedge d \in T_a \cap T_b \wedge \mathrm{ggT}(d,m) = 1 \quad \Rightarrow \quad \frac{a}{d} \equiv \frac{b}{d} \pmod m.$$

Beweis: Es seien $a = a'd$ und $b = b'd$ mit $\mathrm{ggT}(d,m) = 1$. Aus $a \equiv b \pmod m$ folgt $m \mid a-b$ und damit $m \mid d(a'-b')$. Wegen der Voraussetzung $\mathrm{ggT}(d,m) = 1$ und nach Satz III.20 bedeutet das $m \mid a' - b'$ oder $a' \equiv b' \pmod m$ bzw. $\frac{a}{d} \equiv \frac{b}{d} \pmod m$. ■

Die Anwendung von (3) auf die Kongruenz $2x \equiv 2 \pmod 6$ führt zu $x \equiv 1 \pmod 3$, und die Restklasse $[1]_3$ ist die Vereinigung *zweier* Restklassen modulo 6:
$[1]_3 = [1]_6 \cup [4]_6$. Aus $2x \equiv 2 \pmod 6$ folgt daher $x \equiv 1 \pmod 6 \vee x \equiv 4 \pmod 6$.

Übung 21:

Beweisen Sie (3) mit Hilfe der Definition der Kongruenzrelation, und untersuchen Sie, ob die Regeln (3) und (4) umkehrbar sind. ♠

Die folgenden Beispiele belegen die Nützlichkeit der Kongruenzrechnung.

- Wenn die Summe zweier Zahlen durch 10 teilbar ist, stimmen die Quadrate dieser Zahlen in ihren Endziffern überein.

Übereinstimmung zweier Zahlen in ihren Endziffern bedeutet, daß die Zahlen kongruent modulo 10 sind. Damit folgt die Behauptung sehr schnell:

$$x + y \equiv 0 \pmod{10} \quad \Rightarrow \quad x \equiv -y \pmod{10} \quad \Rightarrow \quad x^2 \equiv y^2 \pmod{10}.$$

- Für beliebige natürliche Zahlen a gilt $3 | a^3 + 2a$.

In Kapitel I, Übung 11, sollten Sie dies durch *Fallunterscheidung* beweisen. Dabei wurden genau die 3 möglichen Fälle für die Zugehörigkeit von a zu einer der Restklassen modulo 3 untersucht. Jetzt könnem wir auch so argumentieren:

$$a^3 + 2a \equiv a^3 + 2a - 3a \equiv a^3 - a \equiv (a-1)a(a+1) \equiv 0 \pmod 3,$$

denn von drei aufeinanderfolgenden Zahlen ist genau eine durch 3 teilbar.

- Bildet man von 2 verschiedenen natürlichen Zahlen die Summe, die Differenz und das Produkt, so ist wenigstens eine der drei Zahlen durch 3 teilbar.

Dies kann man durch Fallunterscheidung bezüglich der Äquivalenzklassen modulo 3 beweisen. Überprüfen Sie, daß alle möglichen Fälle erfaßt sind:

1. $a \equiv 0 \pmod 3 \ \vee\ b \equiv 0 \pmod 3 \quad \Rightarrow \quad a \cdot b \equiv 0 \pmod 3$.
2. $a \equiv b \pmod 3 \quad \Rightarrow \quad a - b \equiv 0 \pmod 3$.
3. $a \equiv 1 \pmod 3 \ \wedge\ b \equiv 2 \pmod 3 \quad \Rightarrow \quad a + b \equiv 0 \pmod 3$.

- Für alle *ungeraden* natürlichen Zahlen k gilt $8 | k^2 - 1$.

Dies läßt sich durch Induktion, aber auch mit Kongruenzüberlegungen beweisen:
Es ist $k^2 - 1 = (k-1) \cdot (k+1)$. Ist k ungerade, so sind $k-1$ und $k+1$ zwei *aufeinanderfolgende* gerade Zahlen. Von denen ist eine durch 2, die andere durch 4 teilbar, so daß das Produkt von 8 geteilt wird. Diese Überlegung läßt sich mit Kongruenzen so darstellen:

$$k - 1 \equiv 2 \pmod 8 \quad \Rightarrow \quad k + 1 \equiv 4 \pmod 8,$$
$$k - 1 \equiv 6 \pmod 8 \quad \Rightarrow \quad k + 1 \equiv 0 \pmod 8.$$

Entsprechendes gilt bei vertauschten Rollen von $k-1$ und $k+1$, womit alle Fälle berücksichtigt sind.

- Auf welche Ziffer endet die Zahl 9^{13465} ?

Es ist $9^1 \equiv 9 \pmod{10}$, $9^2 \equiv 1 \pmod{10}$, $9^3 \equiv 9 \pmod{10}$, ...
Insgesamt ist $9^{2k} \equiv 1 \pmod{10}$, $9^{2k+1} \equiv 9 \pmod{10}$ $\forall k \in \mathbb{N}_0$.
Alle Neunerpotenzen mit geradem Exponenten enden auf 1, die mit ungeradem Exponenten auf 9.

- Welchen Rest läßt 117^{211} bei Division durch 7 ?

Welchen Rest läßt 117 bei Division durch 7 ?

$$117 \equiv 5 \pmod 7 \quad \Rightarrow \quad 117^{211} \equiv 5^{211} \pmod 7.$$

Welche Reste lassen die Potenzen von 5 bei Division durch 7 ?

$$5^1 \equiv 5 \pmod 7, \quad 5^2 \equiv 4 \pmod 7, \quad 5^3 \equiv 6 \pmod 7,$$
$$5^4 \equiv 2 \pmod 7, \quad 5^5 \equiv 3 \pmod 7, \quad 5^6 \equiv 1 \pmod 7.$$

Diese letzte Kongruenz wird angewandt

$$5^{211} \equiv 5^{6 \cdot 35 + 1} \equiv 5^{6 \cdot 35} \cdot 5 \equiv (5^6)^{35} \cdot 5 \equiv 5 \pmod 7.$$

117^{211} läßt bei Division durch 7 den Rest 5.

Übung 22:

Zeigen Sie, daß jede nicht durch 9 teilbare ganzzahlige Quadratzahl bei Division durch 3 den Rest 1 läßt. ♠

Übung 23:

Ein Streichholzspiel: Zwei Spieler nehmen abwechselnd von n Streichhölzern 1, 2 oder 3 Stück weg. Es verliert, wer das letzte Streichholz nehmen muß. Wie ist die Gewinnstrategie ? ♠

Jedem ist bekannt, daß eine Zahl genau dann durch 3 oder durch 9 teilbar ist, wenn das auch für die *Quersumme* der Zahl zutrifft. Diese und auch andere *Teilbarkeitskriterien*, die auf Quersummen beruhen, werden aus Kongruenzen abgeleitet. Natürliche Zahlen stellen wir üblicherweise im *dekadischen Ziffernsystem* dar: So schreiben wir für

$$a = 7 \cdot 10^8 + 9 \cdot 10^7 + 3 \cdot 10^5 + 1 \cdot 10^4 + 4 \cdot 10^2 + 7 \cdot 10^1 + 8 \cdot 10^0$$

kurz 790 310 478 und nennen 8, 7, 4, 0, 1, 3, 0, 9, 7 die *Ziffern* von a.

Definition III.31:

Es sei $a \in \mathbb{N}$ und $a = a_n a_{n-1} \ldots a_1 a_0$ die dekadische Zifferndarstellung. Dann heißt

$$Q(a) = a_0 + a_1 + \ldots + a_{n-1} + a_n = \sum_{i=0}^{n} a_i$$

die **Quersumme (erster Stufe)** von a;

$$Q'(a) = a_0 - a_1 + \ldots + (-1)^{n-1} a_{n-1} + (-1)^n a_n = \sum_{i=0}^{n} (-1)^i a_i$$

die **alternierende Quersumme (erster Stufe)** von a;

$$Q_2(a) = (a_0 + a_1 \cdot 10) + (a_2 + a_3 \cdot 10) + (a_4 + a_5 \cdot 10) + \ldots = \sum_{i=0}^{[\frac{n}{2}]} (a_{2i} + a_{2i+1} \cdot 10)$$

die **Quersumme zweiter Stufe** von a; [7]

$$Q_2'(a) = (a_0 + a_1 \cdot 10) - (a_2 + a_3 \cdot 10) + (a_4 + a_5 \cdot 10) - \ldots = \sum_{i=0}^{[\frac{n}{2}]} (-1)^i (a_{2i} + a_{2i+1} \cdot 10)$$

die **alternierende Quersumme zweiter Stufe** von a.

Beispiel 7:

Für $a = 49\,114\,012\,475\,347$ und $b = 981\,349\,382\,710$ erhält man die Quersummen:

$Q(a) = 53,\quad Q'(a) = 6,\quad Q_2(a) = 259,\quad Q_2'(a) = 107.$
$Q(b) = 55,\quad Q'(b) = 16,\quad Q_2(b) = 235,\quad Q_2'(b) = -113.$

Bei der Berechnung von $Q'(a)$ ist zu beachten, daß bei a_0 (und nicht bei a_n) begonnen wird. Entsprechendes gilt für die Quersummen zweiter Stufe. ♣

[7] $[x]$ bezeichnet für jedes $x \in \mathbb{R}$ die *größte ganze Zahl* $\leq x$; (Gauss-Klammer)

Bezüglich der Moduln $10-1,\ 10+1,\ 10^2-1,\ 10^2+1$ sind natürliche Zahlen a kongruent zu bestimmten Quersummen von a. Daraus resultieren verschiedene Quersummenkriterien für Teilbarkeit.

Satz III.32:

Für natürliche Zahlen a gilt:

$$(1)\quad a \equiv Q(a) \pmod 9, \qquad (2)\quad a \equiv Q_2(a) \pmod{99},$$
$$(1')\quad a \equiv Q'(a) \pmod{11}, \qquad (2')\quad a \equiv Q_2'(a) \pmod{101}.$$

Beweis: Es sei $a = a_n a_{n-1} \ldots a_1 a_0$ die Zifferndarstellung von a.
(1): $10 \equiv 1 \pmod 9$. Damit folgt für alle $k = 0, 1, \ldots, n$:
$10^k \equiv 1 \pmod 9$ und $a_k \cdot 10^k \equiv a_k \pmod 9$. Aufsummieren ergibt
$\sum\limits_{k=0}^{n} a_k \cdot 10^k \equiv \sum\limits_{k=0}^{n} a_k \pmod 9$ und damit $a \equiv Q(a) \pmod 9$.

(1'): Nun ist $10 \equiv -1 \pmod{11}$. Man schließt entsprechend für alle $k = 0, 1, \ldots, n$:
$10^k \equiv (-1)^k \pmod{11} \Rightarrow a_k \cdot 10^k \equiv (-1)^k a_k \pmod{11}$
$\Rightarrow \sum\limits_{k=0}^{n} (-1)^k a_k \cdot 10^k \equiv \sum\limits_{k=0}^{n} (-1)^k a_k \pmod{11} \Rightarrow a \equiv Q'(a) \pmod{11}$.

$$
\begin{array}{llllllll}
(2) & 10 & \equiv & 10 \pmod{99} & \qquad & 10^2 & \equiv & 1 \pmod{99} \\
 & 10^3 & \equiv & 10 \pmod{99} & & 10^4 & \equiv & 1 \pmod{99} \\
 & & \vdots & & & & \vdots &
\end{array}
$$

Aus $10^{2k+1} \equiv 10 \pmod{99} \wedge 10^{2k} \equiv 1 \pmod{99} \quad \forall k \in \mathbb{N}_0$ folgt mit der Vereinbarung $a_l = 0$ für $l > n$: $\quad a_{2k}10^{2k} + a_{2k+1}10^{2k+1} = (a_{2k} + a_{2k+1}10)10^{2k} \Rightarrow$
$a_{2k}10^{2k} + a_{2k+1}10^{2k+1} \equiv a_{2k} + a_{2k+1}10 \pmod{99} \Rightarrow$
$\sum\limits_{k=0}^{n} a_{2k}10^{2k} + a_{2k+1}10^{2k+1} \equiv \sum\limits_{k=0}^{n} a_{2k} + a_{2k+1}10 \pmod{99} \Rightarrow a \equiv Q_2(a) \pmod{99}$.

Den Beweis von (2') können Sie zur Übung aus denen von (1') und (2) ableiten. ■

Es bedeutet $a \equiv Q(a) \pmod 9$, daß a und $Q(a)$ beim Teilen durch 9 denselben Rest lassen, und für den Rest 0 heißt das speziell :

9 teilt a genau dann, wenn 9 die Quersumme $Q(a)$ teilt.

Nun kennen Sie auch das Quersummenkriterium für Teilbarkeit durch 3. Es resultiert aus

Satz III.33:

$$a \equiv Q(a) \pmod m \wedge d \mid m \Rightarrow a \equiv Q(a) \pmod d$$

Beweis: $d \mid m \wedge m \mid a - Q(a) \Rightarrow d \mid a - Q(a) \Rightarrow a \equiv Q(a) \pmod d$. ■

Der Beweis und damit der Inhalt des Satzes läßt sich ebenso auf die anderen Quersummen übertragen.
Aus den Sätzen III.32 und III.33 folgen weitere Teilbarkeitskriterien:

Satz III.34:

Für $a \in \mathbb{N}$ folgt aus den Kongruenzen (1), (1'), (2) und (2'):

$$9 \mid a \Leftrightarrow 9 \mid Q(a), \qquad 99 \mid a \Leftrightarrow 99 \mid Q_2(a),$$
$$3 \mid a \Leftrightarrow 3 \mid Q(a), \qquad 11 \mid a \Leftrightarrow 11 \mid Q_2(a),$$
$$11 \mid a \Leftrightarrow 11 \mid Q'(a), \qquad 101 \mid a \Leftrightarrow 101 \mid Q_2'(a),$$

Beispiel 8:

a) Welchen Neunerrest hat die Zahl $a = 198\,057\,424\,235\,912\,052$?
Man kann die Kongruenz (1) in Satz III.32 wiederholt anwenden:
$$a \equiv Q(a) \equiv Q(Q(a)) \equiv \ldots \pmod 9.$$
So gelangt man zu einer *letzten Quersumme von a*, die entweder 9 oder der Neunerrest von a ist. Diese letzte Quersumme läßt sich vereinfacht bestimmen, indem man zunächst in der Zahl alle Ziffern 9 und Ziffern, deren Summe 9 ergibt, streicht. Bei a könnten das beispielsweise zweimal die 9, die Ziffernpaare (1,8), (5,4), (7,2), (4,5) und das Zifferntripel (2,5,2) sein. Dann erhält man $a \equiv Q(x) \equiv 6 \pmod 9$. Insbesondere ist a nicht durch 9 teilbar.

b) Wie viele der natürlichen Zahlen 1 bis 5555 haben die letzte Quersumme 9, wie viele die letzte Quersumme 1 ?
Die Zahlen mit letzter Quersumme 9 sind genau die durch 9 teilbaren Zahlen; jede neunte Zahl hat diese Eigenschaft. Es gibt im Intervall 617 Vielfache von 9 und 618 Zahlen mit letzter Quersumme 1.

c) Werden die Zahlen $a = 8\,881\,962\,589\,071$ und $b = 784\,910\,635\,204\,875$ auf Teilbarkeit durch 3, 9, 11, 99 und 101 untersucht, kommt man zu den Ergebnissen:
Wegen $Q_2(Q_2(a)) = 99$ sind 3, 9, 11 und 99 Teiler von a; beim Teilen durch 101 läßt a wegen $Q_2'(a) = -84$ den Rest 17.
Nur 3 ist ein Teiler von b; der Neunerrest ist 6. Wegen $Q_2(Q_2(b)) = 69$ ist der Elferrest 3, der Rest beim Teilen durch 99 ist 69. Beim Teilen durch 101 ist er 4 wegen $Q_2'(b) = 4$.

♣

Übung 24:

Rechenspiel (6.Schuljahr): Bilde eine natürliche Zahl aus beliebig vielen Ziffern, stelle die Ziffern so um, daß eine neue Zahl entsteht. Ziehe die kleinere von der größeren Zahl ab. Nun addiere alle Ziffernwerte außer einer Ziffer, und gib die Summe an. Die ausgelassene Ziffer kann erraten werden.
Es gibt eine Ausnahme ! Welche ? ♠

Übung 25:

a) Bestimmen Sie alle dreistelligen natürlichen Zahlen a mit den Eigenschaften:
(1) $9 \mid a \;\wedge\; 11 \mid a$,

(2) Vertauscht man die erste und letzte Ziffer von a, erhält man $\frac{2}{9} \cdot a$.

b) Beweisen Sie: Ist eine natürliche Zahl a durch 99 teilbar, dann ist ihre Quersumme nicht kleiner als 18. ♠

Teilbarkeitskriterien für 7 und 13 ergeben sich aus der folgenden Übung.

Übung 26:

a) Definieren Sie für natürliche Zahlen a eine Quersumme $Q_3(a)$ und eine alternierende Quersumme $Q'_3(a)$ 3.Stufe.

b) Bestimmen Sie *alle* Zahlen, für die es ein Quersummenkriterium 3.Stufe gibt. Zeigen Sie, daß es speziell für Teilbarkeit durch 7 und durch 13 Quersummenkriterien 3.Stufe gibt. Wie lauten sie ?

c) Es seien $a, b, c \in \{1, 2, \ldots, 9\}$ und die Zahl n habe die Zifferndarstellung $n = abcabc$. Welchen Rest läßt die Zahl n jeweils beim Teilen durch 7, 11, 13 ? ♠

Nicht alle Teilbarkeitskriterien beruhen auf Quersummen. So erkennt man Teilbarkeit einer natürlichen Zahl durch 2, 5 oder 10 an der letzten Ziffer. Die sogenannten *Endstellenkriterien* beruhen auf den Teilbarkeitsregeln in Satz III.1.

Satz III.35:

Die natürliche Zahl a habe die Zifferndarstellung $a = a_n a_{n-1} \ldots a_1 a_0$, $b = a_{k-1} a_{k-2} \ldots a_1 a_0$ sei die Zahl aus den letzten k Ziffern von a. Es gilt für alle $k \in \mathbb{N}$:

$$2^k \mid a \Leftrightarrow 2^k \mid b \qquad \text{und} \qquad 5^k \mid a \Leftrightarrow 5^k \mid b.$$

Beweis: Es ist

$$\begin{aligned} a &= a_n a_{n-1} \ldots a_k a_{k-1} \ldots a_1 a_0 = \sum_{i=0}^{n} a_i 10^i \\ &= \sum_{i=0}^{k-1} a_i 10^i + \sum_{i=k}^{n} a_i 10^i = \sum_{i=0}^{k-1} a_i 10^i + \Big(\sum_{i=k}^{n} a_i 10^{i-k}\Big) 10^k \\ &= \underbrace{\sum_{i=0}^{k-1} a_i 10^i}_{b} + \underbrace{\Big(\sum_{i=k}^{n} a_i 10^{i-k}\Big) 2^k \cdot 5^k}_{c}. \end{aligned}$$

Stets gilt $2^k \mid c$. Damit folgt (Satz III.1)

$2^k \mid a \wedge 2^k \mid c \Rightarrow 2^k \mid b$ und $2^k \mid b \wedge 2^k \mid c \Rightarrow 2^k \mid a$.

Der Beweis für Teilbarkeit durch 5^k, $k \in \mathbb{N}$, verläuft entsprechend. ■

Eine Zahl ist durch 2 bzw. 5 teilbar, wenn die letzte Ziffer durch 2 bzw. 5 teilbar ist, sie ist durch 4 (25) teilbar, wenn die Zahl aus den letzten beiden Ziffern durch 4 (25) teilbar ist. Für Teilbarkeit durch 8 bzw. 125 betrachtet man die Zahl aus den letzten 3 Ziffern.

Beispielsweise gilt
$25 \mid 17\,860\,355\,943\,071\,375$ wegen $25 \mid 75$.
$16 \nmid 48\,340\,873\,209\,176$, da $16 \nmid 9\,176$, aber 8 ist ein Teiler der Zahl, denn $8 \mid 176$
Daher enthält die Primfaktorzerlegung der Zahl die Zweierpotenz 2^3.

Läßt sich ein Teilbarkeitskriterium für 12 aus denen für 3 und 4 in der Form
$12 \mid a \Leftrightarrow 3 \mid a \wedge 4 \mid a$ ableiten ?
Allgemein lautet die Fragestellung: Es sei $x \in \mathbb{N}, y, z \in \mathbb{N} \setminus \{1\}$ und $x = y \cdot z$.
In welchen Fällen gilt für $a \in \mathbb{N}$: $x \mid a \Leftrightarrow y \mid a \wedge z \mid a$?
Wegen der Transitivität der Teilbarkeitsrelation ist die Implikation '$\Rightarrow$' stets erfüllt, '$\Leftarrow$' dagegen nicht ($2|6 \wedge 6|6$, aber $2 \cdot 6 \nmid 6$). Aus $\mathbb{V}_x \cap \mathbb{V}_y = \mathbb{V}_{\mathrm{kgV}(x,y)}$ (Satz III.24) folgt

$$y \mid a \wedge z \mid a \Leftrightarrow \mathrm{kgV}(y,z) \mid a \Leftrightarrow \frac{y \cdot z}{\mathrm{ggT}(y,z)} \mid a \Leftrightarrow \frac{x}{\mathrm{ggT}(y,z)} \mid a,$$

so daß die Bedingung genau für $\mathrm{ggT}(y,z)=1$ erfüllt ist.
Im anfangs genannten Beispiel führt das wegen $12 = 3 \cdot 4 \wedge \mathrm{ggT}(3,4) = 1$ zu dem Kriterium:

> Eine natürliche Zahl a ist genau dann durch 12 teilbar, wenn ihre Quersumme durch 3 und die Zahl aus den letzten beiden Ziffern durch 4 teilbar ist.

Übung 27:

a) Geben Sie für 2, 3, 4, 5, 6, 8, 9, 10, 11, 12, 15, 16, 18, 20, 22, 24, 25 Teilbarkeitskriterien an, und untersuchen Sie, welche der Zahlen Teiler von $a = 15\,081\,401\,280$ sind.

b) Mit Hilfe von Übung 26 lassen sich auch Teilbarkeitskriterien für 7, 13, 14 und 21 angeben.

c) Auf wieviele Nullen endet die Zahl 55! ?

d) Entscheiden Sie, ohne das Produkt zu bilden, welche der Zahlen 11! ist:
3 991 680 39 946 800 39 916 800 399 168 000 3 994 680 000.

♠

Übung 28:

Ersetzen Sie in $a = 12345xy$ die unbekannten Ziffern x, y so, daß die Zahl a *gleichzeitig* durch 2, 3, 5 und 7 (vgl. Übung 26) teilbar ist. ♠

Teilbarkeitskriterien können auch zur Bestimmung der Primfaktorzerlegung einer natürlichen Zahl herangezogen werden. Es sei $a = 931\,748\,400$.
Man verifiziert sofort Teilbarkeit durch 100, danach durch 4: $a = 2^4 \cdot 5^2 \cdot 2\,329\,371$.
Teilbarkeit durch 9 liefert $a = 2^4 \cdot 3^2 \cdot 5^2 \cdot 258\,819$ und läßt Teilbarkeit durch 3 erkennen: $a = 2^4 \cdot 3^3 \cdot 5^2 \cdot 86\,273$. Wegen $Q'(86\,273) = 0$ ist a durch 11 teilbar: $a = 2^4 \cdot 3^3 \cdot 5^2 \cdot 11 \cdot 7\,843$. Wiederum ist $Q'(7\,843) = 0$: $a = 2^4 \cdot 3^3 \cdot 5^2 \cdot 11^2 \cdot 713$.

Ist 713 keine Primzahl, hat sie nach Satz III.2 einen Primteiler $< \sqrt{713} \approx 26,7$. Die Primteiler 2, 3, 5, 7, 11, 13 scheiden aus. Man prüft $17 \not| a$, $19 \not| a$, $23|a$ und erhält die Primfaktorzerlegung

$$a = 2^4 \cdot 3^3 \cdot 5^2 \cdot 11^2 \cdot 23 \cdot 31.$$

Abschließend wollen wir Lösbarkeit und das Lösen von Kongruenzen

$$(5) \quad a \cdot x \equiv b \pmod{m}, \qquad a, b \in \mathbb{Z},\ m \in \mathbb{N}$$

behandeln. Nicht jede derartige Kongruenz ist lösbar; $2x \equiv 1 \pmod{4}$ ist Beispiel für eine unlösbare Kongruenz. Da $2x - 1$ für alle $x \in \mathbb{Z}$ ungerade ist, folgt $4 \not| 2x - 1$. Dagegen hat die Kongruenz $6x \equiv 3 \pmod{15}$ die Lösungen
$x \equiv 3 \pmod{15} \vee x \equiv 8 \pmod{15}$, wie man schnell durch Probieren herausfindet.

Gilt $\mathrm{ggT}(a,m) = 1$, so ist (5) stets lösbar,denn
$\mathrm{ggT}(a,m) = 1 \Rightarrow \exists u, v \in \mathbb{Z} : au + mv = 1 (Satz\ III.19) \Rightarrow a \cdot ub + m \cdot vb = b$
$\Rightarrow a(ub) \equiv b \pmod{m}$,
das heißt, ub ist Lösung der Kongruenz (5).

Ist $\mathrm{ggT}(a,m) = d$, $d > 1$, und gilt $d|b$, ist (5) auch lösbar, denn mit Hilfe der Kürzungsregel (3) für Kongruenzen läßt sich dies auf den ersten Fall zurückführen:

$$ax \equiv b \pmod{m} \quad \Leftrightarrow \quad \frac{a}{d}x \equiv \frac{b}{d} \left(\mathrm{mod}\, \frac{m}{d}\right), \qquad \text{mit} \quad \mathrm{ggT}\left(\frac{a}{d}, \frac{m}{d}\right) = 1.$$

Wir haben damit ein *hinreichendes* Kriterium für Lösbarkeit von (5) abgeleitet:

$ax \equiv b \pmod{m}$ ist lösbar, wenn $\mathrm{ggT}(a,m) \mid b$ gilt.

Das Kriterium ist auch *notwendig*, denn ist (5) lösbar und $\mathrm{ggT}(a,m) = d$, existieren $a', m' \in \mathbb{Z}: \quad a = a'd \wedge m = m'd \Rightarrow a'dx \equiv b \pmod{m'd} \Rightarrow m'd \mid a'dx - b$
(wegen der vorausgesetzten Lösbarkeit) $\Rightarrow d \mid a'dx - b \wedge d \mid a'dx \Rightarrow d \mid b$.
Wir haben bewiesen

Satz III.36:

Die Kongruenz

$$a \cdot x \equiv b \pmod{m}, \qquad a, b \in \mathbb{Z},\ m \in \mathbb{N}$$

ist genau dann lösbar, wenn gilt $\mathrm{ggT}(a,m) \mid b$.

Die Rechenregeln für Kongruenzen erlauben es, einfache Kongruenzen der Form (5) zu lösen. Der Vorteil beim Rechnen mit Kongruenzen besteht darin, daß man mit *Vertretern* von Restklassen rechnet, das heißt, daß man zu a oder b, unabhängig voneinander, Vielfache des Moduls m addieren und davon subtrahieren darf. Wendet man die Regeln (3) und (4) an an, läßt sich eine Kongruenz, ebenso wie ein Bruch, stets 'auskürzen', wie das folgende Beispiel verdeutlicht:

$$\begin{aligned} 108x &\equiv 60 \pmod{176} \\ 27x &\equiv 15 \pmod{44} \\ 9x &\equiv 5 \pmod{44} \end{aligned}$$

Wegen ggT(9,44)=1 ist diese Kongruenz lösbar. Häufig läßt sich eine Kongruenz durch geschicktes Multiplizieren beider Seiten mit einer ganzen Zahl lösen; in diesem Falle kann man mit 5 multiplizieren um anschließend $44x$ zu subtrahieren.

$$\begin{aligned} 45x &\equiv 25 \pmod{44} \\ x &\equiv 25 \pmod{44} \end{aligned}$$

Man kann die Kongruenz $9x \equiv 5 \pmod{44}$ auch gemäß dem Beweis von Satz III.36 lösen:

ggT(9,44)=1: $1 = 5 \cdot 9 - 1 \cdot 44 \Rightarrow 5 = 25 \cdot 9 - 5 \cdot 44 \Rightarrow 9 \cdot 25 \equiv 5 \pmod{44}$
$\Rightarrow x \equiv 25 \pmod{44}$.

Daß eine Kongruenz $a \cdot x \equiv b \pmod{m}$ mit $\text{ggT}(a, m) = 1$ *von genau einer* Restklasse modulo m gelöst wird, erkennt man so:

Sind x_1, x_2 Lösungen, dann folgt $ax_1 \equiv ax_2 \pmod{m}$ und mit Kürzungsregel (3) aufgrund der Voraussetzung $x_1 \equiv x_2 \pmod{m}$.

Als Beispiel lösen wir eine weitere Kongruenz. Im Unterschied zu Gleichungen werden bei Kongruenzen manchmal Umformungen *'nur an einer Seite'* durchgeführt. Wir kennzeichnen dies im folgenden durch (r), (l) oder (b), je nachdem, ob es rechts-, links- oder beidseitige Umformungen sind.

$$\begin{array}{llrcrll} & & 18x & \equiv & 42 & \pmod{96} & \\ & & 3x & \equiv & 7 & \pmod{16} & \mid \cdot 5 \quad (b) \\ (l) & -16x \mid & 15x & \equiv & 35 & \pmod{16} & \mid -32 \quad (r) \\ & & -x & \equiv & 3 & \pmod{16} & \mid \cdot(-1) \quad (b) \\ & & x & \equiv & -3 & \pmod{16} & \mid +16 \quad (r) \\ & & x & \equiv & 13 & \pmod{16} & \end{array}$$

Übung 29:

Lösen Sie die Kongruenzen, falls möglich.
a) $81x \equiv 57 \pmod{117}$, b) $60x \equiv 24 \pmod{78}$, c) $144x \equiv 68 \pmod{164}$. ♠

Lösungen bzw. Lösungshinweise zu den Übungen

Ü 21: (3) $a \equiv b \pmod{m} \Leftrightarrow m \mid a - b \Leftrightarrow \frac{m}{d} \mid \frac{a}{d} - \frac{b}{d} \Leftrightarrow \frac{a}{d} \equiv \frac{b}{d} \pmod{\frac{m}{d}}$.
(3) ist umkehrbar, bei (4) gilt die Umkehrung *für alle* $d \in \mathbb{Z}$.

Ü 22: Es sei $a^2 \in \mathbb{N}$: $9 \nmid a^2 \Rightarrow 3 \nmid a \Rightarrow a \equiv 1 \pmod{3} \vee a \equiv 2 \pmod{3}$
$\Rightarrow a^2 \equiv 4 \equiv 1 \pmod{3}$.

Ü 23: Es gewinnt der Spieler, dem es als erstem gelingt, Streichhölzer so wegzunehmen, daß die verbleibende Anzahl kongruent 1 modulo 4 ist und nach jedem Zug dafür sorgt, daß die Anzahl in dieser Restklasse bleibt. Dann sind beim vorletzten Zug des Gegners noch 5 Hölzer vorhanden; man kann dem Mitspieler in jedem Fall ein Holz zurücklassen.

Ü 24: Die beiden Zahlen haben denselben Neunerrest, die Differenz und ihre Quersumme ist durch 9 teilbar. Wenn die genannte Summe bereits durch 9 teilbar ist, kann die weggelassene Ziffer eine 0 oder auch eine 9 sein.

Ü 25: a) Gesucht sind alle dreistelligen Zahlen a mit $99 \mid a$, bei denen die Hunderterziffer größer als die Einerziffer ist. In Frage kommen: $6{\cdot}99, 7{\cdot}99, 8{\cdot}99, 9{\cdot}99$, wobei nur $9 \cdot 99 = 891$, die Bedingung (2) erfüllt.
b) $99|a \Rightarrow 9 \mid Q(a) \wedge 11 \mid Q'(a)$. Damit kann die Behauptung formuliert werden: $99|a \Rightarrow Q(a) \neq 9$. Wäre $Q(a) = 9$, könnte $Q'(a)$ nur einen der folgenden Werte annehmen: $9-0, \quad 8-1, \quad 7-2, \quad \ldots, \quad 2-7, \quad 1-8, \quad 0-9$.
Keine dieser Zahlen ist durch 11 teilbar $\Rightarrow Q(a) \neq 9$.

Ü 26: b) Aus $a \equiv Q_3(a) \pmod{999}$ folgt: Quersummenkriterien 3.Stufe gibt es für 999 und alle Teiler von 999.

$a \equiv Q'_3(a) \pmod{1001}$: alternierende Quersummenkriterien 3.Stufe gibt es für 1001 und die Teiler von 1001, insbesondere für 7, 11 und 13 ($1001 = 7 \cdot 11 \cdot 13$):

$7 \mid a \Leftrightarrow 7 \mid Q'_3(a)$ und $13 \mid a \Leftrightarrow 13 \mid Q'_3(a)$.

c) $Q'_3(abcabc) = 0 \Rightarrow 7|n \wedge 11|n \wedge 13|n$.

Ü 27: a) a ist teilbar durch 2, 3, 4, 5, 6, 8, 10, 11, 12, 15, 16, 20, 22, 24.
b) $7|a \Leftrightarrow 7|Q'_3(a), \quad 13|a \Leftrightarrow 13|Q'_3(a)$.
Die Kriterien für 14 und 21 ergeben sich aus $14 = 2 \cdot 7$ und $21 = 3 \cdot 7$.
c) Die Anzahl der Nullen (Faktoren 10) ist gleich der Anzahl der Faktoren 5 in der Primfaktorzerlegung von 55!, also 13.
d) 11! enthält zweimal den Faktor 5 und endet daher auf 2 Nullen.

Ü 28: Aus $10|a$ folgt $y = 0$. Aus $3|Q(a)$ und $7|Q'_3(a)$ folgt $x = 9$.

Ü 29: a) Unlösbar, b) $x \equiv 3 \pmod{13}$, c) $x \equiv 13 \pmod{41}$.

III.4 Diophantische Gleichungen

Bei einigen mathematischen Fragestellungen sind ausschließlich *ganzzahlige* Lösungen von Gleichungen oder Gleichungssystemen von Interesse. Ein Beispiel für eine derartige Fragestellung ist:

Trifft der Graph der Geraden $y = px + q \quad p, q \in \mathbb{Q} \setminus \{0\}$ im Koordinatensystem auf einen Punkt $P(x_0, y_0)$ mit *ganzzahligen* Koordinaten x_0, y_0? Wenn ja, wie viele derartige Punkte gibt es dann und wie können sie bestimmt werden?

Multipliziert man die Gleichung mit dem Hauptnenner der Brüche p, q und stellt sie um, erhält man eine äquivalente Gleichung mit ganzzahligen Koeffizienten:

$$(1) \qquad ax + by = c \qquad a, b, c \in \mathbb{Z}.$$

Gleichungen, von denen nur *ganzzahlige* Lösungen betrachtet werden, heißen **diophantische Gleichungen**. Der Name geht auf DIOPHANT von Alexandria zurück, der um die Mitte des 3.Jahrhunderts nach Christi lebte und dieses Problem systematisch behandelt hat.
Eine Gleichung der Form (1) heißt *lineare diophantische Gleichung mit 2 Variablen.*

Beispiel 9:

a) Wir fragen nach ganzzahligen Lösungspaaren der Gleichung

$$(2) \qquad 7x + 24y = 53.$$

Wegen $\text{ggT}(7,24) = 1$ ist die Gleichung $7x + 24y = 1$ aufgrund der Vielfachensummendarstellung des ggT ganzzahlig lösbar. Eine Vielfachensumme läßt sich beispielsweise mit dem Euklidischen Algorithmus berechnen, man erhält $1 = 7 \cdot 7 - 2 \cdot 24$. Hieraus folgt $53 = (7 \cdot 53) \cdot 7 - (2 \cdot 53) \cdot 24$, und man hat die Lösung $(371, -106)$ für Gleichung (2) gefunden. Da es unendlich viele Vielfachensummen des ggT zweier Zahlen gibt, hat die diophantische Gleichung (2) auch unendlich viele Lösungen.

b) Verlängert man in einem rechtwinkligen Dreieck beide Katheten um 4 cm, nimmt der Flächeninhalt um 19 cm^2 zu. Wieviele derartige Dreiecke gibt es, bei denen die Länge beider Katheten natürliche Zahlen sind ?

Der Flächeninhalt eines rechtwinkligen Dreiecks mit den Katheten a, b ist $\frac{1}{2}ab$. Die Bedingung der Aufgabe führt zur diophantischen Gleichung $\frac{1}{2}(a+4)(b+4) = \frac{1}{2}ab + 19$, oder umgeformt $2a + 2b = 11$. Da für alle $a, b \in \mathbb{Z}$ die Summe $2a + 2b$ gerade ist, 11 aber nicht, ist diese diophantische Gleichung unlösbar.

♣

Lineare diophantische Gleichungen in zwei Variablen lassen sich einerseits hinsichtlich der Anzahl der Variablen, andererseits hinsichtlich des Grades der Variablen verallgemeinern.

Beispiel 10:

a) Bei dem Wohltätigkeitsbasar einer Schule werden an einem Stand Artikel zu 6 Euro, 9 Euro und 15 Euro angeboten. Die Einnahme beträgt am Ende 210 Euro. Wieviel Stück können von jedem Artikel verkauft worden sein ?

Bezeichnet man die verschiedenen Anzahlen mit x, y und z, dann ist die Lösung der linearen diophantischen Gleichung

$$(3) \qquad 6x + 9y + 15z = 210$$

mit *drei* Variablen gesucht, wobei angesichts der Fragestellung nur Lösungstripel natürlicher Zahlen in Frage kommen. Gleichung (3) läßt sich kürzen:

$$(4) \qquad 2x + 3y + 5z = 70.$$

Wegen $\text{ggT}(2,3,5) = 1$, läßt sich 1 als Vielfachensumme von 2, 3 und 5 darstellen, die Gleichung $2x + 3y + 5z = 1$ ist ganzzahlig lösbar und damit auch (4). Beispiele für Lösungen von (4) sind $(2,2,12)$, $(7,12,4)$ oder $(20,5,3)$.

b) Der pythagoreische Lehrsatz ist jedermann bekannt:
Genau in rechtwinkligen Dreiecken ist das Quadrat über der Hypotenuse flächengleich der Summe der Quadrate über den Katheten, kurz

$$(5) \qquad a^2 + b^2 = c^2,$$

wenn a, b die Kathetenlängen, c die Hypotenusenlänge des rechtwinkligen Dreiecks bezeichnet.
Im Mathematikunterricht wird zunächst mit Lösungstripeln natürlicher Zahlen gearbeitet. Das kleinste derartige Tripel ist $(3, 4, 5)$ und hieraus erhält man mit $(3t,\ 4t,\ 5t)$, $t \in \mathbb{N}$, unendlich viele derartige Tripel. Fragt man ausschließlich nach ganzzahligen Lösungen von (3), handelt es sich um eine *diophantische Gleichung 2. Grades mit 3 Variablen.* Jedes ganzzahlige Lösungstripel von (3) heißt ein **pythagoreisches Zahlentripel**. Am Ende des Abschnitts werden wir *alle* pythagoreischen Tripel bestimmen.

c) Die Lösung der diophantischen Gleichung

$$16x^2 + 49y^2 = 784$$

zweiten Grades mit 2 Variablen beantwortet die Frage, welche Punkte mit *ganzzahligen* Koordinaten auf der Ellipse $\frac{x^2}{49} + \frac{y^2}{16} = 1$ liegen.

♣

Übung 30:

a) Zeigen Sie: Hat die diophantische Gleichung $x^4 + y^4 = z^2$ keine Lösung, dann ist auch die diophantische Gleichung $x^4 + y^4 = z^4$ unlösbar.
b) Finden Sie Lösungen der diophantischen Gleichung $x^2 - y^2 = 16$. ♠

Wir betrachten nun lineare diophantische Gleichungen in 2 Variablen.

Satz III.37:

Die diophantische Gleichung

$$(1) \qquad ax + by = c \qquad a, b, c \in \mathbb{Z}$$

ist genau dann lösbar, wenn $\mathrm{ggT}(a, b) \mid c$ gilt.
Ist dies erfüllt und (x_0, y_0) eine Lösung von (1), so haben alle Lösungen die Form

$$x = x_0 + \frac{b}{\mathrm{ggT}(a,b)} \cdot t, \qquad y = y_0 - \frac{a}{\mathrm{ggT}(a,b)} \cdot t,$$

wobei t alle ganzen Zahlen durchläuft.

Beweis: Ist (x_0, y_0) eine Lösung von (1), so folgt aus $\mathrm{ggT}(a, b) \mid ax_0 \wedge \mathrm{ggT}(a, b) \mid by_0$ auch $\mathrm{ggT}(a, b) \mid ax_0 + by_0$.

Ist $d = \mathrm{ggT}(a, b)$ und gilt $d \mid c$, existiert ein $c' \in \mathbb{Z}$ mit $c = c' \cdot d$. Für eine Vielfachensummendarstellung $d = u \cdot a + v \cdot b$ mit $u, v \in \mathbb{Z}$ folgt

$$d \cdot c' = c = (uc') \cdot a + (vc') \cdot b\,.$$

Also ist (uc', vc') eine Lösung von (1) und das Lösbarkeitskriterium ist bewiesen.

Durch Einsetzen verifiziert man unmittelbar, daß für alle $t \in \mathbb{Z}$ die Paare

$$\left(x_0 + \tfrac{b}{\mathrm{ggT}(a,b)} \cdot t,\ y_0 - \tfrac{a}{\mathrm{ggT}(a,b)} \cdot t\right)$$

Lösungen von (1) sind. Zu zeigen bleibt, daß *jede* Lösung (x_1, y_1) von (1) die angegebene Form hat:

$$ax_1 + by_1 = c \wedge ax_0 + by_0 = c \quad \Rightarrow \quad (\star)\ \ a(x_1 - x_0) + b(y_1 - y_0) = 0.$$

Man stellt um und dividiert durch $\mathrm{ggT}(a,b)$: $\tfrac{a}{\mathrm{ggT}(a,b)}(x_1 - x_0) = -\tfrac{b}{\mathrm{ggT}(a,b)}(y_1 - y_0)$.
Aus $\mathrm{ggT}(\tfrac{a}{\mathrm{ggT}(a,b)}, \tfrac{b}{\mathrm{ggT}(a,b)}) = 1$ folgt $\tfrac{b}{\mathrm{ggT}(a,b)} \mid x_1 - x_0$ und damit

$$x_1 - x_0 = \tfrac{b}{\mathrm{ggT}(a,b)} \cdot t, \quad t \in \mathbb{Z}.$$

Eingesetzt in $(\star)$ erhält man für *dasselbe* $t \in \mathbb{Z}$:

$$y_1 - y_0 = -\tfrac{a}{\mathrm{ggT}(a,b)} \cdot t.$$

x_1, y_1 haben daher die behauptete Form. ■

Beispiel 11:

Die diophantische Gleichung $177x + 69y = 57$ ist lösbar, denn es ist $\mathrm{ggT}(177, 69) = 3 \wedge 3 \mid 57$. Jede *lösbare* diophantische Gleichung $ax + by = c$ läßt sich kürzen, so daß $\mathrm{ggT}(a,b)=1$ ist. In diesem Falle ergibt Kürzen durch 3:

$$(6) \qquad 59x + 23y = 19.$$

Mit dem Euklidischen Algorithmus bestimmen wir eine Lösung von $59x + 23y = 1$ und multiplizieren diese mit 19.

$$\begin{array}{rcrcrcr} 59 & = & 2 & \cdot & 23 & + & 13 \\ 23 & = & 1 & \cdot & 13 & + & 10 \\ 13 & = & 1 & \cdot & 10 & + & 3 \\ 10 & = & 3 & \cdot & 3 & + & 1 \\ 3 & = & 3 & \cdot & 1 & & \end{array} \qquad \begin{array}{rcl} 1 & = & 10 - 3 \cdot 3 \\ & = & 10 - 3(13 - 10) = (-3) \cdot 13 + 4 \cdot 10 \\ & = & (-3) \cdot 13 + 4(23 - 13) = 4 \cdot 23 - 7 \cdot 13 \\ & = & 4 \cdot 23 - 7(59 - 2 \cdot 23) = \underline{(-7) \cdot 59 + 18 \cdot 23} \end{array}$$

Damit ist $(-7 \cdot 19, 18 \cdot 19)$ eine spezielle Lösung von (6) und alle Lösungen werden beschrieben durch

$$x = -133 + 23t \qquad y = 342 - 59t \qquad t \in \mathbb{Z}.$$

Mit der speziellen Lösung $(5, -12)$ erhält man als allgemeine Lösung

$$x = 5 + 23t \qquad y = -12 - 59t \qquad t \in \mathbb{Z}.$$

Wir lösen nun die Gleichung (6), indem wir sie in eine Kongruenz modulo 23 umwandeln. Dabei kennzeichnen wiederum (l), (r) oder (b) links- rechts- oder beidseitige Umformungen der Kongruenz.

$$\begin{array}{llrcll} & & 59x+23y & \equiv & 19 \pmod{23} & \\ (l) & -23x \mid & 13x & \equiv & 19 \pmod{23} & \mid -23 \quad (r) \\ & & -10x & \equiv & -4 \pmod{23} & \mid \cdot(-7) \quad (b) \\ (l) & -69x \mid & 70x & \equiv & 28 \pmod{23} & \mid -23 \quad (r) \\ & & x & \equiv & 5 \pmod{23} & \end{array}$$

Hieraus folgt $x = 5 + 23t$ mit $t \in \mathbb{Z}$. Eingesetzt in Gleichung (6) und nach y aufgelöst, erhält man für *dasselbe* $t \in \mathbb{Z}$: $y = -12 - 59t$, und somit die allgemeine Lösung von $59x + 23y = 19$. ♣

Übung 31:

Bestimmen Sie alle Lösungen der folgenden diophantischen Gleichungen.
a) $30x + 36y = 34$, b) $30x + 32y = 34$, c) $132x + 74y = 112$. ♠

Übung 32:

Ein Einrichtungshaus verkauft an eine Firma Schreibtische zu 360 Euro und zu 580 Euro. Die Auftragssumme ist 5780 Euro. Wie viele Schreibtische von jeder Sorte waren es ? ♠

Der Beweis des Lösbarkeitskriteriums in Satz III.37 läßt sich unmittelbar für lineare diophantische Gleichungen mit mehr als 2 Variablen verallgemeinern:

Die lineare diophantische Gleichung $a_1x_1 + a_2x_2 + \ldots + a_nx_n = b$ $(a_i, b \in \mathbb{Z})$ ist genau im Falle $\text{ggT}(a_1, a_2, \ldots, a_n) \mid b$ lösbar.

Das Lösen derartiger diophantischer Gleichungen wird dagegen mit zunehmender Anzahl von Variablen aufwendiger.

Beispiel 12:

Bei einem Betriebsfest wurden Wein zu 5 Euro und zu 8 Euro, Sekt zu 11 Euro je Flasche angeboten. 5 Flaschen wurden je Sorte mindestens getrunken, es waren jedoch mehr als 5 Flaschen Sekt und der Wein zu 5 Euro dominierte. 173 Euro betrug der Gesamtumsatz. Wie viele Flaschen pro Sorte können es gewesen sein ?

Bezeichnet man mit x, y, z die Anzahlen der Flaschen je Sorte, führt das zur diophantischen Gleichung

$$(7) \qquad 5x + 8y + 11z = 173.$$

Die 5 Flaschen, die in jedem Fall pro Sorte gekauft werden, kosten 120 Euro, so daß man (7) reduzieren kann zu

$$(8) \qquad 5x + 8y + 11z = 53$$

mit der Nebenbedingung $(x, y, z) \in \mathbb{N} \times \mathbb{N}_0 \times \mathbb{N}$ für unser konkretes Problem. Wegen $\text{ggT}(5, 8, 11) = 1$ ist die Gleichung (8) lösbar. Wir stellen um:

$$(9) \qquad 5x + 8y = 53 - 11z.$$

Wegen $\mathrm{ggT}(5,8) = 1$ ist die Gleichung (9) für beliebige $z \in \mathbb{Z}$ lösbar.
Eine spezielle Lösung von $5x+8y = 53$ ist $x_0 = 9$, $y_0 = 1$, eine spezielle Lösung von $5x + 8y = -11z$ ist $x_0 = z$, $y_0 = -2z$.
Hieraus erhält man für (9) die spezielle Lösung $x_0 = 9 + z$, $y_0 = 1 - 2z$ und nach der Lösungsformel in Satz III.37 die allgemeine Lösung

$$x = 9 + z + 8t, \qquad y = 1 - 2z - 5t, \qquad t \in \mathbb{Z}.$$

Setzt man $z = s$ mit $s \in \mathbb{Z}$, erhält man als allgemeine Lösung von (8)

$$x = 9 + s + 8t, \qquad y = 1 - 2s - 5t, \qquad z = s \qquad s,t \in \mathbb{Z}.$$

Nun gilt es, herauszufinden, welche der unendlich vielen Lösungstripel die Bedingung $(x, y, z) \in \mathbb{N} \times \mathbb{N}_0 \times \mathbb{N}$ der speziellen Aufgabenstellung erfüllen. Für $s = 1$ ist $x = 10 + 8t$, $y = -1 - 5t$ und nur $t = -1$ liefert ein Lösungstripel von (8), nämlich $(2, 4, 1)$. Die beiden weiteren Lösungen $(3, 2, 2)$ und $(4, 0, 3)$ ergeben sich für $s = 2$ und $s = 3$. Zählt man je Sorte 5 Flaschen hinzu, erhält man als Lösung des ursprünglichen Problems $(7, 9, 6)$, $(8, 7, 7)$ und $(9, 5, 8)$. Es können also 8, 7 und 7 Flaschen je Sorte gewesen sein oder auch 9, 5 und 8 Flaschen. ♣

Übung 33:

Aus einem mittelalterlichen Text, vermutlich von einem Lehrer Karls des Großen:

Hundert Maß Korn werden unter hundert Leute so verteilt, daß jeder Mann drei Maß, jede Frau zwei Maß und jedes Kind ein halbes Maß erhält. Wieviele Männer, Frauen und Kinder sind es ? ♠

Wir wollen nun alle *pythagoreischen Zahlentripel*, das heißt alle Lösungen der quadratischen Gleichung

$$a^2 + b^2 = c^2$$

in $\mathbb{N} \times \mathbb{N} \times \mathbb{N}$ bestimmen (vgl. Beispiel 10 b)). Dabei beschränken wir uns auf die sogenannten **primitiven pythagoreischen Tripel (Grundtripel)**, bei denen a, b und c teilerfremd sind, denn alle anderen erhält man durch Vervielfachen von a, b, c mit einer natürlichen Zahl: Mit (a, b, c) ist für jedes $t \in \mathbb{N}$ auch (at, bt, ct) ein pythagoreisches Tripel. Aus $\mathrm{ggT}(a, b, c) = 1$ folgt, daß a, b und c auch *paarweise* teilerfremd sind, denn ein gemeinsamer Teiler zweier dieser Zahlen wäre ein Teiler der Quadratsumme dieser Zahlen und nach den Teilbarkeitsregeln (Satz III.1) auch ein Teiler der dritten Zahl.

Von a, b, c ist genau eine der Zahlen a, b gerade. Beide Zahlen können wegen der paarweisen Teilerfremdheit nicht gerade sein. Beide können aber auch nicht ungerade sein, denn aus $a = 2m+1$, $b = 2n+1$, würde $c^2 = a^2+b^2 = 4(m^2+n^2+m+n)+2$, und damit $c^2 \equiv 2 \pmod 4$ folgen, was für ein Quadrat nicht möglich ist.

Wir können daher ohne eine Beschränkung der Allgemeinheit annehmen:

$$2 \nmid a, \quad \wedge \quad 2 \mid b \quad \wedge \quad 2 \nmid c \quad \wedge \quad \mathrm{ggT}(a, b) = \mathrm{ggT}(a, c) = \mathrm{ggT}(b, c) = 1$$

und setzen $a = 2x + 1,\ b = 2y,\ c = 2z + 1\ \ x, y, z \in \mathbb{N}$. (Man überlegt sich leicht, daß $x = 0 \vee z = 0$ nicht möglich sind.) Hiermit folgt

$$b^2 = c^2 - a^2 = (c+a)(c-a) = 4(x+z+1)(z-x) = 4u \cdot v \qquad \text{mit } u, v \in \mathbb{N}$$

Nun ist $\operatorname{ggT}(c+a, c-a) = \operatorname{ggT}(2c, c-a) = 2$, denn nach Voraussetzung ist $c - a$ gerade und für einen gemeinsamen *ungeraden* Primteiler p von $2c$ und $c - a$ würde $p \mid c \wedge p \mid a$ folgen, im Widerspruch zu $\operatorname{ggT}(a, c) = 1$. Damit ist $\operatorname{ggT}(x+z+1, z-x) = \operatorname{ggT}(u, v) = 1$.

Die Gleichung $b^2 = 4u \cdot v$, gekürzt durch 4, ergibt $b'^2 = u \cdot v$ mit $\operatorname{ggT}(u, v) = 1$. Betrachtet man die eindeutigen Primfaktorzerlegungen von b'^2, u und v, so müssen wegen der Teilerfremdheit u und v selbst Quadrate sein (Übung 35). Wir setzen $c + a = 2m^2,\ \ c - a = 2n^2$ und erhalten damit

$$(10) \qquad a = m^2 - n^2, \quad b = 2mn, \quad c = m^2 + n^2 \qquad m, n \in \mathbb{N},\ m > n.$$

Wegen der Teilerfremdheit von a, b, c ist $\operatorname{ggT}(m, n) = 1$. Außerdem muß eine der Zahlen m, n gerade, die andere ungerade sein; wären beide ungerade, würde der Widerspruch $2 \mid a \wedge 2 \mid c$ folgen.

Man muß noch überprüfen, daß (10) wirklich *primitive* pythoreische Tripel liefert: Für eine Primzahl p mit $p \mid a \wedge p \mid c$ wäre zunächst $p \neq 2$ und dann $p \mid 2m^2 \wedge p \mid 2n^2$, also $p \mid m \wedge p \mid n$, im Widerspruch zu $\operatorname{ggT}(m, n) = 1$.

Damit wurde bewiesen

Satz III.38:

Alle primitiven pythagoreischen Tripel (a, b, c) mit geradem b haben die Darstellung

$$a = m^2 - n^2, \qquad b = 2mn, \qquad c = m^2 + n^2$$

mit $\ m, n \in \mathbb{N},\ \ m > n,\ \ \operatorname{ggT}(m, n) = 1,\ \ m \not\equiv n \pmod 2$.

Die Formeln in Satz III.38 zur Darstellung pythagoreischer Tripel werden die *indischen Formeln* genannt, da sie von BRAHMAGUPTA in dieser Form angegeben wurden. Die Tabelle enthält alle primitiven pythagoreischen Tripel (a, b, c), bei denen $m \leq 8$ ist.

m	n	(a,b,c)	m	n	(a,b,c)	m	n	(a,b,c)
2	1	$(3,4,5)$	5	4	$(9,40,41)$	7	6	$(13,84,85)$
3	2	$(5,12,13)$	6	1	$(35,12,37)$	8	1	$(63,16,65)$
4	1	$(15,8,17)$	6	5	$(11,60,61)$	8	3	$(55,48,73)$
4	3	$(7,24,25)$	7	2	$(45,28,53)$	8	5	$(39,80,89)$
5	2	$(21,20,29)$	7	4	$(33,56,65)$	8	7	$(15,112,113)$

Übung 34:

Bestimmen Sie alle in der Tabelle nicht vorkommenden pythagoreischen Tripel (a, b, c), mit $c \leq 150$. ♠

Obwohl der Satz manchmal nach EUKLID (365–300 v.Chr.) benannt wird, da er in den *Elementen des Euklid* zu finden ist, waren PYTHAGORAS etwa 500 v.Chr. bereits *unendlich viele* pythagoreische Tripel bekannt, nämlich Tripel der Form $(2n+1,\ 2n^2+2n,\ 2n^2+2n+1)$, wie beispielsweise (3, 4, 5), (5, 12, 13) oder (7, 24, 25). Es sind Tripel, bei denen sich Hypotenuse und eine Kathete entsprechender Dreiecke um 1 unterscheiden. Wählt man in Satz III.38 $m = n+1$ mit $m \geq 2$, erhält man unendlich viele derartige Tripel. Neben diesen Tripeln mit 'besonders flachen' rechtwinkligen Dreiecken fallen bei näherer Untersuchung pythagoreischer Tripel solche auf, bei deren Dreiecken die Differenz zweier Katheten 1 ist, etwa (3, 4, 5), (21, 20, 29) oder (119, 120, 169). Auch von diesen 'nahezu gleichschenklig-rechtwinkligen' Dreiecken gibt es unendlich viele Grundtypen, was hier aber nicht gezeigt werden kann.

Übung 35:

Sind a, b, c natürliche Zahlen mit $a^2 = b \cdot c$ und ggT(b,c)=1, dann sind b und c Quadratzahlen. ♠

Den Satz III.38 findet man auch in DIOPHANTS *Arithmetika*. Der französische Rechtsgelehrte und Mathematiker FERMAT (1601–1665) beschäftigte sich in der Zeit zwischen 1631 und 1637 mit der naheliegenden Frage nach den Lösungen der diophantischen Gleichungen

$$a^n + b^n = c^n \qquad a, b, c, n \in \mathbb{N}, \quad n \geq 3.$$

Als Randnotiz in seine Diophant-Ausgabe notierte FERMAT, daß er einen '*fürwahr wunderbaren Beweis*' für die Unlösbarkeit aller dieser diophantischen Gleichungen entdeckt habe. Dieser Beweis ist jedoch niemals publiziert oder aufgefunden worden. Seitdem bemühten sich Generationen von Mathematikern, diese sogenannte **FERMATsche Vermutung** zu beweisen. Es gelang im Laufe der Zeit für spezielle Exponenten, die Unlösbarkeit zu zeigen. Im Laufe der Jahrhunderte wurden viele '*Beweise*' für die Fermatsche Vermutung publiziert, die sich alle als falsch erwiesen, bis 1995 ein von der Fachwelt akzeptierter Beweis vorgelegt wurde. Seitdem gilt eines der bekanntesten offenen mathematischen Probleme als gelöst.

Lösungen bzw. Lösungshinweise zu den Übungen

Ü 30: a) Wäre (x_0, y_0, z_0) eine Lösung von $x^4 + y^4 = z^4$, so hätte $x^4 + y^4 = z^2$ die Lösung (x_0, y_0, z_0^2).
b) Die einzigen Lösungen sind (5,3) und (-5,-3).

Ü 31: a) Die Gleichung ist wegen $\text{ggT}(30, 36) \nmid 34$ unlösbar.
b) Die Gleichung ist lösbar: $x = -17 + 16t, \quad y = 17 - 15t, \quad t \in \mathbb{Z}$.
c) Die Gleichung hat die spezielle Lösung (Euklid.Algor.) $x_0 = -784, \quad y_0 = 1400$. Allgemeine Lösung: $x = -784 + 37t, \quad y = 1400 - 66t$.

Ü 32: Es geht um die diophantische Gleichung $360x + 580y = 5780$, gekürzt $18x + 29y = 289$. Die einzige Lösung in $\mathbb{N} \times \mathbb{N}$ ist (8,5).

Ü 33: Man stellt die beiden diophantischen Gleichungen $x + y + z = 100$ und $5x + 4y + z = 200$ auf und erhält durch Subtraktion die diophantische Gleichung $5x+3y = 100$ in zwei Variablen mit den Lösungen $x = 14+3t$, $y = 10-5t$, $t \in \mathbb{Z}$, woraus $z = -x - y + 100 = 76 + 2t$ folgt. Die einzigen Lösungen in $\mathbb{N} \times \mathbb{N} \times \mathbb{N}$ sind (17,5,78), (14,10,76), (11,15,74), (8,20,72), (5,25,70) und (2,30,68). Diese erhält man für $t = 1, 0, -1, -2, -3, -4$.

Ü 34: Es gibt 6 derartige Tripel.
Die zugehörigen Paare (m, n) sind (8,7), (10,1), (10,3), (10,7), (11,2), (11,4).

Ü 35: Man betrachte die kanonischen Primfaktorzerlegungen von a^2, b und c. Die Exponenten aller Primteiler von a^2 sind gerade, b und c haben wegen $\text{ggT}(b,c)=1$ keinen gemeinsamen Primteiler. Jeder Primteiler von a (mit geradem Exponenten) gehört *entweder* zur Primfaktorzerlegung von b *oder* von c. Daher sind die Exponenten aller Primteiler von b und auch von c gerade, b und c sind Quadratzahlen.

III.5 Aufgaben

1. Beweisen oder widerlegen Sie die Aussagen über Teilbarkeit ganzer Zahlen.
   (a) $cb \mid ca \Rightarrow b \mid a \quad \forall c \in \mathbb{Z}$, (b) $a \mid bc \wedge a \nmid b \Rightarrow a \mid c$,
   (c) $b_1 \mid a_1 \wedge b_2 \nmid a_2 \Rightarrow b_1 b_2 \nmid a_1 a_2$, (d) $a \mid c \wedge b \mid c \Rightarrow ab \mid c$,
   (e) $b \mid a_1 \wedge b \mid a_2 \Rightarrow 2b \mid a_1 a_2 \quad \forall a_1, a_2, b \in \mathbb{Z}$,
   (f) $b \mid a_1 \wedge b \mid a_2 \Rightarrow b^2 \mid a_1 a_2 \quad \forall a_1, a_2, b \in \mathbb{Z}$,
   (g) $b_1 \mid a_1 \wedge b_2 \mid a_2 \Rightarrow b_1 + b_2 \mid a_1 + a_2 \quad \forall a_1, a_2, b_1, b_2 \in \mathbb{Z}$.

2. Zahlen der Form $M_p = 2^p - 1$ mit $p \in \mathbb{P}$ heißen *Mersenne-Zahlen* nach MARIN MERSENNE (1588-1648). Von Interesse ist die Frage, für welche p jeweils M_p Primzahlen (*Mersennsche Primzahlen*) sind.
   Prüfen Sie mit Hilfe von Satz III.2 und dem Taschenrechner, welche der Zahlen $M_{p_i} = 2^{p_i} - 1$, $p_i \in \mathbb{P}$, $i \in \mathbb{N}$, *erstmals keine* Primzahl ist.

3. Beweisen Sie, daß $2^{128} - 1$ keine Primzahl ist, und bestimmen Sie vier verschiedene Primfaktoren.

4. Bestimmen Sie die folgenden Zahlen bzw. Zahlenmengen:
   (a) die zweitkleinste natürliche Zahl a mit genau 2 Primteilern und $|T_a| = 36$,
   (b) die zweitkleinste natürliche Zahl a mit $|T_a| = 18$,
   (c) $\{a \in \mathbb{N} \,/\, |T_a| = 15, \ \text{größter Primteiler ist } 5\}$,
   (d) $\{a \in \mathbb{N} \,/\, a \text{ hat genau 3 Primteiler}, \ 99 \mid a, \ |T_a| = 20, \ a \leq 4000\}$,
   (e) $\{a \in \mathbb{N} \,/\, 210 \mid a, \ |T_a| = 30\}$.

5. Setzt man vor eine beliebige dreistellige natürliche Zahl ihr Zweifaches, entsteht eine sechs- oder siebenstellige Zahl. Zeigen Sie, daß diese durch 23 und durch 29 teilbar ist.

6. Untersuchen Sie, ob für vier beliebige aufeinanderfolgende natürliche Zahlen gilt: Addiert man zu ihrem Produkt 1, erhält man stets eine Quadratzahl.

7. Ein Teiler d einer natürlichen Zahl a heißt *echter* Teiler von a, falls $d < a$.
(a) Es seien p, q verschiedene Primzahlen, größer als 3. Zeigen Sie, daß die Summe der echten Teiler von pq stets kleiner als pq ist.
(b) Beweisen Sie, daß die Summe aller echten Teiler einer Primzahlpotenz p^α stets kleiner als p^α ist.

8. Beweisen Sie von den folgenden Aussagen die richtigen und widerlegen Sie die falschen durch ein Gegenbeispiel.
Alle Paare komplementärer Teiler von $a \in \mathbb{N}$, $a = \prod_{i=1}^{\infty} p_i^{\alpha_i}$ außer dem Paar $(1, a)$ sind untereinander genau dann nicht vergleichbar bezüglich der Teilbarkeitsrelation (Definition II.10), wenn gilt
(a) $\alpha_i \leq 1 \quad \forall i \in \mathbb{N}$,
(b) $\alpha_i = 1$ für mindestens ein $i \in \mathbb{N}$,
(c) a ist kein Quadrat einer natürlichen Zahl.

9. Ist $a \in \mathbb{N}$ mit der kanonischen Primfaktorzerlegung $a = \prod_{i=1}^{\infty} p_i^{\alpha_i}$, so heißt $h(a) := \sum_i \alpha_i$ *die Höhe von a.*
(a) Es seien b, c verschiedene Teiler von $a \in \mathbb{N}$ mit $h(b) = h(c)$.
Zeigen Sie: $b \nmid c \wedge c \nmid b$ (b und c sind nicht vergleichbar bezüglich $|$).
(b) Zeichnen Sie alle verschiedenen (nichtisomorphen) Teilerdiagramme der Höhe 5 ('Höhe des Teilerdiagramms' von $a = h(a)$) und beschriften Sie diese mit möglichst kleinen Zahlen.

10. Läßt sich der ggT durch Definition III.13 auch für *unendlich viele* ganze Zahlen $a_1, a_2, \ldots$ definieren ?
Welche Restklasse ist gemeint: ..., 180, 228, 276, 324, 372, ... ? Bestimmen Sie, falls möglich, den ggT dieser unendlich vielen Zahlen.

11. (a) Bestimmen Sie ggT(6666, 2585) und ggT(2288, 4081, 5170) mit der Formel $\text{ggT}(a, b) = \text{ggT}(a, b - ca) \quad \forall c \in \mathbb{Z}$ und auch mit dem Euklidischen Algorithmus. Berechnen Sie sodann im ersten Fall eine Vielfachensummendarstellung des größten gemeinsamen Teilers.
(b) Stellen Sie mit dem Euklidischen Algorithmus 18 als Vielfachensumme von 96, -36, 30 und -45 dar.

12. Es seien $a, b \in \mathbb{N}$; a heißt *genauer Teiler* von b, geschrieben $a \| b$, wenn gilt $a \mid b \wedge \text{ggT}(a, \frac{b}{a}) = 1$.
(a) Bestimmen Sie alle genauen Teiler von 360.
(b) Zeigen Sie: In $\mathbb{N}$ und in jeder Teilermenge T_a ist $\|$ eine Ordnungsrelation.
(c) Bestimmen Sie alle genauen Teiler von 150 und zeichnen Sie das Hasse-Diagramm für T_{150} bezüglich $\|$.

13. Beweisen Sie für natürliche Zahlen $a_1, a_2, \ldots, a_n$: $\bigcap_{i=1}^{n} V_{a_i} = V_{\text{kgV}(a_1, a_2, \ldots, a_n)}$.

14. Vier ehemalige Schulkameraden treffen sich am 1.März in ihrer Stammkneipe. Der erste von ihnen ist an jedem 20. Tag in der Kneipe, der zweite an jedem 68. Tag, der dritte an jedem 85. Tag und der vierte schließlich an jedem 170. Tag. An welchem Tag kommen alle vier wieder in der Kneipe wieder zusammen ?

15. Ein Ehepaar hatte beschlossen, anläßlich ihres Hochzeitstages in regelmäßigen Abständen zu verreisen. Unabhängig davon, ob so eine Reise jedes zweite, dritte, vierte, fünfte oder sechste Jahr stattgefunden hätte, in jedem Falle wäre die letzte Reise im zurückliegenden Jahr gewesen. Wie lange ist das Paar verheiratet?

16. Wie viele natürliche Zahlen sind kleiner als 2000 und weder durch 5 noch durch 7 teilbar ?

17. Beweisen Sie für beliebige natürlichen Zahlen $a_1, a_2, \ldots, a_n, b$:
$\text{kgV}(ba_1, ba_2, \ldots, ba_n) = b \cdot \text{kgV}(a_1, a_2, \ldots, a_n)$.

18. Für jede Primzahl p größer als 3 ist $p^2 - 1$ durch 24 teilbar. Beweis !

19. Beweisen Sie, daß es genau eine zweistellige natürliche Zahl gibt, die gleich der Summe aus der Zahl an ihrer Zehnerstelle und dem Quadrat der Zahl an ihrer Einerstelle ist.

20. Beweisen Sie: Ist die Summe der natürlichen Zahlen a, b, c durch 6 teilbar, dann auch die Summe $a^3 + b^3 + c^3$.

21. (a) Bestimmen Sie die Endziffer von $713\,973^{1\,387}$.
    (b) Ist $a \in \mathbb{N}$ und $\text{ggT}(a,10)=1$, so endet die Zahl $a^4 - 1$ stets auf 0.

22. Von n natürlichen Zahlen sei keine durch n teilbar ($n \in \mathbb{N} \setminus \{1\}$). Zeigen Sie, daß es dann stets eine Summe von zwei oder mehr dieser Zahlen gibt, die durch n teilbar ist.

23. Ermitteln Sie die Primfaktorzerlegung von $a = 426\,725$ mit Hilfe von Teilbarkeitskriterien und zeichnen Sie das Teilerdiagramm.

24. Bestimmen Sie die 7er-Reste der Zehnerpotenzen 10^k, $k \in \mathbb{N}$, und leiten Sie daraus ein Teilbarkeitskriterium für Division durch 7 ab, das den Quersummenregeln für 3 und 9 entspricht.
    Untersuchen Sie mit dem Kriterium, ob $a = 3\,197\,649$ durch 7 und durch 49 teilbar ist.

25. Wahr oder falsch ? Begründen Sie mit Teilbarkeitskriterien. Berechnen Sie gegebenenfalls die Reste.
    $11 \mid 17\,635\,422\,761$, $7 \mid 632\,779\,004\,697$, $13 \mid 48\,361\,325\,698$, $27 \mid 1\,478\,521\,647$.

26. Aus den Ziffern 1, 2, 3, 4, 5, 6, 7 lassen sich $7! = 5\,040$ verschiedene 7-stellige Zahlen mit lauter verschiedenen Ziffern bilden.
    Alle diese Zahlen haben denselben Neunerrest. Welchen ?
    Beweisen Sie, daß keine der gebildeten Zahlen eine andere teilt.

27. Bestimmen Sie *alle* Ziffernpaare (x, y), so daß die Zahl $a = 4y\,322\,52x$ gleichzeitig durch 4, 9 und 13 teilbar ist.

28. Welche der natürlichen Zahlen kann eine Quadratzahl sein, welche nicht ?
    (i) Die Ziffern der Zahl sind 300 Einsen und 240 Nullen am Ende.
    (ii) Die Ziffern der Zahl sind 189 Einsen und 187 Nullen am Ende.
    (iii) Die Ziffern der Zahl sind 378 Einsen und 96 Nullen am Ende.

29. Es gibt nur eine 4-stellige Quadratzahl der Form $aabb$, $a, b \in \{1, 2, \ldots, 9\}$, und 11 ist ein Primteiler dieser Zahl. Beweis !

30. Untersuchen Sie, ob es zwei oder mehr natürliche Zahlen zwischen 800 und 1000 gibt, die durch 3 und durch 8 teilbar sind und beim Teilen durch 11 denselben Rest lassen.

31. Bestimmen Sie alle Lösungen der folgenden Kongruenzen.
    a) $15x \equiv 70 \pmod{110}$, b) $17x \equiv 23 \pmod{101}$, c) $14x \equiv 20 \pmod{32}$.

32. Bestimmen Sie alle ganzen Zahlen a, die sich in der Form $a = 22x - 14y$ darstellen lassen. Zeigen Sie, daß es für $a_1 = 212$ und $a_2 = -52$ solche Darstellungen gibt und berechnen Sie jeweils eine.

33. Ein Beduinensohn wird losgeschickt, für genau 1000 Goldstücke Kamele, Pferde und Schafe zu kaufen. Unterwegs vergißt er, wie viele Tiere von jeder Sorte er kaufen sollte. Er weiß nur noch, daß es insgesamt 100 Tiere waren, daß ein Kamel 30 Goldstücke, ein Pferd 10 Goldstücke und ein Schaf 1 Goldstück kosten. Welche Möglichkeiten gibt es ?

Lösungen und Lösungshinweise zu den Aufgaben

1. (a) Falsch für c=0; (b) falsch: a=6, b=2, c=3;
   (c) falsch: $b_1 = b_2 = 2$, $a_1 = 4$, $a_2 = 3$; (d) falsch: a=b=c=2;
   (e) falsch: $b = 1, a_1 = a_2 = 3$; (f) wahr: Spezialfall von Satz III.30 (2);
   (g) falsch: $b_1 = b_2 = 1$, $a_1 = a_2 = 3$.

2. Es ist $M_{11} = 2^{11} - 1 = 23 \cdot 89$ erstmals keine Primzahl.

3. Durch Anwendung der 3.binomischen Formel erhält man
   $$2^{128} - 1 = (2^{64} + 1) \cdot (2^{64} - 1) = (2^{64} + 1) \cdot (2^{32} + 1) \cdot (2^{32} - 1) = \ldots$$
   $$= (2^{64}+1)\cdot(2^{32}+1)\cdot(2^{16}+1)\cdot(2^{8}+1)\cdot(2^{4}+1)\cdot(2^{2}+1)\cdot(2+1)\cdot(2-1).$$
   Nicht alle Faktoren dieser Zerlegung sind Primzahlen, etwa $2^{32} - 1 \notin \mathbb{P}$. Man erkennt die Primfaktoren 3, 5, 17, 257.

4. (a) Zahlen mit 36 Teilern und zwei Primteilern haben eine der folgenden Primfaktorzelegungen: $p \cdot q^{17}$, $p^2 \cdot q^{11}$, $p^3 \cdot q^8$, $p^5 \cdot q^5$, $p, q \in \mathbb{P}$. Die kleinste Zahl ist $2^8 \cdot 3^3 = 6912$, die zweitkleinste $2^5 \cdot 3^5 = 7776$.

   (b) In Beispiel 3 sind alle Zahlen mit 18 Teilern bestimmt worden. Die kleinste

Zahl ist $180 = 2^2 \cdot 3^2 \cdot 5$, die zweitkleinste $288 = 2^5 \cdot 3^2$.

(c) $\{5^{14},\ 5^2 \cdot 2^4,\ 5^2 \cdot 3^4,\ 2^2 \cdot 5^4,\ 3^2 \cdot 5^4\}$.

(d) Es gilt: $x = p \cdot q \cdot r^4 = p \cdot 11 \cdot 3^4, \quad p \in \mathbb{P} \setminus \{3, 11\} \ \wedge \ x \leq 4000$
$\Rightarrow \ x = 2 \cdot 11 \cdot 3^4 = 1782$. Nur x hat die geforderte Eigenschaft.

(e) Es existiert keine derartige Zahl mit 4 Primteilern, da sich 30 nicht in ein Produkt mit 4 Faktoren, alle ungleich 1, zerlegen läßt.

5. Aus einer dreistelligen Zahl a wird $a + 2 \cdot a \cdot 1000 = 2001 \cdot a = 3 \cdot 23 \cdot 29 \cdot a$ gebildet.

6. Man betrachte $n \cdot (n+1) \cdot (n+2) \cdot (n+3) + 1 = n^4 + 6n^3 + 11n^2 + 6n + 1$. Um festzustellen, ob dies ein Quadrat ist, mache man den Ansatz
$n^4 + 6n^3 + 11n^2 + 6n + 1 = (n^2 + x \cdot n + 1)^2$
$= n^4 + 2 \cdot x \cdot n^3 + (2 + x^2)n^2 + 2x \cdot n + 1$ und stellt für $x = 3$ Übereinstimmung fest: $n^4 + 6n^3 + 11n^2 + 6n + 1 = (n^2 + 3n + 1)^2$.

7. (a) Es seien $p, q \in \mathbb{P}$ mit $p < q$. Die echten Teiler von pq sind $1, p, q$. Wir zeigen $1 + p + q < pq$ indirekt:
Angenommen $1 + p + q \geq pq$, dann folgt $p + 1 \geq q(p-1) > q$, im Widerspruch zu $p + 1 < q$.

(b) Die Behauptung lautet $\sum\limits_{k=0}^{\alpha-1} p^k < p^\alpha$. Es ist $\sum\limits_{k=0}^{\alpha-1} p^k = \frac{p^\alpha - 1}{p-1} \leq p^\alpha - 1 < p^\alpha$.

8. Zu untersuchen sind die Äquivalenzen $p \Leftrightarrow q_1$, $p \Leftrightarrow q_2$, $p \Leftrightarrow q_3$, wobei p, q_1, q_2, q_3 die folgenden Aussagen sind:

p: Alle Paare komplementärer Teiler von $a = \prod\limits_{i=1}^{\infty} p_i^{\alpha_i}$ außer dem Paar $(1, a)$ sind untereinander nicht vergleichbar bezüglich $|$.
q_1: $\alpha_i \leq 1 \quad \forall i \in \mathbb{N}$,
q_2: $\alpha_i = 1$ für mindestens ein $i \in \mathbb{N}$,
q_3: a ist kein Quadrat einer natürlichen Zahl.

$p \Leftrightarrow q_1$ ist wahr. $'\Rightarrow'$: (Kontraposition) ist $\alpha_k \geq 2$ für ein $k \in \mathbb{N}$, dann ist $(p_k, \frac{a}{p_k})$ ein Paar komplementärer Teiler, für das $p_k \mid \frac{a}{p_k}$ gilt, so daß p_k und $\frac{a}{p_k}$ vergleichbar bezüglich $|$ sind.

$'\Leftarrow'$: gilt q_1, dann ist a ein Produkt von Primzahlen. Ist $(d, \frac{a}{d}) \neq (1, a)$ ein Paar komplementärer Teiler von a, so hat d einen Primteiler p, der dann kein Primteiler von $\frac{a}{d}$ ist, es gilt $d \nmid \frac{a}{d}$, und entsprechend folgt $\frac{a}{d} \nmid d$.

Das Beispiel $a = 2 \cdot 2 \cdot 3$ mit dem Paar (2.6) komplementärer Teiler zeigt, daß die beiden anderen Äquivalenzen falsch sind.

9. (a) Es seien $a = \prod\limits_{i=1}^{\infty} p_i^{\alpha_i}$, $b = \prod\limits_{i=1}^{\infty} p_i^{\beta_i}$, $c = \prod\limits_{i=1}^{\infty} p_i^{\gamma_i}$, $\alpha_i, \beta_i, \gamma_i \in \mathbb{N}_0$ mit
(1) $\sum\limits_i \beta_i = \sum\limits_i \gamma_i$.

$b \neq c \Rightarrow \exists m \in \mathbb{N}$ mit (2) $\beta_m > \gamma_m \Rightarrow \exists n \in \mathbb{N}$ mit (3) $\beta_n < \gamma_n$ wegen (1). Aus (2) folgt $b \nmid c$ und wegen (3) gilt $c \nmid b$.

(b)

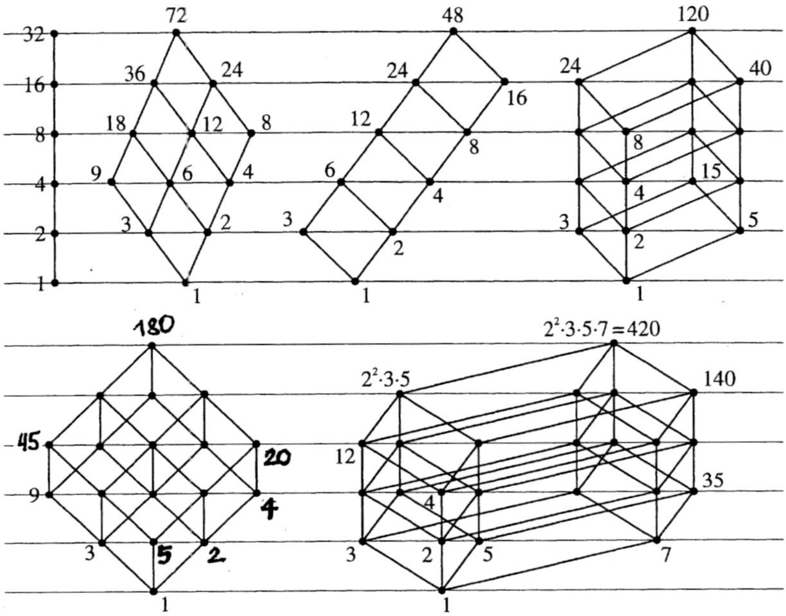

10. Die Definition läßt sich übertragen, denn auch im Falle unendlich vieler ganzer Zahlen $a_1, a_2, \ldots$ ist $\bigcap_{i=1}^{\infty} T_{a_i}$ eine endliche Menge natürlicher Zahlen, die somit eine größte Zahl enthält.

Es ist die Restklasse $[36]_{48}$. Der ggT zweier benachbarter Zahlen, z.B. von 180 und 228 ist 12 und 12 teilt alle Elemente der Restklasse:
$\mathrm{ggT}(\ldots, 180, 228, 276, 324, \ldots, 48k+36, \ldots) = 12.$

11. ggT(6666,2585)=11. Der Euklidische Algorithmus umfaßt 7 Divisionsschritte. Dabei ist die Folge der positiven Reste 1496, 1089, 407, 275, 132 und 11. Aus dem Euklidischen Algorithmus erhält man $11 = 49 \cdot 2585 - 19 \cdot 6666$.
ggT(2288, 4081, 5170)=11

(b) Bestimmung einer Vielfachensumme von ggT(96,-36,30,-45)=3 in drei Schritten:

$\mathrm{ggT}(96,36)$:	$96 = 2 \cdot 36 + 24$	
	$36 = 1 \cdot 24 + 12$	$12 = 36 - (96 - 2 \cdot 36)$
	$24 = 2 \cdot 12$	$= -96 + 3 \cdot 36$
$\mathrm{ggT}(30,12)$:	$30 = 2 \cdot 12 + 6$	$6 = 30 - 2(-96 + 3 \cdot 36)$
	$12 = 2 \cdot 6$	$= 2 \cdot 96 - 6 \cdot 36 + 30$
$\mathrm{ggT}(45,3)$:	$45 = 7 \cdot 6 + 3$	$3 = 45 - 7(2 \cdot 96 - 6 \cdot 36 + 30)$
	$6 = 2 \cdot 3$	$= 45 - 14 \cdot 96 + 42 \cdot 36 - 7 \cdot 30$

Aus der Darstellung von 3 folgt $18 = -84 \cdot 96 - 252 \cdot (-36) - 42 \cdot 30 - 6 \cdot (-45)$.

12. (a) Die genauen Teiler von 360 sind diejenigen, die teilerfremd zu ihrem Komplementärteiler sind. Wegen $360 = 2^3 \cdot 3^2 \cdot 5$ sind dies:
$1,\ 2^3 \cdot 3^2 \cdot 5,\ \ 2^3,\ 3^2 \cdot 5,\ \ 3^2,\ 2^3 \cdot 5,\ \ 5,\ 2^3 \cdot 3^2.$
(b) Reflexivität und Antisymmetrie folgen direkt. Transitivität: $x \parallel y \wedge y \parallel z \Rightarrow$
$x|y \wedge y|z \wedge \mathrm{ggT}(x, \frac{y}{x}) = 1 \wedge \mathrm{ggT}(y, \frac{z}{y}) = 1.$
Es folgt $x|z$, zu zeigen: $\mathrm{ggT}(x, \frac{z}{x}) = 1.$
$x|y \wedge \mathrm{ggT}(y, \frac{z}{y}) = 1 \Rightarrow \mathrm{ggT}(x, \frac{z}{y}) = 1.$
$\mathrm{ggT}(x, \frac{z}{y}) = 1 \wedge \mathrm{ggT}(x, \frac{y}{x}) = 1 \Rightarrow$
$\mathrm{ggT}(x, \frac{z}{y} \cdot \frac{y}{x}) = \mathrm{ggT}(x, \frac{z}{x}) = 1$ (Übung 15).

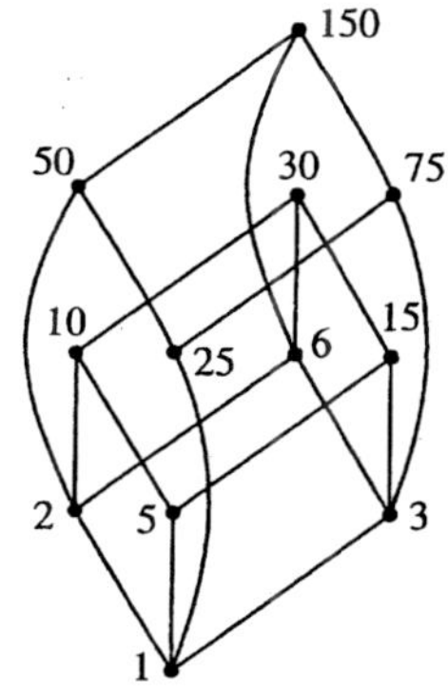

13. Beweis durch Induktion: Induktionsanfang (n=2): Satz III.24. Die Behauptung gelte für n. Beim 2.Schritt wird die Induktionsannahme, beim letzten Schritt die Assoziativität von kgV verwendet (vgl. Übung 12b).
$\bigcap_{i=1}^{n+1} V_{a_i} = \bigcap_{i=1}^{n} V_{a_i} \cap V_{a_{n+1}} = V_{\mathrm{kgV}(a_1,a_2,\ldots,a_n)} \cap V_{a_{n+1}} = V_{\mathrm{kgV}(\mathrm{kgV}(a_1,a_2,\ldots,a_n),a_{n+1})}$
$= V_{\mathrm{kgV}(a_1,a_2,\ldots,a_n,a_{n+1})}.$

14. Es ist kgV(20, 68, 85, 170)=340. Nach 340 Tagen, am 3.Januar ist das nächste gemeinsame Treffen.

15. Bezeichnet n die Anzahl der Ehejahre, so war im Jahr der letzten Reise n ein gemeinsames Vielfaches von 2, 3, 4, 5 und 6, also ein Vielfaches von kgV(2,3,4,5,6)=60. Aufgrund der Sachsituation kommt nur 60 in Frage, andere Vielfache von 60 können ausgeschlossen werden. Das Ehepaar ist daher 61 Jahre verheiratet.

16. Bezeichnet M_5 bzw. M_7 die Menge der Vielfachen von 5 bzw. von 7 im Intervall, dann ist die gesuchte Anzahl
$1999 - |M_5| - |M_7| + |M_{kgV(5,7)}| = 1999 - 399 - 285 + 57 = 1372.$

17. Bei Anwendung von Satz III.28 mit der Bezeichnung folgt die Behauptung durch Anwendung der entsprechenden Beziehung für den ggT (Übung 16):
$$\mathrm{kgV}(b \cdot a_1, b \cdot a_2, \ldots, b \cdot a_n) = \frac{ba_1 \cdot ba_2 \cdot \ldots \cdot ba_n}{\mathrm{ggT}(\frac{b^n \cdot A}{b \cdot a_1}, \frac{b^n \cdot A}{b \cdot a_2}, \ldots, \frac{b^n \cdot A}{b \cdot a_n})}$$
$$= \frac{b^n \cdot a_1 \cdot a_2 \cdot \ldots \cdot a_n}{\mathrm{ggT}(b^{n-1}\frac{A}{a_1}, b^{n-1}\frac{A}{a_2}, \ldots, b^{n-1}\frac{A}{a_n})} = \frac{b^n \cdot a_1 \cdot a_2 \cdot \ldots \cdot a_n}{b^{n-1}\mathrm{ggT}(\frac{A}{a_1}, \frac{A}{a_2}, \ldots, \frac{A}{a_n})}.$$
$$= b \cdot \frac{a_1 \cdot a_2 \cdot \ldots \cdot a_n}{\mathrm{ggT}(\frac{A}{a_1}, \frac{A}{a_2}, \ldots, \frac{A}{a_n})}. = b \cdot \mathrm{kgV}(a_1, a_2, \ldots, a_n).$$

18. Es ist $p^2 - 1 = (p-1)(p+1)$. Von den zwei *aufeinanderfolgenden geraden* Zahlen $p-1$ und $p+1$ ist eine durch 2, die andere durch 4 teilbar: $8 \mid p^2-1$. Von den aufeinanderfolgenden Zahlen $p-1,\ p,\ p+1$ ist eine durch 3 teilbar, nach Voraussetzung jedoch nicht p: $3 \mid p^2 - 1$. Wegen kgV(8,3)=24 folgt $24 \mid p^2 - 1$.

19. Die Zahl habe die Zifferndarstellung ab. Dann lautet die Behauptung: $10a + b = a + b^2$ und es folgt $9a = b(b-1) \Rightarrow 9 \mid b \vee 9 \mid b-1$ (wegen $\text{ggT}(b, b-1) = 1) \Rightarrow b = 0 \vee b = 9 \vee b = 1$. Aus den zugehörigen Werten für a erhält man als einzige Lösung $ab = 89$.

20. $6 \mid a+b+c \Rightarrow$ (1) $2 \mid a+b+c \wedge$ (2) $3 \mid a+b+c$. Aus (1) folgt sofort $2 \mid a^3+b^3+c^3$, denn a, b, c und a^3, b^3, c^3 liegen in denselben Restklassen modulo 2. Aus (2) folgt $3 \mid (a+b+c)^3$, also $(a+b+c)^3 \equiv 0 \pmod 3$.
$(a+b+c)^3 = a^3+b^3+c^3+3(a^2b+a^2c+ab^2+ac^2+b^2c+bc^2)+6abc \Rightarrow$
$a^3+b^3+c^3+3(a^2b+a^2c+ab^2+ac^2+b^2c+bc^2)+6abc \equiv a^3+b^3+c^3 \equiv 0 \pmod 3$.
$2 \mid a^3+b^3+c^3 \wedge 3 \mid a^3+b^3+c^3 \Rightarrow 6 \mid a^3+b^3+c^3$.

21. (a) Gefragt ist nach der Restklasse der Zahl modulo 10. Es ist $3^2 \equiv 9 \pmod{10}$, $3^3 \equiv 7 \pmod{10}$, $3^4 \equiv 1 \pmod{10}$, ferner $1387 = 346 \cdot 4 + 3$. Damit folgt
$713\,973^{1\,387} \equiv (713\,973^4)^{346} \cdot 713\,973^3 \equiv 1^{346} \cdot 7 \pmod{10} \Rightarrow$ die Endziffer ist 7.
(b) Ist ggT(a,10)=1, so liegt a in einer der Restklassen $[1]_{10}$, $[3]_{10}$, $[7]_{10}$, $[9]_{10}$, d.h. $a \equiv 1 \pmod{10} \vee a \equiv 3 \pmod{10} \vee a \equiv 7 \pmod{10} \vee a \equiv 9 \pmod{10}$. Man bildet die vierte Potenz der Kongruenzen und da 3^4, 7^4 und 9^4 kongruent 1 modulo 10 sind, erhält man in allen Fällen $a^4 \equiv 1 \pmod{10}$, also $10 \mid a^4 - 1$.

22. Die Zahlen seien $a_1, a_2, \ldots, a_n$. Man betrachte für $k = 1, 2, \ldots, n$ die Summen $s_k := \sum_{i=1}^{k} a_i$. Ist keine der Summen durch n teilbar, liegen mindestens zwei dieser n Summen in derselben Restklasse modulo n; es sei $s_t \equiv s_u \pmod n$ mit $t > u$. Dann folgt $s_u - s_t = a_{t+1} + \ldots + a_u \equiv 0 \pmod n$.

23. Durch Anwendung der Teilbarkeitskriterien erhält man $a = 5^2 \cdot 13^2 \cdot 101$. Das Teilerdiagramm stimmt mit dem von p^2q^2r, $p, q, r \in \mathbb{P}$ in Abb. ... überein.

24. Für die 7er-Reste der 10er-Potenzen gelten folgende Kongruenze modulo 7: $10^0 \equiv 1$, $10^1 \equiv 3$, $10^2 \equiv 2$, $10^3 \equiv 6$, $10^4 \equiv 4$, $10^5 \equiv 5$, $10^6 \equiv 1, \ldots$, die sich zyklisch wiederholen. Bildet man für eine natürliche Zahl a mit der Zifferndarstellung $a = a_n a_{n-1} \ldots a_1 a_0$ die Summe
$s(a) := 1 \cdot a_0 + 3 \cdot a_1 + 2 \cdot a_2 + 6 \cdot a_3 + 4 \cdot a_4 + 5 \cdot a_5 + 1 \cdot a_6 + 3 \cdot a_7 + \ldots$,
dann gilt $s(a) \equiv a \pmod 7$, das heißt $s(a)$ und a haben denselben 7er-Rest. (Beim Modul 9 sind die hier auftretenden Faktoren 1, 3, 2, 6, 4, 5 alle 1 (man bildet Q(a)), beim Modul 11 abwechselnd 1 und -1 (man bildet Q'(a)).
Es ist $s(3\,197\,649) = 119 \wedge 7 \mid 119$. Ferner ist $a : 7 = 456\,807$ und $s(456\,807) = 99 \wedge 7 \nmid 99$, so daß folgt $7 \mid a \wedge 49 \nmid a$.

25. Die Aussagen sind *wahr* / *wahr* / *falsch* (Rest 10) /*wahr*.

26. Alle Zahlen a haben den Neunerrest 1.
Sind a, b derartige Zahlen und gilt $a \mid b$, dann ist $b : a < 10$, das heißt $b = k \cdot a$ mit $k \in \{1, 2, \ldots, 9\}$. Aus $a \equiv b \equiv 1 \pmod 9$ folgt $1 \equiv b \equiv ka \equiv k \cdot 1 \pmod 9$, und damit kann nur $k = 1$, also $a = b$ gelten.

27. $4 \mid a \Rightarrow x \in \{0,4,8\}$. Wegen Teilbarkeit durch 9 folgt
(1): $x = 0 \Rightarrow$ (1.1) $y = 0 \quad \vee \quad$ (1.2) $y = 9$. Im Fall (1.1) ist $Q_3'(a) = 238 \wedge 13 \nmid 238$; Im Fall (1.2) ist $Q_3'(a) = 247 \wedge 13 \mid 247$;
(2): $x = 4 \Rightarrow y = 5$, wie in Fall (1.2) ist $Q_3'(a) = 247$.
(3): $x = 8 \Rightarrow y = 1$, wiederum ist $Q_3'(a) = 247$.
Die gesuchten Paare sind (0,9), (4,5), (8,1).

28. (i) Keine Quadratzahl, denn $3 \mid a \wedge 9 \nmid a$ wegen $Q(a) = 300$.
(ii) Keine Quadratzahl, denn a enthält 187 mal den Faktor 5.
(iii) Keine Quadratzahl, denn $11 \mid a$ wegen $Q'(a) = 0$. Man bilde $b := a : 11 = \underbrace{101010\ldots01}_{377\ Ziffern} \cdot 10^{96}$, wobei die Zahl b genau $\frac{376}{2} + 1 = 189$ Einsen enthält. Nun ist $Q'(b) = 189$ und wegen $11 \nmid 189$ folgt $11 \mid a$, aber $11^2 \nmid a$.

29. Es sei $z = aabb$ die Zifferndarstellung der Quadratzahl: $11 \mid z$ wegen $Q'(z) = 0$; $aabb : 11 = a0b \Rightarrow 11 \mid a0b \Rightarrow 11 \mid Q'(a0b) \wedge Q'(a0b) = a + b \Rightarrow$ $a + b \equiv 0 \pmod{11} \quad \wedge \quad a0b : 11$ ist Quadratzahl. Man untersuche nun die möglichen Fälle für $a + b \equiv 0 \pmod{11}$.

a	2	3	4	5	6	7	8	9
b	9	8	7	6	5	4	3	2
$a0b$	209	308	407	506	605	704	803	902
$a0b : 11$	19	28	37	46	55	**64**	73	82

In der letzten Zeile ist 64 die einzige Quadratzahl, so daß nur $z = 7\,744 = 88^2$ die Bedingung erfüllt.

30. Es gibt 8 Vielfache von 24 im Intervall. Sie haben alle verschiedene Elferreste.

31. a) Unlösbar, b) $x \equiv 37 \pmod{101}$, c) $x \equiv 6 \pmod{16}$.

32. $a = 22x - 14y$ ist eine diophantische Gleichung, die genau dann lösbar ist, wenn für ggT(22,14)=2 gilt $2 \mid a$. Alle *geraden* Zahlen haben eine solche Darstellung. Zu bestimmen ist eine spezielle Lösung der Gleichung $22x - 14y = 2$, beispielsweise $22 \cdot 2 - 14 \cdot 3 = 2$. Multiplikation dieser Gleichung mit 212 bzw. -52 liefert die gewünschten Darstellungen.

33. Anzahl der Kamele/Pferde/Schafe sei $x/y/z$. Für die Gesamtmenge und den Preis erhält man die Gleichungen $x + y + z = 100 \wedge 30x + 10y + z = 1000$. Subtraktion führt zur diophantischen Gleichung $29x + 9y = 900$ mit den Lösungen $x = 9t$, $y = 100 - 29t$ $(t \in \mathbb{Z})$. Hieraus folgt $z = 20t$. Damit haben die Ausgangsgleichungen für $t \in \{1, 2, 3\}$ Lösungen in $\mathbb{N} \times \mathbb{N} \times \mathbb{N}$, nämlich (9, 71, 20), (18, 42, 40), (27, 13, 60).

IV Wahrscheinlichkeit

Ein wesentliches Ziel des Mathematikunterrichts ist die Anwendung mathematischer Methoden zur Lösung von Sachproblemen. Die immer stärkere Einbindung von Statistik und Wahrscheinlichkeitsrechnung, zusammengefaßt unter dem Namen *Stochastik*, in den Mathematikunterricht ist nicht nur dadurch gerechtfertigt, daß Stochastik in allen Bereichen der Umwelt und des Alltags immer größere Bedeutung erlangt, sondern auch dadurch, daß mathematischer Schulstoff vielfältiger, interessanter und nützlicher wird. Im vorliegenden Kapitel werden elementare Grundbegriffe der Wahrscheinlichkeitsrechnung entwickelt. Auf die in IV.4 behandelten kombinatorischen Hilfsmittel kann bei Bedarf zurückgegeriffen werden.

IV.1 Beispiele aus der Wahrscheinlichkeitsrechnung

Umgangssprachlich wird der Begriff hauptsächlich in *qualitativem* Sinne verwandt:

'*Auf Grund der Wahlvorhersagen ist ein Sieg der CFP viel wahrscheinlicher als ein Wahlsieg der SGÜ.*'

'*Es ist sehr unwahrscheinlich, daß der Zug diese Verspätung noch einholt.*'

Der mathematische Wahrscheinlichkeitsbegriff ist dagegen *quantitativ.* Einem '*Ereignis*' wird eine Zahl, seine Wahrscheinlichkeit, zugeordnet.

In den folgenden Beispielen werden verschiedene Überlegungen zum Wahrscheinlichkeitsbegriff angestellt und unterschiedliche Aspekte der Wahrscheinlichkeitsrechnung angedeutet.

Beispiel 1:

a) Bei einem Würfel erscheint es plausibel, jeder der möglichen Augenzahlen 1 bis 6 die Wahrscheinlichkeit $\frac{1}{6} \approx 16,67\%$ zuzuordnen, da man davon ausgeht, daß jede Augenzahl bei jedem Wurf die gleiche Chance hat.

Die Wahrscheinlichkeit, eine gerade Zahl zu werfen beträgt $\frac{1}{2} = 50\%$, die *Summe* der Wahrscheinlichkeiten für die Augenzahlen 2, 4 und 6.

b) Wir hatten in Kap.I.8 berechnet, daß es im Samstagslotto $\binom{49}{6} = 13\,983\,816$ verschiedene Lottotippreihen gibt und darunter $\binom{6}{r} \cdot \binom{43}{6-r}$ Tippreihen mit genau r Richtigen. Überträgt man die für den Würfel einsichtige Vorgehensweise und setzt wieder voraus, daß jeder Tip '*gleichwahrscheinlich*' ist, erhält man als Wahrscheinlichkeit dafür, daß eine bestimmte Zahlenfolge gezogen wird, $\frac{1}{13\,983\,816} \approx 0,000\,007\%$. Dies ist zugleich die Wahrscheinlichkeit, mit *einem* Tip einen Sechser zu haben. Die Anzahlen der Tippreihen mit genau 5, 4 bzw 3 Richtigen, in den Fällen 5 und 3 jeweils ohne Zusatzzahl, sind 252, 13 545 bzw. 229 600, so daß man als Wahrscheinlichkeiten, mit einem Tip einen solchen Gewinn zu erzielen,

$$\frac{252}{13\,983\,816} \approx 0,002\,\%, \quad \frac{13\,545}{13\,983\,816} \approx 0,097\,\% \quad \text{bzw.} \quad \frac{229\,600}{13\,983\,816} \approx 1,64\%$$

erhält.

Für die Ränge '5 Richtige mit Zusatzzahl' bzw. '3 Richtige mit Zusatzzahl' gibt es 6 bzw. 17 220 Gewinn-Tippreihen (siehe Kap.I.8), und die Gewinn-Wahrscheinlichkeiten sind $\frac{6}{13\,983\,816} \approx 0{,}000\,043\%$ bzw. $\frac{17\,220}{13\,983\,816} \approx 0{,}123\,\%$.

c) Ein Test enthält 6 Fragen mit jeweils 2 Antwortmöglichkeiten. Er gilt als bestanden, wenn man mindestens 4 Fragen richtig beantwortet hat. Mit welcher Wahrscheinlichkeit besteht jemand diesen Test, der unvorbereitet ist und zufällig ankreuzt ?

Da man bei jeder der 6 Fragen zwei Wahlmöglichkeiten hat, läßt sich der Bogen auf $2^6 = 64$ verschiedene Arten ausfüllen. Man kann jedes Ausfüllen des Bogens auch als eine Abbildung einer 6-elementigen Menge (Fragen) in eine 2-elementige Menge (richtige oder falsche Antworten) deuten. In Satz II.23 wurde gezeigt, daß es 2^6 derartige Abbildungen gibt. Die Wahrscheinlichkeit, *alle* Fragen richtig beantwortet zu haben, ist *bei zufälligem Ankreuzen* $\frac{1}{64}$. Ferner gibt es $\binom{6}{5} = 6$ Möglichkeiten für genau 5 'Richtige', denn auf $\binom{6}{5}$ Arten kann man 5 (richtige) aus 6 Fragen auswählen. Entsprechend gibt es $\binom{6}{4} = 15$ Möglichkeiten für genau 4 'Richtige'. Bestanden hat man den Test unter der genannten Voraussetzung mit der Wahrscheinlichkeit

$$\frac{1}{64} + \frac{6}{64} + \frac{15}{64} = \frac{22}{64} \approx 0{,}344 = 34{,}4\,\%.$$

♣

In der Wahrscheinlichkeitsrechnung bezeichnet man Vorgänge wie im Beispiel als *Zufallsversuche* und jedes mögliche Einzelergebnis als einen *Ausfall* des Zufallsversuchs. Die drei Beispiele haben gemeinsam, daß allen möglichen Ausfällen dieselbe Wahrscheinlichkeit zugeordnet worden ist, da man annimmt, daß bei jedem der Zufallsversuche Chancengleichheit für alle Ausfälle vorliegt. Dies ist auch im folgenden Beispiel der Fall, wenn man die Ausfälle des Zufallsversuchs geeignet definiert.

Beispiel 2:

Ein Zufallsversuch bestehe darin, zweimal hintereinander zu würfeln. Wie groß sind die Wahrscheinlichkeiten für die möglichen Augensummen 2, 3, ... , 12 ?

Betrachtet man die Augensummen 2, 3, ... , 12 als die Ausfälle des Versuchs und verfährt mit der Zuordnung der Wahrscheinlichkeiten wie beim Würfeln in Beispiel 1, indem man für jede Augensumme die Wahrscheinlichkeit $\frac{1}{11}$ festlegt, geht das an der Realität vorbei. Denn beispielsweise kann die Augensumme 2 nur auf *eine* Art erreicht werden, während die Augensumme 8 durch die Würfe (2,6), (3,5) (4,4), (5,3), (6,2) zustande kommen kann. Dabei bezeichnet die 1.Komponente eines Paares die Augenzahl des 1.Wurfes, die 2. Komponente die des zweiten. Die Wahrscheinlichkeit für die Augensumme 8 müßte also das Fünffache der Wahrscheinlichkeit für die Augensumme 2 sein.

Betrachtet man als Ausfälle des Versuchs die möglichen *Würfe*, dann werden *alle* Ausfälle beschrieben durch $\{1,2,3,4,5,6\} \times \{1,2,3,4,5,6\}$; es sind 36. Nun hat man wieder die Situation aus Beispiel 1 und kann die Wahrscheinlichkeiten wie in folgender Tabelle bestimmen.

Augensumme	2	3	4	5	6
Würfe	$(1,1)$	$(1,2)$ $(2,1)$	$(1,3),(2,2)$ $(3,1)$	$(1,4),(2,3)$ $(3,2),(4,1)$	$(1,5),(2,4),(3,3)$ $(4,2),(5,1)$
Wahrscheinlichkeit	$\frac{1}{36}$	$\frac{2}{36}$	$\frac{3}{36}$	$\frac{4}{36}$	$\frac{5}{36}$

7	8	9	10	11	12
$(1,6),(2,5),(3,4)$ $(4,3),(5,2),(6,1)$	$(2,6),(3,5),(4,4)$ $(5,3),(6,2)$	$(3,6),(4,5)$ $(5,4),(6,3)$	$(4,6),(5,5)$ $(6,4)$	$(5,6)$ $(6,5)$	$(6,6)$
$\frac{6}{36}$	$\frac{5}{36}$	$\frac{4}{36}$	$\frac{3}{36}$	$\frac{2}{36}$	$\frac{1}{36}$

♣

Beispiel 3:

CHEVALIER DE MÉRÉ stellte dem berühmten Mathematiker BLAISE PASCAL (1623-1662) die Frage: „Welche Wahrscheinlichkeit ist größer: Bei viermaligem Würfeln keine 6 zu werfen oder bei 24-maligem Würfeln mit zwei Würfeln keine 'Doppelsechs' zu werfen ?“

Im ersten Fall gibt es 6^4 verschiedene Viererwürfe (a,b,c,d), und davon enthalten 5^4 Wurffolgen keine 6, denn für jeden 'Erfolgswurf' in der Viererserie gibt es noch 5 Möglichkeiten. Demnach ist die Wahrscheinlichkeit

$$\frac{5^4}{6^4} = \frac{625}{1295} \approx 0,482 = 48,2\,\%.$$

Im zweiten Falle gibt es $6^2 = 36$ verschiedene Doppelwürfe, also 36^{24} verschiedene 24er-Folgen von Doppelwürfen. Davon erfüllen 35^{24} Folgen die Bedingung, denn nur der Doppelwurf (6,6) darf in der 24er-Folge nicht auftreten. Die Wahrscheinlichkeit dieses Ereignisses ist also

$$\frac{35^{24}}{36^{24}} \approx 0,509 = 50,9\,\%.$$

Werden diese Versuche als Glücksspiele mit gleich hohem Einsatz und Gewinn durchgeführt, so liegt die Gewinnerwartung des Spielers bei der ersten Variante unter 50%. Für die Bank ist dieses Spiel auf Dauer gewinnträchtig, das zweite dagegen ein Verlustgeschäft. ♣

Bei den meisten Zufallsversuchen, insbesondere wenn es um Anwendungen der Wahrscheinlichkeitsrechnung geht, kann man den verschiedenen Ausfällen nicht dieselbe Wahrscheinlichkeit zuordnen, so wie auch im nächsten Beispiel.

Beispiel 4:

Ein Glücksrad sei in drei Kreisausschnitte eingeteilt, so daß der erste 50%, der zweite 30% und der dritte 20% der Kreisfläche bedeckt. Der Zufallsversuch bestehe im Drehen des Zeigers und Feststellen, in welchem Sektor der Zeiger stehen bleibt. Dann ist es naheliegend und einsichtig, daß man den 3 verschiedenen Ausfällen die Wahrscheinlichkeiten $\frac{1}{2} = 50\,\%$, $\frac{3}{10} = 30\,\%$, bzw. $\frac{1}{5} = 20\,\%$ zuordnet.

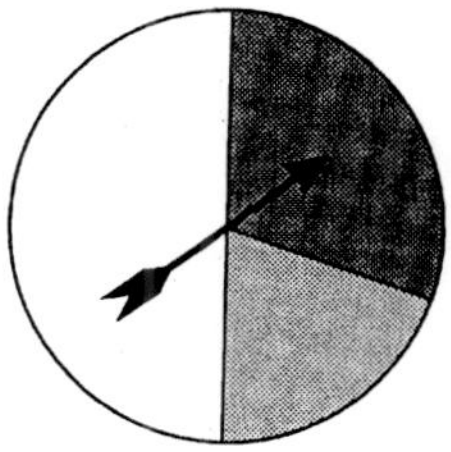

Abb. 4.1

♣

Beispiel 5:

Nun bestehe der Zufallsversuch im Werfen eines Reißnagels und Feststellen, ob er auf dem Kopf (K) oder auf der Seite (S) liegt. Die 'Geometrie dieses Zufallsversuchs' gibt keinerlei Hinweise, welche Wahrscheinlichkeiten den beiden Ausfällen realistisch zuzuordnen wären. Man versucht daher experimentell, einen Wert zu ermitteln, den man als Wahrscheinlichkeit für die Ausfälle festlegen könnte.

Wir werfen einen Reißnagel und notieren K, wenn er auf dem Kopf liegt und S, wenn er auf der Seite liegt. Dies wiederholen wir 100 mal und erhalten die Folge

KKSKS SKSKS KKKKK SKKKK
SKSSK KSSKS KSKKS KSKKK
KKSKK SKSKK SKSKS KSKSK
KSKSK KKSKS KSKSK KKSKS
SKKKS KSKKK SKSKK KSKSK

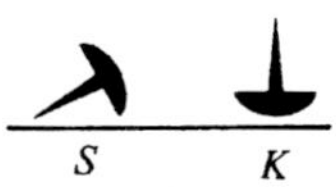

Abb. 4.2

Nun bestimmen wir für verschiedene $n \in \mathbb{N}$ mit $n \leq 100$ die Quotienten

$$h_n(K) = \frac{\text{Anzahl der Ausfälle } K \text{ bei } n \text{ Versuchsdurchführungen}}{n}.$$

$h_n(K)$ heißt *relative Häufigkeit des Ausfalls K bei n Versuchen.*

n	10	20	30	40	50	60	70	80	90	100
$h_n(K)$	$\frac{5}{10} =$ 50%	$\frac{14}{20} =$ 70%	$\frac{18}{30} =$ 60%	$\frac{25}{40} =$ 62,5%	$\frac{32}{50} =$ 64%	$\frac{37}{60} \approx$ 61,7%	$\frac{43}{70} \approx$ 61,4%	$\frac{49}{80} \approx$ 61,3%	$\frac{56}{90} \approx$ 62,2%	$\frac{62}{100} =$ 62%

Wenn man weitere und längere Versuchsreihen *mit ein- und demselben Reißnagel* durchführt, stellt man fest, daß *bei jeder Versuchsreihe* mit zunehmender Länge die Schwankungen der Quotienten $h_n(K)$ immer geringer werden; wir nehmen einmal an, der Quotient läge bei einer 'sehr langen' Versuchsreihe 'sehr nahe' bei der Zahl 62 %. Dann unterscheiden sich auch für *verschiedene Versuchsreihen* mit wachsender Länge n die relativen Häufigkeiten $h_n(K)$ 'sehr wenig' von der Zahl 62 %. Die Werte der entsprechend definierten relativen Häufigkeiten $h_n(S)$ 'nähern' sich in diesem Sinne mit zunehmendem n einer Zahl bei 38 %.

Daher erscheint es sinnvoll, bei diesem Zufallsversuch dem Ausfall K die Wahrscheinlichkeit 62 % zuzuordnen und entsprechend dem Ausfall S die Wahrscheinlichkeit 38 %. Da sich diese Zahlen experimentell nicht eindeutig bestimmen lassen, handelt es sich um *Schätzwerte* für die Wahrscheinlichkeiten. Bei vielen Anwendungen der Wahrscheinlichkeitsrechnung ist man auf derartige Schätzwerte angewiesen und arbeitet mit ihnen. ♣

Manche Zufallsversuche bestehen aus einer Abfolge von Zufallsversuchen, wie beispielsweise dreimaliges Würfeln mit einem Würfel. Man bestimmt dann oftmals Wahrscheinlichkeiten für Ereignisse des Gesamtversuchs aus bekannten Wahrscheinlichkeiten der einzelnen Teilversuche.

Beispiel 6:

Aus einem der drei Gefäße in Abb. 4.3 soll mit verbundenen Augen eine Kugel gezogen werden. Wie groß ist die Wahrscheinlichkeit, daß diese Kugel weiß ist ?

Man kann dies als einen Zufallsversuch auffassen, der in zwei Stufen abläuft. Zunächst wird, jeweils mit der Wahrscheinlichkeit $\frac{1}{3}$, ein Gefäß ausgewählt, im zweiten Schritt aus diesem Gefäß eine Kugel gezogen. Es sind folgende Ausfälle möglich:

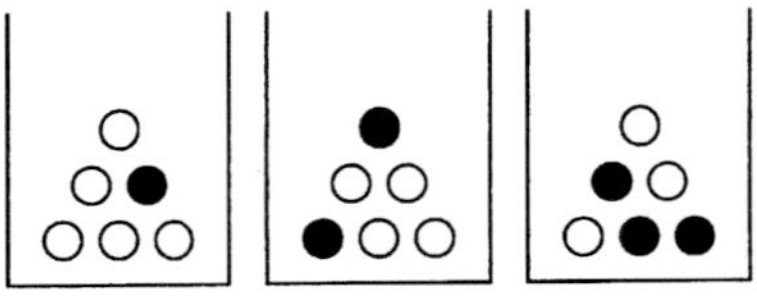

Abb. 4.3

$(1,w)$, $(1,s)$, $(2,w)$, $(2,s)$, $(3,w)$, $(3,s)$,

wobei $(2,s)$ bedeutet, daß aus Gefäß 2 eine schwarze Kugel gezogen wurde. Hat man beispielsweise Gefäß 2 gewählt, so ist die Chance für eine schwarze Kugel $\frac{2}{6}$. Dem Ausfall $(2,s)$ wird man daher als Wahrscheinlichkeit *das Produkt* $\frac{1}{3} \cdot \frac{2}{6}$ der Wahrscheinlichkeiten der Teilversuche zuordnen. Für die oben genannten Ausfälle ergeben sich bei diesem Vorgehen der Reihe nach die Wahrscheinlichkeiten

$$\frac{1}{3} \cdot \frac{5}{6}, \quad \frac{1}{3} \cdot \frac{1}{6}, \quad \frac{1}{3} \cdot \frac{4}{6}, \quad \frac{1}{3} \cdot \frac{2}{6}, \quad \frac{1}{3} \cdot \frac{3}{6}, \quad \frac{1}{3} \cdot \frac{3}{6}.$$

Gefragt war nach der Wahrscheinlichkeit, eine weiße Kugel zu ziehen. Die Erfolgsaussichten für die Ausfälle $(1,w)$, $(2,w)$, $(3,w)$ sind dann insgesamt

$$\frac{1}{3} \cdot \frac{5}{6} + \frac{1}{3} \cdot \frac{4}{6} + \frac{1}{3} \cdot \frac{3}{6} = \frac{2}{3} \approx 66,7\,\%.$$

Sind die Kugeln wie in Abb. 4.4 verteilt, erhält man als Maß für die Erfolgsaussichten

$$\frac{1}{3} \cdot 1 + \frac{1}{3} \cdot \frac{7}{9} + \frac{1}{3} \cdot \frac{2}{6} = \frac{19}{27} \approx 70,4\,\%.$$

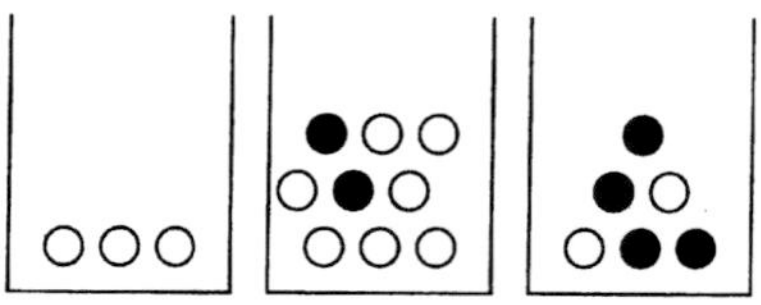

Abb. 4.4 ♣

Auch die Zufallsversuche in den Beispielen 2 und 3 können in diesem Sinne als *mehrstufige* Zufallsversuche aufgefaßt werden. Wir werden mehrstufige Zufallsversuche noch genauer untersuchen und dabei auf die Beispiele 3 und 5 zurückkommen.

Beispiel 7:

Einem Kreis ist ein gleichseitiges Dreieck einbeschrieben (Abb. 4.5). In dem Kreis wird nun 'auf gut Glück' eine Sehne gezeichnet.

Wie groß ist die Wahrscheinlichkeit dafür, daß die Sehne länger ausfällt als die Seite des gleichseitigen Dreiecks ?

Wir versuchen, durch unterschiedliche geometrische Überlegungen einen plausiblen Wert für die Wahrscheinlichkeit abzuleiten.

1. Nimmt man an, jede 'Richtung' der Sehne sei 'gleichwahrscheinlich', dann kann man sich auf solche Sehnen beschränken, die auf einem gegebenen Durchmesser senkrecht stehen. Eine Sehne ist genau dann von der gewünschten Art, wenn sie den gegebenen Durchmesser in einem Punkt der Strecke AB (Abb. 4.5) schneidet. Die Strecke AB ist halb so lang wie der Durchmesser.

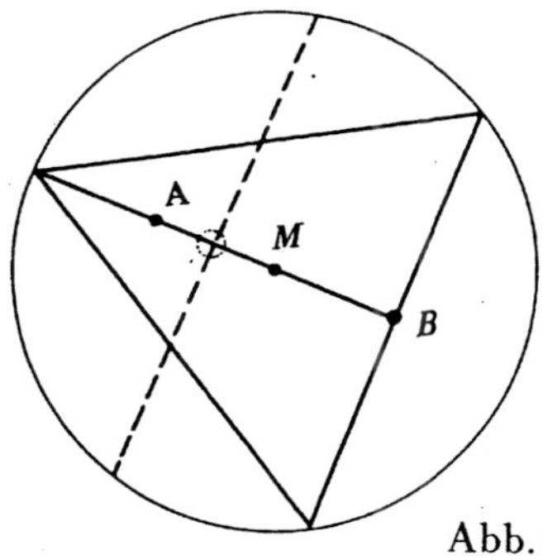

Ist also die gesuchte Wahrscheinlichkeit gleich $\frac{1}{2}$?

Abb. 4.5

2. Man nimmt an, daß jeder Punkt auf der Kreisperipherie mit gleicher Wahrscheinlichkeit Endpunkt der gezeichneten Sehne ist und legt einen Punkt P als Endpunkt der Sehne fest. Eine Sehne ist genau dann von der gewünschten Art, wenn sie innerhalb des in Abb. 4.6 schraffierten Winkelfeldes liegt.

Ist also die gesuchte Wahrscheinlichkeit gleich $\frac{1}{3}$?

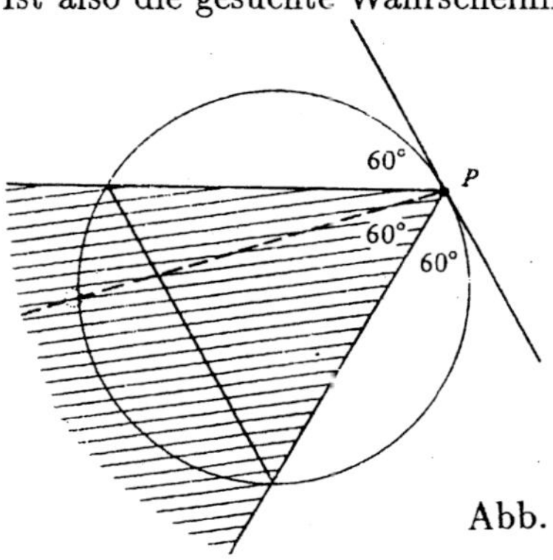

Abb. 4.6

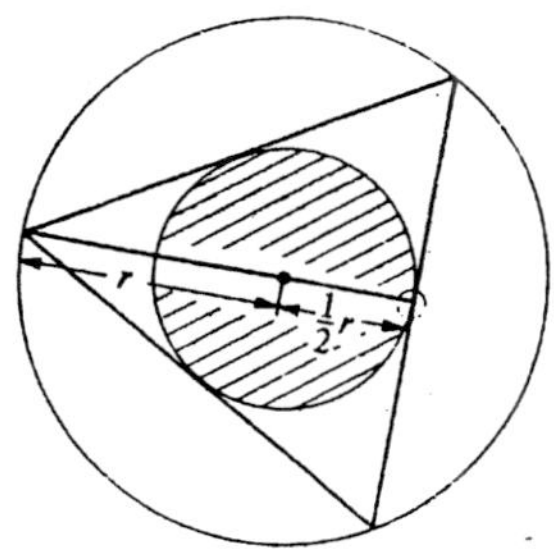

Abb. 4.7

3. Eine Sehne ist durch ihren Mittelpunkt festgelegt. Liegt dieser in dem in Abb. 4.7 schraffierten Kreis, so erfüllt die Sehne die gestellte Bedingung. Der Flächeninhalt dieses Kreises ist $\frac{1}{4}$ des Flächeninhalts des gesamten Kreises.

Ist die gesuchte Wahrscheinlichkeit gleich $\frac{1}{4}$?

Obwohl alle drei Ansätze, einen numerischen Wert zu ermitteln, der als Wahrscheinlichkeit für das Ereignis geeignet ist, plausibel sind, führen sie zu verschiedenen Ergebnissen. Die Frage nach der Wahrscheinlichkeit des Ereignisses bleibt offen. Diese

Schwierigkeit resultiert unter anderem daraus, daß dieser Zufallsversuch *unendlich viele* verschiedene Ausfälle hat, aber auch daraus, daß nicht erkärt ist, was es heißt, eine Sehne *auf gut Glück* zu zeichnen. ♣

Auch im nächsten Beispiel hat der Zufallsversuch unendlich viele Ausfälle, und das führt wiederum zu einem unerwarteten Ergebnis.

Beispiel 8:

Gefragt ist nach der Wahrscheinlichkeit, daß eine beliebig aus der Menge der natürlichen Zahlen herausgegriffene Zahl eine Quadratzahl ist.

Bezeichnet $q(n)$ die Anzahl der Quadratzahlen $\leq n$, so ist beispielsweise $q(5^2) = 5$, also die Wahrscheinlichkeit, aus der Menge $\{1, 2, 3, \ldots, 25\}$ eine Quadratzahl herauszugreifen, gleich $\frac{q(5^2)}{5^2} = \frac{1}{5}$. Wegen

$$q(10^2) = 10, \quad q(10^4) = 10^2, \quad q(10^6) = 10^3, \ldots, \quad q(10^{2n}) = 10^n, \ldots$$

erhält man

$$\frac{q(10^2)}{10^2} = 0,1\ , \quad \frac{q(10^4)}{10^4} = 0,01\ , \quad \frac{q(10^6)}{10^6} = 0,001\ , \ldots, \quad \frac{q(10^{2n})}{10^{2n}} = \frac{1}{10^n}.$$

Die Wahrscheinlichkeit $\frac{q(n)}{n}$, aus der Menge $\{1, 2, , \ldots, n\}$ eine Quadratzahl auszuwählen, strebt mit wachsendem n gegen 0.

Man setzt daher die Wahrscheinlichkeit, bei Wahl einer beliebigen Zahl aus $\mathbb{N}$ eine Quadratzahl zu erhalten, gleich 0 und tut dies, obwohl es Quadratzahlen gibt, und man bei Durchführung des Zufallsversuchs durchaus eine Quadratzahl erhalten kann.

♣

In den vorangegangenen Beispielen sind die Begriffe *'Wahrscheinlichkeit', 'Zufallsversuch', 'Ausfall', 'Ereignis', 'chancengleich', 'gleichwahrscheinlich'* intuitiv verwandt worden, und es war mehrfach erkennbar, daß Plausibilität und Intuition für einen mathematisch fundierten Umgang mit Wahrscheinlichkeiten nicht ausreichen. Vielmehr bedarf es eines axiomatischen Aufbaus einer Wahrscheinlichkeitstheorie. Historisch war es dahin ein langer Weg, der erst in diesem Jahrhundert einen befriedigenden Abschluß fand.

Ihren Ursprung verdankt die Wahrscheinlichkeitsrechnung dem Glücksspiel. Besonders im 16. und 17.Jahrhundert wurden unter anderem von CARDANO (1501–1576), PIERRE DE FERMAT (1601–1665), BLAISE PASCAL (1623–1662) Ergebnisse von Glücksspielen hinsichtlich ihrer Wahrscheinlichkeit untersucht (vgl. Beispiel 3), um Erfolgsaussichten quantitativ vergleichen zu können. Dabei wurde immer vorausgesetzt, daß die verschiedenen Ausfälle bei jedem der betrachteten Glücksspiele chancengleich waren. Erst 1812 hat PIERRE SIMON MARQUIS DE LAPLACE (1749–1827) diesen, nach ihm benannten *klassischen Wahrscheinlichkeitsbegriff* klar definiert, wobei ihm die Problematik, für alle Ausfälle gleiche Wahrscheinlichkeit anzunehmen, als eine weitreichende Einschränkung der Anwendbarkeit wohl bekannt war. Zunehmender Bedarf für die Anwendung von Methoden der Wahrscheinlichkeitsrechnung bei der Untersuchung von Zufallsprozessen in Wissenschaft, Wirtschaft, Technik und Umwelt führte durch RICHARD VON MISES (1883–1953) zu einem *statistischen Wahrscheinlichkeitsbegriff*, bei dem Wahrscheinlichkeiten von nicht chancengleichen Ausfällen eines Zufallsversuchs mit Hilfe relativer Häufigkeiten definiert worden sind. Doch dieser Versuch, Wahrscheinlichkeiten 'als Grenzwerte' zu definieren, war nicht problemfrei, da hier Grenzwerte nicht im Sinne der Analysis verstanden werden können. Erst 1933 schuf der russische Mathematiker KOLMOGOROW ein Axiomensystem, das zur Grundlage für einen axiomatischen Aufbau der Wahrscheinlichkeitstheorie geworden ist.

IV.2 Grundlegende Begriffe

Die Untersuchung von Zufallsversuchen ist Inhalt der Wahrscheinlichkeitsrechnung. In den zurückliegenden Beispielen haben wir Zufallsversuche kennengelernt:

- Würfeln und Feststellen der geworfenen Augenzahl,
- Ankreuzen von 6 Zahlen auf dem Lottoschein,
- Ausfüllen eines Testbogens,
- zweimaliges Würfeln mit einem Würfel,
- viermaliges Würfeln mit einem Würfel,
- 24-maliges Würfeln mit 2 Würfeln,
- Drehen eines Glücksrades,
- Werfen eines Reißnagels und seine Lage feststellen,
- Ziehen einer Kugel aus verschiedenen Urnen,
- Zeichnen einer Sehne in einem Kreis, dem ein gleichseitiges Dreieck einbeschrieben ist,
- Auswählen einer beliebigen Zahl aus der Menge aller natürlichen Zahlen.

Zufallsversuche sind aber auch

- Befragen einer Person nach ihrem Alter / ihrer Schulbildung / ihrer Wahlabsicht bei einer bevorstehenden Wahl / ihrem Jahreseinkommen / ...

Die Befragung einer *Gruppe* von n Menschen bedeutet die n-fache Wiederholung des Zufallsversuchs. Derartige Befragungen werden in der Statistik unter Anwendung der Wahrscheinlichkeitsrechnung ausgewertet. Dabei müssen beispielsweise bei einer Frage nach Schulbildung oder Wahlabsicht alle Antwortmöglichkeiten genau vorgegeben sein. So wird man bei der Frage nach einem Jahreseinkommen Einkommensintervalle als Antwortmöglichkeiten vorgeben, derart daß sich jeder Befragte einem solchen Intervall zuordnen kann. Befragungen sind nach allen 'Merkmalsausprägungen' möglich, die für statistische Untersuchungen von Interesse sind.

Man kann sich unter einem **Zufallsversuch**, auch **Zufallsexperiment** genannt, einen Ablauf vorstellen, der beliebig oft unter gleichen Bedingungen, zumindest gedanklich, wiederholbar ist. Ein Zufallsversuch ist charakterisiert durch seine **Ausfälle**, die möglichen *Ergebnisse* oder *Ausgänge* des Experiments. Diese müssen eindeutig bestimmt sein. Wie schon die Begriffe *Menge*, *Aussage* in zurückliegenden Kapiteln sind auch *Zufallsversuch* und *Ausfall* nicht zu definierende Grundbegriffe. Die **Menge aller Ausfälle eines Zufallsversuchs** bezeichnen wir im folgenden mit dem Symbol Ω.

Wir beschränken uns auf Zufallsversuche mit *endlich vielen* Ausfällen, werden also insbesondere die Beispiele 7 und 8 nicht weiter behandeln.

Ausfällen ordnet man Wahrscheinlichkeiten zu, und für das Rechnen mit Wahrscheinlichkeiten werden Regeln festgelegt.

Definition IV.1:

Ist $\Omega = \{a_1, a_2, \ldots, a_n\}$ die Menge der Ausfälle eines Zufallsversuchs und $p : \Omega \to \mathbb{R}$ eine Funktion mit den Eigenschaften

(1) $0 \leq p(a_i) \leq 1 \quad \forall a_i \in \Omega$; (2) $\sum_{i=1}^{n} p(a_i) = 1$,

dann heißt $p(a_i)$ **Wahrscheinlichkeit des Ausfalls** $a_i \in \Omega$.

Bei einmaligem Würfeln ist $\Omega = \{1, 2, 3, 4, 5, 6\}$. Geht man davon aus, daß es sich um einen 'regulären' Würfel handelt, ordnet man jedem Ausfall die Wahrscheinlichkeit $\frac{1}{6}$ zu, bei einem 'gezinkten' Würfel könnten die Wahrscheinlichkeiten für die Ausfälle 1, 2, ... , 6 der Reihe nach

$$\frac{2}{24}, \quad \frac{5}{24}, \quad \frac{3}{24}, \quad \frac{4}{24}, \quad \frac{3}{24}, \quad \frac{7}{24}$$

sein, aber auch jede andere Verteilung, die den Bedingungen der Definition genügen, wäre möglich. Die Wahrscheinlichkeiten für einen gezinkten Würfel könnte aufgrund von Versuchsreihen wie in Beispiel 5 festgelegt werden. So gibt es zu diesem Zufallsversuch *einmaliges Würfeln* durchaus *verschiedene* Funktionen p, aber zu *einem Zufallsgerät*, einem bestimmten Würfel, nur eine Funktion.

Die Situation ist am einfachsten, wenn man davon ausgehen kann, daß alle Ausfälle eines Versuchs gleichwahrscheinlich sind, so wie das beim Münzwurf, Würfeln (mit einem regulären Würfel), Ziehen der Lottozahlen, Kugeln aus einer Urne ziehen, der Fall ist.
Bei einem Zufallsversuch mit gleichwahrscheinlichen Ausfällen spricht man von einem **Laplace-Versuch**. Ist Ω der die Menge der Ausfälle eines Laplace-Versuchs, so gilt

$$p(a) = \frac{1}{|\Omega|} \quad \text{für alle } a \in \Omega.$$

Bei einem Zufallsversuchs mit $\Omega = \{a_1, a_2, \ldots, a_n\}$ interessieren jedoch nicht nur die Wahrscheinlichkeiten der Ausfälle $a_1, a_2, \ldots, a_n$, sondern auch Wahrscheinlichkeiten anderer *Ereignisse*, die sich als *Teilmengen* von Ω beschreiben lassen.

Beim Würfeln in Beispiel 1a) wurde nach der Wahrscheinlichkeit für eine *gerade Augenzahl* gefragt und diese als Summe der Wahrscheinlichkeiten für die Ausfälle 2, 4, 6 angegeben. Dies deshalb, weil das Ereignis '*gerade Zahl*' durch die Teilmenge $\{2,4,6\}$ von $\Omega = \{1,2,3,4,5,6\}$ charakterisiert ist.

Beim zweimaligen Würfeln in Beispiel 2 waren die Würfe, wie etwa (1,4), (3,3) die Ausfälle des Zufallsversuchs, und $\Omega = \{1,2,\ldots,6\} \times \{1,2,\ldots,6\}$ besteht aus 36 Paaren. Gefragt war nach den Wahrscheinlichkeiten für die verschiedenen Augensummen. So läßt sich das Ereignis '*Augensumme* 5' als die Teilmenge $\{(1,4),(3,2),(2,3),(4,1)\}$ von Ω, '*Augensumme* 11' als die Teilmenge $\{(5,6),(6,5)\}$ darstellen.

In Beispiel 1b) ging es um die Chancen beim Lottospiel. Beim Zufallsversuch *Ankreuzen von 6 Zahlen auf dem Lottoschein* ist Ω die Menge aller möglichen Tips, beschrieben durch alle 6-elementigen Teilmengen von $\{1,2,\ldots,49\}$. *Ein* Ausfall ist *ein* möglicher Tip, dem wir die Wahrscheinlichkeit $\frac{1}{13\,983\,816}$ zugeordnet haben. Die Wahrscheinlichkeit, mit einem Tip 5 Richtige ohne Zusatzzahl zu erzielen, hatten wir mit $\frac{252}{13\,983\,816}$ angegeben, da sich das Ereignis '*5 Richtige*' durch diejenige 252-elementige Teilmenge von Ω beschreiben läßt, die alle Tips mit genau 5 Richtigen ohne Zusatzzahl enthält. Entsprechend wurden im Beispiel die Wahrscheinlichkeiten für die Ereignisse '4 *Richtige*' bzw. '3 *Richtige mit einem Tip*' ermittelt.

Diese Überlegungen lassen sich entsprechend für den Zufallsversuch in Beispiel 1c) anstellen und führen zu folgender Definition:

Definition IV.2:

Für einen Zufallsversuch sei $\Omega = \{a_1, a_2, \ldots, a_n\}$.

a) Jede Teilmenge E von Ω heißt ein **Ereignis** des Zufallsversuchs. Insbesondere nennt man Ω das **sichere Ereignis** und $\emptyset$ das **unmögliche Ereignis**.

Ist E ein Ereignis, dann heißt $\overline{E} = \Omega \setminus E$ das **Gegenereignis** von E.

b) $\mathcal{P}(\Omega)$ sei die Potenzmenge von Ω und die Funktion $P : \mathcal{P}(\Omega) \to \mathbb{R}$ sei für alle Ereignisse $E \subseteq \Omega,\ E \neq \emptyset$, definiert durch

$$P(E) = \sum_{a_i \in E} p(a_i).$$

Für die leere Menge setzt man $P(\emptyset) = 0$.

Das Tripel $(\Omega, \mathcal{P}(\Omega), P)$ heißt ein **(endlicher) Wahrscheinlichkeitsraum**, die Funktion P **Wahrscheinlichkeit** (auch *Wahrscheinlichkeitsverteilung, Wahrscheinlichkeitsmaß oder Wahrscheinlichkeitsfunktion*) **auf** Ω.

Bemerkungen

1. Ist E ein Ereignis und liegt der Ausfall eines Versuchs in E, sagt man, das Ereignis E sei eingetreten. Sind A, B Ereignisse, und hat ein Versuch den Ausfall a, sagt man in den Fällen

$a \in A \cap B$: 'A und B treten *gleichzeitig* ein' bzw. 'das Ereignis A *und* B tritt ein';
$a \in A \cup B$: 'das Ereignis A *oder* B tritt ein';
$A \cap B = \emptyset$: 'die Ereignisse A, B sind *unvereinbar* bzw. *schließen sich aus.*'

2. Die Potenzmenge einer n-elementigen Menge hat 2^n Elemente (Kap.I.7). Ein Zufallsversuch mit n Ausfällen hat daher 2^n verschiedene Ereignisse.

3. Die Funktion p ist auf Ω, die Funktion P auf der Potenzmenge $\mathcal{P}(\Omega)$ definiert. Da für einen Ausfall $a \in \Omega$ nach Definition IV.2 $p(a) = P(\{a\})$ gilt, werden wir künftig zwischen der Wahrscheinlichkeit eines Ausfalls a und der für das Ereignis $\{a\}$ nicht unterscheiden und für beides kurz $P(a)$ schreiben.

Bei einem Laplace-Versuch ist die Berechnung der Wahrscheinlichkeit eines Ereignisses E aufgrund der Definition IV.2 besonders einfach. Es gilt

$$P(E) = \frac{|E|}{|\Omega|} = \frac{\text{Anzahl der } \textit{günstigen} \text{ Ausfälle}}{\text{Anzahl der } \textit{möglichen} \text{ Ausfälle}}.$$

Als *günstig* werden dabei die Ausfälle bezeichnet, bei denen E eintritt.
Auf diese Weise wurden in den Beispielen bereits Wahrscheinlichkeiten berechnet:

- Beim Würfeln und Berechnen der Wahrscheinlichkeit für 'gerade Augenzahl' (Beispiel 1a)).
- Als beim Lotto nach der Wahrscheinlichkeit für genau 5 (4, 3) Richtige gefragt wurde (Beispiel 1b)).
- Beim zweimaligen Würfeln und der Frage nach der Wahrscheinlichkeit der verschiedenen Augensummen. In diesem Beispiel 2 wurde die Situation anhand einer Tabelle deutlich gemacht.
- In Beispiel 3 bei der Beantwortung der Frage des Chevalier de Méré.
- Auch beim unendlichen Stichprobenraum in Beispiel 8 wurde mit dieser Regel argumentiert.

Für die Berechnung der Wahrscheinlichkeit eines Ereignisses sind die Anzahl der günstigen und die Anzahl der möglichen Ausfälle zu bestimmen. Dies ist meistens einfacher gesagt als getan. Man benötigt dazu Hilfsmittel der Kombinatorik. In zurückliegenden Kapiteln wurden an verschiedenen Stellen bereits spezielle kombinatorische Fragestellungen gelöst, so in I.8 mit Hilfe von Binomialkoeffizienten und in II.7, wo es um Anzahlen von Abbildungen endlicher Mengen in endliche Mengen ging. Am Ende dieses Kapitels werden nun die kombinatorischen Grundaufgaben im Hinblick auf ihre Anwendung in der Wahrscheinlichkeitsrechnung in einem eigenen Teilkapitel zusammenhängend dargestellt. Bei Bedarf kann zum Verständnis von Beispielen und zur Lösung von Übungen im folgenden bereits auf Abschnitt IV.4 *Kombinatorik* vorgegriffen werden.

Beispiel 9:

Bei einem Spielbrett mit 5×5 quadratischen Feldern soll jedes Feld schwarz oder weiß gefärbt werden. Wir betrachten dies als einen Laplace-Versuch.

Zwei Bretter gelten als verschieden gefärbt, wenn sie sich bei *gleicher Lage des Brettes* in mindestens einem Feld unterscheiden. Für jedes der 25 Felder gibt es zwei mögliche Farbgestaltungen, also insgesamt 2^{25} verschiedene Färbungen des gesamten Brettes.

Wie groß ist die Wahrscheinlichkeit, daß bei einem zufällig gefärbten Brett

(1) alle Felder schwarz sind;
(2) wenigstens ein Feld weiß ist;
(3) sich die Zahl der weißen und schwarzen Felder um 1 unterscheiden;
(4) 20% der Felder schwarz sind;
(5) das Brett *schachbrettartig* gemustert ist ?

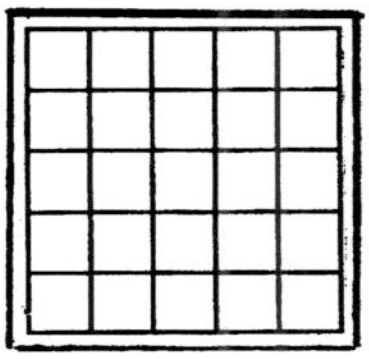

Wir bezeichnen die Ereignisse mit $A_1, A_2, \ldots, A_5$.

(1): Offensichtlich ist $P(A_1) = \frac{1}{2^{25}} = \frac{1}{33\,554\,432}$.

(2): 'Günstig' sind alle Fälle außer dem völlig schwarz eingefärbten Brett, also ist $P(A_2) = 1 - \frac{1}{2^{25}}$.

(3): Es können 12 Felder weiß und 13 Felder schwarz sein oder umgekehrt. Jedesmal gibt es $\binom{25}{12}$ Möglichkeiten, und damit ist $P(A_3) = 2 \cdot \frac{\binom{25}{12}}{2^{25}} = \frac{\binom{25}{12}}{2^{24}} \approx 0,31$.

(4): 5 Felder schwarz einzufärben, ist auf $\binom{25}{5}$ Arten möglich:

$$P(A_3) = \frac{\binom{25}{5}}{2^{25}} \approx 0,0016.$$

(5): Das untere linke Feld läßt sich auf zwei Arten einfärben. Durch die Wahl ist die Farbgebung des gesamten Brettes festgelegt, und es ist $P(A_5) = \frac{2}{2^{25}} = \frac{1}{2^{24}}$. ♣

Beispiel 10:

Aus allen natürlichen Zahlen ≤ 9999 wird zufällig eine Zahl a ausgewählt; t, h, z, e bezeichne die Tausender, Hunderter-, Zehner- und Einerziffer der Zahl. Wie groß ist die Wahrscheinlichkeit, daß

(1) alle Ziffern von a ungerade sind;
(2) für die Ziffern $t = e$ und $h = z$, sowie $t, h \neq 0$ und $t \neq h$ gilt.
(3) alle Ziffern von a verschieden sind;
(4) alle Ziffern von a gerade und verschieden sind;

(5) a die Ziffern 5 und 7 je einmal enthält;
(6) a vier Ziffern ungleich Null hat, aber nur zwei verschiedene Ziffern ?

Bei diesem Laplace-Versuch gibt es 9999 Ausfälle. Für die Ereignisse berechnen wir nun die 'günstigen' Fälle:

(1) Für jede Ziffer gibt es 5 Möglichkeiten, insgesamt also 5^4 günstige Fälle.
(2) Die Zahl hat die Gestalt $thht$. Für t kann man unter 9 Ziffern wählen, für h dann noch unter 8. Es gibt 72 günstige Fälle.
(3) Zunächst kann man auf $\binom{10}{4}$ Arten die verschiedenen Ziffern auswählen und diese lassen sich dann auf 4! Arten den Positionen t, h, z, e zuordnen (Satz II.24). Die Anzahl der günstigen Fälle ist $\binom{10}{4} \cdot 4!$.
(4) Der Unterschied zu (3) besteht darin, daß nur gerade Ziffern ausgewählt werden dürfen. Man erhält $\binom{5}{4} \cdot 4!$ Fälle.
(5) Auf $4 \cdot 3$ Arten lassen sich 5 und 7 je einer der Positionen t, h, z, e zuordnen. Für die Auswahl der anderen Ziffern gibt es 8^2 Möglichkeiten, insgesamt $12 \cdot 64$ Fälle.
(6) Die Zahlen können die Gestalt $xxyy$, $xyxy$ oder $xyyx$ haben, wenn beide Ziffern x, y zweimal vorkommen. Kommt eine Ziffer nur einmal vor, gibt es die Möglichkeiten $xxxy$, $xxyx$, $xyxx$ und $yxxx$. Die Wahl der Ziffern x, y kann wie in (2) auf 72 Arten erfolgen, so daß es $7 \cdot 72$ günstige Fälle gibt.

Wir nennen die Ereignisse $A_1, A_2, \ldots, A_6$ und erhalten die Wahrscheinlichkeiten

$$P(A_1) = \tfrac{625}{9999} \approx 0,063\,; \qquad P(A_2) = \tfrac{72}{9999} \approx 0,007\,; \qquad P(A_3) = \tfrac{5040}{9999} \approx 0,504\,;$$

$$P(A_4) = \tfrac{120}{9999} \approx 0,012\,; \qquad P(A_5) = \tfrac{768}{9999} \approx 0,077\,; \qquad P(A_6) = \tfrac{504}{9999} \approx 0,050\,.$$

♣

Übung 1:

Mit einem Würfel wird dreimal gewürfelt. Dabei seien a_1, a_2, a_3 der Reihe nach die geworfenen Augenzahlen. Berechnen Sie die Wahrscheinlichkeiten der Ereignisse:

$A_1: \; a_1 = a_2 = a_3$, A_2 : Die Augenzahlen sind paarweise verschieden,
$A_3: \; a_1 = a_2 + a_3$, A_4 : es gibt genau zwei gleiche Augenzahlen,
$A_5: \; a_1 < a_2 < a_3$. ♠

Aus den Definitionen IV.1 und IV.2 lassen sich für einen (endlichen) Wahrscheinlichkeitsraum $(\Omega, \mathcal{P}(\Omega), P)$ unmittelbar die folgenden Regeln ableiten.

(1) $0 \leq P(A) \leq 1 \quad \forall A \subseteq \Omega;$

(2) $P(\Omega) = 1;$

(3) $P(A \cup B) = P(A) + P(B) - P(A \cap B) \quad \forall A, B \subseteq \Omega;$

Häufig wendet man diese Summenregel auf Ereignisse an, die sich ausschließen:

(3') $P(A \cup B) = P(A) + P(B)$ für alle $A, B \subseteq \Omega$ mit $A \cap B = \emptyset$;

(4) $P(A) = 1 - P(\overline{A}) \qquad \forall A \subseteq \Omega.$

(1) und (2) folgen direkt aus den Definitionen IV.1 und IV.2 b).

Regel (3) erhält man, weil die Wahrscheinlichkeiten der Ausfälle von $A \cap B$ sowohl bei $P(A)$ als auch bei $P(B)$, also doppelt gezählt werden.

Wegen $\Omega = A \cup \overline{A}$ und $A \cap \overline{A} = \emptyset$ ist $1 = P(\Omega) = P(A \cup \overline{A}) = P(A) + P(\overline{A})$ oder $P(A) = 1 - P(\overline{A})$. Weil die Wahrscheinlichkeit eines Gegenereignisses $\overline{A}$ oftmals leichter zu berechnen ist als die von A, ist Regel (4) sehr nützlich.

Die Anwendung der Summenformel (3) auf Ereignisse $A, B, C \subseteq \Omega$ führt zu

$$
\begin{aligned}
(5)\quad P(A \cup B \cup C) &= P(A \cup B) + P(C) - P((A \cup B) \cap C) \\
&= P(A) + P(B) - P(A \cap C) + P(C) - P((A \cap C) \cup (B \cap C)) \\
&= P(A) + P(B) + P(C) - P(A \cap C) - P(A \cap C) - P(B \cap C) \\
&\quad + P(A \cap B \cap C).
\end{aligned}
$$

Beispiel 11:

Wie groß ist die Wahrscheinlichkeit, bei zufälliger Auswahl einer natürlichen Zahl größer oder gleich 1111 und kleiner oder gleich 2222 eine Zahl zu erhalten, die durch mindestens eine der Zahlen 5, 7 oder 11 teilbar ist.

A_5 bezeichne das Ereignis '*die gewählte Zahl ist durch* 5 *teilbar*', und entsprechend seien die Ereignisse A_7 und A_{11} definiert. Gefragt ist nach der Wahrscheinlichkeit $P(A_5 \cup A_7 \cup A_{11})$. Für die Anzahlen der durch 5 bzw. 7 bzw. 11 teilbaren Zahlen im Intervall erhält man

$$|A_5| = 222, \qquad |A_7| = 159, \qquad |A_{11}| = 102.$$

Die durch 5 *und* 7 teilbaren Zahlen, sind genau die durch kgV$(5,7) = 35$ teilbaren Zahlen. Die Anzahlen der durch 35, 55, 77 bzw. 385 teilbaren Zahlen im Intervall sind

$$|A_5 \cap A_7| = 42, \quad |A_5 \cap A_{11}| = 20, \quad |A_7 \cap A_{11}| = 14, \quad |A_5 \cap A_7 \cap A_{11}| = 3.$$

Der Laplace-Versuch hat 1112 Ausfälle, so daß gilt

$$P(A_5 \cup A_7 \cup A_{11}) = \frac{222}{1112} + \frac{159}{1112} + \frac{102}{1112} - \frac{42}{1112} - \frac{20}{1112} - \frac{14}{1112} + \frac{3}{1112} = \frac{410}{1112} \approx 0,37.$$

♣

Übung 2:

A, B, C, D seien Ereignisse eines Zufallsversuchs.
Berechnen Sie die Wahrscheinlichkeit $P(A \cup B \cup C \cup D)$. ♠

Bei der Verallgemeinerung der Summenformel (3') für Ereignisse $A_1, A_2, \ldots, A_n \subseteq \Omega$ müssen die Ereignisse *paarweise unvereinbar* sein:

$$P(\bigcup_{i=1}^{n} A_i) = \sum_{i=1}^{n} P(A_i) \qquad (6)$$

$$\text{falls } A_i \cap A_j = \emptyset \text{ für alle } i,j \in \{1,2,\ldots,n\} \text{ mit } i \neq j.$$

In Beispiel 1 c) ging es um einen Test, der aus 6 Fragen mit jeweils 2 Antwortmöglichkeiten bestand. Die Wahrscheinlichkeit, den Test bei zufälligem Ankreuzen mit mindestens 4 richtigen Antworten bestanden zu haben, wurde mit 34,4% angegeben. Dabei wurden die Wahrscheinlichkeiten der Ereignisse, alle 6 Fragen bzw. *genau* 5 oder 4 Fragen richtig beantwortet zu haben, addiert. Die Anwendung der Summenformel (6) ist dadurch gerechtfertigt, daß diese 3 Ereignisse paarweise unvereinbar sind.

In Beispiel 1 b) sind für alle Gewinnränge des Zahlenlotto die Wahrscheinlichkeiten berechnet worden, mit *einem* Tip im jeweiligen Rang gewonnen zu haben. Die Wahrscheinlichkeit, mit einem Tip irgendeinen Gewinn zu erzielen, läßt sich mit der Summenformel (6) berechnen. Diese Wahrscheinlichkeit ist

$$\frac{1+6+252+13\,545+17\,220+229\,600}{13\,983\,816} \approx 0,02 = 2\%.$$

Die Gegenwahrscheinlichkeit, mit einem Tip nicht gewonnen zu haben, ist demzufolge etwa 98%.

Übung 3:

Wie groß ist die Wahrscheinlichkeit, daß bei der Färbung des Spielbrettes in Beispiel 9 mehr Felder schwarz als weiß sind ? ♠

Übung 4:

Bei zweimaligem Würfeln (vgl. Beispiel 2) seien A_1, A_2, …, A_5 die Ereignisse

A_1 : Die Augensumme ist 4 oder 6.
A_2 : Die Augensumme ist 8 oder 10.
A_3 : Es werden zwei *benachbarte* Zahlen geworfen.
A_4 : Die geworfenen Zahlen sind gleich.
A_5 : Die Augensumme ist 3, 5 oder 7.

a) Berechnen Sie die Wahrscheinlichkeiten aller Ereignisse und für alle $i,j \in \{1,2,\ldots,5\}$ mit $i \neq j$ die Wahrscheinlichkeiten $P(A_i \cap A_j)$.

b) Bilden Sie für alle paarweise verschiedenen $i,j,k \in \{1,2,\ldots,5\}$ die Ereignisse $A_i \cup A_j \cup A_k$, und bestimmen Sie jeweils $P(A_i \cup A_j \cup A_k)$ mit der Summenformel. Zeigen Sie, daß die Bedingung $A_i \cap A_j \cap A_k = \emptyset$ für die Anwendung der Summenformel (6) nicht hinreichend ist.

c) Berechnen Sie die Wahrscheinlichkeit, daß ein Wurf mindestens eine der Eigenschaften in A_1, A_2, A_4 oder A_5 erfüllt. ♠

Beispiel 12:

Wie groß ist die Wahrscheinlichkeit $P(A_n)$, daß von n Personen mindestens zwei am gleichen Tag Geburtstag haben ?

Wir nehmen das Jahr mit 365 Tagen an und betrachten jeden Tag des Jahres für einen Geburtstag als gleichwahrscheinlich. Dann läßt sich für n Personen jede mögliche Verteilung ihrer Geburtstage auf die 365 Tage durch eine Abbildung einer n-elementigen Menge in eine 365-elementige Menge beschreiben, indem man jeder Person ihren Geburtstag zuordnet. Die Anzahl der möglichen Ausfälle ist daher gleich der Anzahl der Abbildungen einer n-elementigen Menge in eine 365-elementige Menge, also $|\Omega| = 365^n$ (siehe Satz II.23). Nun sind die Fälle, bei denen alle n Personen an verschiedenen Tagen Geburtstag haben, genau dadurch gekennzeichnet, daß die betrachteten Abbildungen *injektiv* sind. Nach Satz II.24 gibt es genau $\frac{365!}{(365-n)!}$ Injektionen einer n-elementigen Menge in eine 365-elementige Menge. Somit ist die Wahrscheinlichkeit $P(\overline{A_n})$ dafür, daß alle Personen an verschiedenen Tagen Geburtstag haben

$$P(\overline{A_n}) = \frac{|\overline{A}|}{|\Omega|} = \frac{\frac{365!}{(365-n)!}}{365^n} = \frac{365 \cdot 364 \cdot \ldots \cdot (365-n+1)}{365^n}$$

und die gesuchte Wahrscheinlichkeit $P(A_n) = 1 - P(\overline{A_n})$. In der Tabelle sind für verschiedene Personenzahlen n die Wahrscheinlichkeiten $P(A_n)$ angegeben.

n	10	15	20	22	23	25	30	35
$P(A_n)$	0,117	0,253	0,411	0,476	0,507	0,569	0,706	0,814

n	40	45	50	55	60	65	70	75
$P(A_n)$	0,891	0,941	0,970	0,986	0,994	0,998	0,999	0,9997

Es überrascht vielfach, daß bereits bei 23 Personen die Wahrscheinlichkeit für mindestens zwei Geburtstage am gleichen Tag größer als 50% ist. Bei 60 und mehr Personen kann man gut eine Wette 100:1 anbieten, daß mindestens zwei Geburtstage zusammenfallen, denn die Wahrscheinlichkeiten der Gegenereignisse liegen dann weit unter 0,01.

Fragt dagegen jemand nach der Wahrscheinlichkeit, daß von n anwesenden Personen mindestens eine mit ihm zusammen Geburtstag hat, wird die Wahrscheinlichkeit erst ab 254 Personen größer als 50 %. Denn eine beliebige Person hat mit der Wahrscheinlichkeit $\frac{364}{365}$ *nicht* am selben Tag Geburtstag. Dann hat keine der $n-1$ Personen mit der Wahrscheinlichkeit $\left(\frac{364}{365}\right)^{n-1}$ an dem bestimmten Tag Geburtstag, und mindestens eine Person hat an diesem Tag mit der Wahrscheinlichkeit $1-\left(\frac{364}{365}\right)^{n-1}$ Geburtstag. Dieser Term ist für $n \geq 254$ größer als $\frac{1}{2}$. ♣

Übung 5:

Wie groß sind die Wahrscheinlichkeiten, daß von n Personen mit $2 \leq n \leq 7$ mindestens zwei am selben Wochentag Geburtstag haben ? ♠

Die wenigsten Zufallsexperimente sind Laplace-Versuche. Schon beim Fußballtoto, wo ein 'Heimsieg', ein 'Unentschieden' oder ein 'Auswärtssieg' von 11 Spielen vorhergesagt werden muß, trifft Gleichwahrscheinlichkeit der Ausfälle nicht zu. So hat generell eine Mannschaft mit Heimrecht einen Vorteil gegenüber der Gastmannschaft und außerdem wird jeder Toto-Spieler beim Ausfüllen des Tippzettels die unterschiedlichen Spielstärken der Mannschaften berücksichtigen.
Daß auch nicht jeder Tag des Jahres gleichwahrscheinlich für einen Geburtstag ist, belegen entsprechende Häufigkeitsverteilungen von Geburtstagen auf das Jahr. Insofern ist die Annahme, daß für einen Zufallsversuch die Laplace-Bedingung erfüllt sei, oftmals eine nicht nachprüfbare, aber notwendige Idealisierung.

Sind die Wahrscheinlichkeiten der Ausfälle eines Zufallsversuchs nicht bekannt, kann man versuchen, experimentell Schätzwerte für diese Wahrscheinlichkeiten zu bestimmen, wie dies in Beispiel 5 für den Wurf eines Reißnagels angedeutet wurde.

Bei einem 'gezinkten' Würfel werden für die Ausfälle 1 bis 6 die folgenden Wahrscheinlichkeiten angegeben:

$P(1) = 0,09, \quad P(2) = 0,14, \quad P(3) = P(4) = 0,17, \quad P(5) = 0,18, \quad P(6) = 0,25.$

Diese Wahrscheinlichkeiten können durch eine Versuchsreihe wie in Beispiel 5 ermittelt worden sein. Wir wollen kurz auf den Zusammenhang zwischen relativer Häufigkeit und Wahrscheinlichkeit eingehen.

Die n-malige Wiederholung eines Zufallsversuchs heißt eine *Zufallsversuchsreihe* $\mathcal{Z}_n$ *der Länge* n. Ist a ein Ausfall des Versuchs, so heißt die Anzahl des Eintretens von a bei der Versuchsreihe $\mathcal{Z}_n$ die *absolute Häufigkeit* des Ausfalls a bei $\mathcal{Z}_n$ und der Quotient

$$h_n(a) = \frac{\text{Anzahl des Eintretens von } a \text{ bei } \mathcal{Z}_n}{n},$$

die **relative Häufigkeit des Ausfalls** a bei der Versuchsreihe $\mathcal{Z}_n$.

Zufallsversuchsreihen liefern relative Häufigkeiten von Ausfällen, die sich mit zunehmender Länge n immer mehr innerhalb eines Intervalls stabilisieren. Stabilität bedeutet dabei nicht Konvergenz gegen einen Grenzwert im Sinne der Analysis, sondern, daß mit zunehmendem n große Abweichungen der relativen Häufigkeiten immer 'unwahrscheinlicher' werden.
Aufgrund möglichst langer Versuchsreihen kann man den Ausfällen ihre relativen Häufigkeiten als Wahrscheinlichkeiten zuordnen, wobei für relative Häufigkeiten die Bedingungen (1) und (2) aus Definition IV.1 ebenfalls erfüllt sind.

Für ein Ereignis $E \subseteq \Omega$ ist bei einer Zufallsversuchsreihe $\mathcal{Z}_n$ die **relative Häufigkeit von** A definiert durch

$$h(E) = \sum_{a \in E} h(a),$$

und das entspricht genau der Definition IV.2 b für die Wahrscheinlichkeit eines Ereignisses E eines Zufallsversuchs. Daher gelten für relative Häufigkeiten und Wahrscheinlichkeiten einander entsprechende Rechenregeln, wie beispielsweise die Regeln (1) bis (6).

> Die relativen Häufigkeiten von Ausfällen bei Zufallsversuchsreihen sind *Schätzwerte* für die Wahrscheinlichkeiten der Ausfälle des Zufallsexperiments, die mit zunehmender Länge der Versuchsreihe besser werden *im Sinne einer Approximation.*

Die Frage ist, wie eine solche Stabilisierung von der Anzahl n der Versuche abhängt. Möchte man etwa beim Münzwurf die (bekannten) Wahrscheinlichkeiten der Ausfälle *Wappen* und *Zahl* mit dieser Methode ermitteln, hat man beispielsweise erst bei $n > 2400$ mit einer Wahrscheinlichkeit von 95 % relative Häufigkeiten zwischen 0,48 und 0,52. Bei Versuchsreihen mit 100 Würfen liegen die relativen Häufigkeiten mit einer Wahrscheinlichkeit von 95 % nur zwischen 0,4 und 0,6. Dies beleuchtet die 'Güte' der beim Wurf eines Reißnagels in Beispiel 4 ermittelten Schätzwerte für die Wahrscheinlichkeiten von *Kopf* und *Seite.* Klarer wird auch, wie lang eine Versuchsreihe etwa sein sollte, damit die zurückliegende und die folgende Aussage zutreffend sind.

> Andererseits läßt sich bei einem Zufallsversuch die Wahrscheinlichkeit eines Ausfalls als bestmögliche *Schätzung im Sinn einer Prognose* für die in einer langen Zufallsversuchsreihe zu erwartende relative Häufigkeit des Ausfalls verstehen.

Übung 6:

Mit dem oben beschriebenen 'gezinkten' Würfel werde gewürfelt. Berechnen Sie mit den wie folgt definierten Ereignissen
A: Augenzahl ist ungerade; B: Augenzahl ist gerade oder Primzahl;
C: Augenzahl ist ungerade und Primzahl; D: Augenzahl ist ≤ 4;
E: Augenzahl ist gerade oder ≤ 4
die Wahrscheinlichkeiten von A, B, C, D, E, $B \cap C$, $B \cup E$, $D \cap B$, $A \cap B \cap C$, und vergleichen Sie die Ergebnisse mit denen eines regulären Würfels. ♠

Beispiel 13:

Sechs gleiche Münzen werden zusammen geworfen. Jeder Ausfall wird durch ein Zahlenpaar $(a, b) \in \mathbb{N}_0 \times \mathbb{N}_0$ mit $a + b = 6$ beschrieben (a-mal *Wappen*, b-mal *Zahl*). Es ist $\Omega = \{(0,6),(1,5),(2,4),(3,3),(4,2),(5,1),(6,0)\}$. Welche Wahrscheinlichkeiten haben die Ausfälle ?

Es liegt kein Laplace-Versuch vor.

Wären die Münzen unterscheidbar, oder würde man eine Münze sechsmal hintereinander werfen, wären die Ausfälle alle 6-Tupel aus 0 (Wappen) und 1 (Zahl), es gäbe $2^6 = 64$ verschiedene, gleichwahrscheinliche Ausfälle. Die Ausfälle des Ausgangsexperiments sind bei diesem Versuch Ereignisse, deren Wahrscheinlichkeiten wir jetzt berechnen.

Beispielweise besteht der Ausfall *einmal Wappen, fünfmal Zahl* aus den $\binom{6}{1}$ Ausfällen des zweiten Versuchs, bei denen genau eine Komponente des 6-Tupels 0 ist. So erhält man

$$P((1,5)) = \frac{6}{64} \quad \text{und entsprechend} \quad P((i,6-i)) = \frac{\binom{6}{i}}{64} \quad \text{für } i = 0,1,\ldots,6,$$

was in der folgenden *Wahrscheinlichkeitstabelle* zusammengefaßt wird.

Ausfall	$(0,6)$	$(1,5)$	$(2,4)$	$(3,3)$	$(4,2)$	$(5,1)$	$(6,0)$
Wahrscheinlichkeit	$\frac{1}{64}$	$\frac{6}{64}$	$\frac{15}{64}$	$\frac{20}{64}$	$\frac{15}{64}$	$\frac{6}{64}$	$\frac{1}{64}$

Die Wahrscheinlichkeit dafür, daß *Wappen* häufiger als *Zahl* fällt, beträgt

$$P(\{(4,2),(5,1),(6,0)\}) = \frac{15+6+1}{64} = \frac{11}{32} \approx 34,4\%.$$

und stimmt mit der in Beispiel 1 c) berechneten Wahrscheinlichkeit überein. Ist das Zufall ? ♣

Hat ein Zufallsversuch keine chancengleichen Ausfälle, kann man wie in diesem Beispiel versuchen, einen geeigneten Laplace-Versuch zu finden, mit dessen Hilfe sich Wahrscheinlichkeiten für Ereignisse des Ausgangsversuchs einfach berechnen lassen. Die *Ausfälle* des ersten Versuchs sind dann *Ereignisse* im Laplace-Experiment. Diese Methode ist auch bei der folgenden Übung hilfreich.

Übung 7:

Mit 3 nicht unterscheidbaren Würfeln wird einmal gewürfelt.

a) Wie viele Ausfälle mit
   - dreimal der gleichen Augenzahl,
   - zwei verschiedenen Augenzahlen,
   - drei verschiedenen Augenzahlen

   gibt es ? Wie viele Ausfälle hat dieser Versuch insgesamt ?

b) Berechnen Sie die Wahrscheinlichkeiten der Ereignisse in a).

c) Welche Wahrscheinlichkeiten haben die Ereignisse

   (i) $\{1,2,3\}$, (ii) $\{4,4,6\}$, (iii) Augensumme ist 10, (iv) Augensumme ist 6.

♠

Lösungen und Lösungshinweise zu den Übungen

Ü 1: Es ist ein Laplace-Versuch mit $\Omega = \{1,\ldots,6\} \times \{1,\ldots,6\} \times \{1,\ldots,6\}$ und $|\Omega| = 6^3$. $P(A_1) = \frac{6}{6^3} \approx 0,028$; $P(A_2) = \frac{6\cdot5\cdot4}{6^3} \approx 0,556$.

A_3 : Für $a_1 = 2,3,4,5,6$ gibt es in dieser Reihenfolge 1, 2, 3, 4 bzw. 5 Möglichkeiten für die Paare (a_2,a_3), zum Beispiel: $a_1 = 4 \Rightarrow (a_2,a_3) \in \{(1,3),(2,2),(3,1)\}$. Daher ist $P(A_3) = \frac{15}{6^3} \approx 0,07$.

A_4 : Es gibt $6 \cdot 5$ Möglichkeiten für genau zwei gleiche Augenzahlen und diese können im 1. und 2. oder im 1. und 3. oder im 2. und 3.Wurf auftreten:
$P(A_4) = \frac{6 \cdot 5 \cdot 3}{6^3} \approx 0,417$.

Bei A_5 liefert eine Fallunterscheidung für $a_1 = 1, 2, 3, 4$ insgesamt 20 günstige Ausfälle:
$P(A_5) = \frac{20}{6^3} \approx 0,093$.

Ü 2: $P(A \cup B \cup C \cup D) = P(A) + P(B) + P(C) + P(D) - P(A \cap B) - P(A \cap C) - P(A \cap D) - P(B \cap C) - P(B \cap D) - P(C \cap D) + P(A \cap B \cap C) + P(A \cap B \cap D) + P(A \cap C \cap D) + P(B \cap C \cap D) - P(A \cap B \cap C \cap D)$

Ü 3: Wegen der ungeraden Anzahl von Feldern auf dem Spielbrett besteht das Gegenereignis $\overline{A}$ aus allen Färbungen, bei denen die weißen Felder überwiegen, und es ist aus Symmetriegründen $P(A) = P(\overline{A})$. Mit (4) folgt $P(A) = P(\overline{A}) = \frac{1}{2}$.

Ü 4: a) $P(A_1) = P(A_2) = \frac{8}{36}$, $P(A_3) = \frac{10}{36}$, $P(A_4) = \frac{6}{36}$, $P(A_5) = \frac{12}{36}$.
Die nichtleeren Durchschnitte sind $P(A_1 \cap A_4) = P(A_2 \cap A_4) = \frac{2}{36}$, $P(A_3 \cap A_5) = \frac{6}{36}$.
b) Formel (6) ist anwendbar für A_1, A_2, A_3, und A_1, A_2, A_5, ansonsten folgt aus (5)

i, j, k	1, 2, 4	1, 3, 4	1, 3, 5	1, 4, 5	2, 3, 4	2, 3, 5	2, 4, 5	3, 4, 5
$P(A_i \cup A_j \cup A_k)$	$\frac{18}{36}$	$\frac{22}{36}$	$\frac{24}{36}$	$\frac{24}{36}$	$\frac{22}{36}$	$\frac{24}{36}$	$\frac{24}{36}$	$\frac{22}{36}$

Es ist zum Beispiel $A_1 \cap A_2 \cap A_4 = \emptyset$, aber dennoch ist (6) nicht anwendbar:
$P(A_1 \cup A_2 \cup A_4) = \frac{18}{36} \neq \frac{22}{36} = P(A_1) + P(A_2) + P(A_4)$.

c) Statt mit der in Übung 2 abgeleiteten Summenformel zu rechnen, betrachte man das Gegenereignis $\overline{A}$ von $A = A_1 \cup A_2 \cup A_4 \cup A_5$:
$\overline{A}$: *Die Augensumme ist 9 oder 11.* Damit folgt: $P(A) = 1 - \left(\frac{4}{36} + \frac{2}{36}\right) = \frac{30}{36}$.

Ü 5: $P(A) = 1 - P(\overline{A_n}) = 1 - \frac{|\overline{A}|}{|\Omega|} = 1 - \frac{\frac{7!}{(7-n)!}}{7^n}$.

Ü 6:

Ereignis X	A	B	C	D	E	$B \cap C$	$B \cup E$	$D \cap B$	$A \cap B \cap C$
$P(X)$	0,44	0,91	0,35	0,57	0,82	0,35	1	0,48	0,35

Ü 7: a) Es gibt 6 Ausfälle mit drei gleichen Augenzahlen. Bei $\binom{6}{2} \cdot 2 = 30$ Ausfällen kommen genau zwei verschiedene Augenzahlen x, y vor, wobei entweder x oder y doppelt auftritt. Für 3 verschiedenen Augenzahlen gibt es $\binom{6}{3}$ verschiedene Ausfälle. Da *jeder* Ausfall zu *genau einem* der genannten Fälle gehört, ist $|\Omega| = 56$.

b) Unterscheidet man die Würfel, liegt ein Laplace-Versuch mit $6^3 = 216$ Ausfällen vor. Bezeichnet man die Ereignisse in der auftretenden Reihenfolge mit A_1, A_2, A_3, ist offensichtlich $P(A_1) = \frac{6}{216}$.
Da beim Laplace-Versuch die Reihenfolge berücksichtigt wird, gibt es für A_2 die 3 möglichen Anordnungen xxy, xyx, yxx, und damit 90 'Laplace-Ausfälle'. Es ist

$P(A_2) = \frac{90}{216} \approx 0,417$ und analog $P(A_3) = \frac{20 \cdot 3!}{216} = \frac{120}{216} \approx 0,556$.

c) (i) $\frac{3!}{216}$; (ii) $\frac{3}{216}$; (iii) Die Augensumme 10 erhält man bei den Ausfällen $\{6,1,3\}, \{5,1,4\}, \{5,2,3\}$ und bei $\{6,2,2\}, \{4,4,2\}$ oder $\{4,3,3\}$. Damit ist $P(A_{10}) = 3 \cdot \frac{3!}{216} + 3 \cdot \frac{3}{216} = \frac{27}{216} \approx 0,125$.

(iv) Entsprechend findet man $P(A_6) = 1 \cdot \frac{3!}{216} + 1 \cdot \frac{3}{216} + 1 \cdot \frac{1}{216} = \frac{10}{216} \approx 0,046$.

IV.3 Mehrstufige Zufallsversuche, bedingte Wahrscheinlichkeit

Manche Zufallsversuche bestehen in der Hintereinanderausführung mehrerer Teilversuche. In den behandelten Beispielen haben wir bereits viele derartige Zufallsexperimente kennengelernt. Wahrscheinlichkeiten von Ereignissen solcher Zufallsexperimente lassen sich manchmal mit Hilfe von Baumdiagrammen besonders einfach berechnen. Dies gelingt, wenn die Wahrscheinlichkeiten der Ausfälle in den Teilversuchen leicht ermittelt werden können oder bekannt sind.

Jede Folge von Zufallsversuchen wird ein **mehrstufiger Zufallsversuch** genannt.

Besteht ein Versuch aus n Teilversuchen mit den Ausfallsmengen $\Omega_1, \Omega_2, \ldots, \Omega_n$, dann ist $\Omega = \Omega_1 \times \Omega_2 \times \ldots \times \Omega_n$ die Menge der Ausfälle des n-stufigen Versuchs. Insbesondere ist die Zahl der Ausfälle des n-stufigen Versuchs $|\Omega| = |\Omega_1| \cdot |\Omega_2| \cdot \ldots \cdot |\Omega_n|$.

Dreimaliges Werfen einer Münze kann man als dreifache Wiederholung des Versuchs *Werfen einer Münze* auffassen und von einem 3-stufigen Zufallsversuch sprechen.

Der Ablauf eines mehrstufigen Zufallsversuchs läßt sich an einem *Baumdiagramm* veranschaulichen. Ein solcher Baum enthält die Wahrscheinlichkeit der Ausfälle der Teilversuche. Ein Ausfall des mehrstufigen Versuchs wird dann durch einen *Pfad* des Baumes dargestellt, und seine Wahrscheinlichkeit kann man aus Wahrscheinlichkeiten der Teilversuche berechnen.

Beispiel 14:

a) Zum dreimaligen Werfen einer Münze gehören 8 gleichwahrscheinliche Ausfälle:

$$\Omega = \{W, Z\} \times \{W, Z\} \times \{W, Z\}.$$

Der zugehörige Baum hat die folgende Gestalt:

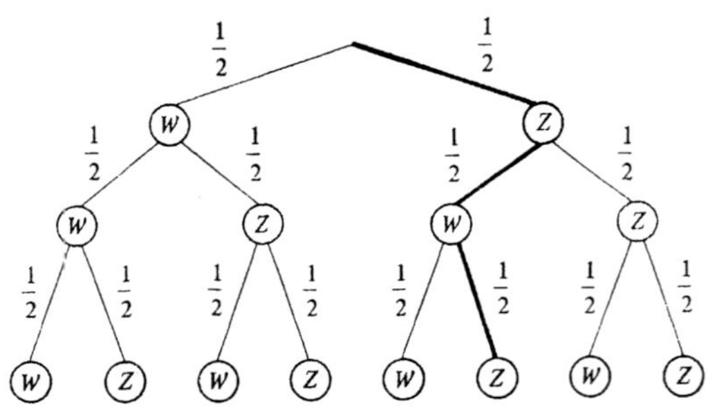

Abb. 4.8

Der dick gezeichnete Pfad stellt den Ausfall (Z, W, Z) dar, dessen Wahrscheinlichkeit $\frac{1}{8}$, das Produkt der Wahrscheinlichkeiten 'entlang des Pfades', ist.

b) Aus einer beliebigen der drei Urnen in Abb. 4.9 wird eine Kugel entnommen. Dann ist $\Omega = \{1, 2, 3\} \times \{w, s\}$, und der Versuch läßt sich durch den Baum in Abb. 4.10 beschreiben.

Der dick gezeichnete Pfad stellt den Ausfall $(2, s)$ dar, was bedeutet, daß aus der 2. Urne eine schwarze Kugel entnommen wird. Als Wahrscheinlichkeit wird diesem Ausfall das Produkt $\frac{1}{3} \cdot \frac{2}{6}$ 'entlang des Pfades' zugeordnet. Bereits im Eingangsbeispiel 5 haben wir dem Ausfall $(2, s)$ diese Wahrscheinlichkeit zugewiesen, und wir werden das im folgenden begründen.

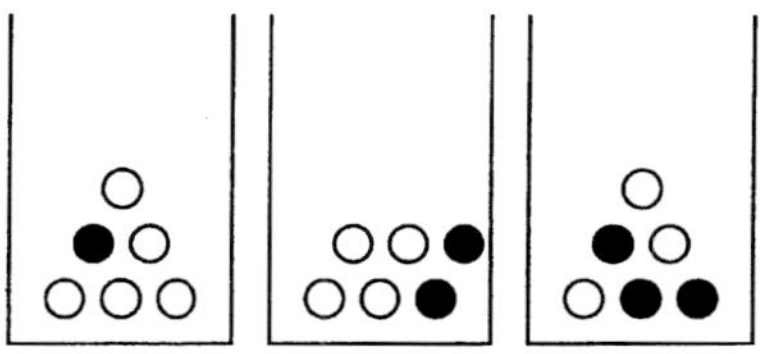

Abb. 4.9

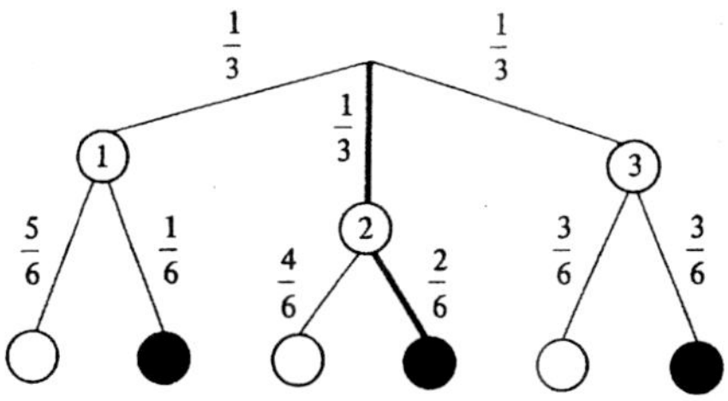

Abb. 4.10

In Beispiel 6 war nach der Wahrscheinlichkeit, eine weiße Kugel zu ziehen, gefragt. Die Wahrscheinlichkeiten für die Ausfälle $(1, w)$, $(2, w)$, $(3, w)$ wurden mit der sogenannten *Pfadregel* als Produkte 'entlang der Pfade' berechnet und dann gemäß der Definition IV.2 b) addiert.

♣

Um zu veranschaulichen, daß in Beispiel 14 b) die Wahrscheinlichkeit für den Ausfall $(2, s)$ als Produkt $\frac{1}{3} \cdot \frac{2}{6}$ festgelegt wird, kommen wir nochmals auf den Zusammenhang zwischen relativer Häufigkeit und Wahrscheinlichkeit zurück.

Relative Häufigkeiten sehr langer Zufallsversuchsreihen sind gute Schätzwerte für die Wahrscheinlichkeit von Ausfällen und umgekehrt ist eine Wahrscheinlichkeit gute Annäherung für eine zu erwartende relative Häufigkeit bei genügend langen Versuchsreihen.

Wir betrachten beim Urnenversuch in Beispiel 14 den Ausfall $(2, s)$. Der zweistufige Versuch werde sehr oft (n-mal) durchgeführt. Dann sind im ersten Teilversuch (Urne aussuchen) $\frac{1}{3}n$ Ausfälle für die Wahl der zweiten Urne zu erwarten. Im 2. Teilversuch interessieren im Hinblick auf $(2, s)$ *nur diese* Ausfälle.

Wie viele dieser $\frac{1}{3}n$ Ausfälle werden im 2. Teilversuch den Ausfall s haben? Da die Wahrscheinlichkeit, aus der zweiten Urne eine schwarze Kugel zu ziehen, $\frac{2}{6}$ ist, werden das $\frac{2}{6} \cdot (\frac{1}{3}n)$ Ausfälle sein. Eine Zuordnung der Wahrscheinlichkeit $\frac{2}{6} \cdot \frac{1}{3}$ entspricht damit der zu erwartenden relativen Häufigkeit für den Ausfall $(2, s)$ im zweistufigen Experiment.

Wegen ihrer Bedeutung formulieren wir diese *Pfadregel* nochmals in benutzerfreundlicher Form, wobei im folgenden zwischen einem Ausfall des mehrstufigen Versuchs und dem zugehörigen Pfad nicht mehr unterschieden wird:

Die Wahrscheinlichkeit eines Ausfalls bei einem mehrstufigen Zufallsversuch ist gleich dem Produkt aller Wahrscheinlichkeiten entlang des zugehörigen Pfades.

Die Wahrscheinlichkeit von *Ereignissen* mehrstufiger Zufallsversuche lassen sich nun nach Definition IV.2 und den daraus resultierenden Regeln berechnen, und das heißt, daß die Wahrscheinlichkeit eines Ereignisses die Summe der Wahrscheinlichkeiten aller zum Ereignis gehörenden Pfade ist. Hat ein Experiment viele Ausfälle, werden Bäume sehr unübersichtlich. Es genügt aber, sich auf die Pfade des betrachteten Ereignisses zu beschränken. Im Beispiel a) erfüllt der Gesamtversuch die Laplace-Bedingung. Alle Pfade haben daher dieselbe Wahrscheinlichkeit. Diese ist mit der Anzahl der für ein Ereignis 'günstigen' Pfade zu multiplizieren. Die Vorteile der Behandlungsweise mehrstufiger Zufallsversuche mit Hilfe von Baumdiagrammen und Anwendung der Pfadregel machen die folgenden Beispiele deutlich.

Beispiel 15:

a) Wir kommen zurück auf Beispiel 3 und wollen die an B.PASCAL gestellte Frage, ob es wahrscheinlicher ist, bei viermaligem Würfeln keine 6 zu werfen oder bei 24-maligem Würfeln mit zwei Würfeln keine Doppelsechs zu werfen, nochmals mit Hilfe der Pfadregel beantworten.

   Bei viermaligem Würfeln ist in jedem der 4 Versuche die Wahrscheinlichkeit, keine 6 zu haben, $\frac{5}{6}$, und damit beträgt sie bei 4 Würfen $\left(\frac{5}{6}\right)^4$.

   Im zweiten Fall ist bei jedem der 24 Teilversuche die Wahrscheinlichkeit, keine Doppelsechs zu werfen, $\frac{35}{36}$, und damit ist die gesuchte Wahrscheinlichkeit $\left(\frac{35}{36}\right)^{24}$.

b) In einer Lostrommel befinden sich noch 12 Lose, darunter 5 Gewinne. Jemand kauft 3 Lose und gewinnt dreimal. Wie groß ist die Wahrscheinlichkeit für einen solchen Glücksfall ?

   Beim dreimaligen Ziehen eines Loses ist zuerst die Gewinnwahrscheinlichkeit $\frac{5}{12}$, dann befinden sich noch 11 Lose und 4 Gewinne, beim 3. Versuch noch 10 Lose und 3 Gewinne in der Trommel, so daß der Pfad

$$\xrightarrow{\frac{5}{12}} G \xrightarrow{\frac{4}{11}} G \xrightarrow{\frac{3}{10}} G$$

   zur Wahrscheinlichkeit $\frac{5}{12} \cdot \frac{4}{11} \cdot \frac{3}{10} = \frac{1}{22} \approx 4,5\%$ führt. Dabei bedeutet G: *Gewinn.*

c) Ein Squash-Spieler bietet zwei Mitspielern eine Wette an: „Von drei Spielen, die ich abwechselnd gegen Euch bestreite, gewinne ich zwei in Folge.“

   Er geht davon aus, daß er gegen den Spieler A mit einer Wahrscheinlichkeit von 60 % gewinnt und gegen den Spieler B mit einer Wahrscheinlichkeit von 45 %.

   Gegen wen sollte er zuerst spielen ?
   Mit welcher Wahrscheinlichkeit gewinnt er die Wette ?

Für die Reihenfolge $A - B - A$ ergibt der Baum in Abb. 4.11, von dem nur die drei 'Gewinnpfade' angegeben sind, als Wahrscheinlichkeit für einen Gewinn der Wette

$$\frac{6 \cdot 45 \cdot 6}{10000} + \frac{6 \cdot 45 \cdot 4}{10000} + \frac{4 \cdot 45 \cdot 6}{10000} = 0,378.$$

Dabei steht S für *Sieg* und N für *Niederlage*. Vertauscht man im Baum die Rollen von A und B und die entsprechenden Wahrscheinlichkeiten, erhält man als Gewinnwahrscheinlichkeit, wenn zuerst gegen B gespielt wird,

$$\frac{45 \cdot 6 \cdot 45}{100000} + \frac{45 \cdot 6 \cdot 55}{100000} + \frac{55 \cdot 6 \cdot 45}{100000} \approx 0,419.$$

Das Wettangebot ist sicherlich etwas risikofreudig, jedenfalls sollte der Spieler zunächst gegen B antreten. Dies ist auch einsichtig, da das *zweite* Spiel in jedem Fall gewonnen werden muß.

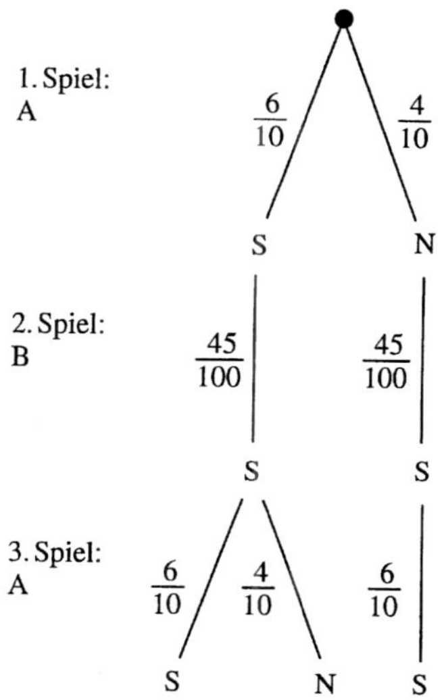

Abb. 4.11

♣

Übung 8:

Eine Reisegruppe besteht aus 7 Personen, zwei davon haben zollpflichtige Ware, die sie dem Zöllner verschweigen. Der Beamte untersucht das Gepäck von drei Reisenden und findet vorhandene Schmuggelware stets !
Wie groß ist die Wahrscheinlichkeit, daß bei der Kontrolle von den Schmugglern

(i) keiner, (ii) einer, (iii) beide

erwischt werden.
Zeichnen Sie für den dreistufigen Versuch einen Baum mit den Ausfällen S (Schmuggler) und $\overline{S}$ (kein Schmuggler). ♠

Beispiel 16:

Von einem Radiosender wird morgens mit den Hörern das Gewinnspiel *Band ab* durchgeführt:

Der Spieler setzt dreimal im Sender ein Tonband in Gang, das jedesmal zufällig eine der Zahlen von 1 bis 9 erzeugt. Gewonnen hat der Hörer bei drei gleichen Zahlen. Sind bei den ersten drei Versuchen nur zwei gleiche Zahlen aufgetreten, wird ein 4. Versuch durchgeführt, und der Radiohörer gewinnt auch, wenn danach insgesamt drei gleiche Zahlen aufgetreten sind.

Wie groß ist die Wahrscheinlichkeit, daß der Spieler den Jackpot knackt ?

Das Baumdiagramm enthält nur die Gewinnpfade. Der 1. Versuch liefert eine Zahl a.

Beim 2. Versuch muß zwischen den Ausfällen a und b mit $b \neq a$ unterschieden werden. In drei Fällen gibt es einen 4. Versuch. Aufgrund der Pfadregel ist die Wahrscheinlichkeit, gewonnen zu haben

$$\frac{1}{9^2}+\frac{8}{9^3}+\frac{8}{9^3}+\frac{8}{9^3}\approx 0,045=4,5\,\%.$$

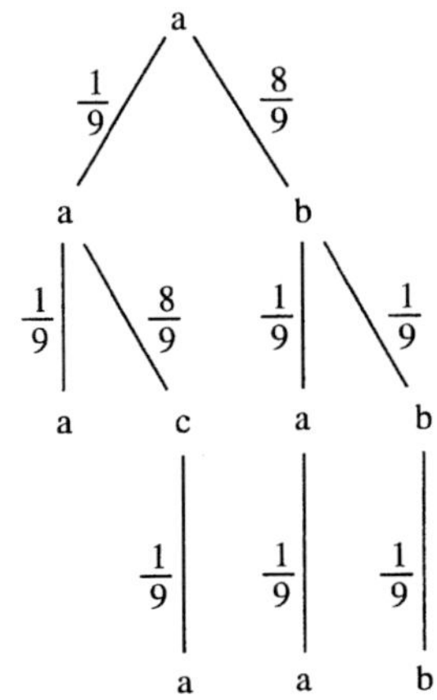

Abb. 4.12

Ergänzen Sie den Baum, wenn man die Regel dahingehend abändert, daß man bei den Folgen $a-a-c-c$ und $a-b-a-b$ einen 5. Versuch zuläßt, um möglicherweise drei gleiche Zahlen zu erhalten. Zeigen Sie, daß sich die Gewinnchancen um etwa 0,5 % erhöhen. ♣

Übung 9:

Eine Urne enthält 6 Kugeln, von denen zwei mit der Zahl 1, drei mit der Zahl 2 und eine mit der Zahl 3 versehen sind. Es werden nacheinander 3 Kugeln gezogen und ihre Zahlen in dieser Reihenfolge notiert.

Wie groß ist die Wahrscheinlichkeit, daß die entstandene dreistellige Zahl die Quersumme 5 hat,

a) wenn die Kugel jedesmal in die Urne zurückgelegt wird;

b) wenn die gezogene Kugel nicht zurückgelegt wird ? ♠

Zwischen den beiden mehrstufigen Zufallsversuchen in Beispiel 14 gibt es einen wesentlichen Unterschied. Beim dreimaligen Münzwurf in a) ist die Wahrscheinlichkeit der Ausfälle im zweiten und auch im dritten Versuch *unabhängig* von den Ausfällen der vorangehenden Versuche, nämlich jedesmal $\frac{1}{2}$ für Wappen und auch für Zahl. Man spricht hier von unabhängigen Teilversuchen. Für die Ereignisse

A: *Zahl* bei der zweiten Ziehung, B: *Wappen* bei der dritten Ziehung,

gilt

$$P(A)=\frac{1}{2},\quad P(B)=\frac{1}{2}\quad \text{und}\quad P(A\cap B)=\frac{1}{4}=\frac{1}{2}\cdot\frac{1}{2}=P(A)\cdot P(B).$$

Beim Ziehen einer Kugel aus einer der drei Urnen in Beispiel 14 b) ist die Wahrscheinlichkeit, eine schwarze Kugel zu entnehmen, *abhängig* davon, welche Urne im 1.Teilversuch gewählt wurde. Bei Wahl der ersten Urne beträgt im 2.Teilversuch die

Wahrscheinlichkeit für eine schwarze Kugel $\frac{1}{6}$, im Falle der zweiten Urne ist sie $\frac{1}{3}$ und für die dritte $\frac{1}{2}$. Bei diesem Zufallsversuch haben die Ereignisse

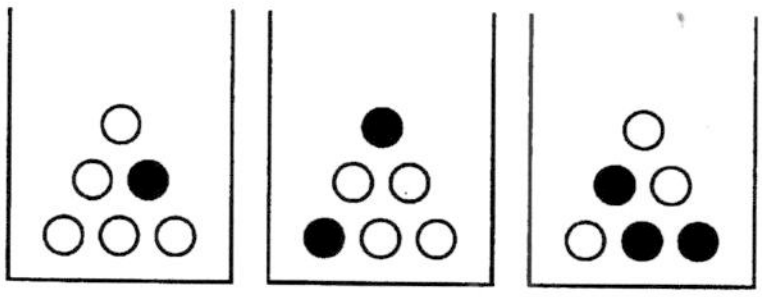

Abb. 4.13

U_3: die 3.Urne wird im ersten Teilversuch gewählt (und irgendeine Kugel gezogen),

S: eine schwarze Kugel wird gezogen,

die Wahrscheinlichkeiten

$$P(U_3) = \frac{1}{3}, \quad P(S) = P((1,s)) + P((2,s)) + P((3,s)) = \frac{1}{3} \cdot \frac{1}{6} + \frac{1}{3} \cdot \frac{2}{6} + \frac{1}{3} \cdot \frac{3}{6} = \frac{1}{3},$$

im Unterschied zum Münzwurf ist jedoch

$$P(U_3 \cap S) = \frac{1}{3} \cdot \frac{1}{2} \neq P(U_3) \cdot P(S) = \frac{1}{3} \cdot \frac{1}{3}.$$

Definition IV.3:

Zwei Ereignisse A, B eines Zufallsversuchs heißen **unabhängig**, wenn gilt

$$P(A \cap B) = P(A) \cdot P(B).$$

Beispiel 17:

Bei zweimaligem Würfeln ist $\Omega = \{1,2,3,4,5,6\} \times \{1,2,3,4,5,6\}$.
Wir betrachten die Ereignisse

$A = \{(x,y) \in \Omega \ / \ x \text{ ist gerade}\}$,
$B = \{(x,y) \in \Omega \ / \ x \text{ ist Primzahl}\}$,
$C = \{(x,y) \in \Omega \ / \ x + y \text{ ist gerade}\}$,
$D = \{(x,y) \in \Omega \ / \ 10x + y \text{ ist Primzahl}\}$.

Es ist $P(A) = P(B) = P(C) = \frac{1}{2}$, $P(D) = \frac{8}{36} = \frac{2}{9}$, denn die günstigen Würfe sind (1,1), (1,3), (2,3), (3,1), (4,1), (4,3), (5,3) und (6,1). Wegen

$$P(A) \cdot P(C) = \frac{1}{4} = P(A \cap C) \qquad \text{und} \qquad P(A) \cdot P(D) = \frac{1}{9} = P(A \cap D)$$

sind A und C unabhängige Ereignisse, ebenso wie A und D.
Dagegen sind A und B abhängig, denn es ist

$$P(A) \cdot P(B) = \frac{1}{4}, \quad \text{aber} \quad P(A \cap B) = \frac{1}{6}.$$

♣

Unter der Unabhängigkeit von Ereignissen $A_1, A_2, \ldots, A_n$ wird man die Bedingung

$$(7) \qquad P(A_1 \cap A_2 \cap \ldots \cap A_n) = P(A_1) \cdot P(A_2) \cdot \ldots \cdot P(A_n)$$

verstehen. Die Vermutung, man könne dies aus der *paarweisen* Unabhängigkeit der Ereignisse $A_1, A_2, \ldots, A_n$ und $P(A_i \cap A_j) = P(A_i)P(A_j)$ ableiten, ist falsch, wie das folgende Beispiel zeigt.

Bei zweimaligem Würfeln gilt für die Ereignisse A: 1. *Wurf ist* 2, 4 oder 6, B: 2. *Wurf ist* 2, 3 oder 5; C: *Augensumme ist gerade*

$$P(A) = P(B) = P(C) = \frac{1}{2}, \qquad P(A) \cdot P(B) = \frac{1}{4},$$

so daß A und B unabhängig sind. Dasselbe gilt für A und C, sowie für B und C. A, B und C sind paarweise unabhängig, jedoch ist

$$P(A) \cdot P(B) \cdot P(C) = \frac{1}{8} \neq \frac{1}{12} = P(A \cap B \cap C).$$

Umgekehrt kann aus (7) auch nicht auf die paarweise Unabhängigkeit der Ereignisse geschlossen werden (Übung 10). Daher *definiert* man

Definition IV.4:

Ereignisse $A_1, A_2, \ldots, A_n$ eines Zufallsversuchs heißen **unabhängig**, wenn für jede natürliche Zahl $m \leq n$ und für jede Teilmenge $A_{k_1}, A_{k_2}, \ldots, A_{k_m}$ dieser Ereignisse gilt

$$P(A_{k_1} \cap A_{k_2} \cap \ldots \cap A_{k_m}) = P(A_{k_1}) \cdot P(A_{k_2}) \cdot \ldots \cdot P(A_{k_m}).$$

Übung 10:

Untersuchen Sie für den Zufallsversuch *zweimaliges Würfeln*, ob die Ereignisse A: 1. *Wurf ist* 5 oder 6, B: *die Augensumme ist durch* 4 *teilbar*, C: *die Augensumme ist durch* 3 *teilbar*, paarweise unabhängig sind. Prüfen Sie ferner, ob gilt $P(A \cap B \cap C) = P(A)P(B)P(C)$. ♠

Beispiel 18:

Die Treffsicherheiten dreier Jäger werden mit 60 %, 70 % und 80 % angenommen. Sie schießen gleichzeitig auf einen Fasan. Mit welcher Wahrscheinlichkeit wird der Fasan getroffen ?

Für $i = 1, 2, 3$ seien A_i die Ereignisse '*der i-te Jäger trifft*'. Dann ist

$$P(A_1 \cup A_2 \cup A_3) = 1 - P(\overline{A_1 \cup A_2 \cup A_3}) = 1 - P(\overline{A}_1 \cap \overline{A}_2 \cap \overline{A}_3.)$$

Aufgrund der Situation nehmen wir sinnvollerweise die Unabhängigkeit der Ereignisse $\overline{A_1}$, $\overline{A_2}$, $\overline{A_3}$ an und erhalten

$$P(A_1 \cup A_2 \cup A_3) = 1 - P(\overline{A_1})P(\overline{A_2})P(\overline{A_3}) = 1 - \frac{4}{10} \cdot \frac{3}{10} \cdot \frac{2}{10} = 97{,}6\,\%.$$

♣

Für einmaliges Würfeln und die Ereignisse A: *die geworfene Zahl ist eine Primzahl*, B: *die geworfene Zahl ist ungerade*, ist

$$P(A) = P(B) = \frac{1}{2} \quad \text{und} \quad P(A \cap B) = \frac{1}{3}.$$

Weiß man bereits, daß eine ungerade Zahl geworfen wurde, dann sind die möglichen Ausfälle nur noch 1, 3 oder 5, und *unter dieser Bedingung* ist die Wahrscheinlichkeit, daß es sich um eine Primzahl handelt, gleich $\frac{2}{3}$. Bezeichnen wir diese Zahl mit $P(A/B)$, so folgt

$$P(A/B) = \frac{2}{3} = \frac{\frac{1}{3}}{\frac{1}{2}} = \frac{P(A \cap B)}{P(B)}.$$

Definition IV.5:

Für Ereignisse A, B eines Zufallsversuchs mit $P(B) \neq 0$ heißt die Zahl

$$P(A/B) = \frac{P(A \cap B)}{P(B)}$$

die **bedingte Wahrscheinlichkeit** von A unter der Bedingung B.

Es läßt sich $P(A/B)$ deuten als die Wahrscheinlichkeit von A unter der Voraussetzung, daß das Ereignis B eingetreten ist, daß also nur die Ausfälle von B in Frage kommen. Besonders deutlich wird die Situation wiederum bei dem Urnenversuch in Beispiel 14 b):

Für $i = 1, 2, 3$ und die Ereignisse
U_i: im ersten Teilversuch wird die $i-$te Urne gewählt,
S: eine schwarze Kugel wird gezogen
erhält man

$$P(U_i) = \frac{1}{3}, \qquad P(U_1 \cap S) = \frac{1}{3} \cdot \frac{1}{6}, \qquad P(U_2 \cap S) = \frac{1}{3} \cdot \frac{1}{3}, \qquad P(U_3 \cap S) = \frac{1}{3} \cdot \frac{1}{2}.$$

und hieraus die aufgrund des Versuchsablaufes erwarteten und bereits genannten bedingten Wahrscheinlichkeiten

$$P(S/U_1) = \frac{1}{6}, \qquad P(S/U_2) = \frac{1}{3}, \qquad P(S/U_3) = \frac{1}{2}.$$

Auffällig ist hierbei, daß die Wahrscheinlichkeit $P(S)$ und die bedingte Wahrscheinlichkeit $P(S/U_2)$ gleich sind. Dies bedeutet, daß die Bedingung U_2 die Wahrscheinlichkeit von S nicht beeinflußt und kommt zum Ausdruck in der *Unabhängigkeit* der Ereignisse U_2 und S:

$$P(U_2) = \frac{1}{3}, \qquad P(S) = \frac{1}{3} \quad \text{und} \quad P(U_2 \cap S) = \frac{1}{3} \cdot \frac{1}{3} = P(U_2) \cdot P(S).$$

Allgemein gilt für Ereignisse A, B mit $P(B) \neq 0$:
Genau dann ist $P(A/B) = P(A)$, wenn die Ereignisse A und B unabhängig sind.
Denn einerseits folgt aus der Unabhängigkeit von A und B

$$P(A/B) = \frac{P(A \cap B)}{P(B)} = \frac{P(A) \cdot P(B)}{P(B)} = P(A).$$

Andererseits erhält man aus

$$P(A) = P(A/B) = \frac{P(A \cap B)}{P(B)}$$

durch Multiplikation mit $P(B)$ die Bedingung der Unabhängigkeit von A und B.

Für unseren Urnenversuch sind unabhängig vom zeitlichen Versuchsablauf (zuerst eine Urne wählen) auch die bedingten Wahrscheinlichkeiten

$$P(U_i/S) = \frac{P(U_i \cap S)}{P(S)} \qquad \text{für } i = 1,2,3$$

definiert. Steht fest, daß eine schwarze Kugel gezogen wurde, bedeutet $P(U_1/S)$ die Wahrscheinlichkeit, daß diese Kugel aus der ersten Urne stammt. Man erhält wegen $P(S) = \frac{1}{3} = P(U_i)$ dieselben bedingten Wahrscheinlichkeiten

$$P(U_1/S) = \frac{1}{6}, \qquad P(U_2/S) = \frac{1}{3}, \qquad P(U_3/S) = \frac{1}{2}.$$

Dieser Zufallsversuch wird nun durch eine andere Verteilung der Kugeln auf die drei Urnen verändert (vgl. Beispiel 6).

Übung 11:

6 schwarze und 12 weiße Kugeln sind wie in Abb. 4.14 auf drei Urnen verteilt. Es werde eine Urne gewählt und daraus eine Kugel entnommen. Die Ereignisse U_i $(i = 1,2,3)$, S und W seien

U_i: die i-te Urne wird ausgewählt,
S: eine schwarze Kugel wird gezogen,
W: eine weiße Kugel wird gezogen.

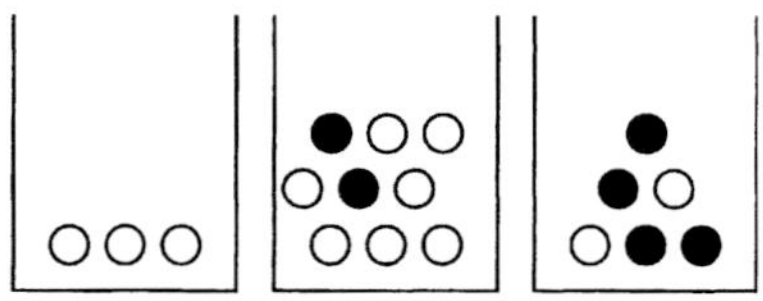

Abb. 4.14

Berechnen Sie die bedingten Wahrscheinlichkeiten $P(S/U_i)$ und $P(U_i/S)$, sowie $P(W/U_i)$ und $P(U_i/W)$.
In welchen Fällen sind die Ereignisse U_i und S bzw. U_i und W unabhängig ? ♠

Für Ereignisse A, A_1, A_2, B eines Zufallsversuchs mit $P(B) \neq 0$ gelten die Regeln

(8) $A \cap B = \emptyset \Rightarrow P(A/B) = 0$; insbesondere ist $P(\emptyset/B) = 0$.

(9) $B \subseteq A \Rightarrow P(A/B) = 1$; insbesondere ist $P(\Omega/A) = 1$.

(10) $A_1 \subseteq A_2 \Rightarrow P(A_1/B) \leq P(A_2/B)$.

Diese Aussagen folgen unmittelbar aus Definition IV.5, bei (10) wird zusätzlich die Beziehung $A_1 \subseteq A_2 \Rightarrow P(A_1) \leq P(A_2)$ angewandt. Aus (8), (9) und (10) erhält

man insbesondere $0 \leq P(A/B) \leq 1$ für beliebige Ereignisse A.
Die Summenformel (3) hat für bedingte Wahrscheinlichkeiten die Gestalt

(11) $$P(A_1 \cup A_2/B) = P(A_1/B) + P(A_2/B) - P(A_1 \cap A_2/B).$$

Es ist

$$\begin{aligned} P(A_1 \cup A_2/B) &= \frac{P((A_1 \cup A_2) \cap B)}{P(B)} = \frac{P((A_1 \cap B) \cup (A_2 \cap B))}{P(B)} \\ &= \frac{P(A_1 \cap B) + P(A_2 \cap B) - P(A_1 \cap A_2 \cap B)}{P(B)} \\ &= \frac{P(A_1 \cap B)}{P(B)} + \frac{P(A_2 \cap B)}{P(B)} - \frac{P((A_1 \cap A_2) \cap B))}{P(B)}. \end{aligned}$$

Ist auch $P(A) \neq 0$, lassen sich die Definitionsgleichungen für $P(A/B)$ und $P(B/A)$ umformen zu

(12) $$P(A/B) \cdot P(B) = P(A \cap B) = P(B/A) \cdot P(A).$$

Hieraus erhält man die Formel von Bayes (nach THOMAS BAYES, 1702–1761), mit der sich $P(B/A)$ aus $P(A/B)$, $P(A)$ und $P(B)$ berechnen läßt:

(13) $$P(B/A) = \frac{P(A/B) \cdot P(B)}{P(A)}.$$

Beispiel 19:

Ein Skatblatt enthält 32 Karten, von jeder der vier 'Farben' ♣ (Kreuz), ♠ (Pik), ♡ (Herz) und ◇ (Karo) die Karten *7, 8, 9, 10, Bube, Dame König, As.*
Es werden zwei Karten gezogen und dabei die folgenden Ereignisse betrachtet:

A_1: 2 Pikkarten;	A_2: Dame und König gleicher Farbe;
A_3: 2 Buben;	A_4: 2 rote oder 2 schwarze Karten;
A_5: 2 'Luschen' (7,8 oder 9)	A_6: 2 rote Bilder (Bube, Dame oder König);
A_7: eine rote, eine schwarze Karte;	A_8: ein Bube und ein As oder 2 Asse;
A_9: mindestens ein Bild.	A_{10} : Pik As und Kreuz As.

Regel (8) läßt sich genau auf die folgenden bedingten Wahrscheinlichkeiten unter der Bedingung A_1 anwenden:

$$P(A_3/A_1) = P(A_6/A_1) = P(A_7/A_1) = P(A_{10}/A_1) = 0.$$

Nach (9) ist beispielsweise $P(A_8/A_{10}) = 1$.

Wir berechnen einige weitere bedingte Wahrscheinlichkeiten.

$P(A_4/A_5)$: Wahrscheinlichkeit für zwei Karten gleicher Farbe unter der Bedingung, daß 2 Luschen gezogen worden sind.

$$P(A_4/A_5) = \frac{P(A_4 \cap A_5)}{P(A_5)} = \frac{\frac{12}{32} \cdot \frac{2}{31}}{\frac{12}{32} \cdot \frac{11}{31}} = \frac{5}{11}.$$

Für $P(A_5/A_4)$ erhält man

$$P(A_5/A_4) = \frac{P(A_4 \cap A_5)}{P(A_4)} = \frac{\frac{12}{32} \cdot \frac{2}{31}}{1 \cdot \frac{15}{31}} = \frac{1}{20}.$$

Zur Berechnung von $P(A_9/A_7)$ definieren wir $A_9 := B_1 \cup B_2$ mit den disjunkten Ereignissen

B_1 : *genau ein Bild*, B_2 : *genau zwei Bilder*

und wenden (11) an, wobei $P(A_7) = 1 - P(A_4)$ wegen $A_7 = \overline{A_4}$ ausgenutzt wird.

$$P(A_9/A_7) = P(B_1 \cup B_2/A_7) = P(B_1/A_7) + P(B_2/A_7) = \frac{\frac{12}{32} \cdot \frac{10}{31} + \frac{12}{32} \cdot \frac{6}{31}}{\frac{16}{31}} = \frac{3}{8}.$$

Aus der Formel von Bayes folgt folgt in diesem Fall

$$P(A_7/A_9) = \frac{P(A_9/A_7)P(A_7)}{P(A_9)} = \frac{\frac{3}{8} \cdot \frac{16}{31}}{\frac{3}{8}} = \frac{16}{31}$$

Insbesondere sind die Ereignisse A_7 und A_9 wegen

$$P(A_9/A_7)P(A_7) = P(A_9 \cap A_7) = P(A_7/A_9)P(A_9)$$

unabhängig. ♣

Übung 12:

Es geht um den Zufallsversuch im vorangegangenen Beispiel und die dort definierten Ereignisse $A_1, \ldots, A_{10}$.

a) Bestimmen Sie alle Ereignisse A_i, A_j, mit $P(A_i/A_j) = 0$ und diejenigen mit $P(A_i/A_j) = 1$.

b) Berechnen Sie für $i = 1, 2, \ldots, 10$ die bedingten Wahrscheinlichkeiten $P(A_i/A_6)$. Welche der Ereignisse A_i, A_6 sind unabhängig ? ♠

Bedingte Wahrscheinlichkeiten werden in Wahrscheinlichkeitsbäumen dargestellt. Neu bei diesen Bäumen im Vergleich zu denen mehrstufiger Zufallsversuche ist, daß sie nicht eine *zeitliche Abfolge* von Teilversuchen wiedergeben müssen. Das Beispiel des *einstufigen* Zufallsversuchs *Ziehen einer Karte aus einem Skatspiel* macht dies anhand der Ereignisse K: *eine Kreuzkarte wird gezogen*, B: *ein Bube wird gezogen* deutlich.

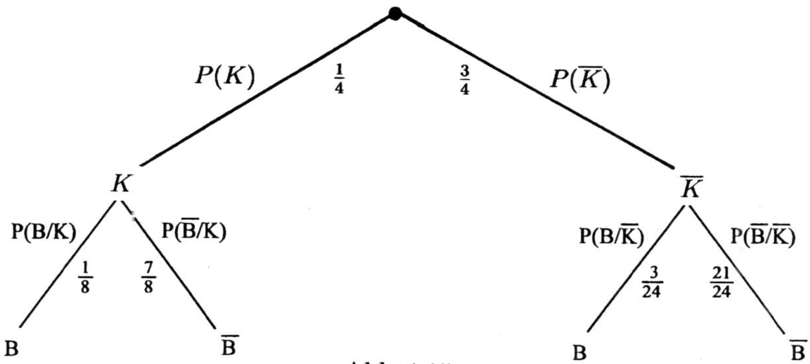

Abb. 4.15

$P(B/K)$: Wahrscheinlichkeit für *einen Buben*, wenn gezogene Karte *Kreuz* ist.

$P(\overline{B}/K)$: Wahrscheinlichkeit für *keinen Buben*, wenn gezogene Karte *Kreuz* ist.

$P(B/\overline{K})$: Wahrscheinlichkeit für *einen Buben*, wenn gezogene Karte *kein Kreuz* ist.

$P(\overline{B}/\overline{K})$: Wahrscheinlichkeit für *keinen Buben*, wenn gezogene Karte *kein Kreuz* ist.

Auch speziell die Bäume mehrstufiger Zufallsversuche enthalten bedingte Wahrscheinlichkeiten:

Beispiel 20:

Einer Urne mit 4 weißen und 3 roten Kugeln werden nacheinander zwei Kugeln entnommen: a) mit Zurücklegen, b) ohne Zurücklegen.
Für $i = 1, 2$ seien die Ereignisse W_i, R_i

W_i: weiße Kugel im i-ten Teilversuch (und irgendeine Kugel im anderen Teilversuch)
R_i: rote Kugel im i-ten Teilversuch.

Dann ist in beiden Fällen die Wahrscheinlichkeit für zwei weiße Kugeln

$$P(W_1 \cap W_2) = P(W_1) \cdot P(W_2/W_1).$$

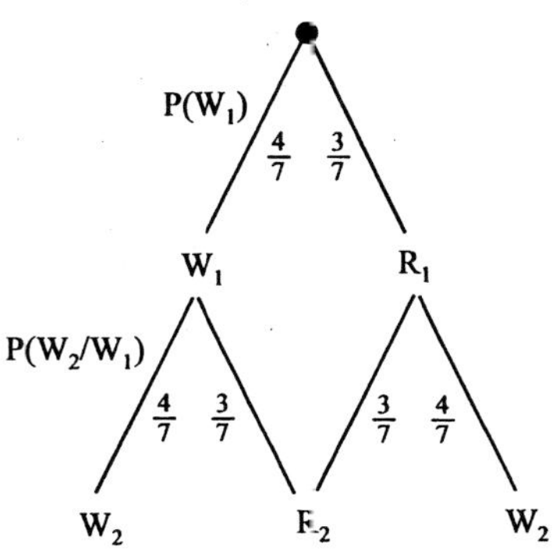

Abb. 4.16 a)

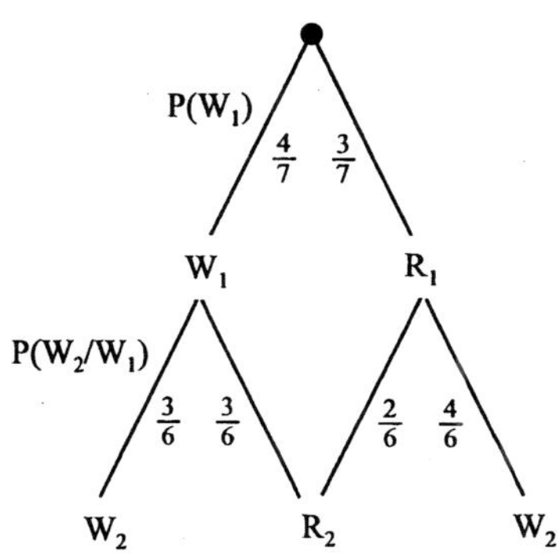

Abb. 4.16 b)

Bei Zurücklegen der Kugel ist $P(W_2/W_1) = P(W_2)$, weil W_1 und W_2 unabhängig sind. Wird nicht zurückgelegt, ist $P(W_2/W_1) \neq P(W_2)$, die Ereignisse sind abhängig.

$\clubsuit$

Für Ereignisse $A_1, A_2, \ldots, A_n$ eines Zufallsversuchs mit $\bigcap\limits_{i=1}^{n} A_i \neq \emptyset$ läßt sich die Wahrscheinlichkeit von $\bigcap\limits_{i=1}^{n} A_i$ durch bedingte Wahrscheinlichkeiten ausdrücken, indem man die Definitionsgleichung für bedingte Wahrscheinlichkeiten mehrfach anwendet:

$$P(A_1 \cap A_2) = P(A_1)P(A_2/A_1) \qquad \text{(nach Definition IV.5)}$$

$$\begin{aligned} P((A_1 \cap A_2) \cap A_3) &= P(A_1 \cap A_2)P(A_3/A_1 \cap A_2) \\ &= P(A_1)P(A_2/A_1)P(A_3/A_1 \cap A_2). \end{aligned}$$

Satz IV.6:

Sind $A_1, A_2, \ldots, A_n$ eines Zufallsversuchs mit $\bigcap\limits_{i=1}^{n} A_i \neq \emptyset$, dann gilt

$$P\left(\bigcap_{i=1}^{n} A_i\right) = P(A_1)P(A_2/A_1)P(A_3/A_1 \cap A_2) \cdot \ldots \cdot P(A_n/A_1 \cap \ldots \cap A_{n-1}).$$

Nach den Vorüberlegungen ist zum Beweis des Satzes nur noch der Induktionsschluß von n auf $n+1$ zu zeigen. Dabei wird im zweiten Schritt der Induktionsanfang ($n = 2$), und im dritten Schritt die Induktionsannahme angewandt:

$$\begin{aligned} P\left(\bigcap_{i=1}^{n+1} A_i\right) &= P\left(\left(\bigcap_{i=1}^{n} A_i\right) \cap A_{n+1}\right) \\ &= P\left(\bigcap_{i=1}^{n} A_i\right) P(A_n/\bigcap_{i=1}^{n} A_i) \\ &= P(A_1)P(A_2/A_1)P(A_3/A_1 \cap A_2) \cdot \ldots \\ &\quad \ldots \cdot P(A_n/A_1 \cap \ldots \cap A_{n-1})P(A_{n+1}/A_1 \cap \ldots \cap A_n). \end{aligned}$$

Dies ist der *Multiplikationssatz*, in welchem man die *Pfadregel* wiedererkennt. Dargestellt als Pfad eines Wahrscheinlichkeitsbaumes bedeutet das

$$\xrightarrow{P(A_1)} A_1 \xrightarrow{P(A_2/A_1)} A_2 \xrightarrow{P(A_3/A_1 \cap A_2)} A_3 \quad \cdots\cdots \quad A_{n-1} \xrightarrow{P(A_n/A_1 \cap \ldots \cap A_{n-1})} A_n$$

Im Fall der Unabhängigkeit der Ereignisse $A_1, A_2, \ldots, A_n$ hat die Formel die Gestalt

$$P(A_1 \cap A_2 \cap \ldots \cap A_n) = P(A_1) \cdot P(A_2) \cdot \ldots \cdot P(A_n).$$

Werden beispielsweise aus einem Skatspiel 4 Karten gezogen, und bedeutet A_i: *i-te Karte ist ein As*, dann ist die Wahrscheinlichkeit, 4 Asse zu ziehen

$$P(A_1 \cap A_2 \cap A_3 \cap A_4) = \frac{4}{32} \cdot \frac{3}{31} \cdot \frac{2}{29} \cdot \frac{1}{28} = \frac{1}{35\,960} = 0,003\,\%.$$

$$\longrightarrow \overset{\frac{4}{32}}{\longrightarrow} A_1 \overset{\frac{3}{31}}{\longrightarrow} A_2 \overset{\frac{2}{30}}{\longrightarrow} A_3 \overset{\frac{1}{29}}{\longrightarrow} A_4$$

Im Vergleich dazu war die Wahrscheinlichkeit, im Lotto 5 richtige Zahlen zu tippen, etwa 0,002 %.

Es kommt häufig vor , daß Ereignisse $A_1, A_2, \ldots, A_n$ eine *Zerlegung* von Ω bilden und man sich für die bedingten Wahrscheinlichkeiten eines Ereignisses B unter den Bedingungen, daß die Ereignisse A_i eingetreten sind, interessiert.
Ist $\Omega = A_1 \cup A_2 \cup \ldots \cup A_n$ mit paarweise disjunkten A_i, dann gilt

$$\begin{aligned}
P(B) &= P(B \cap \Omega) \\
&= P(B \cap (A_1 \cup A_2 \cup \ldots \cup A_n)) \\
&= P((B \cap A_1) \cup (B \cap A_2) \cup \ldots \cup (B \cap A_n)) \\
&= P(B \cap A_1) + P(B \cap A_2) + \ldots + P(B \cap A_n) \\
&= P(B/A_1)P(A_1) + P(B/A_2)P(A_2) + \ldots + P(B/A_n)P(A_n).
\end{aligned}$$

Damit ist die *Formel von der totalen Wahrscheinlichkeit* bewiesen.

Satz IV.7:

Bilden die Ereignisse $A_1, A_2, \ldots, A_n$ eine Zerlegung von Ω und haben alle A_i positive Wahrscheinlichkeiten, dann gilt für jedes Ereignis B

$$P(B) = \sum_{i=1}^{n} P(B/A_i)P(A_i).$$

Oft fragt man unter denselben Bedingungen wie in Satz IV.7 nach den bedingten Wahrscheinlichkeiten der A_i unter der Bedingung, daß B eingetreten ist. Das läßt sich unmittelbar aus diesem Satz und der Bayschen Formel ableiten.

Satz IV.8:

Bilden die Ereignisse $A_1, A_2, \ldots, A_n$ eine Zerlegung von Ω, dann gilt für jedes Ereignis B mit $P(B) \neq 0$ und für $k = 1, 2, \ldots, n$

$$P(A_k/B) = \frac{P(B/A_k)P(A_k)}{\sum_{i=1}^{n} P(B/A_i)P(A_i)}.$$

Beweis: Wegen $P(A_k/B) = \dfrac{P(B/A_k)P(A_k)}{P(B)}$ (Bayesche Formel (13)) folgt die Behauptung sofort mit Satz IV.7. ■

Beispiel 21:

In einer Fabrik stellen 4 Maschinen Schrauben her. Die 1. Maschine produziert 20 %, die 2. und 3. Maschine jeweils 25 % und die 4. Maschine 30 % der Gesamtproduktion. Erfahrungsgemäß ist der Ausschuß bei den 4 Maschinen der Reihe nach 4 %, 2 %, 3 %, 1 %.

a) Wie groß ist der Ausschuß der Gesamtproduktion ?

b) Man entnimmt der Produktion eine Schraube und stellt fest, daß sie schadhaft ist. Wie groß ist die Wahrscheinlichkeit, daß diese Schraube von der Maschine M_1 (M_2, M_3, M_4) produziert wurde ?

a) Wir stellen die Situation durch ein *Urnenmodell* wie in Beispiel 14 b) und in Übung 11 dar: Die Maschinen werden durch *Urnen* $M_1, \ldots, M_4$ dargestellt, in denen sich je 100 Kugeln befinden, schwarze Kugeln für schadhafte Schrauben und weiße für fehlerfreie Schrauben. Für den Zufallsversuch '*Wahl einer Urne und Entnahme einer Kugel*' sind die Wahrscheinlichkeiten, eine der Urnen zu wählen

$$P(M_1) = \frac{1}{5}, \qquad P(M_2) = \frac{1}{4}, \qquad P(M_3) = \frac{1}{4}, \qquad P(M_4) = \frac{3}{10}.$$

Aufgrund der Ausschußquoten ist

$$P(S/M_1) = \frac{4}{100}, \qquad P(S/M_2) = \frac{2}{100}, \qquad P(S/M_3) = \frac{3}{100}, \qquad P(S/M_4) = \frac{1}{100}.$$

Mit dem Satz von der totalen Wahrscheinlichkeit folgt

$$P(S) = \sum_{i=1}^{4} P(S/M_i)P(M_i) = \frac{1}{25}\cdot\frac{1}{5} + \frac{1}{50}\cdot\frac{1}{4} + \frac{3}{100}\cdot\frac{1}{4} + \frac{1}{100}\cdot\frac{3}{10} = 0,0235 = 2,35\,\%.$$

Die Wahrscheinlichkeit $P(S)$ läßt sich auch mit Hilfe eines zweistufigen Baumes bestimmen, wie wir dies u.a. in Beispiel 14 b) getan haben.

b) Gefragt ist für $i = 1,2,3,4$ nach $P(M_i/S)$. Es ist $P(M_i/S) = \dfrac{P(M_i \cap S)}{P(S)}$, und man erhält

$$P(M_1/S) \approx 0,34\,, \quad P(M_2/S) \approx 0,21\,, \quad P(M_3/S) \approx 0,32\,, \quad P(M_4/S) \approx 0,12\,.$$

♣

Beispiel 22:

Beim Schulbasar weiß man von 2 Lostöpfen mit je 18 Losen, daß Topf T_1 4 Gewinne und Topf T_2 10 Gewinne enthält, man weiß aber nicht, welcher der Töpfe der gewinnträchtige ist.

Man wählt zufällig einen Topf, und zieht ein Los. Ist es eine *Niete*, glaubt man, aus T_1 gezogen zu haben. Diese Vermutung ist richtig mit der Wahrscheinlichkeit

$$P(T_1/N) = \frac{P(T_1 \cap N)}{P(N)} = \frac{\frac{1}{2} \cdot \frac{7}{9}}{\frac{11}{18}} = \frac{7}{11} \approx 0,64.$$

Ist das gezogene Los ein *Gewinn*, vermutet man, T_2 erwischt zu haben, und das ist richtig mit der Wahrscheinlichkeit

$$P(T_2/G) = \frac{P(T_2 \cap G)}{P(G)} = \frac{\frac{1}{2} \cdot \frac{5}{9}}{\frac{7}{18}} = \frac{5}{7} \approx 0,71.$$

Diese Wahrscheinlichkeiten, insbesondere

$$P(N) = \frac{1}{2} \cdot \frac{7}{9} + \frac{1}{2} \cdot \frac{4}{9} = \frac{11}{18} \qquad \text{und} \qquad P(G) = \frac{1}{2} \cdot \frac{2}{9} + \frac{1}{2} \cdot \frac{5}{9} = \frac{7}{18},$$

lassen sich leicht mit Hilfe eines Baumes ermitteln.

Die Wahrscheinlichkeit, bei diesem Verfahren, die Töpfe herauszufinden, einen Irrtum zu begehen, ist

$$P(T_1 \cap G) + P(T_2 \cap N) = \frac{1}{2} \cdot \frac{2}{9} + \frac{1}{2} \cdot \frac{4}{9} = \frac{1}{3}.$$

♣

Übung 13:

Eine Urne U_1 enthalte 3 weiße und 2 schwarze Kugeln; in einer Urne U_2 sind 4 weiße und 4 schwarze Kugeln. Aus U_1 werden 2 Kugeln gezogen und in U_2 gelegt. Dann wird U_2 eine Kugel entnommen.

a) Berechnen Sie die Wahrscheinlichkeit dafür, daß die gezogene Kugel weiß ist, mit dem Satz von der totalen Wahrscheinlichkeit. Als Zerlegung von Ω wähle man die Ereignisse:

A_1: beide aus U_1 entnommenen Kugeln sind weiß,
A_2: die erste entnommene Kugel ist weiß, die zweite schwarz,
A_3: die erste entnommene Kugel ist schwarz, die zweite weiß,
A_4: beide aus U_1 entnommenen Kugeln sind schwarz.

b) Lösen Sie die Aufgabe mit Hilfe eines Baumes. ♠

Lösungen und Lösungshinweise zu den Übungen

Ü 8: Auf der folgenden Seite links ist der Baum dargestellt.

(i) Das Ereignis A besteht aus dem Pfad $\overline{S} - \overline{S} - \overline{S}$ und hat die Wahrscheinlichkeit $P(A) = \frac{5}{7} \cdot \frac{4}{6} \cdot \frac{3}{5} = \frac{2}{7} \approx 28,6\%$.

(ii) Zum Ereignis B gehören 3 Pfade: $\overline{S}-S-S$, $S-\overline{S}-S$, $S-S-\overline{S}$, alle drei haben die Wahrscheinlichkeit $\frac{2\cdot4\cdot5}{7\cdot6\cdot5}$: $P(B) = \frac{4}{7} \approx 57,1\%$.

(iii) C besteht aus drei Pfaden: $P(C) = \frac{1}{7} \approx 14,3\%$.

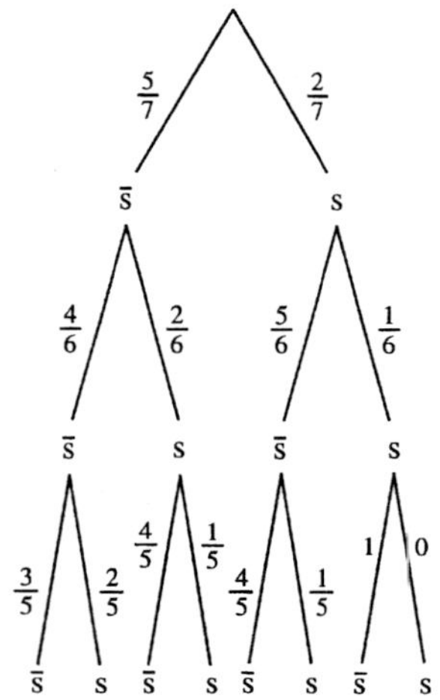

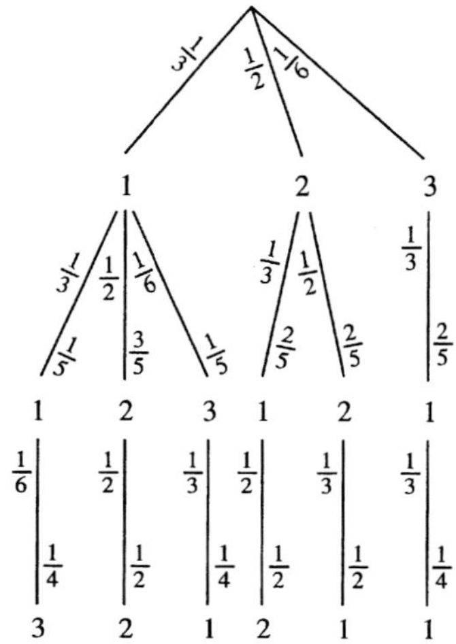

Ü 9: Die Quersumme 5 haben die Zahlen 113, 122, 131, 212, 221 und 311. Vom Baum sind in der Abbildung rechts oben diese 6 Pfade dargestellt. Dabei stehen links oben die Wahrscheinlichkeiten für a), rechts unten die für b), soweit sie verschieden sind. Hieraus folgt

a) $P(A) = 3 \cdot \frac{1}{3\cdot3\cdot6} + 3 \cdot \frac{1}{2\cdot2\cdot3} = \frac{33}{108} \approx 0,306$. b) $P(B) = \frac{42}{120} = 0,35$.

Ü 10: $P(A) = P(C) = \frac{1}{3}$, $P(B) = \frac{1}{4}$. $P(A \cap B \cap C) = \frac{1}{36} = P(A)P(B)P(C)$. $P(A \cap B) = \frac{3}{36} = P(A)P(B)$, und $P(A \cap C) = \frac{1}{9} = P(A)P(C)$, dagegen $P(B \cap C) = \frac{1}{36} \neq P(B)P(C)$.

Ü 11: $P(S) = \frac{8}{27}$; $P(S/U_1) = 0$, $P(S/U_2) = \frac{2}{9}$, $P(S/U_3) = \frac{2}{3}$.
$P(U_1/S) = 0$, $P(U_2/S) = \frac{1}{4}$, $P(U_3/S) = \frac{3}{4}$.
$P(W) = \frac{19}{27}$; $P(W/U_1) = 1$, $P(W/U_2) = \frac{7}{9}$, $P(W/U_3) = \frac{1}{3}$.
$P(U_1/W) = \frac{9}{19}$, $P(U_2/W) = \frac{7}{19}$, $P(U_3/W) = \frac{3}{19}$.
Sowohl die Ereignisse S und U_i als auch W und U_i sind für $i = 1,2,3$ unabhängig.

Ü 12: a) Neben den in Beispiel 25 genannten Ergebnissen gilt $P(A_i/A_j) = 0$
für $j = 2$ und $i = 1, 3, 5, 7, 8, 10$; für $j = 3$ und $i = 1, 2, 5, 8, 10$;
für $j = 4$ und $i = 7$; für $j = 5$ und $i = 2, 3, 6, 8, 9, 10$;
für $j = 6$ und $i = 1, 5, 7, 8, 10$; für $j = 7$ und $i = 1, 2, 4, 6, 10$;
für $j = 8$ und $i = 2, 3, 5, 6$; für $j = 9$ und $i = 5, 10$;
für $j = 10$ und $i = 1, 2, 3, 5, 6, 7, 9$.

Es ist $P(A_4/A_1) = P(A_4/A_2) = P(A_9/A_2) = P(A_9/A_3) = P(A_4/A_6) = P(A_9/A_6) = P(A_4/A_{10}) = P(A_8/A_{10}) = 1$.

b) Zu berechnen sind noch $P(A_2/A_6)$ und $P(A_2/A_6)$.

$P(A_6) = \frac{6}{32} \cdot \frac{5}{31}$, $\quad P(A_2/A_6) = \frac{P(A_2 \cap A_6)}{P(A_6)} = \frac{\frac{4}{32 \cdot 31}}{\frac{15}{16 \cdot 31}} = \frac{2}{15}$. $\quad P(A_2) = \frac{8}{32 \cdot 31}$;
A_2 und A_6 sind abhängig.

$P(A_3/A_6) = \frac{P(A_3 \cap A_6)}{P(A_6)} = \frac{1}{15}$. $\quad P(A_3) = \frac{4 \cdot 3}{32 \cdot 31}$; A_3 und A_6 sind abhängig.
Aus a) folgt, daß A_i und A_6 für alle $i = 1, 2, \ldots, 10$ abhängig sind.

Ü 13: a) $P(A_1) = P(A_2) = \frac{3}{5} \cdot \frac{1}{2} = \frac{3}{10}$, $P(A_3) = \frac{2}{5} \cdot \frac{3}{4} = \frac{3}{10}$, $P(A_4) = \frac{2}{5} \cdot \frac{1}{4} = \frac{1}{10}$.
Damit ist $P(W) = \sum_{i=1}^{4} P(W/A_i)P(A_i) = \frac{6}{10} \cdot \frac{3}{10} + \frac{5}{10} \cdot \frac{3}{10} + \frac{5}{10} \cdot \frac{3}{10} + \frac{4}{10} \cdot \frac{1}{10} = \frac{52}{100}$.

IV.4 Kombinatorik

Berechnungen von Wahrscheinlichkeiten bei Laplace-Versuchen erfordern die Anzahlbestimmung endlicher Mengen. Geeignete Zähltechniken werden in der **Kombinatorik** entwickelt. Insofern sind Wahrscheinlichkeitsrechnung und Kombinatorik eng miteinander verknüpft. Es gibt im wesentlichen vier grundlegende **kombinatorische Zählprinzipien**. Obwohl drei dieser Zählaufgaben in zurückliegenden Kapiteln bereits angesprochen und auch zur Lösung kombinatorischer Fragestellungen verwandt wurden, gibt es Gründe für eine separate Behandlung der Kombinatorik innerhalb dieses Kapitels:

- Im Hinblick auf ihre Anwendung in der Wahrscheinlichkeitsrechnung sollen *alle vier* grundlegenden Zählaufgaben der Kombinatorik *zusammenhängend* dargestellt werden. Dabei werden uns natürlich die in I.8 behandelten Binomialkoeffizienten und die Anzahlen von Abbildungen einer endlichen Menge in eine endliche Menge (Kap. II.7) erneut begegnen.

- Wiederum im Hinblick auf die Wahrscheinlichkeitsrechnung, aber auch hinsichtlich einer einheitlichen Behandlung werden *alle vier* elementaren Zählaufgaben *anhand eines* Modelles, des sogenannten *Urnenmodells*, abgeleitet.

Es gibt verschiedene Möglichkeiten, einer oder mehreren Urnen Kugeln zu entnehmen oder Kugeln auf eine oder mehrere Urnen zu verteilen. Diese Vorgänge werden als Laplace-Experimente behandelt (vgl. etwa Übung 9).

Die Entnahme von r Kugeln aus einer Urne heißt **Stichprobe vom Umfang** r (auch r-**Stichprobe**). Die wesentlichen Unterscheidungen von Stichproben bei mehrmaliger

Entnahme hintereinander sind

- Zurücklegen / nicht Zurücklegen der gezogenen Kugel nach jedem Versuch: **Stichproben mit / ohne Zurücklegen** bzw. **mit / ohne Wiederholung**
- Beachtung / Nichtbeachtung der Reihenfolge gezogener Kugeln: **geordnete / nicht geordnete Stichproben**

und die Kombinationen dieser Möglichkeiten.

Das Urnenmodell wird in der Wahrscheinlichkeitsrechnung sehr oft zur Durchführung oder Simulation von Zufallsversuchen herangezogen. Beim Ziehen der Lottozahlen wird das wöchentlich im Fernsehen vorgeführt: Einer Urne werden nacheinander 6 (7) numerierte Kugeln entnommen und nicht zurückgelegt, da keine Wiederholungen zugelassen sind. Weil es auf die Reihenfolge der gezogenen Zahlen nicht ankommt, hätte man der Urne die Kugeln auch gleichzeitig entnehmen können.
In Beispiel 21 haben wir die Produktion von Schrauben mit verschiedenen Maschinen in einer Fabrik durch einen Urnenversuch dargestellt.
Andere Beispiele für das Simulieren von Zufallsexperimenten durch Urnenversuche sind:

- Einmaliges Würfeln:
  Einer Urne mit 6 Kugeln, numeriert von 1 bis 6, wird eine Kugel entnommen;
- n-maliges Würfeln mit einem Würfel:
  Einer Urne mit Kugeln 1 bis 6 wird n-mal eine Kugel entnommen, das Ergebnis notiert und die Kugel zurückgelegt;
- Gleichzeitiges Werfen von n nicht unterscheidbaren Münzen:
  Einer Urne mit n *roten* Kugeln (*Wappen*) und n *schwarzen* Kugeln (*Zahl*) werden gleichzeitig oder nacheinander, ohne auf die Reihenfolge zu achten, n Kugeln entnommen.

Allgemein gilt, daß sich jeder Zufallsversuch mit endlich vielen Ausfällen und ausschließlich rationalen Wahrscheinlichkeiten durch ein Urnenmodell simulieren läßt.
Betrachtet man beispielsweise das Glücksrad in Beispiel 4 mit 3 Ausfällen und den Wahrscheinlichkeiten $\frac{1}{2}$, $\frac{3}{10}$ und $\frac{1}{5}$, so kann man diesen Zufallsversuch wie folgt durch ein Urnenmodell simulieren:
Eine Urne enthalte 50 Kugeln, davon sind 25 weiß, 15 schwarz und 10 rot. Der Versuch bestehe im Ziehen einer Kugel.

Im folgenden kommen häufig endliche Mengen und deren Teilmengen vor. Abkürzend wird eine s-elementige Menge eine *s-Menge* genannt und eine r-elementige Teilmenge ein *r-Teilmenge*.

Satz IV.9:

Einer Urne mit s Kugeln, numeriert von 1 bis s, werden nacheinander r Kugeln entnommen und jeweils zurückgelegt, wobei die Reihenfolge beachtet wird.
Die Anzahl der *geordneten Stichproben mit Wiederholung* beträgt s^r.

Beweis:
Bei jeder der r Stufen dieses Versuchs gibt es s Möglichkeiten, insgesamt s^r. ∎

Geordnete r-Stichproben mit Wiederholung nennt man manchmal auch *r-Variationen mit Wiederholung.*

Folgerungen

1. Ordnet man jeder der r Stufen des Experiments die jeweils gezogene Kugel zu, ist dies eine Abbildung einer r-Menge in eine s-Menge. Es gibt daher s^r derartige Abbildungen, und in Satz II.23 wurde das bereits bewiesen und als Zählprinzip für kombinatorische Aufgabenstellungen nutzbar gemacht.

2. Im Falle $s = 2$ lassen sich mit diesem Urnenmodell r-stufige Zufallsexperimente mit genau zwei gleichwahrscheinlichen Ausfällen, wie beispielsweise 'r-maliger Münzwurf hintereinander' simulieren (vergleiche auch Beispiel 1 c)).

   Der Fall $s = 6$ simuliert 'r-maliges Würfeln hintereinander'.

3. Ist $A_s = \{a_1, a_2, \ldots, a_s\}$ eine Menge, so heißt jede Folge der Länge r von Elementen aus A_s ein *r-stelliges Wort* über dem *Alphabet* A_s. Aus Satz IV.9 folgt sofort, daß es s^r r-stellige Wörter über einem Alphabet A_s gibt.
   Wählt man beispielsweise als Alphabet $A_{10} = \{0, 1, 2, 3, \ldots, 9\}$ und $r = 4$, bedeutet das nichts anderes, als daß es von 0 bis 9999 genau 10^4 verschiedene Zahlen gibt, keine ganz neue Erkenntnis !

Beispiel 23:

a) Für manche Anwendungen ist eine andere Form des Urnenversuchs aus Satz IV.9 vorteilhafter. Statt einer Urne r Kugeln zu entnehmen, kann man auch r Kugeln unter Berücksichtigung der Reihenfolge auf s verschiedene Urnen verteilen. Dann gibt es bei jeder der r Stufen des Versuchs s Ausfälle, insgesamt wieder s^r geordnete Stichproben. Bei dieser Versuchsgestaltung wird die 'Verwandtschaft' zu den Abbildungen einer r-Menge in eine s-Menge noch deutlicher.

   In Kapitel II.7 wurde mit Hilfe von charakteristischen Funktionen gezeigt, daß eine n-Menge A genau 2^n Teilmengen hat. Dieser Beweis wird durch den Urnenversuch unmittelbar einsichtig:
   n Kugeln (Elemente von A) werden auf 2 Urnen (Urne 1: *gehört zur Teilmenge T*, Urne 2: *gehört nicht zur Teilmenge T*) verteilt. Es gibt 2^n Ausfälle (verschiedene Teilmengen).

b) In Kapitel II.7, Beispiel 22 wurde abgeleitet, daß es bei der Elferwette im Fußballtoto $3^{11} = 177\,147$ verschiedene Tippreihen gibt.

   Das Ausfüllen eines Totoscheines läßt sich mit dem Urnenmodell so simulieren: Einer Urne mit 3 Kugeln 1 (Heimsieg), 0 (Unentschieden) und 2 (Auswärtssieg)

wird 11-mal mit Zurücklegen bei Beachtung der Reihenfolge eine Kugel entnommen.
Gewonnen hat man mit mindestens 9 richtig vorausgesagten Spielen.
Es gibt einen Tip mit 11 'Richtigen'. Für 10 'Richtige' gibt es 10 verschiedene Tippreihen und für 9 'Richtige' $\binom{11}{2} \cdot 2^2 = 220$. Insgesamt sind das 231 Gewinntips. Bei zufälligem Ankreuzen eines Scheines ist die Wahrscheinlichkeit, gewonnen zu haben, $\frac{231}{177\,147} \approx 0,13\%$.
Da es 2 Möglichkeiten gibt, ein Spiel falsch zu tippen, ist bei $2^{11} = 2048$ Tippreihen kein Spiel richtig vorausgesagt.

Jeder Test aus r Fragen mit s Antwortmöglichkeiten, von denen jeweils eine gewählt wird, ist eine Verallgemeinerung. Es gibt s^r Möglichkeiten, den Testbogen anzukreuzen (vgl. Beispiel 1 c)).

♣

Übung 14:

Das Zahlenschloß eines Fahrrads besteht aus 4 einzeln beweglichen Rädern, die jeweils die Zahlen 1 bis 9 enthalten.

a) Wie viele verschiedene Zahlkombinationen gibt es bei dem Schloß?

b) In welcher Zeit hat man alle Kombinationen durchprobiert, wenn man pro Einstellung durchschnittlich 3 Sekunden benötigt?

c) Wie groß ist die Wahrscheinlichkeit, nach einer halben Stunde das Schloß durch Probieren geknackt zu haben? ♠

Satz IV.10:

Einer Urne mit s verschiedenen Kugeln werden r Kugeln $(r \leq s)$ nacheinander entnommen und nicht zurückgelegt. Die Reihenfolge wird beachtet.
Dann beträgt die Anzahl der *geordneten Stichproben ohne Wiederholung*

$$s \cdot (s-1) \cdot (s-2) \cdot \ldots \cdot (s-r+1) = \frac{s!}{(s-r)!}.$$

Beweis: Beim 1. Teilversuch gibt es s Möglichkeiten, eine Kugel zu entnehmen, beim zweiten noch $s-1$. Bei jeder Stufe gibt es einen Ausfall weniger, bei der r-ten Kugel sind es noch $s-r+1$. ■

Geordnete r-Stichproben ohne Wiederholung werden auch als *r-Variationen ohne Wiederholung* bezeichnet.

Folgerungen

1. Ordnet man jeder der r Stufen des Experiments die jeweils gezogene Kugel zu, ist dies eine *injektive* Abbildung einer r-Menge in eine s-Menge. Es gibt daher $s \cdot (s-1) \cdot (s-2) \cdot \ldots \cdot (s-r+1)$ injektive Abbildungen einer r-Menge in eine s-Menge. Dies wissen wir schon aus Satz II.24 und haben dieses Zählprinzip kräftig ausgenutzt.

2. Entnimmt man im Urnenversuch alle s Kugeln ($r = s$), gibt es $s!$ Ausfälle. Das heißt, s verschiedene Objekte lassen sich auf $s!$ Arten *anordnen* oder *permutieren.*
   Eine bijektive Abbildung einer Menge auf sich ist eine *Permutation.* In Satz II.25 wurde gezeigt, daß eine s-Menge $s!$ Permutationen besitzt. Das ist auch eine Folgerung aus dem Urnenversuch, denn jede injektive Abbildung einer s-Menge in eine s-Menge ist auch bijektiv.

3. Wie in der Folgerung 3 zu Satz IV.9 sei $A_s = \{a_1, a_2, \ldots, a_s\}$ ein Alphabet. Fragt man nach der Zahl der r-stelligen Wörter über A_s, bei denen alle Buchstaben a_i verschieden sind, besagt Satz IV.10, daß es genau $s \cdot (s-1) \cdot$ $\cdot (s-2) \cdot \ldots \cdot (s-r+1)$ davon gibt.
   Angewandt auf die Ziffernmenge $A_{10} = \{0, 1, 2, 3, \ldots, 9\}$ und $r = 4$ folgt, daß es $10 \cdot 9 \cdot 8 \cdot 7 = 5040$ Zahlen zwischen 0 bis 9999 mit vier unterschiedlichen Ziffern gibt. Warum sind alle Zahlen mindestens dreistellig ?

   Durch Permutation der Ziffern von $a = 123\,456$ erhält man 6! verschiedene Zahlen. Wie viele verschiedene Zahlen sind es bei $b = 122\,245$?

   Bildet man alle 6! Permutationen wie bei der Zahl a, sind Zahlen, die sich nur durch die Anordnung der Ziffern 2 unterscheiden, gleich. Die Ziffer 2 läßt sich auf 3! Arten anordnen. Bei der Zahl a entstehen daher 3!-mal mehr Zahlen als bei b, durch Permutation der Ziffern von b erhält man $\frac{6!}{3!} = 120$ verschiedene Zahlen.

   Bei der Permutation der Ziffern von $c = 11\,122\,333\,345$ sind es $\frac{11!}{2!\,3!\,4!} = 138\,600$ Zahlen.
   Man spricht hier auch von *Permutationen mit Wiederholung.*

Beispiel 24:

a) Wie groß ist die Wahrscheinlichkeit, daß bei einer Podiumsdiskussion die Sitzordnung der beteiligten 5 Frauen und 4 Männer eine 'bunte Reihe' ergibt ? Wie groß ist sie bei 4 Frauen und 4 Männern ?

   Im ersten Fall gibt es für die 9 zu besetzenden Plätze 9! mögliche Sitzverteilungen. Die Frauen müssen beide Außenpositionen belegen, ihre 5 Plätze stehen daher fest, ebenso die 4 Plätze der Männer, so daß es $5! \cdot 4!$ verschiedene 'bunte Reihen' gibt. Die Wahrscheinlichkeit für eine bunte Reihe ist

$$\frac{5! \cdot 4!}{9!} = \frac{1}{126} \approx 0{,}008.$$

Im zweiten Fall gibt es $4! \cdot 4! \cdot 2$ günstige Fälle, da die Reihe der Damen links oder rechts beginnen kann. Die Wahrscheinlichkeit ist hier

$$\frac{4! \cdot 4! \cdot 2}{8!} = \frac{1}{35} \approx 0,029.$$

b) Von 12 Personen einer Reisegruppe werden 3 Personen dem 1. Bus, 5 Personen dem 2. Bus und 4 Personen dem 3. Bus zugeordnet. Auf wieviele Arten ist das möglich ?

Die Anzahl ist gleich der Anzahl der Permutationen mit Wiederholung von

111 22222 3333 , nämlich $\frac{12!}{3!\,4!\,5!} = 27\,720.$

♣

Übung 15:

a) Wie viele natürliche Zahlen a zwischen 100 000 und 999 999 gibt es, die aus lauter verschiedenen Ziffern bestehen ?

Wieviel Prozent dieser 6-stelligen Zahlen haben jene Eigenschaft ?

b) Wie viele verschiedene 8-stellige Zahlen erhält man durch Permutation der Ziffern der Zahl 13 170 138 ? ♠

Satz IV.11:

Einer Urne mit s verschiedenen Kugeln werden r Kugeln $(r \leq s)$ nacheinander entnommen und nicht zurückgelegt. Die Reihenfolge wird nicht beachtet.
Dann beträgt die Anzahl der *ungeordneten Stichproben ohne Wiederholung*

$$\frac{s!}{r!(s-r)!} = \binom{s}{r}.$$

Eine andere Bezeichnung für ungeordnete r-Stichproben ohne Wiederholung ist r-*Kombinationen ohne Wiederholung.*
Während es bei geordneten Stichproben um Anordnungen, das heißt um *Abbildungen* ging, werden bei diesem Urnenversuch *Teilmengen* der s-Menge 'Kugeln' gebildet. Man kann die Kugeln daher auch, wie beim Ziehen der Lottozahlen, *gleichzeitig* der Urne entnehmen. Die Anzahl der verschiedenen r-Stichproben ist die Anzahl der r-Teilmengen einer s-Menge. Die hatten wir *Binomialkoeffizient* $\binom{s}{r}$ genannt und *induktiv* die Formel $\binom{s}{r} = \frac{s!}{r!(s-r)!}$ bewiesen (Satz I.26). Sie wird nun nochmals *kombinatorisch* abgeleitet.

Beweis: Nach Satz IV.10 läßt sich jede *ungeordnete* r-Stichprobe auf $r!$ Arten anordnen. Es gibt daher $r!$-mal mehr *geordnete* Stichproben als *ungeordnete.* Dies läßt sich mit Satz IV.10 durch die Gleichung
$\binom{s}{r} \cdot r! = \frac{s!}{(s-r)!}$ ausdrücken, und es folgt die Behauptung $\binom{s}{r} = \frac{s!}{r!(s-r)!}$. ■

Eigenschaften von Binomialkoeffizienten wurden in Kap.I.8 untersucht, und es wurden auch kombinatorische Fragestellungen mit Binomialkoeffizienten gelöst.

Beispiel 25:

a) Wie groß ist die Wahrscheinlichkeit, daß beim Zahlenlotto '6 aus 49' unter den 6 Gewinnzahlen mindestens zwei benachbarte Zahlen sind?

Hier ist es wieder einfacher, die Wahrscheinlichkeit $P(A)$ über die des Gegenereignisses $\overline{A}$: *keine Gewinnzahlen sind benachbart*, zu berechnen: Ist $a_1, a_2, a_3, a_4, a_5, a_6$ eine Ziehung ohne Nachbarzahlen, der Größe nach geordnet, muß zwischen a_1 und a_2, zwischen a_2 und a_3, ..., zwischen a_5 und a_6 mindestens eine nicht gezogene Zahl liegen. Von den 49 Zahlen stehen somit bei Verbot von Nachbarschaft nur 49-5=44 Zahlen für den Gewinntip zur Auswahl. Es gibt daher nach Satz IV.11 $\binom{44}{6}$ Ziehungen ohne Nachbarzahlen, die gesuchte Wahrscheinlichkeit ist

$$P(A) = 1 - \frac{\binom{44}{6}}{\binom{49}{6}} = \frac{44 \cdot 43 \cdot 42 \cdot 41 \cdot 40 \cdot 39}{49 \cdot 48 \cdot 47 \cdot 46 \cdot 45 \cdot 44} \approx 0,495.$$

Etwa die Hälfte aller Ziehungen enthalten mindestens zwei Nachbarn.

b) Wir berechnen die Möglichkeit der Verteilung der Reisegesellschaft auf 3 Busse in Beispiel 24 b) noch einmal auf andere Art:

Es gibt $\binom{12}{3}$ Möglichkeiten, den ersten Bus auszustatten, dann $\binom{9}{5}$ für den zweiten, und die verbleibenden 4 Personen fahren im dritten Bus. Dann ist die Zahl der Möglichkeiten insgesamt

$$\binom{12}{3}\binom{9}{5} = \frac{12!}{3!\,9!} \cdot \frac{9!}{5!\,4!} = \frac{12!}{3!\,5!\,4!}.$$

Auch über die Binomialkoeffizienten lassen sich die Anzahlen von Permutationen mit Wiederholung ableiten.

♣

Übung 16:

Von 11 neuen Schülern sind 3 Schüler für die Klasse a, 2 für die Klasse b und 6 für die Klasse c vorgesehen. 2 Freunde wollen unbedingt in eine Klasse kommen. Wie groß ist die Wahrscheinlichkeit dafür bei zufälliger Verteilung? ♠

Ein Weinvorrat enthalte 8 verschiedene Sorten Wein. Es werden 3 beliebige Flaschen als Präsent entnommen. Auf wie viele Arten ist das möglich?

Dieser Vorgang läßt sich als Urnenversuch so darstellen:
Eine Urne enthalte Kugeln 1 bis 8. Eine Kugel werde entnommen, das Ergebnis notiert und die Kugel zurückgelegt. Wie viele 3-Stichproben gibt es, wenn die Reihenfolge nicht beachtet wird?

Satz IV.12:

Einer Urne mit s Kugeln werden nacheinander r Kugeln entnommen und zurückgelegt. Die Reihenfolge wird nicht beachtet.
Dann beträgt die Anzahl der *ungeordneten Stichproben mit Wiederholung*

$$\binom{s+r-1}{r}.$$

Beweis: Eine r-Stichprobe besteht aus x_1 Elementen 1, aus x_2 Elementen 2, ... , aus x_s Elementen s, wobei $x_1 + x_2 + \ldots + x_s = r$ und $x_i \in \mathbb{N}_0$ gilt. Dies läßt sich wie folgt durch ein $(s + r - 1)$-Tupel aus 0 und einem 'Trennungssymbol' | darstellen:

$$(\underbrace{0\ldots0}_{x_1\text{Nullen}} \mid \underbrace{0\ldots0}_{x_2} \mid \underbrace{0\ldots0}_{x_3} \mid \ldots\ldots \mid \underbrace{0\ldots0}_{x_s}).$$

Die r-Stichproben unterscheiden sich in der Anordnung der Trennungssymbole | in der Folge der r Nullen. Zwei nebeneinander stehende Symbole | bedeuten $x_i = 0$ für das entsprechnede i. Jede r-Stichprobe ist also darstellbar durch genau eine Folge von r-mal 0 und $(s-1)-mal$ |. Es gibt so viele Stichproben, wie man r der $s+r-1$ Plätze mit 0 belegen kann. Das sind nach Satz IV.11 $\binom{s+r-1}{r}$ Möglichkeiten. ∎

r-Kombinationen mit Wiederholung oder auch *r-Kollektionen* sind weitere Bezeichnungen für ungeordnete r-Stichproben mit Wiederholung.
In Anlehnung an den Beweis läßt sich der Vorgang auch so simulieren:
Auf wie viele Arten lassen sich r gleiche Kugeln auf s verschiedene Urnen verteilen ?
Ist beispielsweise $s = 5$ und $r = 7$, bezeichnet man die Kugeln mit 0 und unterscheidet die Urnen durch Trennstriche, wird durch

$$(0\,0 \mid 0\,0\,0 \mid \mid 0\,0 \mid)$$

die Verteilung 2–3–0–2–0 charakterisiert.

Beispiel 26:

a) Auf einem Dominostein sind zwei der Zahlen 0 bis 9 symbolisch dargestellt. Zu einem Dominospiel gehören daher $\binom{10+2-1}{2} = 55$ Steine .

b) Nun läßt sich auch die Frage nach dem Weinpräsent direkt beantworten:
Es gibt $\binom{8+3-1}{3} = 120$ Möglichkeiten, aus 8 verschiedenen Sorten 3 Flaschen zusammenzustellen.
Wie groß ist die Wahrscheinlichkeit, daß die Auswahl drei verschiedene Sorten (A_3), zwei verschiedene Sorten (A_2) oder 3 Flaschen einer Sorte (A_1) enthält ?
Für 3-Kollektionen von *einer* Sorte gibt es 8 Möglichkeiten.
Auf $\binom{8}{2} = 28$ Arten lassen sich 2 der 8 Sorten auswählen, einer Sorte werden zwei Flaschen entnommen, es gibt $2 \cdot 28$ Möglichkeiten.

3 verschiedene Sorten kann man auf $\binom{8}{3} = 56$ Arten zusammenstellen.

Es ist verlockend, aber falsch, die Wahrscheinlichkeiten für A_1, A_2, A_3 als die Quotienten $\frac{8}{120}$, und zweimal $\frac{56}{120}$ anzugeben. Die Entnahme von 3 Flaschen ohne Berücksichtigung der Reihenfolge ist, ebenso wie in Übung 7 'dreimaliges Würfeln mit *nicht unterscheidbaren* Würfeln', kein Laplace-Versuch.

Wie in Beispiel 13 und in Übung 7 berechnet man, wie viele Ausfälle des Laplace-Versuchs

'Entnahme von 3 Flaschen *mit* Berücksichtigung der Reihenfolge'

zu den einzelnen Ausfällen des hier betrachteten Experiments gehören. Der Laplace-Versuch hat $8^3 = 512$ Ausfälle.

Für A_1 gibt es auch hier 8 Ausfälle, es ist $P(A_1) = \frac{8}{512} \approx 0,016$.
Für 3 Flaschen von 2 Sorten gibt es $\frac{3!}{2!} = 3$ Möglichkeiten der Anordnung. Daher ist $P(A_2) = \frac{3 \cdot 56}{512} \approx 0,328$.

3 Flaschen verschiedener Sorten lassen sich auf 3! Arten anordnen, und es ist $P(A_3) = \frac{3! \cdot 56}{512} \approx 0,656$.

Übung 17:

Die Mannheimer Innenstadt ist schachbrettartig angelegt. Täglich wählt Frau Schwartz für ihren Fußmarsch zur Arbeitsstätte von A nach B einen anderen, möglichst kurzen Weg.

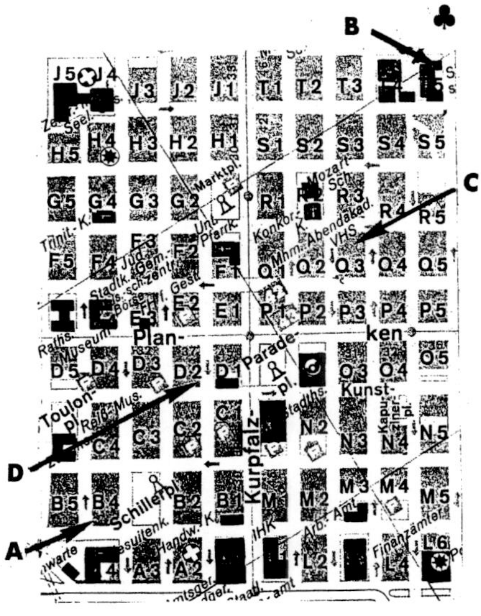

a) Nach welcher Zeit ist sie bei 230 Arbeitstagen im Jahr alle verschiedenen Wege gegangen?

b) Im Eckhaus C ist das Atelier ihres Schneiders. Wie groß ist die Wahrscheinlichkeit, daß sie bei zufälliger Wahl ihrer Wege bei ihrem Schneider vorbeikommt?

c) Ihr Klavierlehrer wohnt im Eckhaus D. Ist die Wahrscheinlichkeit, dort vorbeizukommen größer, kleiner oder gleich der Wahrscheinlichkeit in b)? Wie groß ist sie?

d) Mit welcher Wahrscheinlichkeit kommt sie an beiden Häusern vorbei?

Zur Bestimmung der Anzahlen in den folgenden Aufgaben sind alle verschiedenen kombinatorischen Grundformeln hilfreich.

Übung 18:

a) Wie viele verschiedene Würfe sind mit n nicht unterscheidbaren Würfeln möglich?
Wie viele sind es, wenn die Würfel zu unterscheiden sind?

b) Jeweils 3,5,6,8 verschiedene Bücher aus vier Fachgebieten werden im Regal so angeordnet, daß Bücher der selben Fachrichtung nebeneinander stehen. Wie viele Anordnungen gibt es?

c) Aus 6 Grundfarben werden Farbmischungen hergestellt, indem 3 Einheiten, davon mindestens 2 verschiedene, zu einer Farbe vermischt werden. Wie viele verschiedene Farbtöne entstehen auf diese Weise?
Wie viele davon enthalten genau zwei Grundfarben, wie viele bestehen aus 3 Grundfarben?

d) Wie viele Tototips der Elferwette gibt es, bei denen genau dreimal *Unentschieden* getippt wurde?

e) Wieviele 6-stellige Zahlen lassen sich aus den Ziffern 1, 3, 5, 7, 9 bilden, wenn jede Ziffer höchstens zweimal vorkommen soll?

f) Drei Ratsfraktionen mit je 12, 17 und 4 Abgeordneten entsenden je 4 bzw. 5 bzw. eine Person in einen Ausschuß. Wie viele Möglichkeiten gibt es?

g) 5 neue Schüler werden auf 3 Klassen verteilt, so daß keine Klasse 4 Schüler erhält. Wie viele Möglichkeiten gibt es?

h) Bei einer 'Miß-Wahl' gibt es 18 Kandidatinnen. Wie viele Möglichkeiten gibt es,
(1) jeweils eine Kandidatin für die Plätze 1 bis 5 zu benennen:
(2) 5 Kandidatinnen, unabhängig von deren Plazierung, auszuwählen, wenn einerseits Mehrfachnennungen zulässig, andererseits nicht zugelassen sind?

i) Zur Planung des Rosenmontagszuges schicken die 6 närrischen Korporationen von Kalau ihre 4 Obernarren zu einer Konferenz. Am runden Tisch ist die Sitzordnung 'blockweise' vorgesehen, das heißt, die Narren eines Vereins sitzen nebeneinander. Wie groß ist die Anzahl der möglichen Sitzverteilungen, wenn man die Anordnungen der Mitglieder eines Vereines
(1) nicht berücksichtigt, (2) berücksichtigt?
Zwei Sitzverteilungen, die sich nur durch eine Drehung der gesamten Anordnung unterscheiden, sollen als gleich gelten.

♠

Lösungen und Lösungshinweise zu den Übungen

Ü 14: a) 9^4. b) 5 Stunden, 28 Minuten. c) 328 Minuten benötigt man für alle Kombinationen, daher ist die Wahrscheinlichkeit $\frac{30}{328} \approx 9,1\%$.

Ü 15: a) Für die Hunderttausender-Ziffer ist 0 nicht zugelassen; es gibt 9 Möglichkeiten für diese Ziffer, für die folgenden sind es 9, 8, 7, 6, 5, insgesamt
$9 \cdot 9 \cdot 8 \cdot 7 \cdot 6 \cdot 5 = 136\,080$ Möglichkeiten.

Der Anteil dieser Zahlen ist $\frac{136\,080}{900\,000} \approx 15,1\%$.

b) Mit 0 als 'linker' Ziffer erhält man $\frac{7!}{3!\,2!}$ verschiedene 7-stellige Zahlen. Läßt man alle Zahlen 0, 1, 3, 7, 8 als 'linke' Ziffer zu, sind es $\frac{8!}{3!\,2!}$ verschiedene Zahlen. Somit gibt es $\frac{8!}{3!\,2!} - \frac{7!}{3!\,2!} = \frac{7!(8-1)}{3!\,2!} = 2\,940$ verschiedene 8-stellige Zahlen.

Ü 16: Insgesamt gibt es $\frac{11!}{3!\,2!\,6!}$ Möglichkeiten der Verteilung. Möglichkeiten für — 2 Freunde in Klasse a : $\frac{9!}{2!\,6!}$; — 2 Freunde in b : $\frac{9!}{3!\,6!}$; — 2 Freunde in c : $\frac{9!}{3!\,2!\,4!}$.
$P(A) = (\frac{9!}{2!\,6!} + \frac{9!}{3!\,6!} + \frac{9!}{3!\,2!\,4!}) \cdot \frac{3!\,2!\,6!}{11!} = \frac{38}{1100} \approx 0,345.$

Ü 17: a) Jeder kürzeste Weg von A nach B besteht aus 9 Wegstücken nach rechts (Symbol 0) und 8 Wegstücken nach oben (1), ist somit als Folge aus 9 Nullen und 8 Einsen darstellbar. Es gibt $\binom{9+8}{9} = \binom{9+8}{8} = 24\,310$ verschiedene Wege. Alle zu gehen, erfordert fast 106 Jahre.
b) Von A nach C gibt es $\binom{7+5}{5}$ Möglichkeiten, von A nach B über C sind es $\binom{7+5}{5}\binom{2+3}{2} = 7\,920$ verschiedene Wege. Mit einer Wahrscheinlichkeit von $\frac{7\,920}{24\,310} \approx 0,33$ kommt man bei C vorbei.
c) $\binom{3+2}{2}\binom{6+6}{6} = 9\,240$ verschiedene Wege; Wahrscheinlichkeit 0,38.
d) $\binom{3+2}{2}\binom{4+3}{3}\binom{2+3}{2} = 350$ Wege; Wahrscheinlichkeit 0,014.

Ü 18: a) $\binom{n+6-1}{n}$ bei nicht unterscheidbaren Würfeln, 6^n bei unterscheidbaren.
b) $(3!\,5!\,6!\,8!)\,4! = 501\,645\,312\,000$.
c) $\binom{6+3-1}{3} - 6 = 50$ Farbtöne entstehen. Davon enthalten $\binom{6}{2}\,2 = 30$ zwei Grundfarben und $\binom{6}{3} = 20$ drei Grundfarben.
d) $\binom{11}{3}\,2^8 = 42\,240$.
e) Drei Fälle sind zu unterscheiden: (1) 3 von 5 verschiedenen Ziffern kommen doppelt vor: $\binom{5}{3}\frac{6!}{2!\,2!\,2!} = 900$;
(2) 2 der 5 Ziffern kommen doppelt vor: $\binom{5}{2}\binom{3}{2}\frac{6!}{2!\,2!} = 5\,400$;
(3) eine Ziffer doppelt: $\binom{5}{1}\binom{4}{4}\frac{6!}{2!} = 1\,800$.
f) $\binom{12}{4}\binom{17}{5}\,4 = 12\,252\,240$
g) Bei beliebiger Verteilung gibt es $3^5 = 243$ Möglichkeiten. Die Anzahl der Verteilungen, bei denen 4 Schüler in eine Klasse kommen, ist $\binom{5}{4}\binom{3}{1}\,2 = 30$ und damit $243 - 30 = 213$ die gesuchte Anzahl.
h) (1): $\binom{18}{5}\,5! = 1\,028\,160$, (2): $\binom{18+5-1}{5} = 26\,334$ bei Mehrfachnennungen bzw. $\binom{18}{5} = 8\,568$ Möglichkeiten sonst.
i) (1): $\frac{6!}{6} = 5! = 120$ Anordnungen sind möglich.
(2): Bei Berücksichtigung der einzelnen Mitglieder sind es $5!\,(4!)^6 = 22\,932\,357\,120$.

IV.5 Aufgaben

1. Beweisen Sie für Ereignisse $A_1, A_2, \ldots, A_n$ eines Zufallsversuchs mit dem Stichprobenraum Ω die Summenformel

   $P(\bigcup_{i=1}^{n} A_i) = \sum_{i=1}^{n} P(A_i)$ falls $A_i \cap A_j = \emptyset$ für alle $i, j \in \{1, 2, \ldots, n\}$ mit $i \neq j$.

2. Bei einem Glücksspiel wird mit einem Würfel zweimal gewürfelt. Einsatz und Gewinn sind gleich hoch. Dem Spieler wird angeboten, daß er bei einer der Augensummen 5, 6, 7, 8 oder aber bei einer der Augensummen 2, 3, 4, 9, 10, 11, 12 gewinnt. Welche Spielversion soll er wählen ?

3. Ein Test besteht aus 10 Fragen mit jeweils 3 Antwortmöglichkeiten, von denen eine richtig ist.

   a) Berechnen Sie für $n = 0, 1, \ldots, 10$ die Wahrscheinlichkeiten $P(A_n)$, bei zufälligem Ausfüllen genau n Fragen richtig angekreuzt zu haben.

   b) Mit welcher Wahrscheinlichkeit hat man bei zufälligem Ankreuzen mindestens 5 Fragen richtig beantwortet ?

   c) Man möchte erreichen, daß jemand, der den Testbogen zufällig ausfüllt, eine Chance von höchstens 5% hat, den Test zu bestehen. Wie viele richtig beantwortete Fragen muß man mindestens verlangen, und wie hoch ist dann die Chance für einen 'Zufallsteilnehmer' ?

   d) Jemand kennt die Antworten von 3 Fragen und kreuzt die restlichen zufällig an. Mit welcher Wahrscheinlichkeit sind mindestens 7 Antworten richtig?

4. Wie groß ist die Wahrscheinlichkeit, daß bei einem Münzwurf mit n gleichen Münzen häufiger *Wappen* als *Zahl* auftritt ?

5. In einer Straßenbahn sitzen 61 Personen. Erfahrungsgemäß liegt der Anteil der Schwarzfahrer bei 18 %. Es werden 5 Personen kontrolliert und 2 Schwarzfahrer entdeckt.
   Mit welcher Wahrscheinlichkeit erzielt ein Kontrolleur ein für ihn so erfreuliches Ergebnis ?

6. Auf einer Konferenz beschließen 8 Fachleute aus den USA, 10 aus der EU, 6 aus Rußland und 5 aus Japan, ein dreiköpfiges Leitungsgremium zu bilden.

   a) Wie viele Möglichkeiten für ein solches Gremium gibt es, wenn 3 verschiedene Delegationen vertreten sein sollen ?

   b) Mit welcher Wahrscheinlichkeit sind bei zufälliger Zusammenstellung, beispielsweise durch Los, in dem Gremium drei verschiedene Regionen, nur zwei oder nur eine Region vertreten ?

7. An einem Tanzkurs nehmen 10 Herren und 11 Damen teil. 6 Herren und 6 Damen sind sehr gute Tänzer. Eine Dame pausiert jeweils. Wie groß ist die Wahrscheinlichkeit, daß bei zufälliger Partnerwahl alle guten Tänzerinnen auf der Tanzfläche auch einen guten Tänzer als Partner haben?

8. In einer Urne sind 15 rote und 5 weiße Kugeln. Wie groß ist die Wahrscheinlichkeit bei einer Stichprobe vom Umfang 5
   (i) mit Zurücklegen, (ii) ohne Zurücklegen
   wenigstens 4 rote Kugeln zu ziehen ?

9. Wie groß ist die Wahrscheinlichkeit dafür, daß man mit einem Würfel mehr Augen wirft als mit zwei Würfeln zusammen ?

10. Ein Würfel wird viermal geworfen. Wie groß ist die Wahrscheinlichkeit für
    (i) genau eine 6, (ii) mindestens eine 6, (iii) höchstens eine 6,
    (iv) mindestens zweimal 6, (v) mindestens zweimal 5 oder zweimal 6 ?

    Wie oft muß ein Würfel geworfen werden, damit die Wahrscheinlichkeit für *mindestens eine 6* größer als 75 % ist ?

11. Ein Spiel besteht darin, mit einem Würfel dreimal zu würfeln. Gewonnen hat der Spieler, dessen Augensumme 15 übersteigt.
    Bei einem anderen Spiel werden einer Urne mit 18 Kugeln (je drei Kugeln tragen die Zahlen 1,2, ... ,6) 3 Kugeln gleichzeitig entnommen.

    Bei welchem Spiel sind die Gewinnchancen größer, wenn die Höhe der Einsätze und Gewinne gleich sind ?

12. Ein Würfel ist so manipuliert, daß sich die Wahrscheinlichkeiten für die einzelnen Augenzahlen genau so verhalten wie die Augenzahlen selbst. Beispielsweise fällt durchschnittlich die 3 dreimal so oft wie die 1 oder die 4 doppelt so oft wie die 2.

    a) Simulieren Sie den Zufallsversuch *einmaliges Würfeln* durch ein Urnenmodell und berechnen Sie die Wahrscheinlichkeiten für die einzelnen Augenzahlen.

    b) Welches der Ereignisse hat die größte Wahrscheinlichkeit ?
    $A_1 = \{2,4,6\}$, $A_2 = \{1,3,5\}$, $A_3 = \{1,2,3,4\}$, $A_4 = \{5,6\}$.

13. Von 10 Kugeln sind 5 mit $+1$ und 5 Kugeln mit -1 beschriftet. Zwei Kugeln werden nacheinander ohne Zurücklegen entnommen und das Produkt ihrer Zahlen gebildet.
    Ist es günstiger, auf ein positives oder auf ein negatives Ergebnis zu setzen, oder sind beide Wahrscheinlichkeiten gleich ?

14. Herr *Kontra* wünscht sich beim Skatspiel folgendes 'Blatt':
    Mindestens 3 Buben und entweder 4 Asse oder von einer Farbe mindestens die Karten As, Zehn, König, Dame.
    Wie stehen seine Chancen ?

15. Aus einem Skatspiel werden 3 Karten gezogen. Berechnen Sie für die Ereignisse A: 3 *Kreuzkarten*, B: *mindestens ein Bube*, die Wahrscheinlichkeiten $P(A)$, $P(B)$, $P(A/B)$ und $P(B/A)$.
    Sind die Ereignisse A und B unabhängig ?

16. Sind $A_1, \ldots, A_n$ paarweise unvereinbare Ereignisse eines Zufallsversuchs, so gilt

$$P(\bigcup_{i=1}^{n} A_i/B) = \sum_{i=1}^{n} P(A_i/B).$$

17. Das Ereignis A eines Zufallsversuchs habe die Wahrscheilichkeit p. Führt man n Versuche durch, so ist die Wahrscheinlichkeit, daß A mindestens einmal eintritt, gleich $1 - (1-p)^n$.

18. 'Jedes zehnte Los gewinnt!'
Wieviele Lose muß man kaufen, um mit 50 % Wahrscheinlichkeit mindestens ein Gewinnlos zu haben ?

19. Unter n interessierten Studenten wird ein spezielles Seminarthema ausgelost: $n-1$ leere Zettel und ein Zettel mit einem Symbol werden zusammengefaltet. Die Studenten ziehen nacheinander einen Zettel.
Hängt die Wahrscheinlichkeit, den 'richtigen' Zettel zu ziehen, davon ab, als wievielter man an der Reihe ist?

20. Ein defekter Briefmarkenautomat arbeitet nach folgendem Schema:

    In 75 % aller Fälle wird das Geld zurückgegeben.

    In 25 % aller Fälle wird das Geld zurückgegeben und die Briefmarken trotzdem ausgegeben.

    Durchschnittlich in 3 von 16 Fällen wird das Geld angenommen, die Briefmarken aber nicht ausgegeben.

    a) Mit welcher Wahrscheinlichkeit arbeitet der Automat bei Geldeinwurf so, daß weder der Kunde noch der Betreiber einen Nachteil hat?

    b) Ist die Wahrscheinlichkeit für die Ausgabe von Briefmarken davon abhängig, ob das Geld angenommen wurde oder nicht?

    c) Für wen arbeitet der Automat, für die Post oder den Kunden ?

21. Von zwei nicht unterscheidbaren Würfeln ist einer regulär und einer manipuliert. Bei dem gefälschten Würfel hat die Augenzahl 1 die Wahrscheinlichkeit $\frac{1}{20}$, für die Augenzahl 6 ist sie $\frac{11}{20}$ und für alle anderen Augenzahlen $\frac{1}{10}$.
Man wählt zufällig einen Würfel aus, würfelt zweimal, jedesmal mit dem Ergebnis 6.

    a) Mit welcher Wahrscheinlichkeit passiert dies?

    b) Mit welcher Wahrscheinlichkeit wurde der reguläre Würfel gewählt?

    c) Bei zweimaligem Würfeln sind 2 und 5 die Ausfälle (in beliebiger Reihenfolge). Mit welcher Wahrscheinlichkeit wurde dieses Ergebnis mit dem manipulierten Würfel erzielt?

22. Mit dem Namen *Kästchen-Paradoxon* wird diese Aufgabenstellung bezeichnet:

    Drei Kästchen a, b, c bestehen aus je zwei Schubfächern, die jeweils eine Gold- oder Silbermünze enthalten. Es enthält a zwei Goldmünzen, b eine Gold- und eine Silbermünze und c zwei Silbermünzen. Es wird zufällig eines der Kästchen und dort eines der beiden Schubfächer gewählt. Man findet eine Goldmünze. Wie groß ist die Wahrscheinlichkeit, daß das zweite Schubfach eine Silbermünze enthält?

23. Ein Supermarkt hat 10 Kassen. Wie viele Möglichkeiten, die Kassen zu besetzen gibt es, wenn genau (mindestens) 6 Kassen geöffnet sein sollen?

24. a) Von n Geraden in der Ebene sind keine zwei Geraden parallel und keine drei gehen durch einen gemeinsamen Punkt.
(i) Wie viele Schnittpunkte erhält man? (ii) Wie viele Dreiecke enstehen?
b) Eine Diagonale im konvexen n-Eck ist die Verbindungsstrecke zweier nicht benachbarter Eckpunkte. Wie viele Diagonalenschnittpunkte gibt es, wenn keine drei Diagonalen einen gemeinsamen Schnittpunkt haben?

25. Aus Äpfeln, Birnen, Pfirsichen und Bananen soll ein Obstkorb mit 40 Früchten zusammengestellt werden. Auf wieviele Arten ist das möglich, wenn von jeder Obstsorte mindestens 5 Früchte dabei sein sollen?

26. a) Wie groß ist die Summe aller vierstelligen Zahlen, die aus vier verschiedenen, ungeraden Ziffern gebildet werden können?
b) Welche Summe haben alle fünfstelligen Zahlen, die aus den Ziffern $2, 2, 2, 4, 6$ gebildet werden können?
c) Wie viele siebenstellige Zahlen mit den Ziffern $0, 0, 0, 2, 2, 7, 9$ gibt es?
d) Wie viele *gerade* sechsstellige Zahlen können aus den Ziffern $5, 5, 5, 6, 6, 8$ gebildet werden?

27. Bei einem Spiel müssen 4 Mitglieder der Mannschaft A und 8 Mitglieder der Mannschaft B eine Reihe bilden. Wie viele Möglichkeiten gibt es, nachdem die Spieler aus A und B bestimmt sind, wenn
a) die Aufstellung nach dem Schema $B\,B\,B\,B\,A\,A\,A\,A\,B\,B\,B\,B$ erfolgen soll;
b) immer genau 2 Spieler der Mannschaft B nebeneinander stehen müssen?

28. Bei einem Tennisturnier mit $2n$ Teilnehmern werden in der 1. Runde n Spiele ausgetragen. Auf wieviele Arten kann die 1. Runde ausgelost werden?

29. a) Bei der Wahl zum Klassensprecher erhielten die Kandidaten A, B, C und D der Reihe nach 2, 7, 9 und 2 Stimmen. Auf wieviele verschiedene Arten können die Schüler gewählt haben?
b) Bei der Verteilung von 6 neuen Schülern auf 3 Klassen, werden keiner Klasse genau 3 Schüler zugewiesen. Wie viele Möglichkeiten der Verteilung gibt es?
c) Eine Klasse mit 10 Jungen und 8 Mädchen übernachten während einer Fahrt in der Jugendherberge. Für die Jungen befinden sich im Erdgeschoß 6 Schlafräume mit je 5 Betten, für die Mädchen im 1. Stock 8 Schlafräume mit je 4 Betten. In beiden Etagen werden 2 Zimmer belegt. Wie viele Möglichkeiten der Verteilung der Schüler auf die verschiedenen Zimmer gibt es?

30. Es werden 7 nicht unterscheidbare Würfel gleichzeitig geworfen. Wieviele Würfe gibt es, bei denen die Augenzahl 1 in gerader Anzahl auftritt ?
Mit welcher Wahrscheinlichkeit tritt dieses Ereignis ein ?

Lösungen und Lösungshinweise zu den Aufgaben

1. Der Beweis läßt sich durch Induktion nach n führen. Für $n = 2$ erhält man die Summenformel (3').
$P(\bigcup_{i=1}^{n+1} A_i) = P((\bigcup_{i=1}^{n} A_i) \cup A_{n+1}) = P(\bigcup_{i=1}^{n} A_i) + P(A_{n+1}) = \sum_{i=1}^{n} P(A_i) + P(A_{n+1}) = \sum_{i=1}^{n+1} P(A_i)$.

2. Die Wahrscheinlichkeit für einen Gewinn beträgt bei der ersten Spielversion $\frac{5}{9}$, bei der zweiten $\frac{4}{9}$.

3. a) Die Wahrscheinlichkeit $P(A_n)$ für genau n richtig beantwortete Fragen ist
$$P(A_i) = \frac{\binom{10}{n} 2^{10-n}}{3^{10}}.$$

$n =$	0	1	2	3	4	5
$P(A_n) \approx$	0,017	0,087	0,195	0,260	0,228	0,137
$n =$	6	7	8	9	10	
$P(A_n) \approx$	0,057	0,016	0,003	0,0003	0,00002	

b) Die Wahrscheinlichkeit beträgt $\frac{12585}{3^{10}} \approx 0,21$.

c) Mindestens 6 Fragen hat man mit einer Wahrscheinlichkeit von etwa 8 % richtig, für mindestens 7 ist die Wahrscheinlichkeit etwa 2 %.

d) Gesucht ist die Wahrscheinlichkeit, von den 7 Fragen, deren Antwort unbekannt ist, mindestens vier Fragen richtig zu beantworten. Sie beträgt $\frac{280+84+14+1}{3^7} \approx 0,173$.

4. Für diese Verallgemeinerung von Beispiel 13 gilt mit den Bezeichnungen von dort $\Omega = \{(a,b) \in \mathbb{N}_0 \times \mathbb{N}_0 \ / \ a+b=n\}$ (a-mal Wappen, b-mal Zahl).

Es ist für $i = 0, 1, \ldots, n$ $\quad P((i, n-i)) = \frac{\binom{n}{i}}{2^n}$.
Für ungerade n mit $n = 2k+1$ ist wegen der Symmetrie der Binomialkoeffizienten $\sum_{i=0}^{k} P((i,n-i)) = \sum_{i=k+1}^{n} P((i,n-i)) = \frac{1}{2}$.

Bei geradem n mit $n = 2k$ gilt (Symmetrie der Binomialkoeffizienten)
$$1 = \sum_{i=0}^{k-1} P((i,n-i)) + P((k,k)) + \sum_{i=k+1}^{n} P((i,n-i)) = \sum_{i=k+1}^{n} \frac{\binom{n}{i}}{2^n} + \frac{\binom{n}{k}}{2^n} + \sum_{i=k+1}^{n} \frac{\binom{n}{i}}{2^n}.$$

Damit ist die gesuchte Wahrscheinlichkeit $\sum_{i=k+1}^{n} P((i,n-i)) = \frac{1}{2} - \frac{\binom{n}{k}}{2^n}$.

5. Bei dem 5-stufigen Versuch gibt es $\binom{5}{2} = 10$ Reihenfolgen, auf genau 2 Schwarzfahrer und drei 'ehrliche' Fahrgäste zu stoßen. Anhand eines Baumes, bei dem alle 10 zugehörigen Pfade die gleiche Wahrscheinlichkeit haben, wird klar, daß die gefragte Wahrscheinlichkeit $10 \cdot \frac{18 \cdot 17 \cdot 82 \cdot 81 \cdot 80}{100 \cdot 99 \cdot 98 \cdot 97 \cdot 96} \approx 0,18$ ist. Die Zahl der Fahrgäste ist bei diesem Weg für die Lösung der Aufgabe ohne Belang.

6. a) $\binom{5}{1} \cdot \binom{6}{1} \cdot \binom{8}{1} + \binom{5}{1} \cdot \binom{6}{1} \cdot \binom{10}{1} + \binom{5}{1} \cdot \binom{8}{1} \cdot \binom{10}{1} + \binom{6}{1} \cdot \binom{8}{1} \cdot \binom{10}{1} = 1420.$

   b) Es gibt $\binom{29}{3} = 3654$ Möglichkeiten zur Bildung des Gremiums.
   R_i: Das Gremium setzt sich aus Mitgliedern von genau i Regionen zusammen.
   $P(R_1) = \frac{\binom{5}{3} + \binom{6}{3} + \binom{8}{3} + \binom{10}{3}}{3654} = \frac{206}{3654} \approx 0,056, \quad P(R_3) = \frac{1420}{3654} \approx 0,39,$
   $P(R_2) = 1 - (P(R_1) + P(R_3)) \approx 0,55.$

7. Kommen 6 Paare guter Tänzer zustande, hat keine gute Tänzerin pausiert. Dafür gibt es 5 Möglichkeiten, andernfalls (5 Paare guter Tänzer) sind es $6 \cdot 6$ Möglichkeiten, da eine gut tanzende Dame pausiert, und ein guter Tänzer auf eine nicht so gut tanzende Dame trifft. Das führt zu der Wahrscheinlichkeit $5 \cdot \frac{6!4!}{10!} + 36 \cdot \frac{5!5!}{10!} = \frac{1}{6} \approx 0,167.$

8. Beispielsweise anhand zweier Bäume läßt sich ableiten:
   $$(i) \quad P(A) = 5 \cdot \frac{5}{20} \cdot \left(\frac{15}{20}\right)^4 + \left(\frac{15}{20}\right)^5 \approx 0,633.$$
   $$(ii) \quad P(A) = \frac{5 \cdot 5 \cdot 15 \cdot 14 \cdot 13 \cdot 12 + 15 \cdot 14 \cdot 13 \cdot 12 \cdot 11}{20 \cdot 19 \cdot 18 \cdot 17 \cdot 16} \approx 0,634.$$

9. Bezeichnet man die Würfe mit (x, y, z) wobei x die Augenzahl des einzelnen Würfels darstellen soll, ist die Bedingung $x > y + z$ zu erfüllen. Es gibt 18 derartige Tripel, und die Wahrscheinlichkeit ist $\frac{20}{6^3} \approx 0,093 = 9,3\%$.

10. (i) $4 \cdot \frac{5^3}{6^4}$; (ii) $1 - \left(\frac{5}{6}\right)^4$; (iii) $4 \cdot \frac{5^3}{6^4} + \left(\frac{5}{6}\right)^4$; (iv) $\binom{4}{2}\frac{5^2}{6^4} + 4 \cdot \frac{5}{6^4} + \left(\frac{1}{6}\right)^4 = \frac{171}{6^4}$;
   (v) A: mindestens zweimal 5: B: mindestens zweimal 6;
   $P(A) = P(B) = \frac{171}{6^4}, \quad P(A \cap B) = \frac{6}{6^4}$. Dann ist $P(A \cup B) = \frac{336}{6^4}$.
   Die Wahrscheinlichkeit für *mindestens eine 6* bei n Würfen ist $1 - \left(\frac{5}{6}\right)^n$ (vgl. (ii)). Für $n = 8$ ist sie $\approx 0,77$.

11. Ist die Augensumme der ersten beiden Würfe 10 bzw. 11 bzw. 12, gibt es eine bzw. 2 bzw. 3 Möglichkeiten für den 3.Wurf:
Spiel 1: (Laplace-Versuch) $P(G) = \frac{3}{36} \cdot \frac{1}{6} + \frac{2}{36} \cdot \frac{2}{6} + \frac{1}{36} \cdot \frac{3}{6} \approx 0,046$.
Spiel 2: (kein Laplace-Versuch) $P(G) = \frac{3}{18} \cdot \frac{2}{17} \cdot \frac{1}{16} \cdot + 9 \cdot \frac{3}{18} \cdot \frac{2}{17} \cdot \frac{3}{16} \approx 0,034$.
Das erste Spiel ist günstiger.

12. a) Eine Urne enthält 21 Kugeln, von denen eine mit 1, zwei mit 2, ... , sechs mit 6 beschriftet sind. Man entnimmt eine Kugel.
$P(i) = \frac{i}{21}$ für $i = 1, 2, 3, 4, 5, 6$.
b) $P(A_1) = \frac{12}{21}$, $P(A_2) = \frac{9}{21}$, $P(A_3) = \frac{10}{21}$, $P(A_4) = \frac{11}{21}$.

13. Die Wahrscheinlichkeit für ein positives Produkt ist $\frac{4}{9}$, für ein negatives $\frac{5}{9}$.

14. Es gibt $\binom{32}{10} = 64\,512\,240$ verschiedene 'Blätter'. Es sei
A die Menge aller 'Blätter' mit mindestens 3 Buben,
B die Menge aller 'Blätter' mit genau 4 Assen,
C die Menge aller 'Blätter' mit As, Zehn, König, Dame von mindestens einer Farbe.
Dann ist $|A \cap (B \cup C)| = |(A \cap B) \cup (A \cap C)|$ zu bestimmen.
$|(A \cap B)| = \binom{4}{3}\binom{24}{3} + \binom{4}{4}\binom{24}{2} = 8\,372$
$|(A \cap C)| = 4 \cdot \binom{4}{3}\binom{24}{3} + 4 \cdot \binom{4}{4}\binom{24}{2} = 33\,488$ und $|(A \cap B \cap C)| = 4 \cdot \binom{4}{3} = 16$.
Die gesuchte Wahrscheinlichkeit ist daher $\frac{8\,372 + 33\,488 - 16}{64\,512\,240} \approx 0,00065$.

15. $P(A) = \frac{\binom{8}{3}}{\binom{32}{3}}$; $P(B) = \frac{\binom{4}{3} + \binom{4}{2} \cdot \binom{28}{1} + \binom{4}{1} \cdot \binom{28}{2}}{\binom{32}{3}}$; $P(A \cap B) = \frac{\binom{7}{2}}{\binom{32}{3}}$
Die Ereignisse A und B sind abhängig.
$P(B/A) = \frac{3}{8} = 0,375$; $P(A/B) = \frac{21}{1684} \approx 0,012$.

16. Induktionsbeweis analog zu Aufgabe 1. Der Induktionsanfang ($n = 2$) folgt aus Summenformel (11).

17. Bei dem n-stufigen Zufallsversuch sei A_i das Ereignis: A tritt beim i-ten Versuch ein. Die Gegenereignisse $\overline{A_i}$ sind unabhängig, es folgt
$$P(\bigcup_{i=1}^{n} A_i) = 1 - P(\overline{\bigcup_{i=1}^{n} A_i}) = 1 - P(\bigcap_{i=1}^{n} \overline{A_i}) = 1 - \prod_{i=1}^{n} P(\overline{A_i}) = 1 - (1-p)^n.$$

18. Einfachheitshalber nehmen wir an, daß nach jeder Ziehung eines Loses das ursprüngliche Verhältnis zwischen Gewinnlosen und Nieten wieder hergestellt wird. Aufgrund von Aufgabe 17 ist die Bedingung $1 - \left(1 - \frac{1}{10}\right) \geq \frac{1}{2}$ zu erfüllen. Dies geschieht erstmals für $n = 7$.

19. Für den ersten Studenten ist die Chance $\frac{1}{n}$, für den zweiten $\frac{n-1}{n} \cdot \frac{1}{n-1} = \frac{1}{n}$. Denn mit der Wahrscheinlichkeit $\frac{n-1}{n}$ ist das 'richtige' Los noch im Umlauf. Mit der Wahrscheinlichkeit $\frac{1}{n-1}$ wird es gezogen. Für den dritten Studenten ist die Wahrscheinlichkeit $\frac{n-1}{n} \cdot \frac{n-2}{n-1} \cdot \frac{1}{n-2} = \frac{1}{n}$, für den n-ten beträgt sie ebenfalls $\frac{1}{n} = \frac{n-1}{n} \cdot \frac{n-2}{n-1} \cdot \frac{n-3}{n-2} \cdot \ldots \cdot \frac{2}{3} \cdot \frac{1}{2}$. Siehe Baum: G: Gewinn, N: Niete.

Aufg. 19:

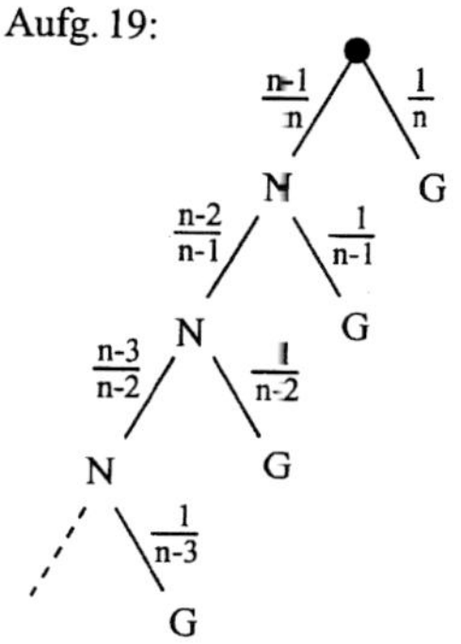

Aufg. 20:

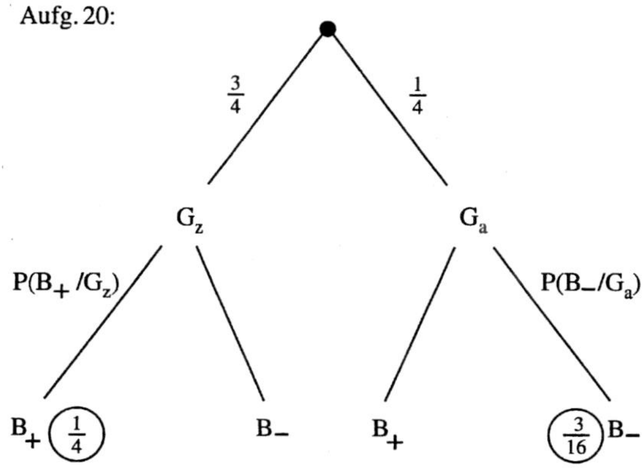

20. G_a: *Geld angenommen,* G_z: *Geld zurück,*
B_+: *Briefmarken ausgegeben,* B_-: *Marken nicht ausgegeben.*

a) Es ist gefragt nach $P(G_a \cap B_+) + P(G_z \cap B_-)$. Diese Wahrscheinlichkeit ist $\frac{9}{16}$, denn man entnimmt dem Baum (die 2 äußeren Pfade), daß der Automat mit der Wahrscheinlichkeit $\frac{1}{4} + \frac{3}{16} = \frac{7}{16}$ *nicht* korrekt arbeitet.

b) Wegen $\frac{3}{4} \cdot P(B_+/G_z) = \frac{1}{4}$ ist $P(B_+/G_z) = \frac{1}{3}$. Entsprechend entnimmt man dem Baum: $P(B_-/G_a) = \frac{3}{4}$, und hieraus folgt $P(B_+/G_a) = \frac{1}{4}$.

Die Wahrscheinlichkeit, Briefmarken zu erhalten, ist sogar größer, wenn das Geld zurückkommt.

c) Mit der Wahrscheinlichkeit $\frac{1}{4}$ arbeitet der Automat zugunsten des Kunden, mit der Wahrscheinlichkeit $\frac{3}{16}$ zugunsten der Post.

21. a) $\frac{1}{2} \cdot \frac{1}{36} + \frac{1}{2} \left(\frac{11}{20}\right)^2 \approx 0,165.$ b) Es bedeutet R: *regulärer Würfel*,

$$P(R/(6,6)) = \frac{P((6,6)/R) \cdot P(R)}{P((6,6))} = \frac{1}{72 \cdot 0,165} \approx 0,084.$$

c) $P(\overline{R}/\{(2,5),(5,2)\}) = \dfrac{P(\{(2,5),(5,2)\} \cap \overline{R})}{P(\{(2,5),(5,2)\})} = \dfrac{1}{100} \cdot \dfrac{900}{34} \approx 0,26.$

22. Häufig wird als Wahrscheinlichkeit $\frac{1}{2}$ vermutet, denn nachdem eine Goldmünze gefunden wurde, gibt es für die zweite Schublade nur noch je eine Möglichkeit Silbermünze oder Goldmünze.

Gefragt ist aber nach $P(b/\text{Gold}) = \frac{P(\text{Gold}/b)P(b)}{P(\text{Gold})} = \frac{1}{3}$.

23. $\binom{10}{6}$ bzw. $\binom{10}{6}+\binom{10}{7}+\binom{10}{8}+\binom{10}{9}+\binom{10}{10}$.

24. a) (i) $\binom{n}{2}$; (ii) $\binom{n}{3}$; b) $\binom{n}{4}$, weil 4 beliebige Eckpunkte genau einen Schnittpunkt bestimmen.

25. Äquivalent ist die Fragestellung: Auf wieviele Arten kann man einen Obstkorb mit 20 Früchten aus vier verschiedenen Obstsorten zusammenstellen ? Es gibt $\binom{4+20-1}{20} = 1771$ Möglichkeiten.

26. a) Es gibt $\binom{5}{4}\cdot 4! = 120$ verschiedenen Zahlen. Davon ist jeweils bei $4\cdot 3\cdot 2 = 24$ Zahlen die letzte Ziffer eine 1, eine 3, 5, 7 oder 9.. Dasselbe gilt für die anderen 3 Stellen der Zahl. Addition der Einer (Zehner, Hunderter, Tausender) ergibt $24(1+3+5+7+9) = 600$, so daß man als Summe der 120 Zahlen erhält: $600(1+10+100+1000) = 666\,600$.

b) Es gibt 20 Zahlen, zwölf davon enden auf 2, vier auf 4 und vier auf 6: $(12\cdot 2+4\cdot 4+4\cdot 6)(1+10+100+1000+10000) = 711\,104$.

c) $\frac{7!}{3!2!} - \frac{6!}{2!2!} = 240$. d) $\frac{5!}{3!2!} + \frac{5!}{3!} = 30$.

27. a) $\binom{8}{4}\cdot 4!\cdot 4!\cdot 4! = 967\,680$.

b) Für die Anordnung der 8 Spieler aus B ist die Zahl der Möglichkeiten $8!$. Es sind die beiden Formationen

$$ABBABBABBABB \quad \text{und} \quad BBABBABBABBA$$

möglich. In jeder Formation gibt es für die Reihenfolge der Spieler aus A $4!$ Möglichkeiten; damit sind es insgesamt $8!\cdot 4!\cdot 2 = 1\,935\,360$ Anordnungen.

28. $(2n-1)(2n-3)(2n-5)\cdot\ldots\cdot 3\cdot 1$.

29. a) $\binom{20}{2}\cdot\binom{18}{7}\cdot\binom{11}{9} = 332\,560\,800$.

b) Bei beliebiger Verteilung gibt es $3^6 = 729$ Möglichkeiten. Die Anzahl der Möglichkeiten, bei der *mindestens* einer Klasse 3 Schüler zugeteilt werden, ist $3\cdot\binom{6}{3}\cdot 2^3$. Im Unterschied zu Übung 18 g) ist zu beachten, daß in dieser Zahl die Fälle, bei denen 2 Klassen 3 Schüler zugeteilt bekommen, doppelt enthalten sind. Die Anzahl dieser Fälle ist $3\cdot\binom{6}{3}$, so daß man für die Zahl der möglichen Verteilungen $3^6 - 3\cdot\binom{6}{3}\cdot 2^3 + 3\cdot\binom{6}{3} = 309$ erhält.

c) Aufteilung der Jungen in 2 Gruppen: $\frac{1}{2}\cdot\binom{10}{5} = 126$; Verteilung von 2 Gruppen auf 6 Schlafsäle: $6\cdot 5 = 30$; entsprechende Überlegungen für die Mädchen führen zu der Anzahl $\frac{1}{2}\cdot\binom{10}{5}\cdot 6\cdot 5\cdot\frac{1}{2}\cdot\binom{8}{4}\cdot 8\cdot 7 = 7\,408\,800$.

30. $|A| = \binom{5+7-1}{7}+\binom{5+5-1}{5}+\binom{5+3-1}{3}+\binom{5+1-1}{1} = 496$; $\quad P(A) = \dfrac{496}{\binom{6+7-1}{7}} \approx 0,63$.

Literaturhinweise

Bartholomé, A.; Rung, J.; Kern, H. Zahlentheorie für Einsteiger ; Vieweg Verlag Braunschweig, Wiesbaden 1995

Breuer, J. Einführung in die Mengenlehre ; Schroedel/Schöningh Verlag 1972

Bundschuh, P. Einführung in die Zahlentheorie ; Springer Verlag Berlin, Heidelberg 1992

Danckwerts, R.; Vogel, D.; Bovermann, K. Elementare Methoden der Kombinatorik ; Teubner Verlag Stuttgart 1985

Engel, A. Stochastik ; Klett Verlag Stuttgart 1987

Fritzsche, K. Mathematik für Einsteiger ; Spektrum Akademischer Verlag Heidelberg 1995

Griffiths, H.B.; Hilton, P.J. Classical Mathematics ; Van Nostrand Reinhold Company London 1970

Halmos, P.R. Naive Mengenlehre ; Vandenhoeck & Ruprecht Göttingen 1976

Jeger, M. Einführung in die Kombinatorik, Band 1 ; Klett Verlag Stuttgart

Kirsch, A. Mathematik wirklich verstehen ; Aulis Verlag Deubler, 2.Auflage 1994

Kütting, H. Elementare Stochastik (Mathematik Primarstufe) ; Spektrum Akademischer Verlag Heidelberg 1999

Padberg, F. Einführung in die Mathematik I, Arithmetik (Mathematik Primarstufe) ; Spektrum Akademischer Verlag Heidelberg 1997

Padberg, F. Elementare Zahlentheorie ; BI Wissenschaftsverlag Mannheim 1991

Scheid, H. Elemente der Arithmetik und Algebra ; Spektrum Akademischer Verlag Heidelberg 1996

Scheid, H. Wahrscheinlichkeitsrechnung ; BI Wissenschaftsverlag Mannheim 1992

Scheid, H. Zahlentheorie ; BI Wissenschaftsverlag Mannheim 1991

Symbolverzeichnis

$p \Rightarrow q$	Implikation; aus p folgt q
$p \Leftrightarrow q$	Äquivalenz; p ist äquivalent zu q
$:\Leftrightarrow$	... ist definiert durch ...
$p \wedge q$	Junktor *und* ; p und q
$p \vee q$	Junktor *oder* ; p oder q
$\neg p$	Negation der Aussage p
$\forall, \bigwedge$	Allquantor; für alle
$\exists, \bigvee$	Existenzquantor; es gibt
$a \in M$	a ist Element der Menge M
$a \notin M$	a ist kein Element der Menge M
$A \subseteq B$	A ist Teilmenge von B
$A \nsubseteq B$	A ist keine Teilmenge von B
$A \subset B$	A ist echte Teilmenge von B
$A \not\subset B$	A ist keine echte Teilmenge von B
$\mathbb{N}$	Menge der natürlichen Zahlen 1, 2, 3, 4, ...
$\mathbb{N}_0$	Menge der natürlichen Zahlen zuzüglich 0
$\mathbb{Z}$	Menge der ganzen Zahlen -3, -2, -1, 0, 1, 2, 3, ...
$\mathbb{Q}$	Menge der rationalen Zahlen (Bruchzahlen)
$\mathbb{R}$	Menge der reellen Zahlen
$\mathbb{R}_0^+ = \{x \in \mathbb{R} \,/\, x \geq 0\}$	
$\mathbb{R}^+ = \{x \in \mathbb{R} \,/\, x > 0\}$	
$\mathbb{P}$	Menge der Primzahlen
$\emptyset$	leere Menge
$\mathcal{P}(A)$	Potenzmenge der Menge A; Menge aller Teilmengen von A
$\mathcal{P}_r(A)$	Menge der r-elementigen Teilmengen von A.
$\binom{n}{r}$	Binomialkoeffizient; n über r
$n!$	n Fakultät: $n! = 1 \cdot 2 \cdot 3 \cdot \ldots \cdot n$
$\lvert A \rvert$	Anzahl der Elemente der *endlichen* Menge A
$\overline{A}$	Komplementärmenge der Menge A
$A \times B$	Produktmenge; kartesisches Produkt von A mit B
$\mathbb{R}^n$	$n \in \mathbb{N},\ n \geq 2:\ \mathbb{R} \times \mathbb{R} \times \ldots \times \mathbb{R}:$ Menge der n-Tupel reeller Zahlen
$A \cup B$	Vereinigungsmenge; A vereinigt B
$A \cap B$	Durchschnitt; A geschnitten B
$A \setminus B$	Differenzmenge; A ohne B
$A \star B$	symmetrische Differenz von A und B

$\overline{R}$	Komplementärrelation der Relation R
R'	Umkehrrelation der Relation R
$x \preceq y$	Ordnungsrelation; x unter y
$a \mid b$	Teilbarkeitsrelation; die ganze Zahl a teilt die ganze Zahl b
$a \nmid b$	a teilt nicht b
T_a	Teilermenge; Menge der positiven Teiler von a
V_a	Vielfachenmenge; Menge der positiven Vielfachen von a
$a = \prod_{i=1}^{\infty} p_i^{\alpha_i}$	$p_i \in \mathbb{P},\ \alpha_i \in \mathbb{N}_0$: kanonische Primfaktorzerlegung von a
$\mathbb{V}_a$	Menge der *ganzzahligen* Vielfachen von a
$a \equiv b \pmod{m}$	a ist kongruent zu b modulo m; $m \mid a - b$
$[a]_m$	Restklasse a modulo m
$\text{ggT}(a_1, a_2, \ldots, a_n)$	größter gemeinsamer Teiler der ganzen Zahlen $a_1, a_2, \ldots a_n$
$\text{kgV}(a_1, a_2, \ldots, a_n)$	kleinstes gemeinsames Vielfaches von $a_1, a_2, \ldots a_n$
$Q(a)\ \ (Q_2(a))$	Quersumme erster Stufe (zweiter Stufe) von a
$Q'(a)\ \ (Q'_2(a))$	alternierende Quersumme erster Stufe (zweiter Stufe) von a
$\lvert x \rvert$	Betrag der reellen Zahl x
$[x]$	$x \in \mathbb{R}$: größte *ganze* Zahl $\leq x$; Ganzteilfunktion, Gauß-Klammer
$f : A \to B$	Funktion (Abbildung) von A in B
$f(a) = b$	die Funktion f bildet a auf b ab
$f(T) = \{f(t) \mid t \in T\}$	für eine Funktion $f : A \to B$ und $T \subseteq A$
$\overline{f}^{1}(U) = \{x \in A \mid f(x) \in U\}$	für eine Funktion $f : A \to B$ und $U \subseteq B$
f^{-1}	Umkehrfunktion der bijektiven Funktion f
id_A	identische Abbildung der Menge A auf sich
$\binom{1\,2\,3}{2\,3\,1}$	Permutation der Menge $\{1, 2, 3\}$
$g \circ f$	Verkettung der Abbildungen g, f; g nach f
$\text{F}(A, B)$	Menge aller Funktionen von A in B
$\mathcal{I}(A, B)$	Menge aller injektiven Funktionen von A in B
$\text{F}(A)$	Menge aller Funktionen von A in sich
$\mathcal{B}(A)$	Menge aller bijektiven Funktionen von A auf sich; Permutationen von A
Ω	Menge aller Ausfälle eines Zufallsversuchs
$P(a)\ \ (P(E))$	Wahrscheinlichkeit des Ausfalls a (des Ereignisses E) bei einem Zufallsversuch
$h(a)\ \ (h(E))$	relative Häufigkeit des Ausfalls a (des Ereignisses E) bei einer Zufallsversuchsreihe
$P(A/B)$	bedingte Wahrscheinlichkeit von A unter der Bedingung B

Index